U0205711

POLYDICYCLOPENTADIENE AND ITS MODIFICATION

聚双环戊二烯及其改性

张玉清　等著

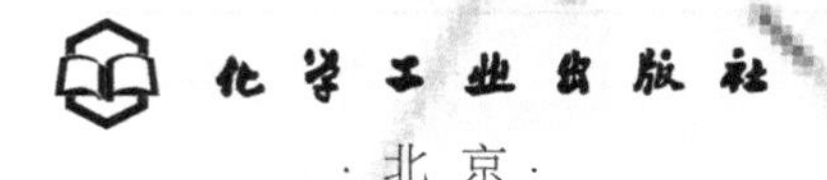

·北京·

本书主要是对作者近十年以来研究内容的总结。首先对聚双环戊二烯的性能、应用及行业现状进行了概述，然后介绍了其开环易位聚合反应的催化体系，继而分别从共聚改性、聚合共混改性、无机粒子改性、纤维增强改性、阻燃改性等方面对聚双环戊二烯的改性进行阐述，最后介绍了发泡聚双环戊二烯。

本书对于从事聚双环戊二烯材料研发及其改性的技术人员有很好的参考价值。

图书在版编目（CIP）数据

聚双环戊二烯及其改性/张玉清等著. —北京：化学工业出版社，2018.11（2021.4重印）
ISBN 978-7-122-33001-7

Ⅰ.①聚… Ⅱ.①张… Ⅲ.①环戊二烯-研究 Ⅳ.①O624.12

中国版本图书馆CIP数据核字（2018）第207388号

责任编辑：仇志刚 高 宁　　装帧设计：张 辉
责任校对：王素芹

出版发行：化学工业出版社（北京市东城区青年湖南街13号 邮政编码100011）
印 装：北京捷迅佳彩印刷有限公司
787mm×1092mm 1/16 印张16½ 字数404千字 2021年4月北京第1版第2次印刷

购书咨询：010-64518888 售后服务：010-64518899
网 址：http://www.cip.com.cn
凡购买本书，如有缺损质量问题，本社销售中心负责调换。

定 价：128.00元　

前言

20 世纪 80 年代，美国 Hercules 公司和 Goodrich 公司首先开发了双环戊二烯（DCPD）反应注射成型工艺，之后逐步成熟并实现工业化。目前，市场上典型的聚双环戊二烯反应注射成型（PDCPD-RIM）产品主要是 Hercules 公司与日本帝人化成公司合作开发的 METTON®，Goodrich 与日本瑞翁合作开发的 PENTAM® 系列。

20 世纪 90 年代初，国内一些科研机构跟踪国际前沿，开始了 PDCPD 材料方面的探索，进行了实验室研究。但由于我国的石化产业相对落后，原料 DCPD 产量很少，加上国内市场对 PDCPD-RIM 制品基本没有需求。或者，也由于 PDCPD 技术长期被美国和日本垄断，原料提纯技术和模具工艺设计等受到制约，导致推广应用的成本较高，我国在该领域的发展缓慢，市场认知度也不高，国内对于 DCPD 应用研究和 PDCPD-RIM 技术开发研究一度停滞不前。

进入 21 世纪，随着我国石油化工的发展，我国石化生产中的 C_5 馏分产量逐年增加，已可满足 PDCPD-RIM 制品生产的需求。国内对聚双环戊二烯材料性能和应用的认识也逐步深入，应用需求越来越多。特别是 2010 年前后，河南科技大学的 PDCPD 新材料研究获得了河南省创新人才科技专项的资助，使该领域的研究取得了长足的进步，经过近十多年的探索，目前，包括原料改性、新型催化剂合成、反应注射成型工艺和设备的研发已取得多项自主知识产权。本书是对十多年来作者团队关于 PDCPD 研究的总结。研究立足国内原材料，旨在开发出具有自主知识产权的 PDCPD-RIM 组合料以及相应的工艺技术，为我国的 PDCPD 材料的发展开辟一条新的途径。这对于我国实现 PDCPD 原料和工艺技术国产化，摆脱国外的技术束缚，满足我国相关行业的要求有着非常重要的意义。

随着我国经济的快速发展和制造业水平的不断提升，制造业领域对新型高性能工程塑料的需求日益重视，PDCPD-RIM 材料便是其中的一个新宠。目前，国内一些企业已经将该材料应用于农用机械和工程车辆上。由于新能源汽车的兴起，轻量化材料受到很大的重视，这又是 PDCPD-RIM 材料应用的一个新方向。此外玻璃钢制品生产过程中的污染问题，目前面临着较大的困境，PDCPD-RIM 材料有可能是一个较好的替代。因此，PDCPD-RIM 材料的应用前景非常广阔。

本书是作者课题组十多年来研究内容的总结与归纳，包括新型催化剂、改性组合料与 PDCPD 的高性能化研究。由于原料由国内不同厂家提供，质量不尽相同；而且研究实验是在十余年时间跨度下由不同实验者进行的，因此，实验结果会有一些出入，阅读时请读者注意。

全书在中国工程院李俊贤院士的指导下撰写，由河南科技大学资助出版，全书共分八章，第五章和第六章由余志强撰写，第七章由于文杰撰写，其余由张玉清撰写，并对全书进行了校阅。

本书中引用了大量的文献和图表，在此向原作者表示致谢。本书取材于作者指导过的各届研究生的研究成果，在此一并表示感谢。

由于作者水平有限，本书内容的不足之处在所难免，请读者谅解并给予指导。

张玉清

2018 年 8 月于洛阳德园

目录

第1章　绪论 …… 1

1.1　聚合原料来源 …… 1
1.2　聚合催化剂 …… 1
1.2.1　经典双组分催化剂 …… 1
1.2.2　单组分催化剂——金属卡宾和金属烷基烯 …… 1
1.3　双环戊二烯聚合工艺 …… 2
1.3.1　双环戊二烯反应注射成型工艺 …… 2
1.3.2　聚双环戊二烯成型工艺特点 …… 2
1.3.3　聚双环戊二烯成型工艺优点 …… 3
1.3.4　聚双环戊二烯的环境友好性 …… 3
1.4　聚双环戊二烯性能及特点 …… 4
1.5　聚双环戊二烯的应用领域 …… 5
1.6　聚双环戊二烯改性 …… 5
1.6.1　催化共聚改性 …… 6
1.6.2　共混聚合改性 …… 6
1.6.3　无机填料改性 …… 6
1.6.4　纤维改性 …… 7
1.6.5　阻燃改性 …… 7
1.6.6　泡沫材料 …… 7
1.7　聚双环戊二烯行业概况 …… 8
1.7.1　国外生产企业 …… 8
1.7.2　国内聚双环戊二烯研发与应用概况 …… 9
1.7.3　聚双环戊二烯行业前景 …… 9
参考文献 …… 10

第2章　开环易位催化体系 …… 11

2.1　双环戊二烯开环易位聚合反应催化体系 …… 11
2.1.1　双组分开环易位聚合反应催化剂 …… 11
2.1.2　单组分金属卡宾催化剂 …… 17
2.1.3　双组分催化剂的研究目的 …… 23
2.2　钼酚类化合物的制备及其催化 DCPD 聚合 …… 24
2.2.1　概述 …… 24
2.2.2　三对甲基苯氧基二氯化钼 …… 25
2.2.3　三(2,4-二叔丁基-6-甲基酚氧基)二氯化钼 …… 28
2.2.4　三壬基苯氧基二氧化钼 …… 31

2.2.5 不同结构酚配体对催化活性的影响比较 …… 32
2.3 钨、钼膦配合物的制备及其催化 DCPD 聚合 …… 34
2.3.1 有机膦配位催化剂的应用 …… 34
2.3.2 钨-三苯基膦系列配合物 …… 36
2.3.3 钼-三苯基膦系列配合物 …… 49
2.3.4 $W(Ph_2PR)_2Cl_6$配合物 …… 59
2.3.5 配合物的稳定性 …… 82
参考文献 …… 85
第3章 双环戊二烯共聚改性 …… 89
3.1 概述 …… 89
3.1.1 共聚改性目的 …… 89
3.1.2 共聚方法 …… 89
3.1.3 经典双组分催化共聚 …… 90
3.2 PDCPD/PS 互穿聚合物网络 …… 91
3.2.1 互穿聚合物网络的制备 …… 91
3.2.2 转化率与结构表征 …… 91
3.2.3 双催化剂体系对 DCPD/PS 混合单体的聚合实验验证 …… 92
3.2.4 温度对聚合的影响 …… 92
3.2.5 苯乙烯及 BPO 含量对聚合的影响 …… 93
3.2.6 单催化剂体系聚合实验验证 …… 94
3.2.7 红外光谱分析 …… 96
3.2.8 差示扫描量热分析 …… 98
3.2.9 热失重分析 …… 98
3.2.10 微观形貌分析 …… 99
3.2.11 力学性能 …… 99
3.3 双环戊二烯与溴代苯乙烯的共聚反应 …… 100
3.3.1 溴代苯乙烯单体的红外光谱分析 …… 101
3.3.2 溶解性测试 …… 101
3.3.3 催化剂用量对双环戊二烯/溴代苯乙烯体系聚合的影响 …… 102
3.3.4 溴代苯乙烯含量对聚合的影响 …… 102
3.3.5 共聚物红外光谱分析 …… 103
3.3.6 共聚物微观形貌分析 …… 104
3.3.7 共聚物力学性能 …… 104
3.4 萜烯与双环戊二烯的共聚反应 …… 106
3.4.1 萜烯 …… 106
3.4.2 萜烯与双环戊二烯共聚物制备方法 …… 111
3.4.3 双环戊二烯/萜烯的共聚合反应 …… 111
3.5 双环戊二烯/亚乙基降冰片烯的共聚合反应 …… 117
3.5.1 亚乙基降冰片烯 …… 117
3.5.2 PDCPD-ENB 共聚物的制备 …… 117

参考文献 …… 121
第4章 双环戊二烯聚合共混改性 …… 124
4.1 概述 …… 124
4.1.1 高分子共混改性 …… 124
4.1.2 高分子共混改性方法 …… 124
4.1.3 高分子共混相容性 …… 125
4.1.4 改善高分子共混体系相容性的方法 …… 125
4.1.5 互穿聚合物网络 …… 125
4.1.6 聚双环戊二烯共混改性 …… 126
4.2 EVA与双环戊二烯的聚合共混改性 …… 128
4.2.1 EVA-PDCPD聚合共混物制备与表征 …… 128
4.2.2 EVA对聚合反应的影响 …… 129
4.2.3 EVA对力学性能的影响 …… 130
4.2.4 PDCPD/EVA共混结构表征 …… 132
4.3 卤化高分子与双环戊二烯的聚合共混改性 …… 137
4.3.1 CPP改性PDCPD …… 137
4.3.2 CPE改性PDCPD …… 139
4.3.3 BPS改性PDCPD …… 142
参考文献 …… 146
第5章 无机粒子改性PDCPD …… 148
5.1 概述 …… 148
5.1.1 无机填料的表面改性 …… 148
5.1.2 无机填料改性PDCPD的要求 …… 149
5.2 蒙脱土改性PDCPD复合材料 …… 149
5.2.1 PDCPD/OMMt纳米复合材料制备方法 …… 149
5.2.2 复合材料表征与测试 …… 150
5.2.3 蒙脱土负载主催化剂 …… 150
5.2.4 反应条件对聚合反应的影响 …… 151
5.3 介孔分子筛改性PDCPD …… 158
5.3.1 概述 …… 158
5.3.2 PDCPD介孔分子筛复合材料 …… 160
5.3.3 介孔分子筛的制备及改性 …… 162
5.3.4 催化剂负载与分散对介孔分子筛结构的影响 …… 164
5.3.5 反应条件对凝胶速率的影响 …… 167
5.3.6 复合材料的结构与性能 …… 169
5.4 PDCPD/$CaCO_3$纳米复合材料 …… 173
5.4.1 制备方法 …… 173
5.4.2 力学性能 …… 174
5.4.3 复合材料动态力学分析 …… 176

5.4.4 复合材料热失重分析 …… 177
参考文献 …… 177
第6章 纤维增强PDCPD复合材料 …… 178
6.1 纤维增强PDCPD复合材料进展 …… 178
6.1.1 玻璃纤维增强PDCPD复合材料 …… 178
6.1.2 碳纤维增强PDCPD复合材料 …… 179
6.1.3 聚乙烯纤维增强PDCPD复合材料 …… 179
6.1.4 不锈钢纤维增强PDCPD复合材料 …… 179
6.2 PDCPD/碳纤维复合材料 …… 180
6.2.1 碳纤维的表面处理 …… 180
6.2.2 PDCPD/碳纤维复合材料制备方法 …… 180
6.2.3 表征与测试方法 …… 180
6.2.4 碳纤维表面改性及其PDCPD/碳纤维复合材料 …… 181
6.2.5 复合材料的力学性能 …… 184
6.3 PDCPD/芳纶浆粕复合材料 …… 186
6.3.1 芳纶浆粕的表面处理方法 …… 187
6.3.2 芳纶浆粕增强PDCPD复合材料制备方法 …… 188
6.3.3 表征与测试 …… 188
6.3.4 芳纶浆粕的表面改性效果 …… 188
参考文献 …… 193
第7章 阻燃聚双环戊二烯材料 …… 195
7.1 阻燃聚双环戊二烯材料概述 …… 195
7.1.1 PDCPD的燃烧 …… 195
7.1.2 PDCPD阻燃剂的要求 …… 195
7.1.3 PDCPD的阻燃方法 …… 196
7.2 溴化聚苯乙烯阻燃PDCPD …… 197
7.2.1 阻燃型PDCPD/BPS的制备 …… 197
7.2.2 阻燃性能的测试 …… 197
7.2.3 BPS对PDCPD材料阻燃性能的影响 …… 198
7.3 氯化聚烯烃阻燃PDCPD …… 203
7.3.1 氯化聚烯烃 …… 203
7.3.2 PDCPD/CPP、PDCPD/CPE材料的制备方法 …… 204
7.3.3 水平垂直燃烧 …… 204
7.3.4 复合材料的氧指数 …… 207
7.4 介孔分子筛阻燃聚双环戊二烯材料 …… 209
7.4.1 介孔分子筛阻燃聚双环戊二烯材料的制备方法 …… 209
7.4.2 介孔分子筛阻燃聚双环戊二烯材料的阻燃性能检测方法 …… 209
7.4.3 介孔分子筛阻燃聚双环戊二烯材料的阻燃性能 …… 209
7.5 氢氧化铝阻燃PDCPD …… 213

7.5.1 氢氧化铝阻燃剂概述 …… 213
7.5.2 PDCPD/ATH 阻燃材料制备方法 …… 213
7.5.3 PDCPD/ATH 阻燃材料性能 …… 214
7.6 反应型 PDCPD 阻燃 …… 215
7.6.1 三溴苯乙烯阻燃 PDCPD …… 215
7.6.2 丙烯酸五溴苄酯阻燃 PDCPD …… 216
参考文献 …… 218

第8章 发泡聚双环戊二烯 …… 219

8.1 概述 …… 219
8.1.1 泡沫塑料的定义与分类 …… 219
8.1.2 热固性泡沫塑料 …… 220
8.1.3 制备 PDCPD 泡沫材料 …… 229
8.2 聚双环戊二烯化学发泡 …… 230
8.2.1 发泡剂 …… 230
8.2.2 发泡工艺 …… 230
8.2.3 泡沫材料制备 …… 230
8.2.4 考察因素 …… 231
8.2.5 表征方法 …… 231
8.3 泡沫材料性能及影响因素分析 …… 234
8.3.1 发泡剂的选择 …… 234
8.3.2 前沿聚合发泡和同步聚合发泡比较 …… 235
8.3.3 聚双环戊二烯泡沫成型影响因素 …… 237
8.3.4 聚双环戊二烯泡沫性能 …… 242
8.4 聚双环戊二烯/纳米碳酸钙/丁苯橡胶泡沫复合材料 …… 243
8.4.1 三元复合泡沫材料的内部微观结构 …… 243
8.4.2 泡沫复合材料的力学性能 …… 244
参考文献 …… 250

第1章 绪论

1.1 聚合原料来源

聚双环戊二烯（polydicydopentadiene，简称PDCPD）是由主要来源于石油炼制中的C_5馏分和C_9馏分聚合而成。一般以石脑油或轻柴油为裂解原料的C_5馏分产率较高，石脑油作裂解料时C_5产量约为乙烯产量的12%～15%，双环戊二烯在C_5馏分中的含量一般为15%～22%。由于C_5馏分中组分较多，各组分沸点比较接近，相对挥发度小，相互之间还能产生共沸，采用普通分离方法很难得到高纯度DCPD。C_9馏分中双环戊二烯的含量高于C_5中含量，但组分更为复杂，必须采用先进的分离工艺技术才能得到高纯双环戊二烯。

1.2 聚合催化剂

开环易位催化剂是制备聚双环戊二烯材料的关键，其活性、稳定性以及成本等因素影响着所制备材料的结构与性能，也决定着催化剂的工业应用价值。

目前，DCPD的开环易位聚合广泛使用的催化剂可以分为两种，分别是经典双组分催化剂和单组分催化剂[1]。

1.2.1 经典双组分催化剂

经典催化剂通常是双组分的催化剂：第一组分（主催化剂）为W、Mo、Ru、Ti、Re等的配合物；第二组分（助催化剂）是Al、Mg、Sn、Zn、Si等[2]的金属有机化合物。主催化剂对金属卡宾的形成起决定作用，助催化剂则可促进卡宾的形成，提高催化活性。为了提高单体转化率，也可添加第三组分作调节剂[3]，如氧气、醇、酚、BF_3等。WCl_6和$MoCl_5$与取代酚反应产物是目前工业上应用较多的主催化剂[4,5]。

经典双组分催化剂环境稳定性较差，主催化剂遇空气、水汽易失活；助催化剂遇空气自燃，危险性较大。但该类催化剂成本较低，工艺性较好，是目前普遍使用的催化剂。

1.2.2 单组分催化剂——金属卡宾和金属烷基烯

金属卡宾（metal carbenes）和金属烷基烯（metal alkvlidenes）的分子结构中实际含有卡宾部分，只需加热，而不需要助催化剂协助即可产生卡宾活性种。该类催化剂活性很高，环境稳定性好，但价格昂贵，且工艺性不好。因此，在工业上没有得到广泛应用[6,7]。

1.3 双环戊二烯聚合工艺

1.3.1 双环戊二烯反应注射成型工艺

双环戊二烯开环中降冰片烯环的张力很大，在催化剂作用下可开环易位聚合（ring-opening metathesis polymerization，ROMP）得到聚双环戊二烯。由于环张力的释放，聚合反应是一个快速的强放热过程，绝热条件下升温可达到160℃。在常温下，催化剂能迅速引发聚合反应，整个反应过程不到5min，交联的聚合物能在模具中固化，整个聚合过程中无副产物产生[8~10]。

图1-1是聚双环戊二烯反应注射成型（PDCPD-RIM）的一般工艺流程图。

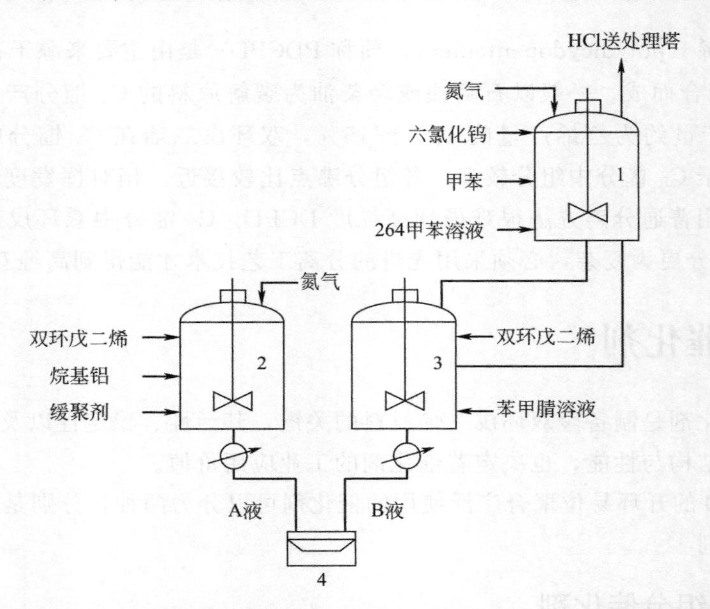

图1-1 聚双环戊二烯反应注射成型（PDCPD-RIM）的一般工艺流程图

1—催化剂制备槽；2—活化槽；3—催化剂贮槽；4—混合器头

1.3.2 聚双环戊二烯成型工艺特点

① 反应速度快 DCPD的聚合是按开环易位聚合机理进行，属放热反应，即使不加热，在催化剂的作用下，反应一旦引发，聚合反应也能在瞬间完成。

② 单体黏度低 液态DCPD的黏度很低（约0.3Pa·s），可以在短时间内充满模具，使其特别适合制造大型且形状复杂的制品。

③ 引发聚合时间可调 根据制件的大小，可以控制聚合反应开始的时间，这就使得有充分的时间混合、充模。

目前工业生产中一般采用双组分催化剂。在成型过程中，将原料分为A、B两组分，A组分包括DCPD、助催化剂、调节剂、添加剂，B组分包括DCPD、主催化剂、调节剂、添加剂。精确计量后，将A、B液在混合器头中快速混合均匀，注入预热好的模具，在极短的时间内引发聚合反应，生产出大型的或形状复杂的制件。

1.3.3　聚双环戊二烯成型工艺优点

和其他成型工艺相比，PDCPD-RIM 工艺有以下几个优点。

① 计量精度要求较 PU-RIM 低。

② 原料体系黏度低，可控制诱导期，适合做大型形状复杂制品及增强 RIM 制品。

③ 加工时不需要脱模剂。

④ 做增强制品时，表面质量好，涂装时无需清洗，也不必打底漆。

⑤ 制品性能优于 PU-RIM 制品，而设备投资和动力消耗较 PU-RIM 低。

⑥ 后处理简单，制品出模后无需后固化。

1.3.4　聚双环戊二烯的环境友好性

PDCPD 作为一种新型的工程塑料，不仅具有优异的性能，更值得注意的是其不论是加工工艺还是最终的制品，都具有显著的环境友好性。DCPD-RIM 单体体系的黏度低、流动性好，成型时不需要很高的锁模压力，而 DCPD 的聚合反应又属于放热反应，成型时不需要高模温，因此，PDCPD 制品的加工过程能耗极低，在原材料制备和成型加工的过程中所需要的能量远远低于聚碳酸酯、ABS、聚丙烯等传统的工程塑料（见图 1-2）。据统计，每生产 1kg PDCPD 制品所需的能量仅为生产同等质量的聚丙烯制品的 1/4，聚碳酸酯的 1/10。在温室气体排放方面，根据 Tenele® 提供的数据，2008 年每生产 1kg PDCPD 制品，CO_2 的排放量约为 2.4kg；2015 年每生产 1kg PDCPD 制品，CO_2 的排放量仅为 1kg 左右。而采用注射成型工艺，在 2008 年每生产 1kg 的 ABS 或 PC，CO_2 的排放量高达 7.2kg，虽然在 2015 年降低为 4.1kg 左右，但是总 CO_2 排放量仍是 PDCPD 制品的 4 倍（见图 1-3）。在回收利用方面 PDCPD 的环境友好性也同样得以体现，PDCPD 制品的废料和废弃物仍可以再次加工粉碎造粒，作为热塑性塑料如 PP、PE 的填料循环利用。也可以进行裂解生成油气而得到再生利用，PDCPD 制品应用于交通运输等领域时，可以减轻车身重量，从而大大提高燃油经济性，节省燃油，降低排放。

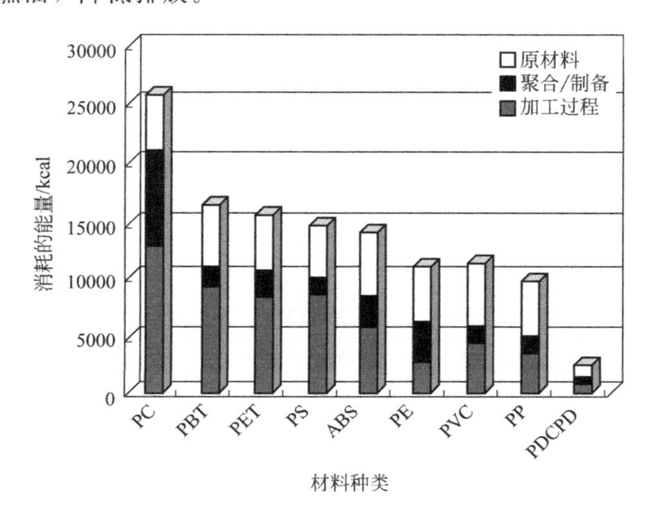

图 1-2　每千克聚合物生产所消耗的能量

（注：1cal＝4.2J）

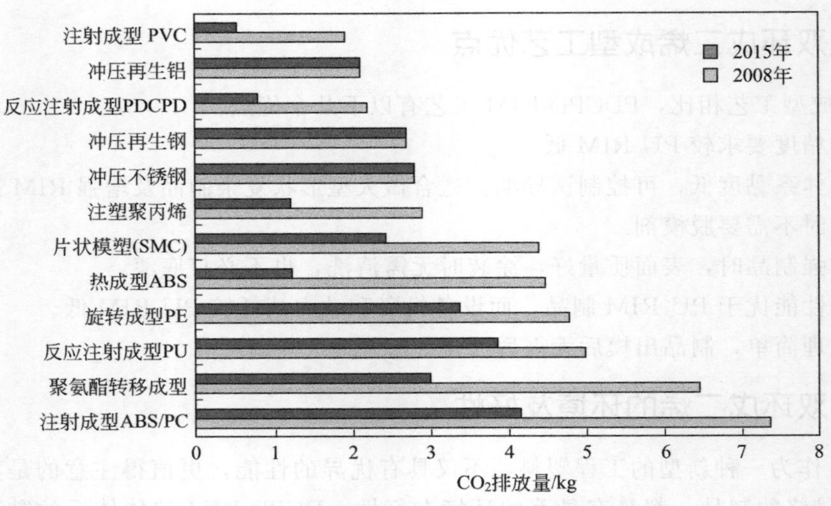

图 1-3 不同加工工艺的温室气体排放量

1.4 聚双环戊二烯性能及特点

双环戊二烯单体在金属卡宾类催化剂的作用下，通过开环易位聚合成为一种新型的热固性工程塑料。这种材料密度低（1.03g/cm³），有利于制品轻量化，并具有较强的刚性、高抗冲击性，优异的热稳定性、抗蠕变性、耐磨、耐酸碱腐蚀的能力以及卓越的涂饰性，在－40～160℃的范围内均能保持良好的力学性能，是一种综合性能优越的热固性工程塑料。其具体性能特点见表 1-1～表 1-3。

表 1-1 PDCPD 性能特点

性能	具体内容
力学性能优异	力学性能平衡性好，兼具高抗冲击强度和高弯曲模量，较尼龙和聚氨酯好。同时，可实现制品形状的自由设计且成型周期自由调整，使其特别适合作表面饰件和结构性部件
耐化学品性、耐酸碱性以及耐水性能	具有极好的耐腐蚀性，特别耐酸和耐碱，适宜制作有耐腐蚀要求的工件；对水无亲和作用，耐水性能很好
耐候性	低温特性好，物性变化不易受温度影响，即使在低温环境（－30℃）下也不发脆，适合制造用于低温环境的工件
表面涂饰性、电绝缘性以及使用性能	涂饰性卓越，成型后能在表面形成氧化膜，对涂料的附着性好，也能进行电镀；电绝缘性能良好；密度低，在 23℃时，PDCPD 制件的密度是 1.04g/cm³；同时，加入阻燃组分，可以实现其阻燃性

表 1-2 Hercules 公司 METTON® 系列产品性能

性能		单位	ASTM 标准	PDCPD	玻璃纤维增强 PDCPD
密度		g/cm³	D792	1.03	1.25
弯曲模量		MPa	D790	179	500
弯曲强度		MPa	D700	7.2	13.4
拉伸强度		MPa	D638	4.5	7.5
拉伸模量		MPa	D638	165	482
冲击强度（悬臂梁）	25℃	J/m	D256	478	584
	－40℃	J/m	D256	159	584
热变形温度（1.92MPa 载荷）		℃	D648	110	145

表 1-3　PDCPD-RIM 材料与常见树脂性能比较（23℃，未增强）

材料	悬臂梁缺口冲击强度/(J/m)	弯曲模量/MPa	热变形温度/℃	密度/(g/cm^3)
Patten1500	400	1667.2	120	1.01
METTON1530	440	1965.1	102	1.01
Telene(标准)	490	1792.7	110	1.03
聚氨酯 RIM		196.1～686.5	90	
尼龙 RIM	530	1373.0	73	1.13
尼龙 66	40	2844.0	60	1.14
聚酯(PBT)	52	2353.7	58	1.31
聚碳酸酯(PC)	100～900	2255.6	132	1.20
聚甲醛(POM)	65	2549.8	110	1.41

1.5　聚双环戊二烯的应用领域

聚双环戊二烯同时具有高模量、高抗冲击性和高抗蠕变性，与其他工程塑料相比，显示出优良的综合力学性能。鉴于此种优势，聚双环戊二烯制品有取代金属和其他工程塑料的趋势，市场应用主要有以下行业。

① 交通车辆轻量化：乘用车覆盖件、内饰、空调罩，工程车覆盖件。

② 大型电气设备壳体：大型医疗检测设备外壳，电器控制柜外壳等。

③ 体育娱乐：摩托雪橇、冲浪板、高尔夫球车等。

④ 轻量化物流工具：集装箱、托盘、保温冷藏车厢。

⑤ 环保化工容器与管道：氯碱行业，电解、电镀行业，耐腐蚀管道，耐腐蚀洗涤塔等。

⑥ 其他：洗浴卫生设备，楼顶游泳池。

1.6　聚双环戊二烯改性

随着科学技术和经济社会的发展，高分子材料的应用日益广泛，人们对高分子材料性能的要求也越来越高。希望高分子材料既耐高温，又易于成型加工；既要求高强度，又要求韧性好；既具有优良的力学性能，又具有某些特殊功能等。显然，单一的高分子材料是难以满足这些高性能化要求的。同时，要开发一种全新的材料也不容易，不仅时间长、耗资大，而且难度也相当高。面对高分子材料的需求增长和世界性的能源危机所造成的原料短缺、价格上涨，人们不得不去寻找解决问题的新出路。相比之下，利用已有的高分子材料进行改性制备高性能材料，不仅简捷有效，而且也相当经济。20 世纪 60 年代以来，聚合物改性技术迅速发展起来，通过化学改性、共混改性、填充改性、纤维增强与表面改性等，使不同聚合物的特性优化组合于一体，使材料性能获得明显改进，或赋予原聚合物所不具有的崭新性能，为高分子材料的开发和利用开辟了一条广阔的途径。PDCPD 材料尽管具有相对好的综合性能，但是对某些领域里的特殊要求还是不能胜任，因而，还需要对其进行改性。以下将对 PDCPD 材料的改性及应用研究进展进行论述。

1.6.1 催化共聚改性

双环戊二烯经开环易位聚合得到的聚双环戊二烯是一种新型的性能优异的工程塑料，已经成为高分子材料领域研究的热点。利用 DCPD 的开环易位聚合同步制备互穿聚合物网络的方法具有很强的可设计性，并且产物具有多样性。通过选择单体种类、组成比例或同时使用多种乙烯基单体可形成不同结构的互穿网络聚合物，有可能得到具有特种性能的聚合物合金，从而可进一步扩展聚双环戊二烯材料的性能。

Khasat NP 等[11]在研究中采用可以开环易位聚合的环烯烃如降冰片烯、环戊烯、茚等与 DCPD 单体混合，制备出新型的共聚材料，得到的材料冲击强度提高了 74%，原因是引入的这些共聚单体在聚合过程中影响了 PDCPD 的交联使得材料的冲击强度得到提高。Hara S 等[12]在专利中专门研究了一系列可以开环易位聚合的单体与 DCPD 共聚，如环戊二烯、环辛二烯、1,5-己二烯等，这些单体多为液态单体，由于这些单体的加入不仅能够降低 DCPD 单体的凝固点，同时在聚合过程中这些单体开环后形成链状嵌段共聚物，虽然一定程度上降低了 PDCPD 的交联度，但材料的冲击性能得到了极大的提高。

1.6.2 共混聚合改性

由于 PDCPD 是一种热固性高分子，不能像其他高分子一样采用熔融共混法进行改性，而只能将另一种高分子先溶于 DCPD 中而后再进行聚合。因为溶于其中的高分子在 DCPD 聚合的同时即与 PDCPD 进行过了共混，因此该过程被称为共混聚合。但是，因可溶于 DCPD 的聚合物不多，所产生共混改性物也比较少。

一般来说，乙烯与其他烯烃的共聚物、烯烃类热塑性弹性体以及一些非极性合成橡胶等基本都可以溶于 DCPD 形成均相溶液。

乙烯与其他烯烃的共聚物包括两类，分别为乙烯与 α-烯烃和极性单体的共聚物。乙烯与 α-烯烃共聚物包括乙烯-丙烯、乙烯-丁烯、乙烯-辛烯、乙丙三元共聚物等；乙烯与极性单体的共聚物包括乙烯-醋酸乙烯酯、乙烯-丙烯酸酯类。

聚烯烃类热塑性弹性体：烯烃类（TPES），热塑性聚烯烃（TPOS），弹性体改性聚丙烯（EMPPS）等。

非极性合成橡胶：异戊橡胶（IPR）、丁苯橡胶（SBR）、顺丁橡胶（BR）、苯乙烯-丁二烯嵌段共聚物（SBS）等。

此外，一些环烯烃与单烯烃的共聚物（COC）也可用于 PDCPD 的共混聚合改性。

将上述聚合物溶解在 DCPD 中，然后在一定条件下催化 DCPD 聚合制备互穿网络结构聚合物，这种结构的聚合物不仅能够起到很好的增韧效果，同时材料的拉伸强度和热稳定性都不会受到影响。原因是弹性体存在于 PDCPD 材料的网格中间，使复合材料的冲击强度增大，热变形温度有了一定的提高，同时因为弹性体分子链与 PDCPD 间的协同作用使得其弯曲强度和冲击强度并未有明显下降，起到了改性的目的。

1.6.3 无机填料改性

无机填料改性聚合物不但能降低成本，还能提高聚合物的刚度、硬度、模量、冲击韧性和热变形温度等。按尺寸大小分，无机填料可分为微米级填料和纳米级填料。与传统的微米级填料相比，纳米级填料因其表面体积比高而具有更大的优越性，从而引起科研工作者的极大关注。纳米级填料尺寸与微米级填料尺寸相比，更接近聚合物基质的大分子尺寸，因此纳米级填料作为改性剂，其表现就大为不同。

原则上，能用于一般熔融共混的无机填料也都可以用于 PDCPD 的改性。但对于采用双组分开环易位催化剂来说，一些含有结晶水或含有活泼氢的填料不能采用，因为可能与烷基金属反应而失去活性；再者，又因采用反应注射成型工艺，其设备对体系的黏度与粒子尺寸的大小都有限制。

可用于 PDCPD 改性的无机填料一般有：插层蒙脱土、碳纳米管、石墨及石墨烯、纳米碳酸钙、纳米二氧化硅、二硫化钼等。

1.6.4 纤维改性

纤维具有韧性好、强度高、耐高温、耐腐蚀等优点，常被用于聚合物的增强增韧方面。随着工业化生产的发展，纤维增强的复合材料在工程和生活中得到越发广泛的应用。

一般来说，常见的纤维都能用于 PDCPD 的增强。见于文献报道的有：碳纤维、超高分子量聚乙烯纤维、芳纶纤维、玻璃纤维、不锈钢纤维等。

1.6.5 阻燃改性

PDCPD 是由含不饱和双键的烃类构成，十分易燃，一旦点燃后将会连续燃烧，影响其在某些方面的应用，因而需要改性，增强其阻燃性能。对 PDCPD 进行阻燃研究，首先要考虑以下几个基本因素：

① 阻燃剂不会与 DCPD 发生反应，不能发生析出和迁移效应；

② 阻燃剂不会与开环易位催化体系反应；

③ 阻燃剂应该长久保持其阻燃作用；

④ 阻燃剂不应具有毒性，燃烧时不能产生毒性和腐蚀性气体。

虽然用于聚合物的阻燃剂有许多种类，但不适用于聚双环戊二烯 RIM 工艺。液体阻燃剂将会延迟或阻碍双环戊二烯的聚合。固体阻燃剂存在着与易位聚合催化体系相容性差的问题，且同催化剂发生反应，抑制和阻碍双环戊二烯的聚合。因此在聚双环戊二烯 RIM 工艺中使用的阻燃剂必须同易位聚合催化剂体系化学相容，不阻碍双环戊二烯的聚合。固体阻燃剂还必须能均匀地分散于双环戊二烯单体中，形成可用泵输送的反应物料液，不妨碍 RIM 工艺中的物料输送。

考虑以上因素，通常采用三类阻燃改性方法。一是采用能与 DCPD 共聚的可聚合有机小分子阻燃剂，共聚后阻燃剂均匀分散在基体中，得到阻燃性 PDCPD 材料；二是添加含卤元素或磷元素且可溶于 DCPD 的高分子，采用共混聚合的方法生成一种互穿网络型的阻燃性 PDCPD；三是采用无机阻燃剂，包括含卤和无卤阻燃剂，并结合协同增效剂，预先进行混合研磨使其混合均匀并达到适合的粒度。

1.6.6 泡沫材料

PDCPD 发泡是近几年出现的一种新技术。PDCPD 泡沫材料比起其他发泡材料来说具有较高的强度与热稳定性，而且制品成本低廉，具有广阔的发展前景。

PDCPD 发泡既可以采用物理发泡，也可以采用化学发泡。但由于聚合体系与成型方法的限制，可选择的方法相对较少。

1.7 聚双环戊二烯行业概况

1.7.1 国外生产企业

在美国有两家 PDPCD-RIM 材料供应商，一个是 1995 年从美国大力神（Hercules）公司收购 METTON 业务的美国 METTON 公司，另一个是 Telene 公司。Telene 公司是 2000 年由美国的百路驰（BFGoodrich）公司与美国德克萨斯州的高级聚合技术公司（APT）组成的合资公司，现在 Telene 的业务由 Cymetech 公司经营，这是一家由 APT 公司与斯特林公司合资的、由个人投资控股的公司。

METTON® 和 Telene® 是 PDCPD 材料在欧洲和日本市场的注册品牌。和当前卡车与拖拉机等大型机械制造商热捧 PDCPD 产品的情况相比，之前的 Telene® 主要应用在氯碱化工行业的反应池和防腐覆盖件上，使用的 PDCPD 部件达到 10 英尺长、4 英尺宽、3 英尺高，重达 500～1000 磅（1 英尺＝0.3048m，1 磅≈0.45kg，下同）；另一个工业应用是小口径的无筋管道。此外，PDCPD 新的用途是有 A 级表面精度要求的拖拉机外部构件和皮卡车后包围覆盖件，这些也都是大型的、甚至超过 8～10 英尺长和 100～125 磅重的部件。

派拉蒙（Paramont）公司专业从事 PDCPD 模具开发有超过 12 年的经验，拥有 16 台可制作 12 英尺×12 英尺大型制品的 RIM 成型设备，该公司于 20 世纪 90 年代初进军 PDCPD 领域，开始是制造 275 加仑（1 加仑＝3.785L，下同）和 355 加仑的危险废弃物的容器。从 1995 年起，派拉蒙公司就专注大型卡车零部件业务，该业务占其整个业务的 80%。他们给国际上重要的原始设备制造商提供 PDCPD 制品，如肯沃斯、沃尔沃、麦克、皮特比尔以及福莱纳等知名公司。除了驾驶室，制品涵盖所有的外围覆盖件，包括：侧底板、顶部导流罩、挡泥板、遮阳板、保险杠、挡风板以及现在的引擎盖等。国际卡车公司的 9900 型卡车和肯沃斯公司的 W900L 型卡车的引擎罩都是派拉蒙公司制作的，每辆卡车的 PDCPD 制品总重量达到 300～500 磅：发动机罩是 120～158 磅，保险杠 35 磅，导流罩每个 17 磅，侧底板每片 10～15 磅，遮阳板 10～15 磅，顶棚导流罩 60～80 磅。派拉蒙公司的另外 20% 的业务是农用和施工机械的发动机罩、挡泥板和门外饰件，以及体积范围在 10 立方英尺的大型电子橱柜等。

美国俄亥俄州韦斯特莱克的 GI 普莱公司，是一个专注于农用和施工机械、有着多年 PDCPD-RIM 经验并正在探索更多应用领域的公司。该公司位于爱荷华州德威特的新工厂里，装备了多台 PDCPD-RIM 成型机。GI 普莱公司 PDCPD 的应用还包括约翰迪尔公司农用拖拉机的挡泥板。其他应用包括运输车辆发动机的底盘、变速箱及其售后配件等。著名的北极猫和北极星牌摩托雪橇均使用了 PDCPD 部件。该公司还开发出具备更高的抗冲击性能和更好的热变形温度的部件，如反铲挖掘机和轮式装载机的挡泥板及发动机罩等，PDCPD 制品在这个方面的应用主要是替代金属材料和 SMC 材料。

美国还有几家较小的 PDCPD 制品公司。印第安纳州艾尔克哈克的全球玻璃钢公司，在 1990 年用 PDCPD 制造了箱式货车的箱体板；密歇根州的罗密欧 RIM 公司，为农用车和重型卡车制作 PDCPD 外围部件；俄亥俄州的瑞科特公司，重点研究 PDCPD 在铁路路枕上的应用；密歇根州的默里迪恩汽车系统公司，在北卡莱罗纳州索尔兹伯里的第一个 PDCPD 业务就是制造重型卡车部件；其他的有 PDCPD-RIM 成型技术和模具制作经验的公司还有堪萨斯的奥斯本工业公司和密歇根的3Q奥尔曼帝公司。

PDCPD产品在欧洲最令人兴奋的应用是为沃尔沃卡车公司、卡特皮勒公司和约翰迪尔公司的重型车辆生产PDCPD部件。清洗行业的大型水管配件也是未来潜在的市场。

在日本，大部分的PDCPD应用是作为大型的污水处理池（440磅及以上）以及汽车保险杠。

1.7.2 国内聚双环戊二烯研发与应用概况

20世纪90年代开始，国内一些科研机构先后跟踪国际前沿，开始了PDCPD材料方面的探索，进行了实验室研究，主要研发机构有湘潭大学、天津大学、黎明化工研究院、中油海科燃气有限公司、西北工业大学和河南科技大学等。由于我国的石化产业相对落后，原料DCPD产量很少，加上国内市场对PDCPD-RIM制品基本没有需求。或者，也由于PDCPD技术长期被美日垄断，原料提纯技术和模具工艺设计等受到制约，导致推广应用的成本较高，中国在该领域的发展缓慢，市场认知度也不高，国内对于DCPD应用研究和PDCPD-RIM技术开发研究进展缓慢。

进入21世纪，随着我国石油化工行业的发展，我国石化生产中的C_5馏分产量逐年增加，已可满足PDCPD-RIM制品生产的需求。国内对聚双环戊二烯材料性能和应用的认识也逐步深入，应用需求越来越多。特别是2010年前后，河南科技大学的PDCPD新材料研究获得了河南省创新人才科技专项的资助，该领域的研究取得了长足的进步。经过多年的探索，河南科技大学在包括原料改性、新型催化剂合成、反应注射成型工艺和设备改进方面进行了广泛研发，已开发出了高强、高韧、阻燃、发泡等高性能PDCPD复合材料，研究水平处于国内领先；已获得发明专利30多项，发表论文30多篇，硕士论文20篇，出版著作2部。

国内多家公司采用日本PIMTECH株式会社生产的DCPD组合料生产PDCPD-RIM制品，制品涉及汽车、环保等领域。目前，国内较大用户是青岛鸿利新材料有限公司、广西柳州森辉机械有限公司等。2017年国内用量接近2000t，2018年预计达到2500t。长沙特种玻璃钢有限公司经过多年努力，已开发出了适于工业化生产的PDCPD组合料，已在三一重工股份有限公司的工程机械覆盖件和湖南华强电器股份有限公司的大型汽车空调罩上得到成功应用。

1.7.3 聚双环戊二烯行业前景

从全球市场来看，美国、日本等国已实现聚双环戊二烯的工业化生产，目前美国与日本聚双环戊二烯产量占据全球市场份额的95%以上。2007～2016年美国聚双环戊二烯产量年均增长率2.9%，2012～2016年日本聚双环戊二烯产量年均增长率达6.7%，相比2009年之前的10%以上高速增长有所放缓。2016年全球聚双环戊二烯产量已突破7万吨。

由于PDCPD制品的原料DCPD是石油、柴油裂解制乙烯的副产物C_5馏分，随着国内乙烯大型项目的投产，我国双环戊二烯的产量及品质将会有较大的提高，PDCPD原料将供给充足。而近几年，我国市场对PDCPD产品的需求也在以平均每年46.2%的增长率增长。因此，PDCDP制品行业具有巨大的潜在市场，加强国内PDCPD制品原料及生产技术的研发及推广势在必行。

并且随着环境保护意识的增加以及玻璃钢制品的固有不足，玻璃钢制品正面临着被淘汰的局面。PDCPD 的优良性能和绿色生产工艺是玻璃钢的最佳替代品。目前，有很多玻璃钢制品厂商正在寻求方面的技术支持，相信在不长时间里 PDCPD 材料的需求会有一个显著的增长。

参 考 文 献

[1] Gita B，Sundarerejan G. J Molecular Catalyst A：Chem. 1997，(115)：79.

[2] K. J. Ivin，Olefin Metathesis，Academic Press，London，1983，

[3] Reter Schwab，Robert H Grubbs. J Am Chem Soc. 1996，(118)：110.

[4] Rreslow D S. Prog Polym Sci，1993，18：1141.

[5] Van Dam P B，Mittelmeijer M C and Boetterties C. J Am Chem Soc，1976，98：4698.

[6] Trnka T M，Grubbs R H. Acc Chem Res，2001，34 (1)：18. Hong S H，Grubbs R H. J Am Chem Soc，2006，1 (28)：3508.

[7] Soon Hyeok Hong，Robert H Grubbs. J A Chem Society，2006，128 (11)：3508. Schrock R R. Chem Rev，2002，102 (1)：145.

[8] Nguyen，S. J Am. Chem. Soc，1992，114：3974.

[9] Liu J F，Zhang D F，Huang J L. *J Molecular Catalysis A*：*Chemical*，1999，142：301.

[10] Brumaghim J L and Gregory S. Girolami，1999，18：923.

[11] Khasat N P，Leach D. US 5480940. 1996.

[12] Hara S，Endo Z I，Mera H. US 5068296. 1991.

第 2 章　开环易位催化体系

2.1　双环戊二烯开环易位聚合反应催化体系

2.1.1　双组分开环易位聚合反应催化剂

对 DCPD 开环易位聚合影响最大的就是催化剂的选择，目前应用最为广泛的催化剂有两大类：一类是双组分开环易位催化剂，有主催化剂和助催化剂两种组成，两者发生原位反应生成活性种金属卡宾；另一类是金属卡宾和次烷基化合物，该类催化剂自身就含有卡宾部分，如 Schrock 催化剂和 Grubbs 催化剂，因不需助催化剂即可催化聚合，也称为单组分催化剂。双组分催化剂暴露在环境中容易失活，特别是烷基金属遇空气自燃，使用条件比较苛刻。但成本较低，聚合反应快，工艺性较好。单组分催化剂活性很高，环境稳定性好，但价格昂贵，工艺性较差，规模化生产成本很高，因此难以推广应用。因此，目前在规模化生产中，主要是使用双组分催化剂。

早期使用的 ROMP 催化剂为双组分催化剂，第一组分为过渡金属（如 W、Mo、Rh、Ru 等）的卤化物或氧化物，第二组分为金属有机化合物如 R_4Sn 或 $RAlCl_2$ 等烷基金属或 Lewis 酸。第一组分为主催化剂，它控制催化剂活性中心过渡金属卡宾的数量，对形成的过渡金属卡宾起决定性作用。第二组分为助催化剂，它与第一组分催化剂原位反应生成催化剂活性中心过渡金属卡宾，从而控制催化剂的活性。有时为了提高 DCPD 单体的转化率，也加入第三组分作为促进剂[1]，如 O_2、EtOH、PhOH 等类型的催化剂。

另外，由于双组分催化剂催化 DCPD 聚合具有很高的活性，在未加入助催化剂的情况下，主催化的量达到一定程度，DCPD 也会发生凝胶，因此，通常加入一定量的路易斯碱[2]（如四氢呋喃、苯甲腈等）或螯合剂[3,4]（如乙酰乙酸甲酯、乙酰乙酸乙酯、乙酰丙酮等）等，控制过渡金属活性中心周围的电子云密度，从而调节催化剂的活性。西北工业大学[5]的郭敬采用沸点较高的苯甲腈（190.7℃）很好地控制了反应的进行，使得聚合能够在合适的时间内发生，以便于工业化生产操作。

2.1.1.1　主催化剂

从双组分催化剂的催化活性中心金属卡宾的形成机理可知[6]，主催化剂过渡金属元素的种类及其结构对催化剂的活性起着极其重要的作用。与中心金属离子相连的不同配体对催化剂的活性也有着重要的影响，配体主要是通过电子效应和空间几何效应来影响催化剂的活性。因此，不同的过渡金属和配体所形成的配合物生成的金属卡宾的难易程度及其稳定性不同，也就表现出了不同的催化活性。目前，调节催化剂活性的主要手段是改变过渡金属的种类、配体的种类与结构以及二者的配位方式。

长春工业大学的张浩[7]等制备了含氮和硅的大位阻钨类配合物，考察了经过大位阻配体氨基硅和苯氧基改性后催化剂对聚合反应的影响，配合物结构如下：

$$(CH_3)_2Si[NH-C(CH_3)_3]_2$$

研究结果表明经新配体改性后的催化剂具有很好的单体相溶性，使得催化剂在单体中很好地分散，从而提高催化剂的催化效率。

Zheng Wang 等[8]考察了几种不同的配体对 WCl_6 催化 DCPD 聚合及其产物性能影响，见表 2-1。

表 2-1 不同的配体对 WCl_6 催化 DCPD 聚合及其产物性能影响

配体	凝胶时间/s	产率/%	冲击强度/(kJ/m²)	拉伸/MPa	断裂伸长率/%	弯曲强度/MPa
$C_6H_5-CH_3$	55	94.5	64.3	32.8	1.5×10^2	47.2
$C_6H_5-C(=O)-CH_3$	110	97.1	73.7	35.3	1.4×10^2	43.9
$H_3C-C_6H_2(C(CH_3)_3)_2-OH$	80	96.7	85.7	39.4	1.6×10^2	47.6

从表 2-1 可以看出，三种配体相比较，配体 264（DTBC）对提高 PDCPD 的力学性能具有很明显的效果，原因可能是 264（DTBC）能够协同钨卡宾引发 DCPD 的开环易位聚合。协同作用如下所示：

$$WCl_6 + HO-Ar-CH_3 \xrightarrow{-HCl} Cl_5W-O-Ar-CH_3$$

(DTBC)

$$\downarrow Et_2AlCl$$

$$[W]=CH_2 \quad \cdots \quad H-CH_2 \quad O-Ar$$

在聚合过程中分子内的金属卡宾结构中叔丁基上能够发生氢转移，当这种物质达到一定浓度的时候，金属卡宾就会引发 DCPD 聚合，延缓体系的凝胶时间，从而提高 DCPD 的单体转化率和 PDCPD 材料的力学性能。

Qian 等[9]考察了如下四种含氧配体对 $TiCl_4$ 催化能力的影响（结构式下方数字为聚合反应率）。以 CH_3Li 为助催化剂，研究结果表明，由于氧原子具有很强的配位能力，对含氧配体的 $TiCl_4$ 来说，钛金属卡宾的活性得到了提高，从而提高了催化剂的活性。从四种含氧配体的结构上来分析，由于配体 d 含有活泼 H，易与 CH_3Li 结合而阻碍金属卡宾的生成；c 配体测定氧原子参与了大 π 体系，使得配体对中心金属原子的配位能力减弱，配体 a、b 结构相似，因此 a、b 较 c、d 具有较高的催化活性。同样，多诺・克莱伯特[9]等在相同的实验条件下考察了含氮配体对该体系的影响，可能是由于氮的配位能力不如氧，因此含氮催化剂的催化活性不如含氧催化剂。

$TiCl_4 \cdot 2$[四氢吡喃]　a 92.2%

$TiCl_4 \cdot 2$[1,4-二氧六环]　b 90.3%

$TiCl_4 \cdot 2$[H_3C-呋喃-CH_3]　c 51.7%

$TiCl_4 \cdot 2$[四氢呋喃-CH_2OH]　d 3%

此外，配体的空间位阻效应对配位催化剂的活性也有着很大影响。Liu 等[10]制备了如下 8 种二茂钛化合物，与 CH_3Li 在加热条件下催化 DCPD 开环易位聚合，得到了线型的 PDCPD。比较它们的催化活性可知，配体取代基的链越长，其催化活性越低，原因可能是：①在活性中心金属卡宾形成以后可能被取代基长链所包裹，从而阻碍了金属卡宾与 DCPD 单体的结合；②当取代基链过长时，金属原子被长链缠绕，阻碍了主催化剂与助催化剂的结合，不能够生成金属卡宾活性中心，从而使催化剂失去活性。

1　Cp_2TiCl_2

2　$(HCOCH_2CH_2Cp)(Cp)TiCl_2$

3　$(HCOCH_2CH_2Cp)_2TiCl_2$

4　$(HCOCH(CH_3)Cp)(Cp)TiCl_2$

5　$(HCOCH_2CH(CH_3)Cp)(Cp)TiCl_2$

6　Cp_2TiCl_2（Cp 上取代 $C(CH_3)_2$-$C(CH_3)$-邻甲氧基苯基）

7　(四氢呋喃-CH_2-Cp)$_2TiCl_2$

8　$Cp_2Ti(CH_3)_2$

采用位阻酚和位阻高分子酚做配体目前也备受关注。钨的苯氧化物或酚盐在有机助催化剂的作用下能够很好地催化 DCPD 开环易位聚合。WCl_6 与酚发生配位后能够提高自身的稳定性，同时对于一些含有供电子基团的酚能在一定程度上增加钨原子周围的电子云密度，金属钨卡宾络合物的稳定性会有所提高，从而提高催化剂的催化效率，同时还能改善聚合物的力学性能。对于线型的位阻酚，能够在取代 WCl_6 上的氯后把 W 固定在两个酚基团之间，从而又形成了 π 键，使得钨卡宾更为稳定。

Hong Li 等[11]用 WCl_6-Et_2AlCl 和（WCl_6-PhCOMe)-Et_2AlCl 催化 DCPD 开环易位聚合。含有苯乙酮（L）配体的催化剂比不含苯乙酮的催化剂具有更高的催化活性，所制备得到的 PDCPD 具有优异的力学性能。这是因为在开环易位聚合中金属卡宾是聚合反应的活性中心，而在该催化剂中钨金属卡宾自身是一个高度缺电子的基团，当加入多电子的苯乙酮配体以后，它与 WCl_6 配位从而提高活性金属卡宾钨原子周围的电子云密度，使得催化剂具有较高的催化活性。

$$WCl_6 \xrightarrow[-EtAlCl_2]{+Et_2AlCl} Cl_4W(CH_2-CH_3)(Cl) \equiv [W](CH_2-CH_3)(Cl) \xrightarrow{-HCl} [W]=CH-CH_3$$

$$WCl_6 \xrightarrow{+L} LWCl_5 \equiv L[W]Cl_2 \xrightarrow[-EtAlCl_2]{+Et_2AlCl} L-[W](CH_2-CH_3)(Cl) \xrightarrow{-HCl} L-[W]=CH-CH_3$$

L: $C_6H_5-C(=O)-CH_3$

另外，也有研究人员采用聚苯乙烯（PS）负载钨催化剂催化 DCPD 聚合，研究发现 PS 负载催化剂较未负载催化剂具有更高的催化活性，所制备得到的 PDCPD 具有更优异的力学性能，同时发现 PS 负载的催化剂的钨卡宾非常稳定，与未负载催化剂相比钨卡宾能够存活更长的时间。究其原因可能是因为载体 PS 对金属卡宾起到了隔离保护作用，负载后的催化剂体系的活性中心金属卡宾稳定性得到了提高，分解失效的概率降低，从而使聚合反应能更彻底地进行，提高了聚合物的交联密度，使产品具有更优异的性能。

Lehtonen 等[12]合成以下 6 种对空气稳定的催化剂，考察大配体位阻效应对催化剂活性的影响（结构式下方数字为聚合反应率）。

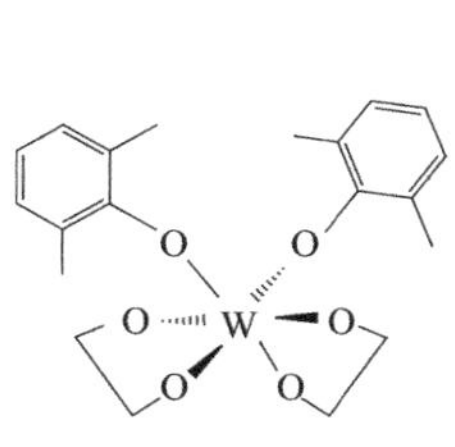

a 28% 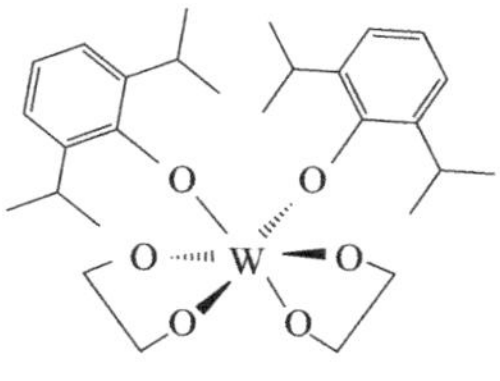　　b 30% 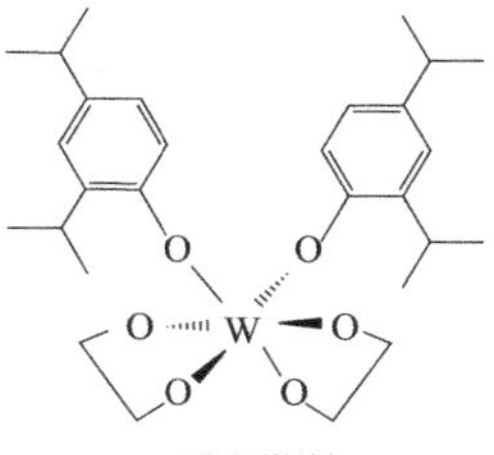　　c 反应微弱

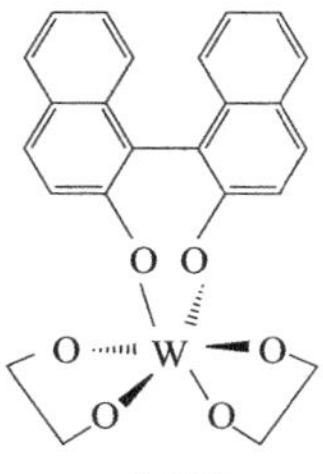

d 95% 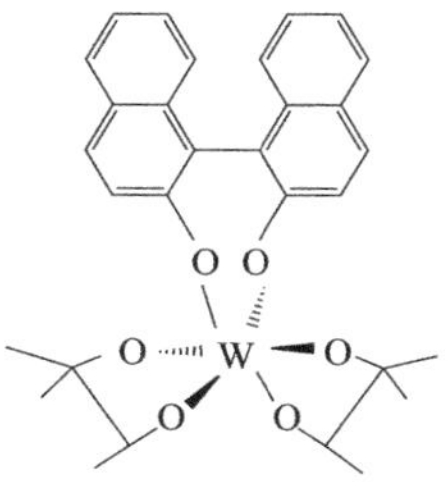　　e 97% 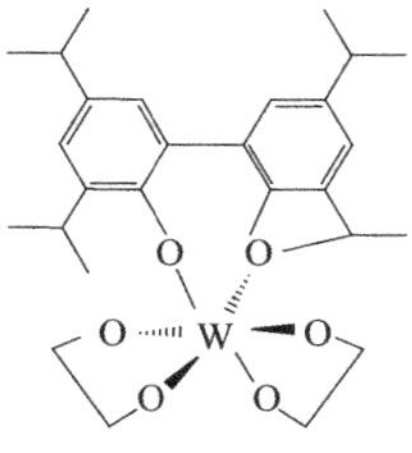　　f 36%

采用 Et_2AlCl 为助催化剂，进行 DCPD 的开环易位聚合反应。对比产物的产率，催化剂中配体的电子效应和空间效应对催化剂有重要影响，上述体系中，配体空间效应占主导，金属中心周围空间位阻越大，催化剂活性越高。

钨的苯氧化物或酚盐在金属有机化合物的辅助下，对 DCPD 的开环易位聚合反应具有很高的催化活性。Lehtonen 等[13]合成了如下几种新型含钨化合物，考察其活性。催化剂在空气中稳定，容易提纯，反应可在有氧条件下进行。实验证明，三种体系催化活性都很高，与传统 Schrock 催化体系相比较，d 在空气条件下没有活性，干燥氮气条件下也仅有微弱的活性。

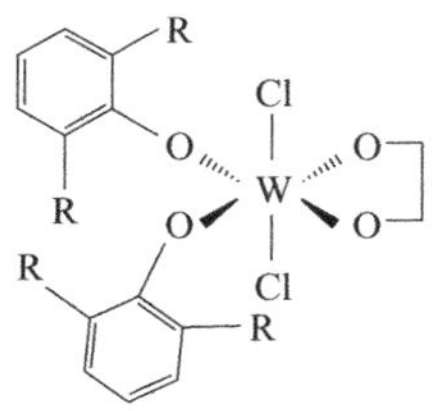

a:R=Me
b:R=Pr　　c 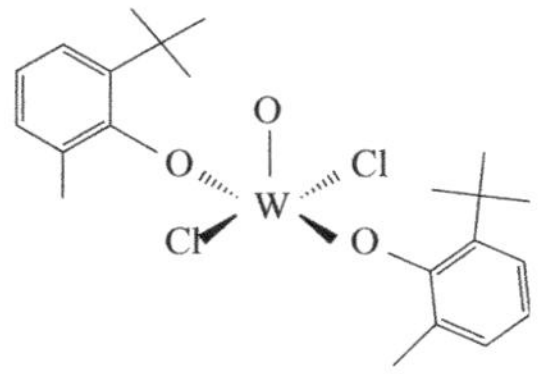　　d

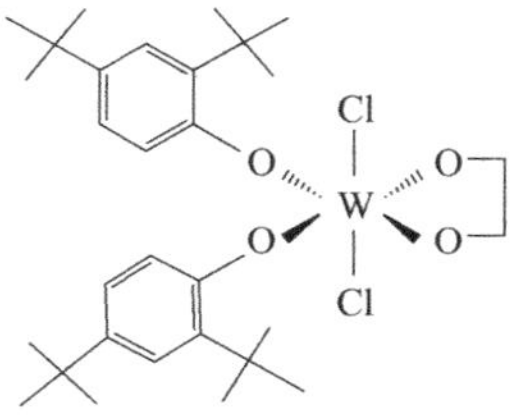

Abadie 等[14]分别使用 WCl_6 和 $WOCl_4$ 作主催化剂，有机硅类作助催化剂，催化 endo-DCPD 聚合，制得了近似线型的产物，交联率为 5%，分子量分布指数为 2（见表 2-2）。

表 2-2　不同催化体系对聚合反应的影响结果（甲苯溶剂，25℃）

催化体系	[W] /(mmol/L)	Si/W	4h 转化率 /%	凝胶含量 /%	分子量
WCl_6-$SiAll_4^{①}$	0.5	1	52	0	M_n=22.000 M_w=39.000
WCl_6-$SiAll_4$	1.12	1	98	0	M_n=19.000 M_w=39.900
WCl_6-$SiAll_4$	1.7	1	100	53	— —

续表

催化体系	[W] /(mmol/L)	Si/W	4h 转化率 /%	凝胶含量 /%	分子量
$WOCl_4$-$SiAll_4$	0.8	1	87	0	M_n=28.000 M_w=58.000
$WOCl_4$-$SiAll_4$	3.4	1	100	0	M_n=22.000 M_w=46.000
$WOCl_4$-$SiAll_4$	5	2	100	0	M_n=18.000 M_w=36.000
$WOCl_4$-$SiMe_2All_2$	3.4	2	100	0	M_n=30.000 M_w=57.000
WCl_6-H_2O-$SiMe_2All_2$, H_2O/WCl_6=0.7②	3.4	2	100	0	M_n=26.000 M_w=50.100
WCl_6-H_2O-$SiMe_2All_2$, H_2O/WCl_6=0.7③	3.4	2	100	4	M_n=41.400 M_w=234.000

① All=allyl，下同。
② 聚合反应结束后立即失活。
③ 聚合反应结束后 20h 后失活。

Danfeng Zhang 等[15]研究了以二氯二茂钛与各种不同类型的格氏试剂 RMgX 组成催化体系对 DCPD 和降冰片烯进行开环易位聚合，考察了不同格氏试剂 R 对反应的影响，见表 2-3。结果发现，Cp_2-$TiCl_2/CH_3MgI$ 体系的催化效果最好。

表 2-3 不同格氏试剂 R 对反应的影响

RMgX	浓度/(mmol/mL)	转化率/%
CH_3MgI	1.5462	75
C_2H_5MgBr	1.1981	<1
i-C_3H_7MgCl	0.9400	<1
n-C_4H_9MgCl	0.9984	<1
n-$C_6H_{13}MgBr$	0.8379	<1
l-C_3H_5MgBr	0.6557	<1

除钨、钼化合物外，其他一些过渡金属化合物也可作为双环戊二烯的开环易位聚合催化剂。国外文献还报道了其他类型的催化剂。Hamilton 等[16]研究了能有效控制开环易位聚合立体结构的含结晶水的催化剂。在 $RuCl_3 \cdot 3H_2O$ 的催化下，exo-DCPD 的 ROMP 反应可得到反式双键结构为主的聚合物。

exo-DCPD $\xrightarrow{RuCl_3 \cdot 3H_2O}$ (反式双键聚合物，H—C=C—H)$_n$

同样地，$RuCl_3 \cdot 3H_2O$ 作催化剂，endo-DCPD 的 ROMP 反应则得到全顺式双键结构的聚合物。

endo-DCPD $\xrightarrow{RuCl_3 \cdot 3H_2O}$ (顺式双键聚合物)$_n$

然而，$ReCl_5$催化下，不论单体是内式还是外式异构体，均得到高度立构规整的全顺式双键结构的间规聚合物。

endo-DCPD
exo-DCPD
$ReCl_5$
C═C C═C
H H H H
n

Pacreau等[17]采用$ReCl_6/(CH_3)_4Sn$催化剂，也顺利得到了高产率、高分子量的线型PDCPD，而且产物分子中顺式烯键含量很高。

2.1.1.2　助催化剂

对于经典的双组分催化剂，主催化剂只有在助催化剂的存在下才具有活性，因此，对于双组分催化剂，其活性高低是由主催化剂和助催化剂共同决定的。可以通过改变主催化剂的过渡金属原子种类以及配体的种类来调节催化剂的活性，同样，在保持主催化剂不变的前提下改变助催化剂的种类，也可以获得催化活性不同的催化剂。

助催化剂的种类比主催化剂要多，通常多为有机铝，如三乙基铝、三丁基铝、一氯二乙基铝、三异丁基氯等，其他也有有机锡、有机锌、格式试剂以及特殊结构的有机硅。

Zhang等[18]考察了助催化剂RMgX对催化剂Cp_2TiCl_2-RMgX的活性影响（Cp＝茂基，R＝CH_3、C_2H_5等，X＝Cl、Br、I）。研究发现：当采用助催化剂CH_3MgI时，Cp_2TiCl_2-RMgX催化剂的催化活性最高，产率达到了75%，而其他催化剂的催化活性相对较低。其原因可能是由于不同的助催化剂与主催化剂结合生成金属卡宾的能力不同，以及金属卡宾活性种的稳定性不同，造成了不同的催化产率。

催化剂浓度对反应产物的力学性能有明显的影响。随着催化剂用量的增加，反应速率加快，聚合物产量提高，且聚合物的力学性能得到改善。究其原因为：催化剂浓度增大，ROMP的活性物种——金属卡宾的浓度增加所致。主催化剂与助催化剂的用量比必须控制在一定范围内，才能达到理想的聚合效果和良好的力学性能。

总的来说，经典类型的催化剂易得，但组分多，难以判断活性中心的位置。因此，其机理研究相对困难，控制聚合物的立体机构也有一定的难度。

Abadie等[19]发现$WOCl_4/Me_2(allyl)_2Si$和$WOCl_4/(allyl)_4Si$催化剂在室温下具有很高的活性，得到的PDCPD是线型的，其T_g为53℃。Donald等发现采用硼化合物作助催化剂可使催化剂对环境稳定性增强[20]；Willem等采用烷基氢化锡或芳基氢化锡作助催化剂也得到对空气稳定的催化剂[21]。

同时，为了能够很好地控制聚合反应的进行，便于工业生产中的实际操作，通常加入路易斯碱、胺[22]、异丙醚等醚类[23]等作为反应延缓剂来调控聚合凝胶时间。众多研究表明，在双组分催化剂催化DCPD聚合中，除双组分催化剂种类对聚合有很重要的影响以外，催化剂的浓度、反应温度等对产物的力学性能也有着很重要的影响。在一定的浓度范围内，随着催化剂浓度的提高，活性种金属卡宾的生成速率和数量得到相应的提高，使得聚合反应进行得比较完全，聚合产物的交联度提高，从而改善聚合物的力学性能。温度也必须控制在一定范围内，既不能太高也不能太低，否则对聚合反应都会产生不利的影响。

2.1.2　单组分金属卡宾催化剂

经典的双组分催化剂因其价格低廉且催化活性很高，具有一定的优势，目前还在继续使用。但也存在较大的不足，如对环境敏感，需要烷基金属作助催化剂，反应速率太快而不利于 RIM。因此，该类型催化剂在一定程度上限制了其应用。Schrock 催化剂的发现是易位聚合反应的一个重要里程碑。因其体系简单，且具有很高的聚合活性、操作方便，成为 ROMP 反应的优良催化剂。

国内外现在的研究主要集中于在金属卡宾和次烷基化合物中寻找新的更具催化活性的催化剂，在 Schrock 催化剂的基础上，Grubbs 对其进行改进，现已发展到了第三代。报道中多为以钌为中心的配合物体系。钌系催化剂对空气、水分、许多有机官能团具有良好的稳定性[24,25]。

20 世纪 90 年代前后，Osborn[26] 和 Schrock[27] 等分别发现了下面一系列以钨、钼和钌卡宾为基本结构的结构确定的催化剂。Ⅰ类化合物钨原子的外层有 12 个电子，分别在 W 外部各方向上成键，整个催化剂分子外观上呈一种双向的金字塔结构；Ⅱ类化合物外层也是 12 个电子，在 4 个方向上成键，外观上是四面体结构，既含有大的烷氧基团的配体，又含有烷基亚酰胺基团，这些结构一定程度上能保护催化剂分子间和分子内反应造成的分解失活。热和光均可引发此类催化剂引发单体 DCPD 聚合反应发生[28]。

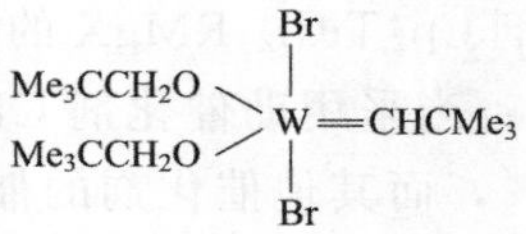

Ⅰ 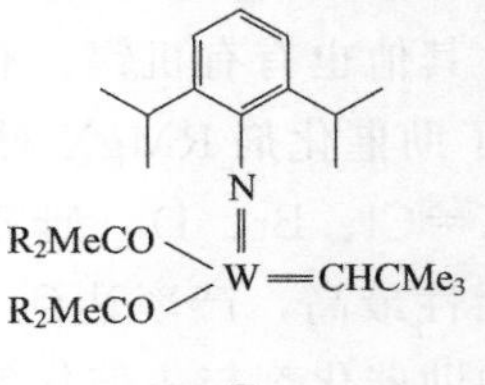　　　　Ⅱ

以钼为中心原子的卡宾配合物所形成的 Schrock 催化剂是 ROMP 反应所用催化剂中活性较高的催化剂[29~34]，结构如下所示。

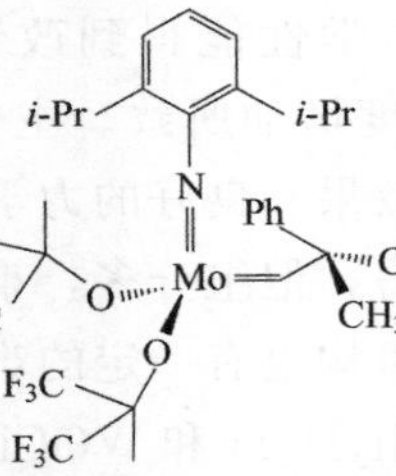

Schrock 催化剂活性高、选择性好、容易进行手性修饰[35]，但其对痕量湿气及氧气敏感，必须严格遵循 Schlenk 技术进行操作。该催化剂的中心金属具有较强亲电性，因此不宜用于含醛、酮及质子化官能团的烯烃的易位反应，因此在工业应用中也受到一定限制。

1992 年美国加州理工学院的 Robert Grubbs 发现了钌卡宾络合物，并成功应用于降冰片烯的开环聚合反应，克服了其他催化剂对功能基团容许范围小的缺点，该催化剂不但对空气稳定，甚至在水、醇或酸的存在下，仍然可以保持催化活性。下面是几种典型的 Grubbs 催化剂。

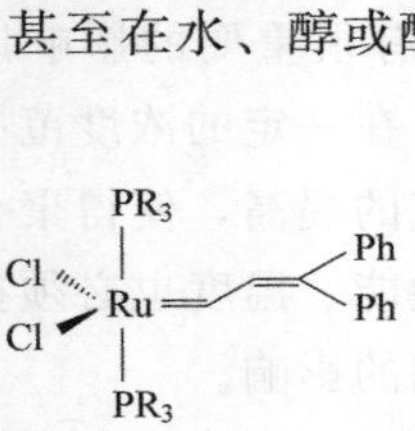

a_1：R=Ph　a_2：R=Cy　　b：R=Me、Et　　c_1：R=Ph　c_2：R=Cy　X=H、NMe_2、OMe、Me、F、Cl、NO_2　　d：Z=—CO_2R、—ROH、—R═R

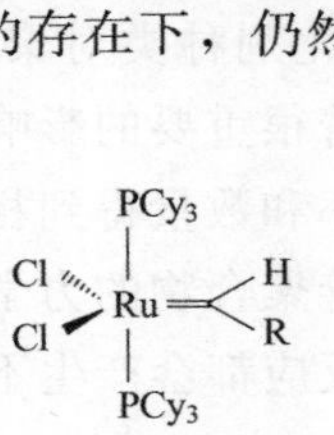

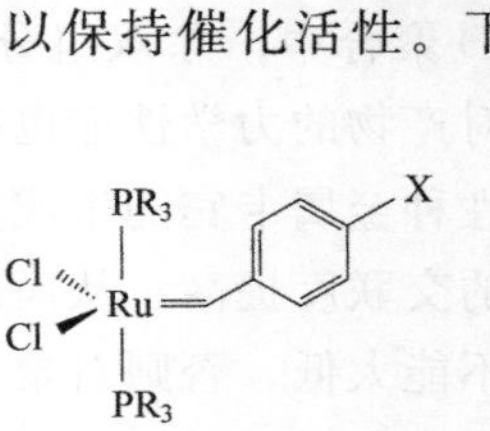

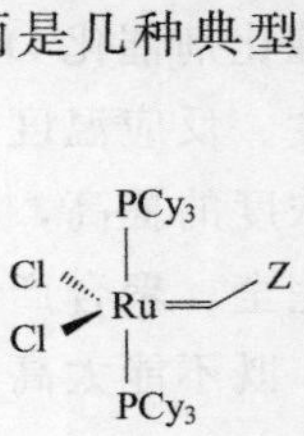

催化剂 a_1、a_2 的合成原料 3,3-二苯基环丙烷的合成为多步反应，且卡宾引发率较低。原料以重氮烷代替，设计了另外的合成路线[36]，合成了催化剂 b、c_1、c_2。催化剂 b、c_1 在常温下就能催化高产率的 ROMP 反应，但在几个小时内会分解。为了克服这个缺点，用 Cy 取代 Ph 而得到了 c_2，其有良好的溶剂稳定性，即使将溶剂加热到 60℃时也不分解，且催化聚合得到了高产率、分子量分布集中的聚合物。

随后，Grubbs 于 1992 年制备出第一个明确结构的钌卡宾催化剂，见式(2-1) 催化剂 **1**[37]，催化剂 **1** 对空气相对不敏感，并可在水作溶剂时催化降冰片烯发生 ROMP，经过进一步改进，即用三环己基膦 PCy_3 将催化剂 **1** 中的两个三苯基膦 PPh_3 置换，得到催化活性更高的催化剂 **2**。

催化剂 **1**、**2** 耐环境性较好，因此，在 ROMP 中弥补了 Schrock 型催化剂的不足，但是存在两大缺点，即合成原料 3,3-二苯基环丙烷的合成为多步反应，且该卡宾引发率较低，这两种催化剂难以大批量生产。随后 Grubbs 改进该催化剂的结构及合成方法，利用重氮烷作为合成前体，得到含 PPh_3 的催化剂 **3**，通过配体置换合成了具有更高催化活性的催化剂 **4**，即第一代 Grubbs 催化剂[38,39]。催化剂 **4** 的合成路线见式(2-2)。

$RuCl_2(PPh_3)_3$ + (3,3-二苯基环丙烯) ⟶ **1** [$(PPh_3)_2Cl_2Ru{=}CH{-}CH{=}CPh_2$] $\xrightarrow{PCy_3}$ **2** [$(PCy_3)_2Cl_2Ru{=}CH{-}CH{=}CPh_2$] (2-1)

$RuCl_2(PPh_3)_3$ + $PhCH{=}N_2$ ⟶ **3** [$(PPh_3)_2Cl_2Ru{=}CHPh$] $\xrightarrow{PCy_3}$ **4** [$(PCy_3)_2Cl_2Ru{=}CHPh$] (2-2)

按照反应式(2-2) 所示的方法，催化剂 **4** 可放大生产。催化剂 **3** 对空气不敏感，在常温下即能进行 ROMP 反应，产率较高，但是在某些溶剂中稳定性较差，一般会在几个小时内分解，而用 PCy_3 取代 PPh_3 得到的催化剂 **4**，对溶剂具有良好的稳定性，在许多溶剂中，如胺、水、CH_2Cl_2、C_6H_6、C_2H_5OH，即使加热到 60℃时也未见明显分解。随后，Grubbs 继续开发出合成钌卡宾催化剂的新方法[40]。但该催化剂也存在不足之处，如不耐氰基等具有较强配位能力的基团，含氰基的 ROMP 转化率低，这也是有待改进的一个方向。

随着这些催化剂在各种各样的 ROMP 反应中的应用研究迅速展开，特别是关于它们催化机理的研究[41,42]，科研人员发现烯烃易位在本质上是离去机理，因此，在烃配位和接下来的反应之前，膦配体必须从催化剂中离解出来，这些配位的不饱和中间体的稳定性对阻止早期催化剂的分解是十分必要的。

20 世纪 90 年代末期，Grubbs 小组发现氮杂环卡宾（NHC）是强的给体，比膦更稳定。它们不容易从催化剂中离去，但可以提高电子密度以稳定中间体。他们对催化剂 **4** 的结构继续进行改进，将催化剂 **4** 中的其中一个 PCy_3 用饱和的氮杂环卡宾（H_2IMes）[43] 取代，得到催化剂 **5**，见式(2-3)。由于 H_2IMes 的给电子能力强，所以催化剂 **5** 的催化活性比 **4** 更优异，催化剂 **5** 被称为第二代 Grubbs 催化剂[44,45]。

PCy_3, Cl, Cl, Ru, Ph, PCy_3 —— 0.02mol/L $Ph\text{-}CH_3$，室温, 1.5h ——→ Mes, N, N, Mes, Cl, Cl, Ru, Ph, PCy_3

4 **5** (2-3)

第二代 Grubbs 催化剂不仅耐水、耐氧、耐官能团，更重要的是其催化活性比第一代催化剂提高了两个数量级，如 Grubbs 催化剂 **4** 催化 DCPD 聚合反应的摩尔比为 1∶7500，且反应后需要后固化以保证树脂基体中未反应的 DCPD 聚合，而 Grubbs 催化剂 **5** 催化 DCPD 聚合反应的摩尔比高达 1∶100000，而且不需要后固化过程，成为催化双环戊二烯开环易位聚合较为理想的催化剂。

自从发现结构明确的钌卡宾化合物可以催化 ROMP 反应以来[46]，Grubbs 小组[47~60]及其他小组[61~77]在开发其衍生物以改进其性质方面做出了很多努力及贡献，特别是提高其活性、产物的选择性及稳定性方面有较大改善。

前面提到，目前公认机理是金属卡宾作为活性片段[78]，如式(2-4) 所示。但是金属卡宾活性片段的形成有两种途径，即解离途径、缔合途径，见式(2-5)[79,80]。

M=CHR + DCPD ⇌ M–RHC ⇌ RHC=…=M —— DCPD etc. ——→ RHC=(…)$_n$=M (2-4)

X, X, Ru, R, L, PR_3 ⇌ ($-PR_3$ / $+PR_3$) X, X, Ru, R, L ⇌ (+烯烃 / -烯烃) X_2Ru, L, R, R (2-5a)

X, X, Ru, R, L, PR_3 ⇌ (+烯烃 / -烯烃) X_2Ru, L, R, PR_3, R ⇌ ($-PR_3$ / $+PR_3$) X_2Ru, L, R, R (2-5b)

式(2-5a) 是解离途径，即催化剂首先解离掉一个膦配体，从而形成 $14e^-$ 催化活性物种，然后与底物配位；式(2-5b) 是缔合途径，即底物首先配位到催化剂上，形成 $18e^-$ 催化活性物种，然后膦配体解离，目前解离途径得到较多认可。基于此，Grubbs 提出了钌卡宾催化烯烃易位反应的机理，并加以验证，见反应式(2-6)。

(Ⅰ) X, X, Ru, R, L, PCy_3 ⇌ (k_1, $-PCy_3$ / $+PCy_3$, k_{-1}) (Ⅱ) X, X, Ru, R, L ⇌ (k_2, +烯烃 / -烯烃, k_{-2}) (Ⅲ) X_2Ru, L, R, R

(Ⅱ) ⇅ (k_{-2} -烯烃 / k_2 +烯烃); (Ⅲ) ⇅ (k_{-3} / k_3) (2-6)

(Ⅲ) X_2Ru, L, R, R ⇌ (k_3 / k_{-3}) (Ⅳ) X_2Ru, L, R, R

Grubbs 催化剂对双环戊二烯开环易位聚合反应具有很高的催化活性，而且该类催化剂稳定性较好。然而，该类催化剂的合成工艺复杂，市场价格很高，在一定程度上限制了在工业上的应用。

除了上述典型的卡宾类化合物外，研究者还合成出了稳定性更高、选择性更强、活性可控聚合的催化剂[81]及负载型催化剂[82]等，其中的潜伏型催化剂（latent catalyst）[83]因潜在的商业上的价值吸引了越来越多的注意。

潜伏型催化剂中的热潜伏型催化剂研究最为活跃[84～92]，由于在实际应用中对反应温度的调节较为方便，成本也较低。

Schaaf 等[93]在 2000 年首先报道了含吡啶配位基团的热潜伏型螯合催化剂（催化剂 **6**），其本体聚合中凝胶时间均不少于 40min，表明了较好的潜伏性。

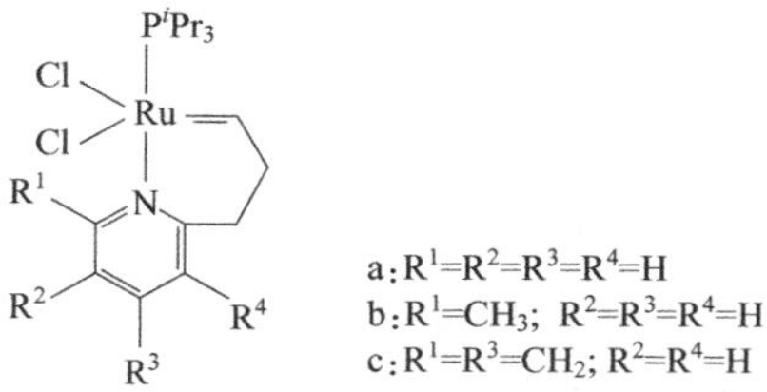

a: $R^1=R^2=R^3=R^4=H$
b: $R^1=CH_3$; $R^2=R^3=R^4=H$
c: $R^1=R^3=CH_2$; $R^2=R^4=H$

6

在原来的基础上，Grubbs 等[94]合成了一系列具有亚胺供电子基团的螯合型催化剂，并着重考察了外桥式和内桥式结构对潜伏性的影响。如果在分子中引入硫醚基团使催化剂稳定性增加，潜伏性得到大幅提高，如下所示为催化剂 **7**。

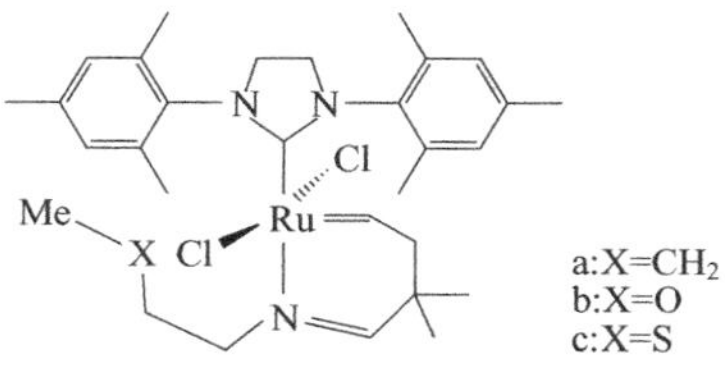

a: $X=CH_2$
b: $X=O$
c: $X=S$

7

为了提高催化剂的潜伏性，Fischmeister 等[95]合成了新的含有环氧基团的 Ru-O 配位型催化剂（催化剂 **8**）。在室温下采用该催化剂进行 DCPD 开环易位聚合，反应 5d 后转化率达到 7%，而当反应温度分别升高到 80℃、110℃和 120℃，体系凝胶时间分别缩短为 100min、20min 和 10min。

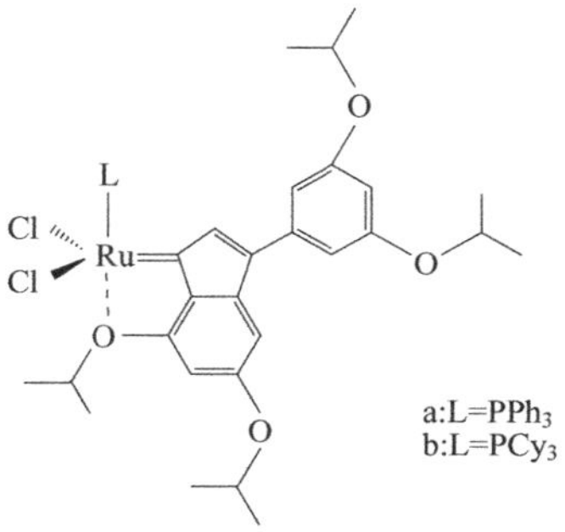

a: $L=PPh_3$
b: $L=PCy_3$

8

Allaert 等[96]在 2006 年合成了含有 O、N 的双齿席夫碱配体 Ru 催化剂 **9** 和 **10**，其中双齿螯合催化剂 **9a～c** 极其稳定，可在空气中存放一个月无变化。催化剂 **9c** 和 **10c** 与高环张力单体 DCPD 室温下共存一周无反应，而加热到 150℃则发生聚合，其中 **9c** 无明显放热，且最终只能得到凝胶状产物。由于 NHC 配体提高了催化剂的热稳定性及活性，**10c** 在

130℃时有放热现象，表明双齿席夫碱配体催化剂潜伏性良好。此外，催化剂的潜伏性可通过配体的位阻效应对其进行调节。

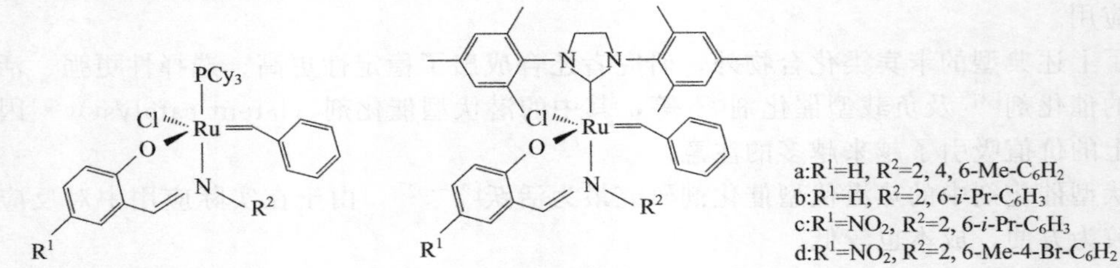

a: R^1=H, R^2=2, 4, 6-Me-C_6H_2
b: R^1=H, R^2=2, 6-*i*-Pr-C_6H_3
c: R^1=NO_2, R^2=2, 6-*i*-Pr-C_6H_3
d: R^1=NO_2, R^2=2, 6-Me-4-Br-C_6H_2

9　　10

光触发是一种比较便捷的易位聚合方式，若能采用可见光触发，可实现在常温下进行单体易位聚合反应，则最为实用。然而，目前的研究多采用紫外线触发，限制了其实际应用[97~100]。

Knolle 等[101]于 2008 年报道了一系列光潜伏阳离子型 Ru 催化剂，即如下所示的催化剂 **11**。该催化剂含有可与 Ru 原子形成 2 配位的三氟甲基磺酸盐基团，显示了良好的紫外潜伏性。无光线照射下，催化剂 **13** 与不同环烯烃单体室温共存 24h 后无任何反应发生，即使在较高的反应温度下，也不能使环张力最大的 DCPD 进行开环易位聚合。而当以氯仿为溶剂的混合体系暴露于 308nm 光源照射下，则能进行反应，转化率最高能达到 99%。

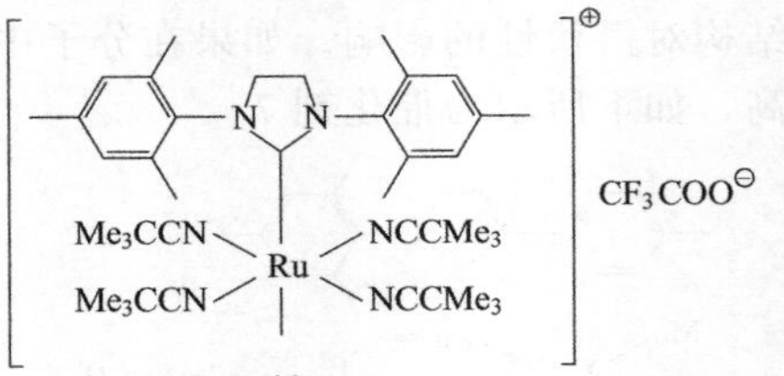

11

在此基础上，Buchmeiser 等[102]又合成了两种阳离子型催化剂，即如下所示的催化剂 **12** 和 **13**。该催化剂与 DCPD 混合后用 254nm 紫外线照射 1h 后，易位聚合迅速发生，并达到完全转化。

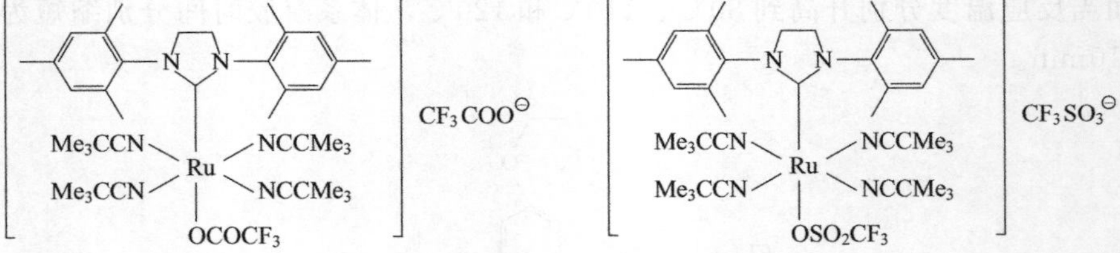

12　　13

向潜伏型催化剂的聚合体系中添加 Lewis 酸或者 Brønsted 酸也是常采用的活化手段[103~110]。加入的酸一般会质子化催化剂含 N 配体，降低金属中心电子云密度，从而引发反应。Grubbs 等[111]合成了高度酸敏潜伏性 18e⁻ 型苯亚甲基型催化剂，即如下所示催化剂 **14**。室温下将催化剂加入 DCPD 单体中，可充分混合成均相溶液且无任何反应发生，而当加入 20equiv（当量）的盐酸后，催化剂的双吡啶甲酸基团均被质子化，并被氯原子置换，生成具有高度催化活性的配合物催化剂 **15** 而催化聚合，在短短 15s 后体系即有明显温升。此外，通过对盐酸浓度的控制，可在一定程度上对催化活性进行控制。这些都表明了此方法的良好潜伏性及其对反应的调控能力。

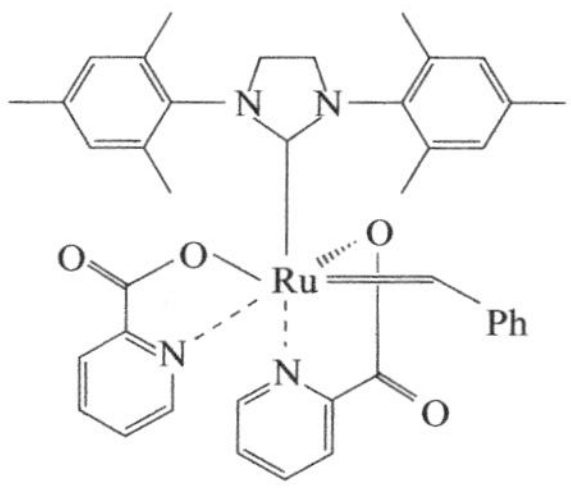

14 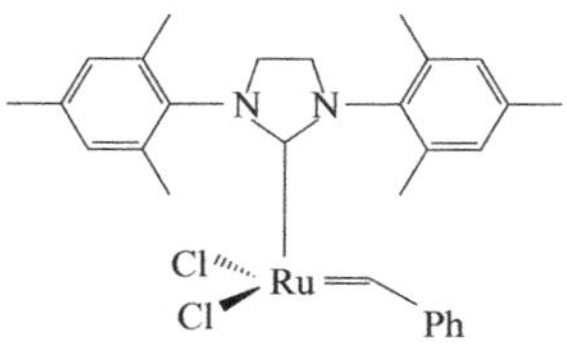　　15

Ledoux 等[112]合成了含 O、N 双齿席夫碱配体的卡宾碳烯催化剂（催化剂 **16**），并考察了其对 DCPD 的开环易位聚合，将主催化剂与 DCPD 以 1∶15000 比例混合，在 5℃下存放一年，黏度仅仅由 12mPa·s 升高到 76mPa·s，可见该催化剂极为稳定。将存放一年的聚合体系添加 30equiv 的盐酸，200s 后体系即有明显的温升，并在约 800s 后达到最大放热温度 200℃，发现催化剂活性基本无损失，表明了催化剂优异的潜伏特性。这主要是外加的酸可质子化席夫碱的 N 原子，在 Ru—N 键断裂后生成活性中心引发反应，见如下所示催化剂 **17**。

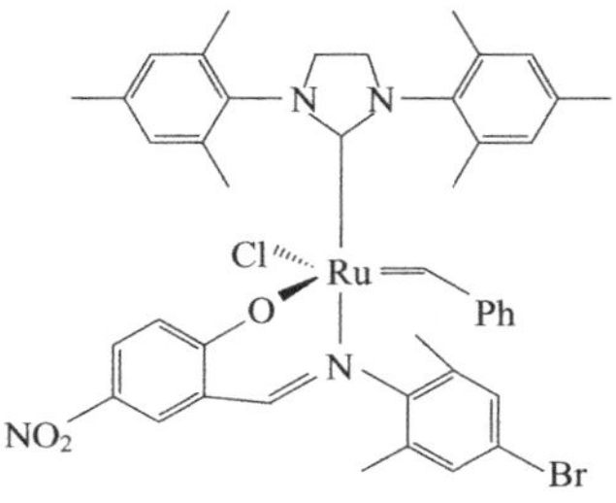

16 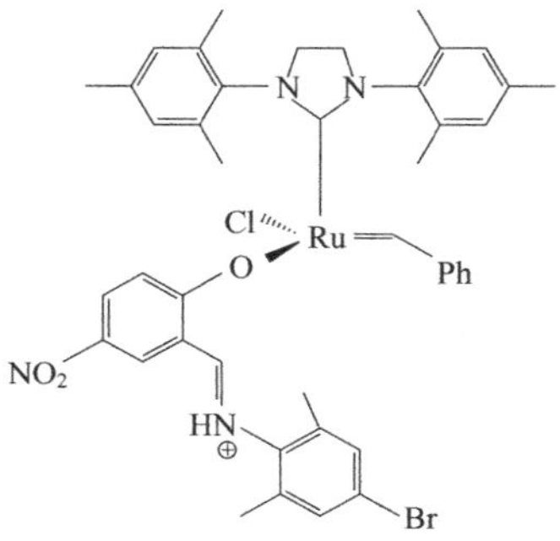　　17

此外，Ledoux 等还设计了原位生成助催化剂工艺以更加方便 RIM 生产。将路易斯酸与单体混合，催化剂与醇混合，上述两股物料再混合后即可原位生成盐酸从而活化主催化剂盐酸的生成速率，对体系放热量与产物性能有重大影响，可见采用不同的路易斯酸对催化剂活性提高效果不同，越强的路易斯酸与醇反应生成盐酸的效率越高，越容易促进反应的进行，通过选择不同的路易斯酸与醇，可以方便地调节催化剂的潜伏时间及最高放热温度，进而影响产物性能。

2.1.3 双组分催化剂的研究目的

虽然单组分卡宾类催化剂具有很高的活性和环境稳定性，但其凝胶快、固化慢的特性与目前的成型工艺不适应。催化剂与单体共存的时间较短，一旦混合就必须注模，但从注模到完全固化需要较长时间，而且还需要在较高的温度下进行后固化。同时，不能调配成 A/B 组合料并形成两股物料流，因此也难以利用目前的 RIM 设备及工艺进行成型，从而使得生产过程难以灵活调整。

由于双组分催化剂成本较低，因此产品具有较强的市场竞争力；较快的固化脱模时间使其具有较高的生产效率。更为重要的是该类催化剂的工艺比较柔性，反应速率可根据制件的大小及生产效率而灵活调整。因而，聚双环戊二烯制品的工业化生产常使用双组分催化剂。本章在经典双组分催化剂的基础上，以提高活性及环境稳定性为目的，主要介绍具有更好催化性能的化合物的合成方法及其对 DCPC 的聚合活性，以期得到更具有市场竞争力的催化剂。

2.2 钼酚类化合物的制备及其催化 DCPD 聚合

2.2.1 概述

2.2.1.1 钼酚类化合物的制备

在开环易位催化体系中，过渡金属原子对催化剂的活性起着决定性的作用，另外与中心金属原子相连的配体对催化剂的活性也具有重大的影响。配体主要是通过电子效应和空间几何效应来影响催化剂的活性，不同配体的电负性和空间结构对催化剂的活性将产生不同效果，因此，配体的选择对催化剂的制备有着十分重要的意义。

酚类物质是催化剂改性的一种常用配体，它可以在温和条件下与 $MoCl_5$ 反应，向 $MoCl_5$ 分子中引入芳氧基（—OAr），得到具有高催化活性的络合物 $MoCl_{5-x}(OAr)_x$，其中 $x=1,2,3,4,5$。选取五种不同结构的酚［甲基苯酚、壬基酚、2,6-二叔丁基-4-甲基苯酚(264)、三溴苯酚和 2,4-二硝基苯酚］。

制备步骤：在严格干燥和氮气保护下的容器中加入一定量的 $MoCl_5$ 和适量的甲苯，搅拌溶解后按 $MoCl_5$ 与酚的物质量比 1∶3 称取相应的酚，用甲苯溶解于恒压漏斗中；在 50～55℃下缓慢滴加到容器中，连续磁力搅拌反应 9h。

本章所述钼酚类化合物分别为三对甲基苯氧基二氯化钼、三(2,4-二叔丁基-6-甲基酚氧基)二氯化钼、三壬基苯氧基二氯化钼等。

2.2.1.2 钼酚类化合物催化 DCPD 聚合

氮气保护下加 20mL 的 DCPD 于干燥的安瓿瓶中，快速搅拌下按一定比例加入主催化($MoCl_5$-酚）和助催化剂（Et_2AlCl），在设定温度下观察凝胶及固化脱模时间。

分别从主催化剂（$MoCl_5$-酚）、助催化剂（Et_2AlCl）和反应温度三个方面考察它们对聚合反应的凝胶时间、单体转化率和聚合物交联度的影响，从而分析配体对催化剂活性的影响。

2.2.1.3 催化剂性能测试与结构表征

（1）凝胶时间的测定

凝胶时间是指在一定条件下，液态物质形成凝胶所需的时间。凝胶时间是塑料成型加工所需的重要参数之一。凝胶时间对聚合温度很敏感，测定在恒温下进行。按 2.1.2 的聚合方法催化 DCPD 聚合，在恒温烘箱内每隔 10s 观察聚合体系的凝胶情况，最后记录凝胶时间。

（2）单体转化率的测定

将制备的块状 PDCPD 粉碎，称取一定量放到 80℃的真空烘箱中进行真空干燥，以除去未反应的小分子单体，烘至恒重。由于没有反应的单体 DCPD 加热后挥发掉了，留下的是聚合物，得出 PDCPD 的单体转化率 C 为：

$$C=\frac{W_a}{W_b}\times 100\%$$

式中 W_b——真空干燥前试样的质量；

W_a——真空干燥后试样的质量。

（3）聚合物交联度的测定

称取一定量粉碎的PDCPD试样，放入脂肪提取器中，用甲苯抽提5～6h后，在烘箱中干燥至恒重，得出PDCPD的交联度D为：

$$D=\frac{W_x}{W_y}\times 100\%$$

式中 W_x——真空干燥后试样的质量；

W_y——抽提前试样的质量。

（4）红外光谱分析（IR）

红外光谱分析可用于研究分子的结构和化学键，也可以作为一种表征和鉴别化学物种的方法。红外光谱具有高度特征性，每种分子都有由其组成和结构决定的独有的红外吸收光谱，据此可以对分子进行结构分析和鉴定。对PDCPD材料来说，可以通过红外光谱来间接确定双环戊二烯是通过加成聚合还是开环易位聚合，以利于研究聚双环戊二烯的聚合机理。

将所制备的PDCPD薄膜样品在NICOLET IS10型傅里叶变换红外分光光度仪上测定该聚合物的结构。其他粉末样品和KBr一起研磨制得KBr薄片，使用NICOLET IS10型傅里叶变换红外光谱仪进行结构分析，扫描波束范围为500～4000cm^{-1}。

（5）扫描示差量热法（DSC）

物质在温度变化过程中，往往伴随着微观结构和宏观物理、化学等性质的变化。宏观上的物理、化学性质的变化通常与物质的组成和微观结构相关联。通过测量和分析物质在加热或冷却过程中的物理、化学性质的变化，可以对物质进行定性、定量分析，以帮助我们进行物质的鉴定，为新材料的研究和开发提供热性能数据和结构信息[52]。

用美国Perkin Elmer公司Diamond DSC综合热分析仪对PDCPD材料进行热分析，测定材料的玻璃化转变温度（T_g），保护气为N_2，升温速率为10℃/min，测量温度从室温到200℃，参比物为α-Al_2O_3。

2.2.2 三对甲基苯氧基二氯化钼

2.2.2.1 主催化剂含量对DCPD聚合的影响

为了考察主催化剂$Mo(OPhMe)_3Cl_2$对DCPD聚合的影响，首先选定催化聚合条件为：温度$T=80$℃，n(DCPD)∶n(Al)=1200∶20。由图2-1和图2-2可以看出，随着主催化剂$Mo(OPhMe)_3Cl_2$含量的增加聚合凝胶时间逐渐减少，单体转化率和聚合物交联度均呈先升高后降低的趋势。当主催化剂$Mo(OPhMe)_3Cl_2$的含量为1.2mol时，DCPD的聚合具有适合成型工艺的凝胶时间、较高的单体转化率和交联度。

DCPD开环易位聚合是以金属卡宾作为活性中心引发的，而在聚合体系中所加入的主催化剂$MoCl_5$-对甲基苯酚的量将直接决定着催化体系中活性中心的绝对数量，这是影响聚合反应和产品性能的主要因素。出现上述规律的原因可能是随着主催化剂含量的增加，反应体系中产生的活性中心钼卡宾的浓度增加，导致引发反应速率逐渐加快，凝胶时间不断提前，其单体转化率和交联度也逐渐升高。当主催化剂含量加到一定程度时，随着主催化剂含量的增加则会引起单体转化率和交联度的缓慢降低。这可能是因为体系瞬间产生的钼卡宾浓度较

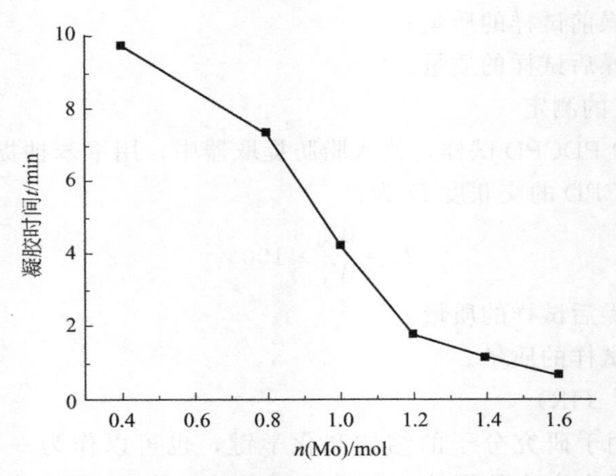

图 2-1 $Mo(OPhMe)_3Cl_2$ 含量对凝胶时间的影响 [80℃，n(DCPD)：n(Al)＝1200：20]

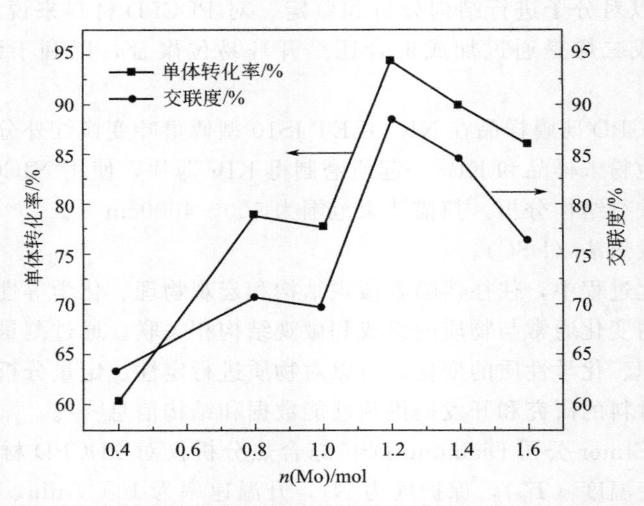

图 2-2 $Mo(OPhMe)_3Cl_2$ 含量对转化率及交联度的影响 [80℃，n(DCPD)：n(Al)＝1200：20]

高，使得反应速率过快，引起部分活性中心被过早的凝胶包裹，从而阻碍部分钼卡宾与单体的引发反应，从而导致转化率的缓慢降低[113]。

2.2.2.2 助催化剂含量对 DCPD 聚合的影响

通过分析主催化剂含量对 DCPD 聚合反应的影响，我们选定在温度 $T=80℃$，n(DCPD)：n(Mo)＝1200：1.2 条件下考察助催化剂对 DCPD 聚合的影响。由图 2-3 和图 2-4可以看出，随着助催化剂 Et_2AlCl 含量的增加，凝胶时间逐渐减少，单体转化率和交联度均呈先升高后降低的趋势。当助催化剂 Et_2AlCl 的含量为 20mol 时，该催化剂具有适合成型工艺的凝胶时间和较高的单体转化率和交联度。

在双组分催化剂中，助催化剂与主催化剂原位反应生成金属卡宾活性中心，助催化剂含量将直接控制着金属卡宾活性中心的生成速率，控制着聚合的反应速率。所以随着助催化剂含量的增加，主催化剂与烷基铝相遇的概率增大，导致活性中心钼卡宾的生成速率加大，且钼卡宾数量也不断增多，所以凝胶时间逐渐缩短，其单体转化率和交联度也不断升高。当助催化剂含量超过一定值时，烷基铝的浓度过大，导致反应速率过快，钼金属卡宾浓度较高，使得凝胶时间不断提前，引起部分活性中心被凝胶过早地包裹，从而阻碍部分钼卡宾与单体

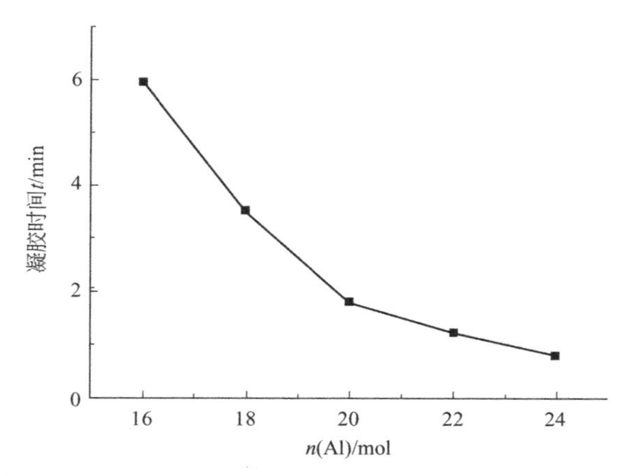

图 2-3 助催化剂含量对凝胶时间的影响 [80℃，n(DCPD)：n(Mo)=1200：1.2]

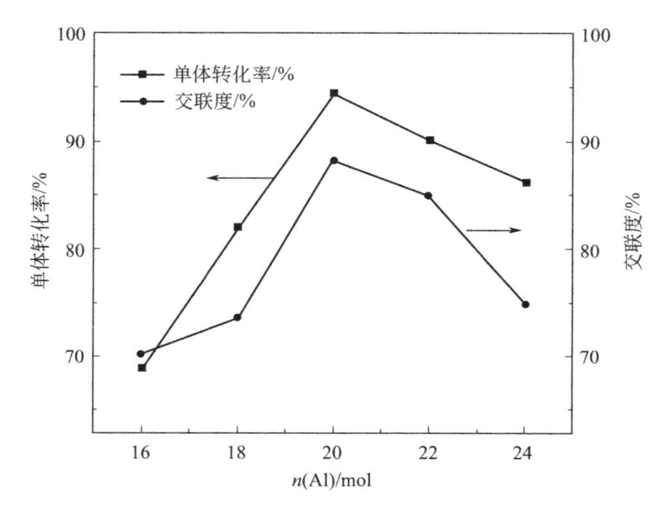

图 2-4 助催化剂含量对单体转化率及交联度的影响 [80℃，n(DCPD)：n(Mo)=1200：1.2]

的引发反应，导致转化率及交联度缓慢降低。

2.2.2.3 温度对 DCPD 聚合的影响

反应温度对 DCPD 的聚合起到引发反应的作用，因此温度对聚合有着重要的影响。综合上述两方面的分析，我们选定在 n(DCPD)：n(Mo)：n(Al)=1200：1.2：20 的条件下，考察温度对 $MoCl_5$-对甲基苯酚-Et_2AlCl 催化体系催化 DCPD 聚合的影响。从图 2-5 和图 2-6 可看出，随温度的升高，反应活性提高，凝胶时间减少，单体转化率和交联度先升高后降低。在温度 T=70℃时，$Mo(OPhMe)_3Cl_2$催化体系催化 DCPD 聚合具有适合成型工艺的凝胶时间、较高的单体转化率和交联度。

这可能是因为催化活性中心钼卡宾产生后，钼卡宾与单体 DCPD 结合生成的金属环丁烷结构是引发反应的关键，这一过程需要在合适的温度下才能顺利地快速进行，当温度较低时，该过程就会比较缓慢。而卡宾是一个很不稳定的结构，容易分解失活，特别是与原料中引入的某些微量杂质接触后其分解会加速。这样，部分卡宾在转化为金属环丁烷结构成为活性链之前有可能已失活，所以在较低温度时出现了凝胶时间过长、单体转化率和交联度较低

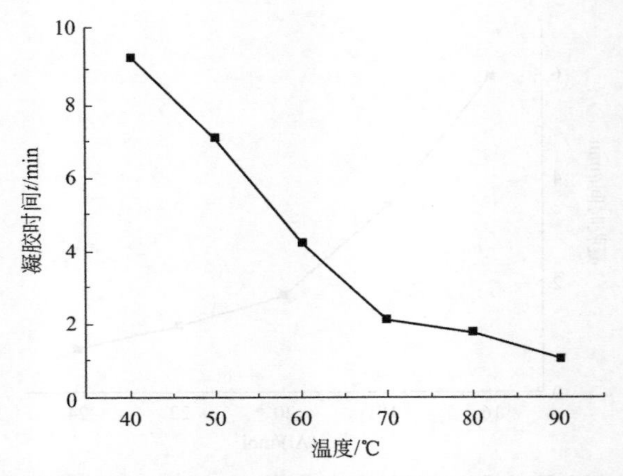

图 2-5　温度对凝胶时间的影响［n(DCPD)：n(Mo)：n(Al)＝1200：1.2：20］

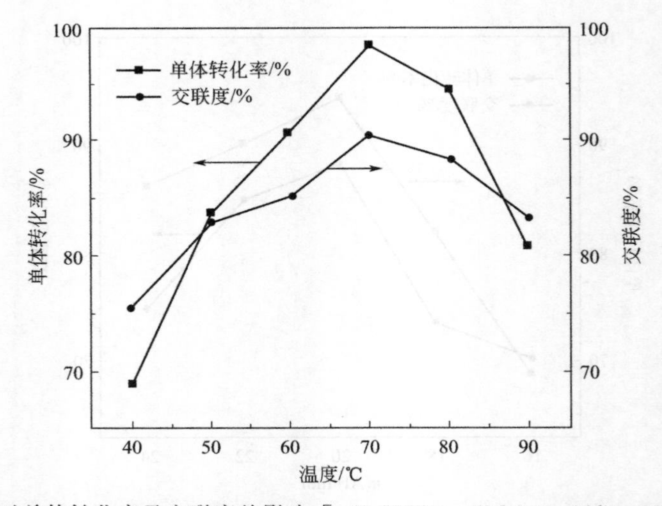

图 2-6　温度对单体转化率及交联度的影响［n(DCPD)：n(Mo)：n(Al)＝1200：1.2：20］

的现象，而当温度过高时可能会因为温度过高而使活性种部分失活，影响了催化剂的催化效率，所以只有在合适的温度下催化剂才能有很好的催化效率。

综合以上三个因素的影响分析和数据比较可以得到 $Mo(OPhMe)_3Cl_2$-$AlEt_2Cl$ 催化体系的最佳催化条件为：温度 T＝70℃，n(DCPD)：n(Mo)：n(Al)＝1200：1.2：20。在该条件下催化 DCPD 聚合得到的单体转化率为 98.07%。交联度为 90.44%。

2.2.3　三(2,4-二叔丁基-6-甲基酚氧基)二氯化钼

2.2.3.1　主催化剂含量对 DCPD 聚合的影响

在考察主催化剂 $Mo(264)_3Cl_2$ 对 DCPD 聚合的影响时，我们首先选定催化聚合条件为：温度 T＝80℃，n(DCPD)：n(Al)＝1200：18。由图 2-7 和图 2-8 可以看出，随着主催化剂 $MoCl_5$-264 含量的增加凝胶时间逐渐减少，单体转化率和交联度均呈先升高后降低的趋势(机理分析同 2.2.2.1)。当主催化剂 $Mo(264)_3Cl_2$ 的含量为 1.4mol 时，该催化体系具有适合成型工艺的凝胶时间、较高的单体转化率和交联度。

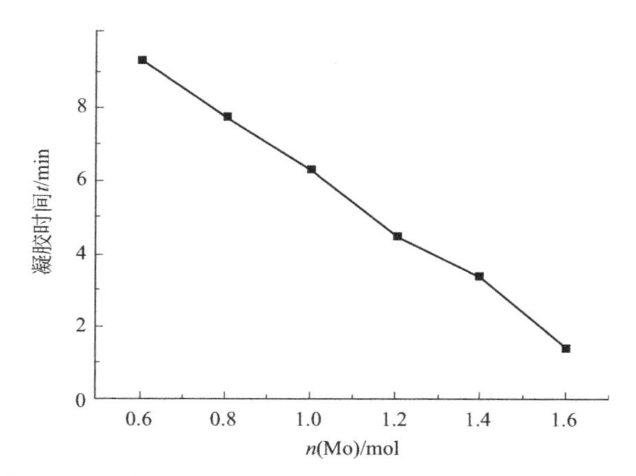

图 2-7　主催化剂量对凝胶时间的影响［80℃，n(DCPD)∶n(Al)＝1200∶20］

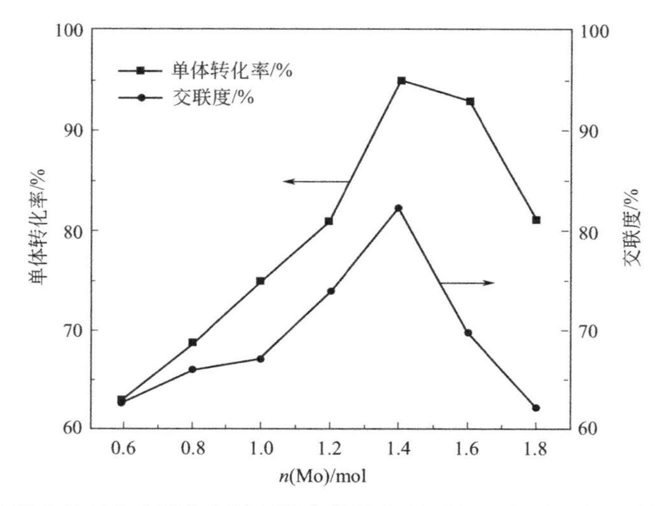

图 2-8　主催化剂含量对单体转化率及交联度的影响［80℃，n(DCPD)∶n(Al)＝1200∶18］

2.2.3.2　助催化剂含量对 DCPD 聚合的影响

通过分析主催化剂含量对 DCPD 聚合反应速率的影响，我们选定在温度 $T=80$℃，n(DCPD)∶n(Mo)＝1200∶1.4 时考察助催化剂对 DCPD 聚合的影响。由图 2-9 和图 2-10 可以看出，随着助催化剂 Et_2AlCl 含量的增加，凝胶时间逐渐减少，单体转化率和交联度均呈先升高后降低的趋势（机理分析同 2.2.2.2）。当助催化剂 Et_2AlCl 的含量为 18mol 时，该催化体系具有适合成型工艺的凝胶时间和较高的单体转化率和交联度。

2.2.3.3　温度对 DCPD 聚合的影响

反应温度起到引发反应的作用，因此温度对聚合有着重要的影响。综合上述两方面的分析，我们选定在 n(DCPD)∶n(Mo)∶n(Al)＝1200∶1.4∶18 的条件下，考察温度对 $Mo(264)_3Cl_2$-Et_2AlCl 催化体系催化 DCPD 聚合的影响。从图 2-11 和图 2-12 可看出，随温度的升高，反应活性提高，凝胶时间减少，单体转化率和交联度先升高后降低（机理分析同 2.2.2.3）。在温度 $T=80$℃时，$Mo(264)_3Cl_2$催化体系催化 DCPD 聚合具有适合成型工艺的凝胶时间、较高的单体转化率和交联度。

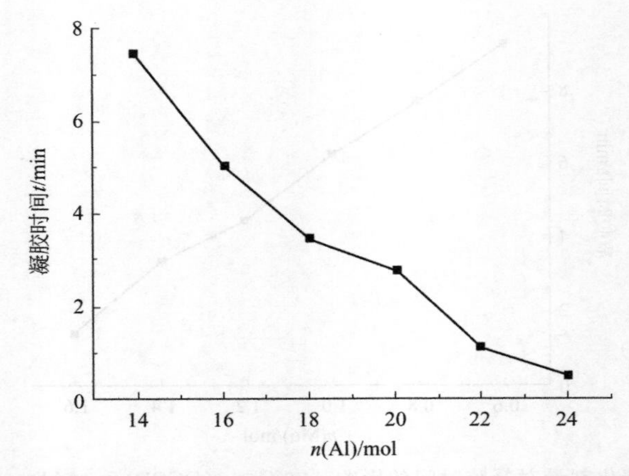

图 2-9 助催化剂含量对凝胶时间的影响［80℃，n(DCPD)：n(Mo)＝1200：1.4］

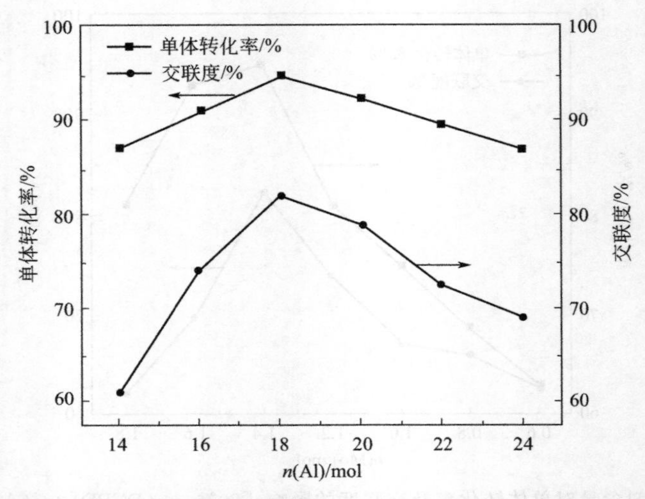

图 2-10 助催化剂含量对单体转化率及交联度的影响［80℃，n(DCPD)：n(Mo)＝1200：1.4］

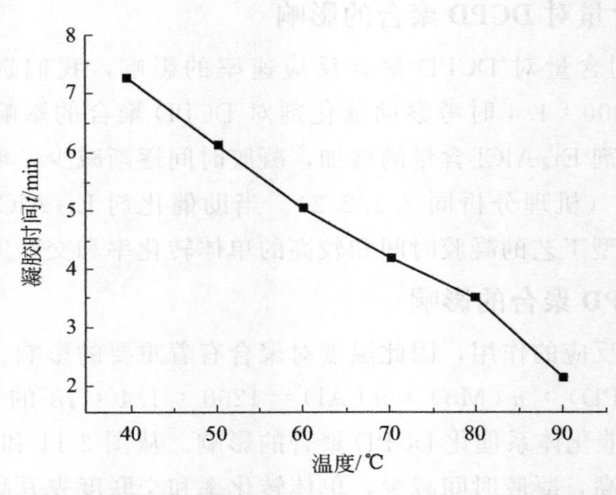

图 2-11 温度对凝胶时间的影响［n(DCPD)：n(Mo)：n(Al)＝1200：1.4：1.8］

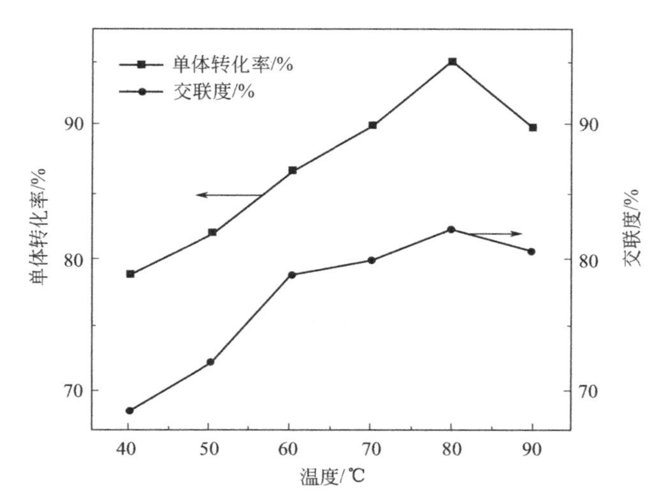

图 2-12　温度对单体转化率及交联度的影响 [n(DCPD)∶n(Mo)∶n(Al)=1200∶1.4∶1.8]

2.2.4　三壬基苯氧基二氧化钼

2.2.4.1　主催化剂含量对 DCPD 聚合的影响

我们首先选定催化聚合条件为：温度 T=80℃，n(DCPD)∶n(Al)=1200∶18，考察主催化剂 $MoCl_5$-壬基酚对 DCPD 聚合的影响。由图 2-13 和图 2-14 可以看出，随着主催化剂 $MoCl_5$-壬基酚含量的增加凝胶时间逐渐减少，单体转化率和交联度均呈先升高后降低的趋势（机理分析同 2.2.2.1）。当主催化剂 $Mo(OPhC_9H_{19})_3Cl_2$ 的含量为 1.2mol 时，该催化体系具有适合成型工艺的凝胶时间、较高的单体转化率和交联度。

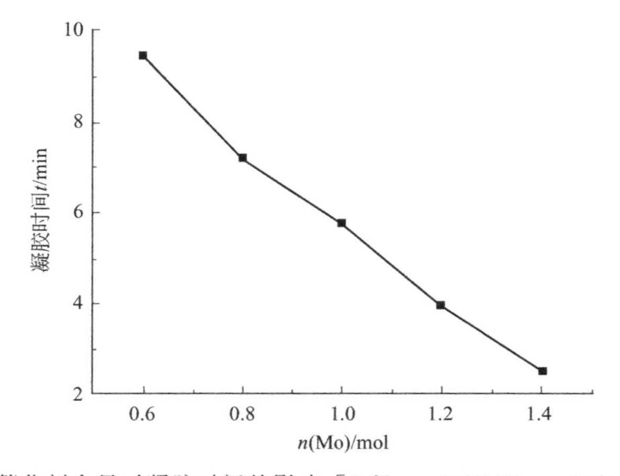

图 2-13　主催化剂含量对凝胶时间的影响 [80℃，n(DCPD)∶n(Al)=1200∶20]

2.2.4.2　助催化剂含量对 DCPD 聚合的影响

因为当主催化剂 $Mo(OPhC_9H_{19})_3Cl_2$ 的含量为 1.2mol 时，催化剂具有良好的催化效率，因此我们选定在温度 T=80℃，n(DCPD)∶n(Mo)=1200∶1.2 时考察助催化剂对 DCPD 聚合的影响。由图 2-15 和图 2-16 可以看出，随着助催化剂含量的增加，凝胶时间逐渐减小，单体转化率和交联度均呈先增大后减小的趋势（机理分析同 2.2.2.2）。当助催化

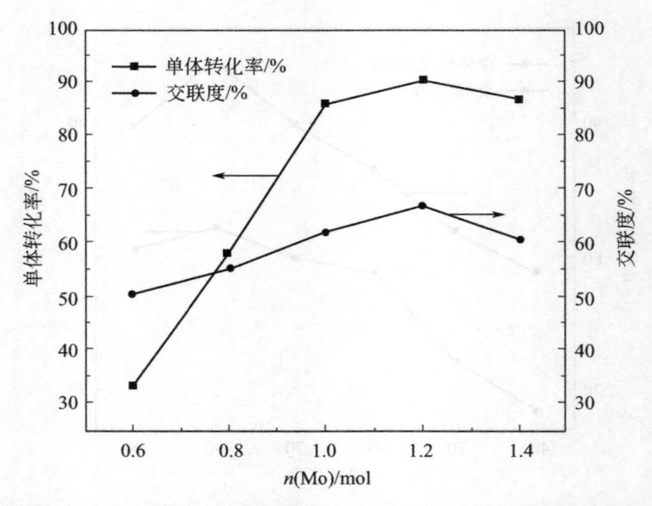

图 2-14 主催化剂含量对单体转化率及交联度的影响［80℃，n(DCPD)∶n(Al)=1200∶20］

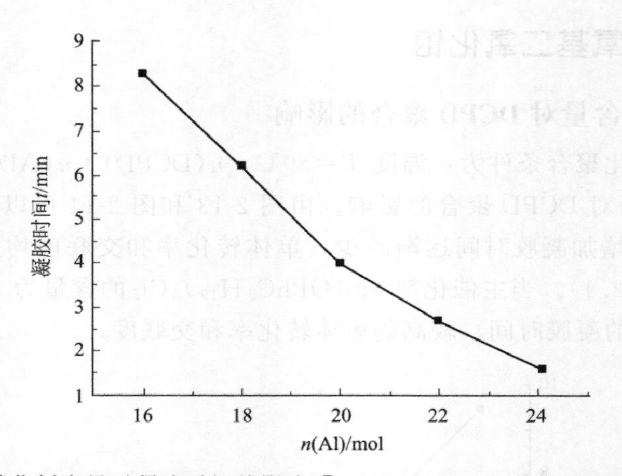

图 2-15 助催化剂含量对凝胶时间的影响［80℃，n(DCPD)∶n(Mo)=1200∶1.2］

剂 Et_2AlCl 的含量为 20mol 时，该催化体系具有适合成型工艺的凝胶时间、较高的单体转化率和交联度。

2.2.4.3 温度对 DCPD 聚合的影响

在 n(DCPD)∶n(Mo)∶n(Al)=1200∶1.4∶18 的条件下，考察温度对 $Mo(OPhC_9H_{19})_3Cl_2$-Et_2AlCl 催化体系催化 DCPD 聚合的影响。从图 2-17 和图 2-18 可看出，随温度的升高，反应体系活性提高，凝胶时间减少，单体转化率和交联度先升高后降低（机理分析同 2.2.2.3）。在温度 T=80℃时，$Mo(OPhC_9H_{19})_3Cl_2$ 催化体系催化 DCPD 聚合具有适合成型工艺的凝胶时间、较高的单体转化率和交联度。

2.2.5 不同结构酚配体对催化活性的影响比较

由表 2-4 可知当配体为Ⅰ、Ⅱ、Ⅲ、Ⅳ、Ⅴ时，每种催化剂在最佳摩尔比下，催化剂的活性大小顺序为 $Mo(OPhMe)_3Cl_2$ > $Mo(264)_3Cl_2$ > $Mo(OPhC_9H_{19})_3Cl_2$，而 $Mo(OPhBr_3)_3Cl_2$ 和 $Mo[OPh(NO_3)_2]_3Cl_5$ 没有催化活性，不能催化 DCPD 聚合。推测原因，可能是由于配体主要

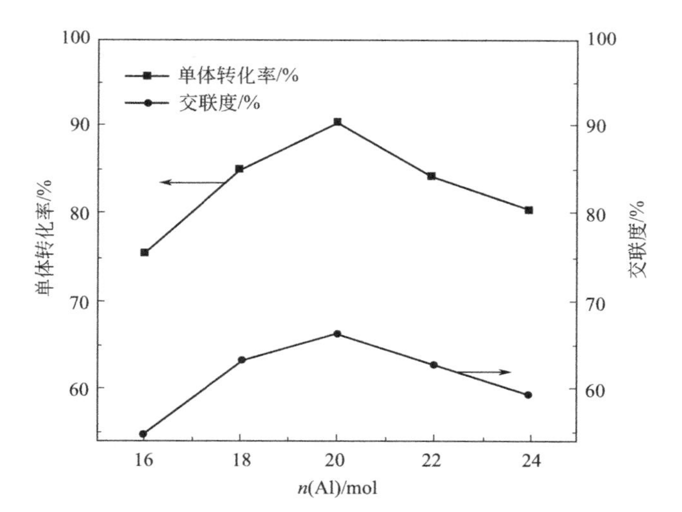

图 2-16　助催化剂含量对单体转化率及联度的影响［80℃，n(DCPD)∶n(Mo)=1200∶1.2］

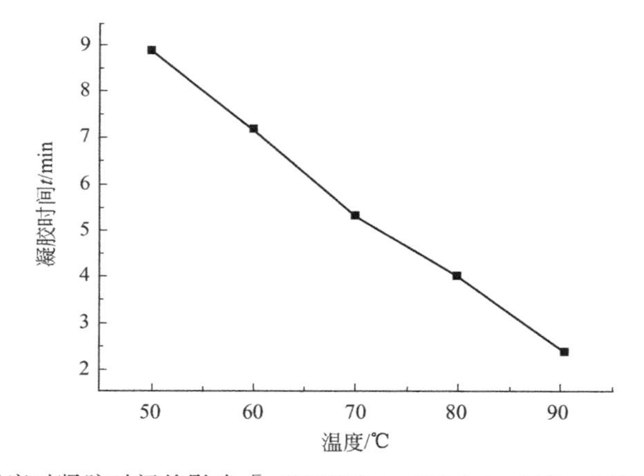

图 2-17　温度对凝胶时间的影响［n(DCPD)∶n(Mo)∶n(Al)=1200∶1.2∶20］

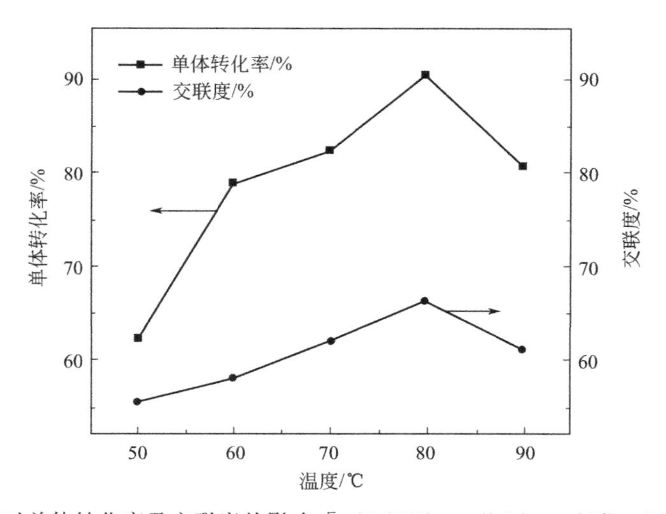

图 2-18　温度对单体转化率及交联度的影响［n(DCPD)∶n(Mo)∶n(Al)=1200∶1.2∶20］

是通过电子效应和几何（位阻）效应来影响催化剂的催化活性。含有吸电子基团的配体降低了金属中心的电子云密度，从而降低了催化剂的稳定性，而且在助催化剂的作用下产生的活性物种——钼卡宾的稳定性也相应减弱，从而导致活性物种的寿命缩短，聚合反应的转化率降低。配体三溴苯酚和2,4-二硝基苯酚的苯环上均带有吸电基团，所以它们的催化活性低。另外，配体Ⅱ、Ⅲ较配体Ⅰ由于空间几何（位阻）效应降低了催化剂的活性，因此，催化剂$MoCl_5$-对甲基苯酚具有最高的催化活性。

表 2-4 不同酚配体催化剂的活性比较

编号	酚种类	最佳配比(摩尔比)	最佳温度/℃	凝胶时间/min	转化率/%	交联度/%
Ⅰ	对甲基苯酚	1200∶1.2∶20	70	2.1	98.07	90.44
Ⅱ	2,6-二叔丁基-4-甲基苯酚	1200∶1.4∶18	80	3.5	94.99	82.18
Ⅲ	壬基酚	1200∶1.2∶20	80	4.0	90.44	66.32
Ⅳ	三溴苯酚	不聚合				
Ⅴ	2,4-二硝基酚	不聚合				

注：最佳配比指 n(DCPD)∶n(Mo)∶n(Al)。

2.3 钨、钼膦配合物的制备及其催化 DCPD 聚合

2.3.1 有机膦配位催化剂的应用

三苯基膦（PPh_3）及其衍生物是近几年研究比较多的有机膦化合物。广泛应用于医药、石化、涂料、橡胶等行业，可做催化剂、促进剂、阻燃剂、光热稳定剂、润滑油抗氧剂等，也用作聚合引发剂、抗菌素类药物氯洁霉素等的原料。

PPh_3是最简单的有机膦配体，其磷原子含有一对孤对电子，存在特殊的电子效应及空间立体效应，能够与过渡金属盐形成具有独特空间结构的配合物，因此常被用来合成某些均相催化剂的中间体，所制备的催化剂广泛应用于精细化工生产和石油化工中[114,115]。随着研究的逐步深入，三苯基膦及其衍生物作为配体所制备的催化剂在一些新的领域得到了广泛的应用[116]。

早在1968年，在氢甲酰化反应中，为了克服$Fe(CO)_5$、$Co_2(CO)_8$和$Rh_4(CO)_{12}$等这类催化剂反应条件要求高、热稳定性差以及选择性不高的缺点，壳牌公司经过一系列尝试，提出了用有机膦配体取代部分CO配体的改性方法，结果发现改性后的催化剂选择性及热稳定性都有了显著提高，这是由于膦配体的体积大，并且比CO具有更强的电子给予能力，从而使低温低压的氢甲酰化反应变成了现实[117]。后来，在丙烯酸丁酯的氢甲酰化过程中，Saidi等[118]发现在有机膦配体上引入不同的取代基，催化剂活性明显不同。强吸电子取代基可以大大提高催化剂的活性，而供电子取代基则会很大程度上降低反应活性。Leeuwen和Roobeek[119]在内烯烃的氢甲酰化过程中也发现，具有强吸电子基团的有机膦配体能够加快烯烃氢甲酰化反应的速率。

刘桂华等[120]以三苯基膦为配体，以二氯化钯为原料，采用无水乙醇作反应介质直接回流制备出了一种新型膦钯配位催化剂，并用一系列现代分析手段表征了其结构。结果表明所

制备出的催化剂是一种多功能的钯均相催化剂，广泛应用于氢化、羰基化反应，并且该合成方法的产率高，产品纯度高，适合工业化生产要求。

中国科学院兰州化学物理研究所的夏春谷等[121]以二苯基膦苯甲酸和二苯基膦乙酸为有机膦配体，以二氯化镍为镍盐，以硼氢化钠为还原剂，在 1,4-丁二醇溶剂中通过原位反应制得了镍膦催化剂，并研究了该水溶性镍膦催化剂催化乙烯齐聚制线型 α-烯烃的反应，结果表明这两种催化剂不仅反应速率高，而且反应条件温和，所制得的正构 α-烯烃的选择性高达 96%以上。

天津大学的王晓霞等[122]以羟乙基纤维素为原料，通过用三苯基膦对其主链进行化学改性，然后将其与乙酸钯进行络合反应，合成了一种新型的膦-钯催化剂。研究结果表明该催化剂稳定性好，在 180℃以下也能在空气中稳定存在，并且在乙醇和水 1∶1 混合的溶剂中能有效催化 Suzuki 偶联反应。

四川大学的袁茂林等[123]制备出了 PPh_3 的衍生物三(3,4-二甲氧基苯基)膦（TDMOPP）(合成路线如下)。

H_3CO, H_3CO —— Br_2/HOAc, 室温, 24h → H_3CO, H_3CO, Br —— 1) n-C_4H_9Li/THF, −78℃; 2) PCl_3/THF, −78℃ → (H_3CO, H_3CO)$_3$P

将其与 Rh 配位催化 1-十二烯氢甲酰化。考察了膦/铑摩尔比和温度对催化剂活性与选择性的影响。结果表明，在较低的温度下 TDMOPP 能与 Rh 形成稳定的活性物种，并且 TDMOPP 配位的 Rh 催化剂是以 PPh_3 为配体的催化剂的活性的 3 倍。究其原因可能是因为 TDMOPP 分子的间位甲氧基具有空间位阻，在膦/铑比较高的时候可以防止低活性的饱和配合物的生成。另外对位的甲氧基可以弥补间位甲氧基的供电不足。因此，TDMOPP 与 Rh 配位形成稳定的活性中间体，从而表现出较高的催化活性。

中国科学院的王定博等[124]经过改进合成方法，合成出了高产率、高纯度的水溶性膦配体三苯基膦-间-三磺酸钠盐（TPPTS）。同时还合成了 TPPTS 与 Rh 的配合物，并在水-有机两相催化体系中研究了 1-丁烯、1-辛烯和苯乙烯的氢甲酰化反应。研究结果表明合成的水溶性膦配体和催化剂具有良好的水溶性和较好的稳定性。同时对烯烃的氢具有很高的转化率：1-丁烯的转化率可达 98.6%，1-辛烯的转化率可达 87.4%，苯乙烯的转化率可达 99.9%。

郑州大学的龚军芳等[125]合成了三种新的环钯化二茂铁亚胺-三苯基膦配合物，合成路线如下。三种配合物分别为：①$R^1=H$，$R^2=Cy$；②$R^1=H$，$R^2=i$-C_3H_7；③$R^1=CH_3$，$R^2=Cy$。

Fe, R^1, O + R^2—NH_2 —— Al_2O_3, Reflux → Fe, R^1, N—R^2 —— Li_2PdCl_4, NaOAc → [Fe, R^1, N—R^2, Pd—Cl]$_2$ —— PPh_3, CH_2Cl_2 → Fe, R^1, N—R^2, Pd—Cl, PPh_3

这些化合物易合成且稳定，能够高产率地使含不同取代基团的芳基溴及杂芳基溴与苯基硼酸发生 Suzuki 反应生成偶联产物。

从文献中发现，三苯基膦具有很强的配位效应，使得配位化合物更加稳定，活性更强。受到这些研究的启发，我们将探索有机磷化合物及其配合物在双环戊二烯的开环易位聚合中的应用。

2.3.2 钨-三苯基膦系列配合物

2.3.2.1 合成方法与测试方法

(1) $W(PPh_3)_2Cl_6$配合物的合成

在接有250mL恒压漏斗和回流管的250mL三口烧瓶中反复抽真空和冲入干燥氮气，抽排3～4次，加入六氯化钨，然后加入纯化二氯甲烷适量进行溶解；根据六氯化钨的质量按照一定的摩尔比称取配体三苯基膦，取适量的二氯甲烷进行溶解，将三苯基膦二氯甲烷溶液加入恒压漏斗，在六氯化钨二氯甲烷溶液加热到一定温度时开始滴加三苯基膦二氯甲烷溶液，滴加时间2～4h，滴加完毕，体系密封回流4～6h，试验结束，试验装置改为蒸馏装置，蒸馏出多余的溶解二氯甲烷。配合物的洗涤：向250mL锥形瓶中加入配合物，加入适量的甲苯，电磁搅拌一定时间，再加入新鲜甲苯，此操作重复三次；然后加入环已烷重复上述操作三次；将环已烷洗涤产物用二氯甲烷溶解，滴加甲苯至颜色开始变深，用注射器滴加正庚烷直到不再有新的沉淀生成，室温静置3～5h，除去上清液，真空干燥箱真空干燥6～8h，得到浅黄色粉末，即最终产物。

(2) $W(OPPh_3)_2Cl_6$配合物的合成

在接有250mL恒压漏斗和回流管的250mL三口烧瓶中反复抽真空和冲入干燥氮气，抽排3～4次，加入六氯化钨，然后加入纯化二氯甲烷适量进行溶解；根据六氯化钨的质量按照一定的摩尔比称取配体三苯基氧化膦，取适量的二氯甲烷进行溶解，将三苯基氧化膦二氯甲烷溶液加入恒压漏斗，在六氯化钨二氯甲烷溶液加热到一定温度时开始滴加三苯基氧化膦二氯甲烷溶液，滴加时间2～4h，滴加完毕，体系密封回流4～6h，试验结束，试验装置改为蒸馏装置，蒸馏出多余溶解二氯甲烷。配合物的洗涤：250mL锥形瓶中加入配合物，加入适量的甲苯，电磁搅拌一定时间，再加入新鲜甲苯，此操作重复三次；然后加入环已烷重复上述操作三次；将环已烷洗涤产物用二氯甲烷溶解，滴加甲苯至颜色开始变深，用注射器滴加正庚烷直到不再有新的沉淀生成，室温静置3～5h，除去上清液，真空干燥箱真空干燥6～8h，得到浅灰色粉末，即最终产物。

(3) $WO_2(OPPh_3)_2Cl_2$配合物的合成

首先用纯净氮气把经干燥后的三口烧瓶里的气体反复置换3～5次，然后加入六氯化钨粉末，加入适量的纯化丙酮使六氯化钨粉末完全溶解，之后用H_2O_2或者是干燥过的O_2进行氧化，直到体系中溶液颜色不再变化，整个反应体系于油浴加热至适当温度，使用250mL的恒压漏斗逐滴滴加三苯基氧化膦的丙酮溶液，滴加过程中用电磁搅拌至反应结束，滴加完毕继续反应约5h，停止加热和搅拌，常温静置约10h，先用反应溶剂丙酮洗涤若干次，再用纯化乙醚洗涤经过滤的固体反应产物若干次，至洗液澄清透明得到白色固体粉末，在真空干燥烘箱中约50℃真空干燥约8h，得到最终产物。

(4) 配合物催化剂的活性测定

在100mL玻璃反应容器中加入聚合级的DCPD适量，按照一定比例加入$W(PPh_3)_2Cl_6$、$W(OPPh_3)_2Cl_6$和$WO_2(OPPh_3)_2Cl_2$，然后用纯净N_2置换3～5次；分散后按比例加入Et_2AlCl，快速混合后放入烘箱，每隔1～2min观察反应凝胶情况，最后记录凝胶化时间。

分别从单体DCPD、主催化剂、助催化剂Et_2AlCl、反应凝胶化温度、纳米填料MMT五个方面的凝胶时间曲线来考察各个因素对活性的影响。

（5）配合物催化剂的稳定性测定

称取质量相同的 $W(PPh_3)_2Cl_6$、$W(OPPh_3)_2Cl_6$ 和 $WO_2(OPPh_3)_2Cl_2$ 分别放入 100mL 的反应容器中，暴露于空气中，每间隔 4d 取其中一个样品以同样的方法做聚合实验，观察反应凝胶情况，最后记录凝胶时间，统计作出变化曲线。

（6）DCPD 聚合物的转化率测定

将上述 DCPD 聚合物用万能制样机磨成细粉，以甲苯为溶剂进行抽提操作，时间约为 8～10h，以减重法计算各个样品的转化率，绘制曲线进行比对。

2.3.2.2　配合物结构分析

通过预定方案制备新型配合物催化体系及其蒙脱土负载型催化剂。利用红外光谱仪和 X 射线衍射仪分别对两种催化剂进行结构分析，以揭示催化剂的结构与反应以及制备条件之间的关系。

（1）$W(PPh_3)_2Cl_6$ 红外光谱分析

在图 2-19 中可以明显观察到一系列强吸收峰：3436.51cm^{-1}、1437.03cm^{-1}、1116.03cm^{-1}、964.04cm^{-1}、687.52cm^{-1} 和 535.92cm^{-1}。同时 P—C、苯环的 C═C、C═H特征峰分别出现在 723.10cm^{-1}、1586.92cm^{-1}、3052.47cm^{-1}，配位原料 PPh_3 的特征峰出现在 1437.03cm^{-1}、1476.90cm^{-1}。在配合物中，由于配合效应的存在，配体和中心原子保持价态不变进行络合。

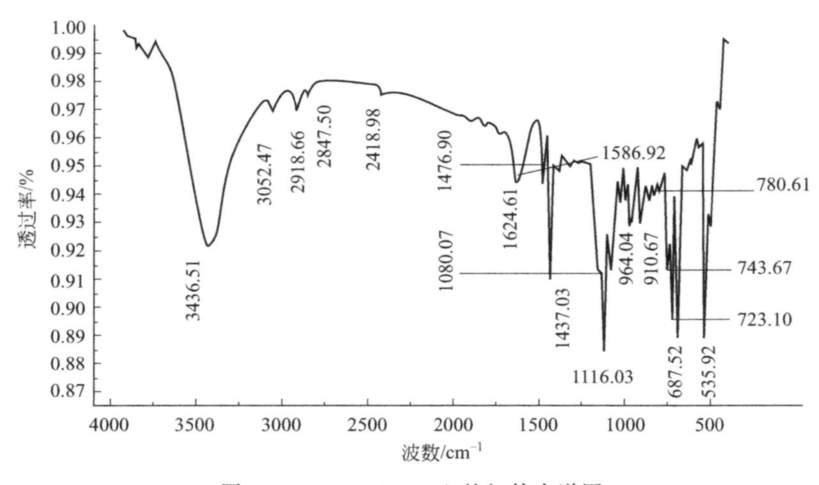

图 2-19　$W(PPh_3)_2Cl_6$ 的红外光谱图

（2）$W(OPPh_3)_2Cl_6$ 红外光谱分析

在图 2-20 中可以明显观察到一系列强吸收峰：3417.49cm^{-1}、1438.77cm^{-1}、1122.58cm^{-1}、982.97cm^{-1}、688.46cm^{-1} 和 541.52cm^{-1}。同时 P—C、苯环的 C═C、C═H特征峰分别出现在 732.76cm^{-1}、1586.02cm^{-1}、3064.32cm^{-1}，配位原料 $POPh_3$ 的特征峰出现在 1438.77cm^{-1}、1475.74cm^{-1}，其中 P═O 的特征峰出现在 1159.23cm^{-1}。在配合物中，配体和中心原子保持化合价不变进行络合。

（3）$WO_2(OPPh_3)_2Cl_2$ 红外光谱分析

在图 2-21 中可以明显观察到一对吸收峰：960.96cm^{-1} 和 910.32cm^{-1} 均为强吸收峰，是 WO_2Cl_2 的对称与不对称的伸缩振动，同时 P—C、苯环的 C═C、C═H 特征峰分别出

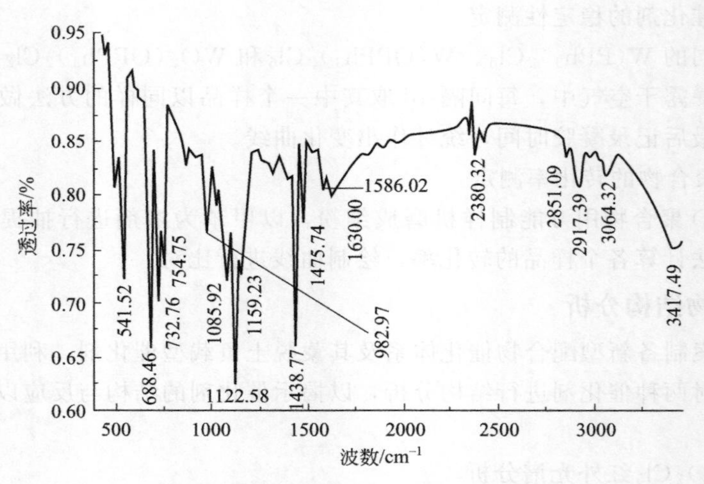

图 2-20 $W(OPPh_3)_2Cl_6$的红外光谱图

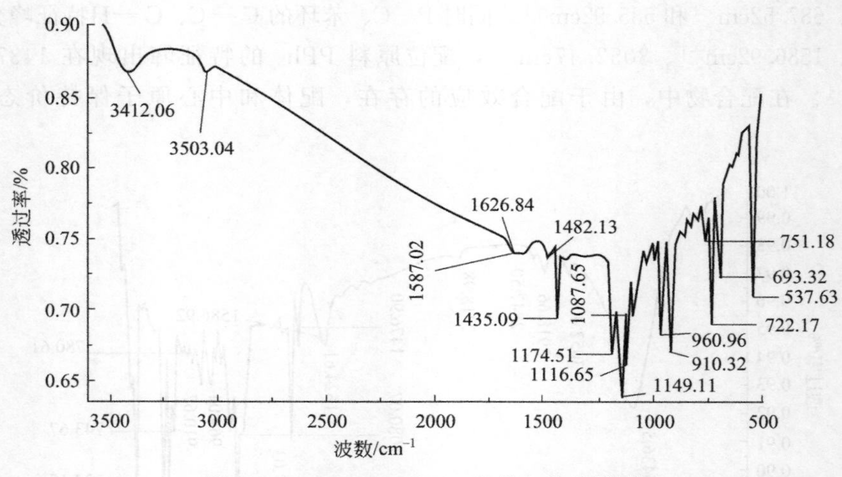

图 2-21 $WO_2(OPPh_3)_2Cl_2$的红外光谱图

现在 722.17cm^{-1}、1587.02cm^{-1}、3053.04cm^{-1}，配位原料 $POPh_3$ 的特征峰出现在 1435.09cm^{-1}、1482.13cm^{-1}，其中 P=O 的特征峰出现在 1174.11cm^{-1}，在配合物中，由于配位作用的影响，双键能量有所降低，可以观察到在 1149.11cm^{-1}处出现了强吸收峰，证明 $WO_2(OPPh_3)_2Cl_2$的存在。

2.3.2.3 催化剂活性

传统催化剂虽然具备很多优点，但其对环境的敏感性不利于实际应用。本实验对制备出的各种催化剂进行活性及其稳定性考察，以期找到影响各催化体系的聚合反应活性的因素。

(1) $W(PPh_3)_2Cl_6$

为了具体考察 $W(PPh_3)_2Cl_6$的催化活性，实验从 DCPD 单体、主催化剂 $W(PPh_3)_2Cl_6$、助催化剂 Et_2AlCl、反应温度四个方面进行了实验。

① DCPD 单体摩尔量的影响　从图 2-22 可以看出，随着 DCPD 单体摩尔量的变大，反应体系的凝胶化时间从 3min 左右逐渐延长到 40min 左右，基本上呈线性增加。分析原因应该是由于 DCPD 单体摩尔量增加，而主催化剂、助催化剂的摩尔量保持不变，本质上等效

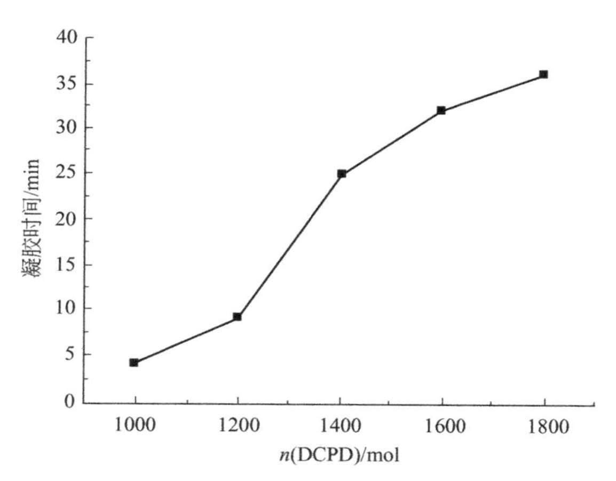

图 2-22　DCPD 单体摩尔量与凝胶时间的关系

于稀释了催化剂的有效浓度，单位体积反应物料中活性中心数目变少，抵消了催化剂分散均匀效应加速反应的因素，所以凝胶时间的变化反应在曲线上就是呈现出直线增加的趋势。

② 主催化剂 $W(PPh_3)_2Cl_6$ 摩尔量的影响，见图 2-23。

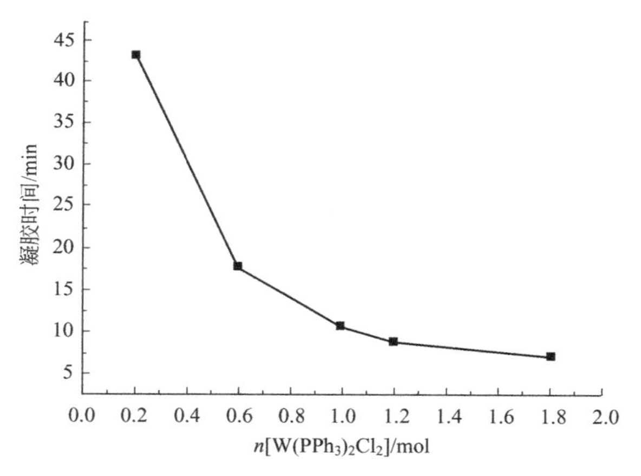

图 2-23　$W(PPh_3)_2Cl_6$ 摩尔量与凝胶时间的关系

从图 2-23 中可以看到主催化剂在摩尔量为 0.2mol 时，反应发生凝胶化的时间大于 40min；在量为 0.6～1.8mol 这个区间，反应发生凝胶化时间从 20min 左右减少到 7min。整个曲线呈现出随着主催化剂摩尔量的增加，反应发生凝胶化的时间越来越短，说明主催化剂摩尔量的变化对整个反应的凝胶时间有着很大的影响，主催化剂含量越多，凝胶化时间越短。反应中首先是主催化剂、助催化剂形成活性中心，然后引发 DCPD 发生开环聚合反应，在主催化剂含量极低的情况下，降低了主、助催化剂的接触概率，活性中心的形成速度非常慢，反映在曲线上就是在主催化剂含量很少时，反应发生凝胶化时间比较长。

而随着主催化剂用量的增加，单位体积 DCPD 反应液中活性中心的生成速度大大加快，含量也随之大大增加，反映在曲线上就是反应发生的凝胶时间呈直线下降态势。

③ 助催化剂 Et_2AlCl 摩尔量的影响，见图 2-24。

助催化剂在 DCPD 开环聚合反应中发挥着重要的作用，助催化剂在 DCPD 中加入并被分散均匀后，随着助催化剂的加入，两个催化剂首先发生反应，生成活性中心，活性中心数

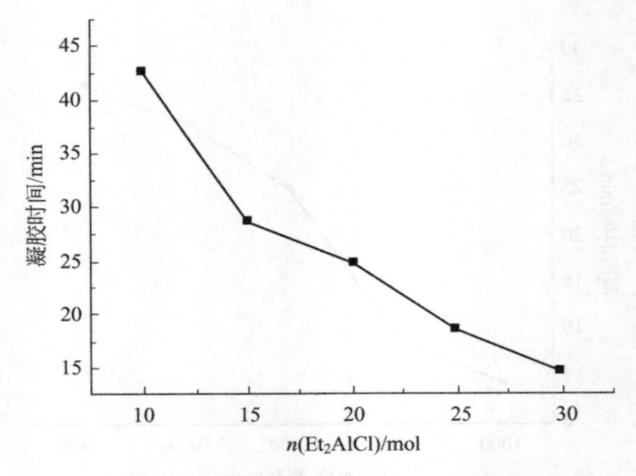

图 2-24 Et_2AlCl 摩尔量与凝胶时间的关系

目的多少和单位体积反应物料中活性中心的浓度对整个反应的发生起着关键性的作用。如图3-24 所示，在助催化剂的摩尔量小于 15mol 时，DCPD 单体发生聚合反应的速度相当缓慢，凝胶化时间更是长达 43min；在 10～15mol 之间，随着摩尔量的变大，反应的凝胶化速度急剧加快，时间大大缩短，从 43min 锐减到约 30min。当摩尔量大于 15mol 的时候，聚合反应发生凝胶化的时候逐渐缩短，在 15～30mol 整个区间，反应发生的凝胶时间减少比较明显，凝胶时间虽然整体上看依然是减少的，但是就局部来看，时间的变化趋势不太明显，趋势逐渐变缓。但是并不是其添加量越多越好，从曲线可以看出当助催化剂加入量达到一定水平后，过量的添加并不能明显加快反应发生凝胶化现象的速度。导致这种情况的因素可能是当助催化剂用量过少时，以其极低的含量和主催化剂发生反应时所能产生的活性中心数目非常有限，凝胶时间就非常长；反之，当助催化剂加入量过大时，并不能使主催化剂彻底地和助催化剂反应产生最大量的活性中心，出现这样的情况的原因大概是局部活性中心浓度极大而引发剧烈反应，发生局部快速凝胶而阻碍了周边的活性中心引发活性，造成一定数目活性种的损失。

④ 反应温度的影响，见图 2-25。

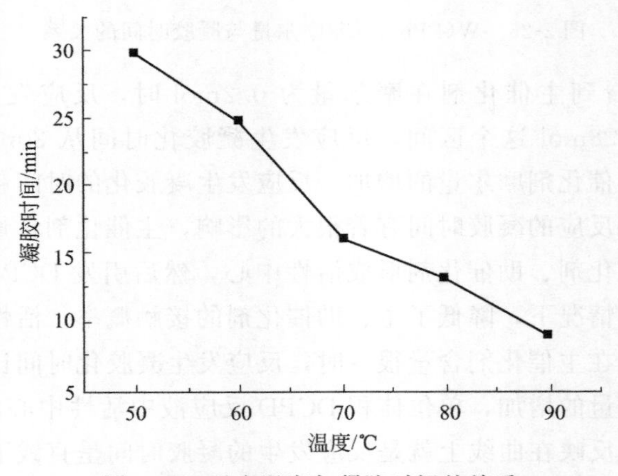

图 2-25 反应温度与凝胶时间的关系

在化学反应平衡中，温度对整个反应的影响是极为明显的。较高的温度有利于反应向正反应方向进行，大多数情况下升高温度有利于反应的发生。在 DCPD 单体聚合反应中，设定五个测定温度，如图2-25所示。当反应温度从50℃升高到90℃的过程中，反应发生凝胶化现象的时间整体上呈现出线性减少趋势，时间从约30min下降到约10min，足可以证明温度的升高对整个反应速度的明显的影响。之所以出现这样的结果，是由于较高的温度使各个反应组分具有更高的活性，整个体系中各组分的运动速率加剧，首先是导致主催化剂、助催化剂理论上可以有更多的接触机会，从而增加了产生活性中心的概率，活性中心浓度的变大就直接导致聚合反应发生的速率显著加快。

（2）$W(OPPh_3)_2Cl_6$

为了具体考察$W(OPPh_3)_2Cl_6$的催化活性，对DCPD单体摩尔量、主催化剂$W(OPPh_3)_2Cl_6$摩尔量、助催化剂Et_2AlCl摩尔量、反应温度四个因素进行了实验。

① DCPD单体摩尔量的影响，见图2-26。

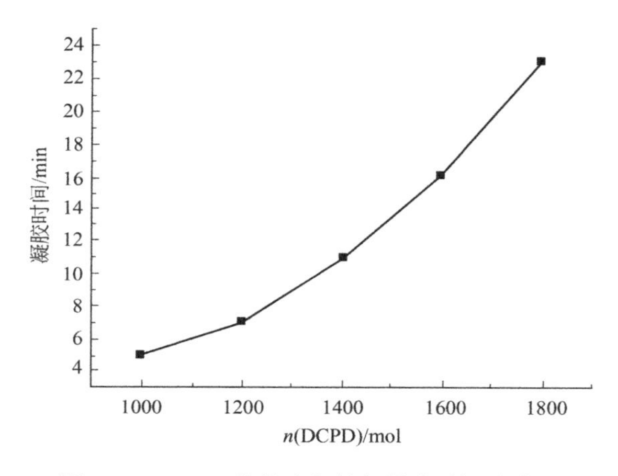

图2-26　DCPD单体摩尔量与凝胶时间的关系

从图2-26中可以看到，随着DPCD单体摩尔量的增加，聚合反应发生凝胶化现象的时间逐渐延长，基本上呈直线增加趋势，单体摩尔量从1000mol增加到1800mol时，聚合反应的凝胶时间从5min左右延长到大于20min，分析其原因应该是随着单体摩尔量的变大，单位体积中活性中心的浓度有所降低，凝胶化反应就需要更长的时间。

② 主催化剂$W(OPPh_3)_2Cl_6$摩尔量的影响，见图2-27。

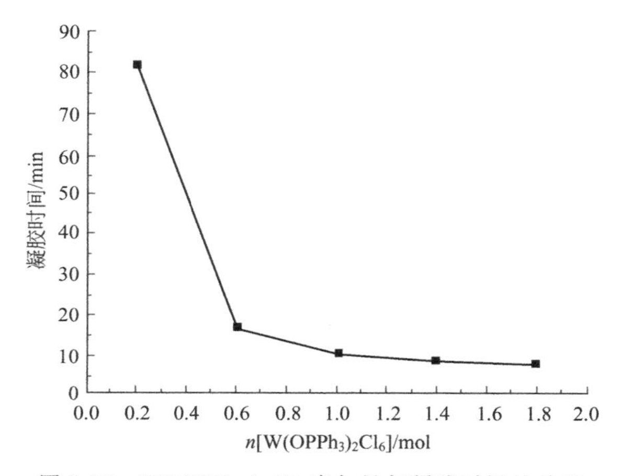

图2-27　$W(OPPh_3)_2Cl_6$摩尔量与凝胶时间的关系

图 2-27 中可以看到一个很明显的拐点，当主催化剂的摩尔量小于 0.6mol 时，反应发生凝胶化的时间从摩尔量为 0.2mol 的大于 1h 减少到摩尔量为 0.6mol 的 10min 左右；当主催化剂的摩尔量大于 0.6mol 时，反应的凝胶时间从 7min 减少到 1～2min。整个曲线呈现出随着主催化剂的摩尔量的增加，反应发生凝胶化的时间越来越短，说明主催化剂摩尔量的变化对整个反应的凝胶时间有着很大的影响，主催化剂含量越大，凝胶时间越短。

③ 助催化剂 Et_2AlCl 摩尔量的影响，见图 2-28。

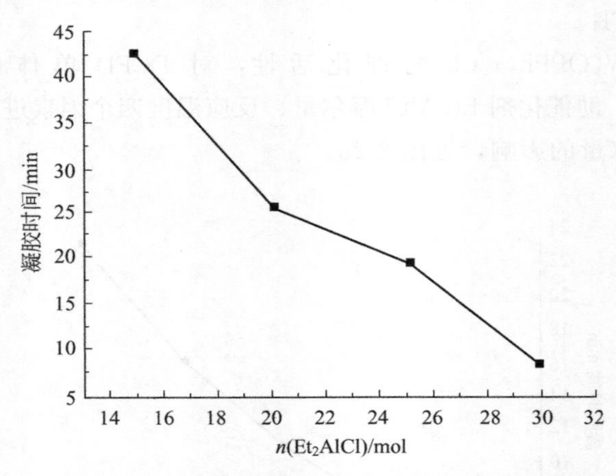

图 2-28 Et_2AlCl 摩尔量与凝胶时间的关系

助催化剂在 DCPD 开环聚合反应中发挥着重要的作用，助催化剂在 DCPD 中加入并被分散均匀后，随着助催化剂的加入，两个催化剂首先发生反应，生成活性中心，活性中心数目的多少和单位体积反应物料中活性中心的浓度对整个反应的发生起着关键性的作用。图 2-28 显示，在助催化剂的摩尔量小于 15mol 时，DCPD 单体不能发生聚合反应。当摩尔量大于 15mol 时，聚合反应发生凝胶化的时间逐渐缩短，在 15～30mol 整个区间，反应的凝胶时间减少比较明显，呈线性下降趋势，从摩尔量为 15mol 时的大于 40min 减少到摩尔量为 30mol 时的不到 5min，助催化剂的摩尔量对聚合反应发生凝胶化时间具有较大影响。图 2-28 曲线反映 DCPD 的开环聚合反应发生凝胶化现象的时间整体上是随着助催化剂的摩尔量的变大而逐渐缩短的，曲线证明当助催化剂加入量达到一定水平后，过量的添加并不能明显加快反应发生凝胶化现象的速度。导致这种情况的原因可能是当助催化剂用量过少时，以其极低的含量和助催化剂发生反应时所能产生的活性中心数目非常有限，凝胶时间非常长；反之相反。

④ 反应温度的影响，见图 2-29。

在化学反应平衡中，温度对整个反应的影响是极为明显的。较高的温度有利于反应向正反应方向进行，大多数情况下升高温度有利于反应的发生。在 DCPD 单体聚合反应中，设定五个测定温度，如图 2-29 所示，当反应温度从 50℃升高到 90℃的过程中，反应发生凝胶化现象的时间整体上呈现出线性减少趋势，时间从 24min 左右下降到 9min 左右，足可以证明温度的升高对整个反应速度的明显影响。之所以出现这样的结果，是由于较高的温度使各个反应组分具有更高的活性，整个体系中各组分的运动速率加剧，首先是导致主催化剂、助催化剂理论上可以有更多的接触机会，从而增加了产生活性中心的概率，活性中心浓度的变大就直接导致聚合反应发生的速率显著加快，这一点在图中可以很清楚地看到。

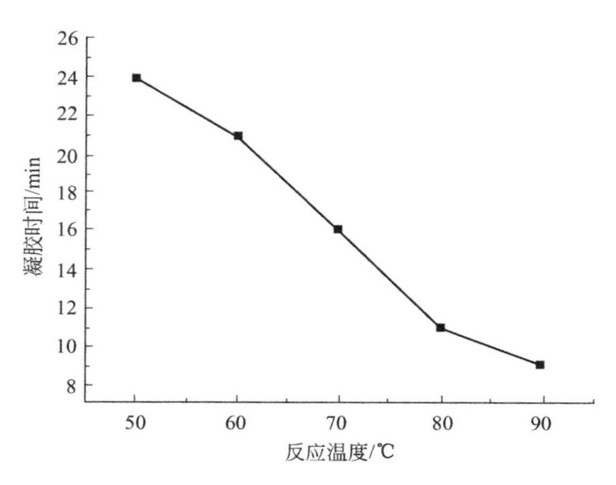

图 2-29　反应温度与凝胶时间的关系

(3) $WO(OPPh_3)_2Cl_2$

为了具体考察 $WO(OPPh_3)_2Cl_2$ 的催化活性，对 DCPD 单体摩尔量、主催化剂 $WO(OPPh_3)_2Cl_2$ 摩尔量、助催化剂 Et_2AlCl 摩尔量、反应温度四个方面进行了实验。

① DCPD 单体摩尔量的影响，见图 2-30。

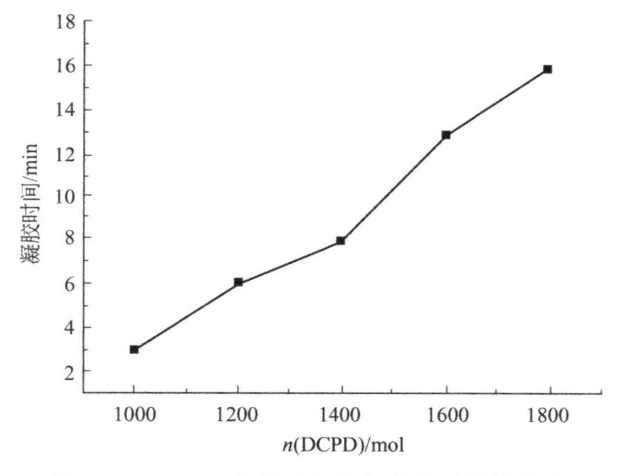

图 2-30　DCPD 单体摩尔量与凝胶时间的关系

从图 2-30 中可以看出，随着 DCPD 单体摩尔量的变大，反应体系的凝胶化时间从 3min 逐渐增加到 15min，基本上呈线性增加趋势。分析原因应该是 DCPD 单体摩尔量增加，而主催化剂、助催化剂的摩尔量保持不变，本质上等效于稀释了催化剂的有效浓度，单位体积反应物料中活性中心数目变少，抵消了催化剂分散均匀效应加速反应的因素，所以凝胶时间的变化反应在曲线上就是呈现出直线增加的趋势。

② 主催化剂 $WO(OPPh_3)_2Cl_2$ 摩尔量的影响，见图 2-31。

从图 2-31 中可以看到一个很明显的拐点。当主催化剂在摩尔量小于 0.6mol 时，反应发生凝胶化的时间从摩尔量为 0.2mol 的接近 1h 减少到摩尔量为 0.6mol 的约 10min；在摩尔量为 0.6～1.8mol 这个区间，反应的凝胶时间从 7min 减少到几乎瞬间发生凝胶化现象。整个曲线呈现出随着主催化剂的摩尔量的增加，反应凝胶化的时间越来越短的趋势，说明主催化剂摩尔量的变化对整个反应的凝胶化时间有着很大的影响，主催化剂含量越大，凝胶时间

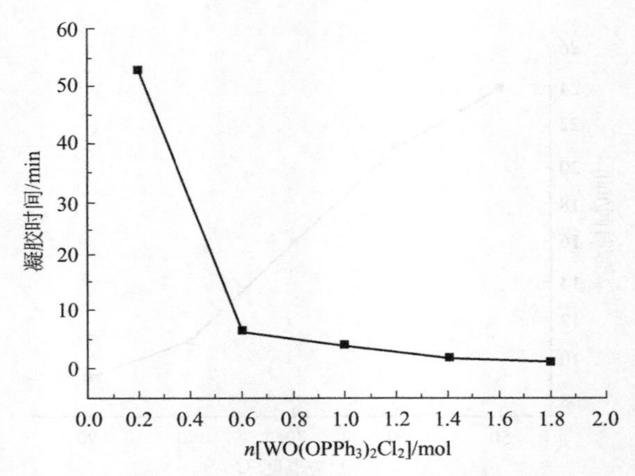

图 2-31 $WO(OPPh_3)_2Cl_2$ 摩尔量与凝胶时间的关系

越短。究其原因如下：主催化剂、助催化剂形成活性中心，引发 DCPD 发生开环聚合反应，在主催化剂含量极低的情况下，活性中心的形成速度非常慢，反映在曲线上就是在主催化剂含量很少时，反应发生凝胶化时间比较漫长，而随着主催化剂的增加，单位体积 DCPD 反应液中活性中心的生成速度大大加快，含量也随之大大增加，反映在曲线上就是反应发生凝胶化的时间呈直线下降态势。

③ 助催化剂 Et_2AlCl 摩尔量的影响，见图 2-32。

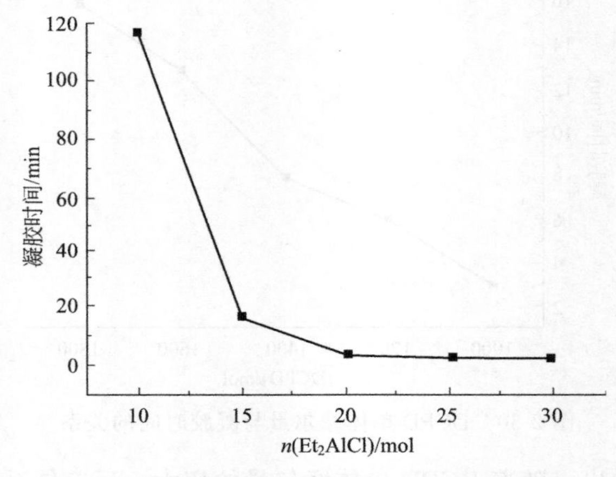

图 2-32 Et_2AlCl 摩尔量与凝胶时间的关系

助催化剂在 DCPD 开环聚合反应中发挥着重要的作用，助催化剂在 DCPD 中加入并被均匀分散后，随着助催化剂的加入，两个催化剂首先发生反应，生成活性中心，活性中心数目的多少和单位体积反应物料中活性中心的浓度对整个反应的发生起着关键性的作用。由图 2-32 可知，当助催化剂的摩尔量小于 15mol 时，DCPD 单体发生聚合反应的速度相当缓慢，凝胶时间更是长达近两个小时；当摩尔量在 10～15mol 之间时，随着摩尔量的增加，反应的凝胶化速度急剧加快，时间大大缩短，从 120min 锐减到约 20min。当主催化剂的摩尔量大于 15mol 的时候，聚合反应发生凝胶化的时间逐渐缩短，在 15～20mol 整个区间，反应发生凝胶化的时间减少比较明显，在摩尔量处于 20～30mol 这个范围时，凝胶时间虽然整体上看依然是减少的，但是就局部来看，时间的变化趋势不太明显，摩尔量为 20mol、

25mol、30mol这三个测定点的测定时间曲线几乎水平。图2-32曲线反映DCPD的开环聚合反应发生凝胶化现象的时间整体上是随着助催化剂的摩尔量的变大而逐渐缩短的，当然助催化剂的添加量也不是可以无限多的。简言之，并不是其添加量越多越好，因为曲线证明当助催化剂加入量达到一定水平后，过量的添加并不能明显加快反应发生凝胶化的速度。导致这种情况的原因可能是当助催化剂加入量过大时，并不能使主催化剂彻底地和助催化剂反应产生最大量的活性中心，由于局部活性中心浓度极大而引发剧烈反应，发生局部快速凝胶而阻碍了周边的活性中心扩散。

④ 反应温度的影响，见图2-33。

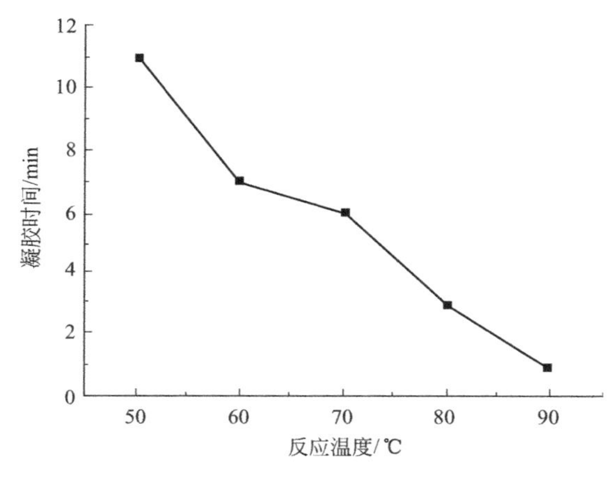

图2-33 反应温度与凝胶时间的关系

在化学反应平衡中，温度对整个反应的影响是极为明显的。较高的温度有利于反应向正反应方向进行，大多数情况下升高温度有利于反应的发生。在DCPD单体聚合反应中，设定五个测定温度，如图2-33所示。当反应温度从50℃升高到90℃的过程中，反应发生凝胶化现象的时间整体上呈现出线性减少趋势，时间从11min左右下降到约1min，足可以证明温度的升高对整个反应速度的影响。之所以出现这样的结果，是由于较高的温度使各个反应组分具有更高的反应活性，整个体系中各组分的运动速率加剧，首先是导致主催化剂、助催化剂理论上可以有更多的接触机会，从而增加了产生活性中心的概率，活性中心浓度的变大就直接导致聚合反应发生的速率显著加快，这一点可在图中可以清楚地看到。

2.3.2.4 各催化剂活性对比

上面对各个催化剂进行了多种影响因素的考察，下面对相同的影响因素进行平行比较。

(1) DCPD单体摩尔量的影响

从图2-34的对比可知，在DCPD单体摩尔量小于1200mol时，三种催化剂催化聚合反应的凝胶时间基本一致，而$WO(OPPh_3)_2Cl_2$催化活性更高，时间更短，摩尔量更小。$W(OPPh_3)_2Cl_6$的催化活性在一个很小的范围内大于$W(PPh_3)_2Cl_6$。在摩尔量大于1200mol时，催化活性依次是$WO(OPPh_3)_2Cl_2>W(OPPh_3)_2Cl_6>W(PPh_3)_2Cl_6$。从整体上看，$WO(OPPh_3)_2Cl_2$催化活性在DCPD单体摩尔量相同时是最高的。由于其具备较强的稳定性，使得在聚合反应中保留更多的活性中心，获得更高的催化效率。

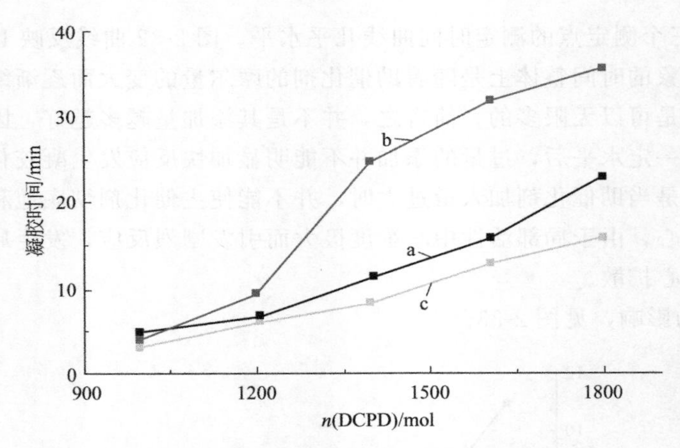

图 2-34 DCPD 单体摩尔量与凝胶时间的关系

a—$W(OPPh_3)_2Cl_6$；b—$W(PPh_3)_2Cl_6$；c—$WO(OPPh_3)_2Cl_2$

（2）主催化剂摩尔量的影响

从图 2-35 可以看出，在催化剂摩尔量小于 0.6mol 时，$W(OPPh_3)_2Cl_6$的催化活性是最低的，聚合反应发生凝胶化的时间是最长的，在摩尔量为 0.2mol 时长达 80min。$W(PPh_3)_2Cl_6$和 $WO(OPPh_3)_2Cl_2$在小于 0.35mol 时有一个交叉点。当主催化剂的摩尔量小于 0.35mol 时，$WO(OPPh_3)_2Cl_2$的活性要高于 $W(PPh_3)_2Cl_6$；而在 0.35～0.6mol 这个区间，这个活性关系是相反的；在 0.6～1.8mol 这个区间时，催化体系的催化活性关系从曲线上看，是三个平行的水平，$W(OPPh_3)_2Cl_6$、$W(PPh_3)_2Cl_6$的曲线几乎重合，所以在这个区间两者活性相当，而 $WO(OPPh_3)_2Cl_2$的催化活性较高，大概平均要少 5min，整体上看其催化活性最高。

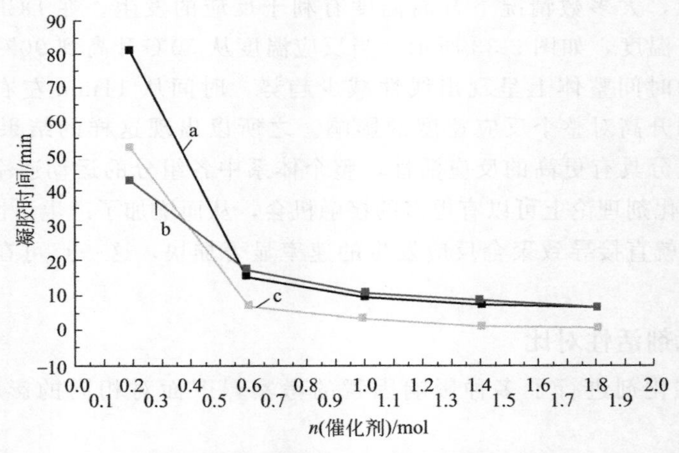

图 2-35 催化剂摩尔比与凝胶时间的关系

a—$W(OPPh_3)_2Cl_6$；b—$W(PPh_3)_2Cl_6$；c—$WO(OPPh_3)_2Cl_2$

（3）助催化剂 Et_2AlCl 摩尔量的影响

由图 2-36 可以看出，在助催化剂摩尔量为 20～25mol 之间这个区域，$W(OPPh_3)_2Cl_6$和 $W(PPh_3)_2Cl_6$ 催化 DCPD 聚合测得的凝胶时间一样的；在摩尔量大于 25mol 时，$W(PPh_3)_2Cl_6$的催化活性要高于 $W(OPPh_3)_2Cl_6$；在小于 20mol 时，$W(OPPh_3)_2Cl_6$的催化活性要高于 $W(PPh_3)_2Cl_6$；在摩尔量为 15mol 时，曲线 c 和曲线 b 有一个交叉点，此点

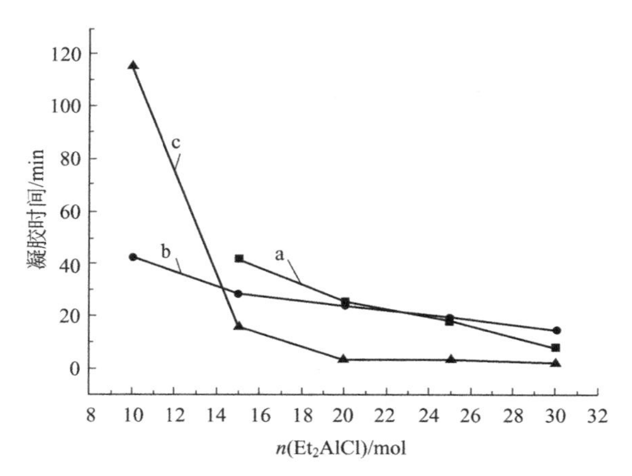

图 2-36 Et_2AlCl 摩尔量与凝胶时间的关系

a—$W(OPPh_3)_2Cl_6$；b—$W(PPh_3)_2Cl_6$；c—$WO(OPPh_3)_2Cl_2$

左侧，$W(PPh_3)_2Cl_6$ 的活性要高于 $WO(OPPh_3)_2Cl_2$ 很多，在摩尔量大于 15mol 时，$WO(OPPh_3)_2Cl_2$ 的活性是三个催化体系中最高的，在凝胶时间上要比 $W(PPh_3)_2Cl_6$ 和 $W(OPPh_3)_2Cl_6$ 短 5～20min，所以从整体上看其活性是三者中最高的。

(4) 反应温度的影响

图 2-37 中曲线 a、b、c 分别代表 $W(OPPh_3)_2Cl_6$、$W(PPh_3)_2Cl_6$ 和 $WO(OPPh_3)_2Cl_2$，c 的催化活性最高，聚合反应所需时间最短，而 a 和 b 在温度为 70℃时出现了一个交叉点，小于 70℃时，a 的活性是明显高于 b 的，在大于 70℃时，a 的活性也是明显高于 b 的，但是在温度 90℃时，a、b 的聚合反应凝胶时间又是一样的。整体上 c 的活性是最高的，凝胶时间要比 a 和 b 短超过 20min，其活性显然是三者中最高的。

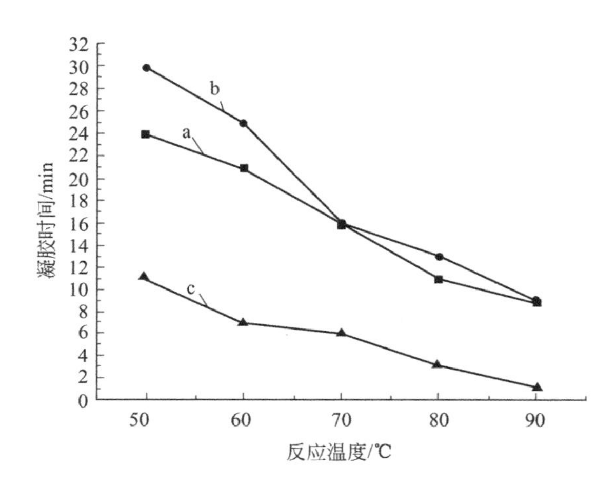

图 2-37 反应温度与凝胶时间的关系

a—$W(OPPh_3)_2Cl_6$；b—$W(PPh_3)_2Cl_6$；c—$WO(OPPh_3)_2Cl_2$

2.3.2.5 聚合物的转化率

各个催化剂催化 DCPD 聚合反应凝胶时间的测定从直观上反映了各体系的活性高低，聚合物的转化率大小也是反映催化剂活性的一个重要考察因素，参照凝胶时间的测定，对比各个影响因素时的聚合物转化率。

(1) 不同反应温度时转化率对比

图 2-38 曲线 a、b、c 分别代表 $W(OPPh_3)_2Cl_6$、$W(PPh_3)_2Cl_6$、$WO(OPPh_3)_2Cl_2$，在温度为 60℃时，a 和 b 有一个交叉点，在小于 60℃时，b 的转化率要高于 a，而大于 60℃时，b 和 a 的转化率都呈现出先上升后下降的趋势，但是整体上 b 的转化率要高于曲线 a 的，但是和活性测试曲线相反的是，c 的转化率却相对偏低，比前两者要低 10%左右，变化趋势和前两者基本一致，都是先上升后下降，在中间位置出现了一个峰值。

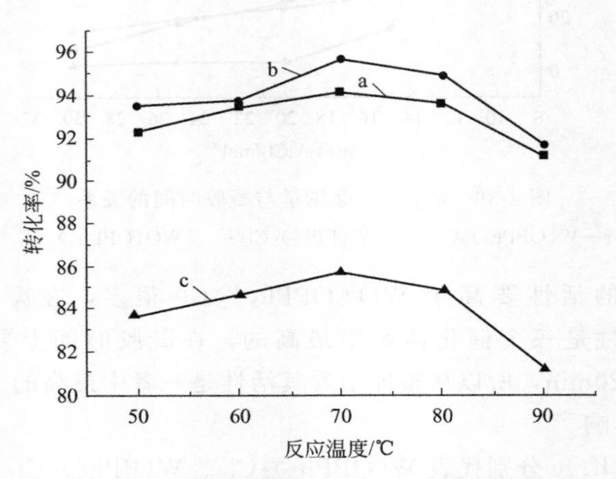

图 2-38 反应温度与聚合物转化率的关系

a—$W(OPPh_3)_2Cl_6$；b—$W(PPh_3)_2Cl_6$；c—$WO(OPPh_3)_2Cl_2$

(2) 不同助催化剂摩尔量时转化率对比

图 2-39 曲线 a、b、c 分别代表 $W(OPPh_3)_2Cl_6$、$W(PPh_3)_2Cl_6$、$WO(OPPh_3)_2Cl_2$，b 和 c 均出现了先上升后保持基本不变的趋势。在摩尔量为 20mol 和 25mol 的位置 a、b、c 和 b、c 都出现了一个交叉点；在摩尔量小于 20mol 时，转化率依次为 b＞c＞a；在摩尔量小于 12mol 时，c 的转化率要大于 b；在摩尔量大于 20mol 时，三种催化剂的聚合物转化率依次 a＞b＞c。

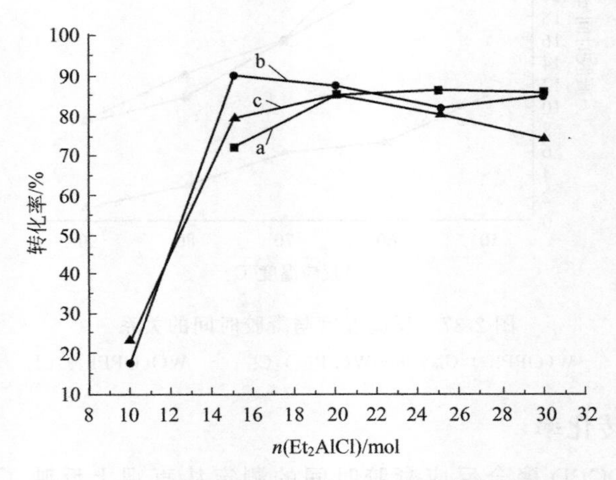

图 2-39 Et_2AlCl 摩尔量与聚合物转化率的关系

a—$W(OPPh_3)_2Cl_6$；b—$W(PPh_3)_2Cl_6$；c—$WO(OPPh_3)_2Cl_2$

（3）不同主催化剂摩尔量时转化率对比

图2-40中曲线a、b、c分别代表$W(OPPh_3)_2Cl_6$、$W(PPh_3)Cl_6$、$WO(OPPh_3)_2Cl_2$。和活性测试保持一致的是，c处于最高水平位置，聚合物转化率最高。b和c的转化率在催化剂摩尔量为0.6～1.8mol这个区间基本保持一致，而在小于0.6mol时，a的转化率出现了明显的下降，b和c基本保持一致，这就证明了c的催化活性较高。

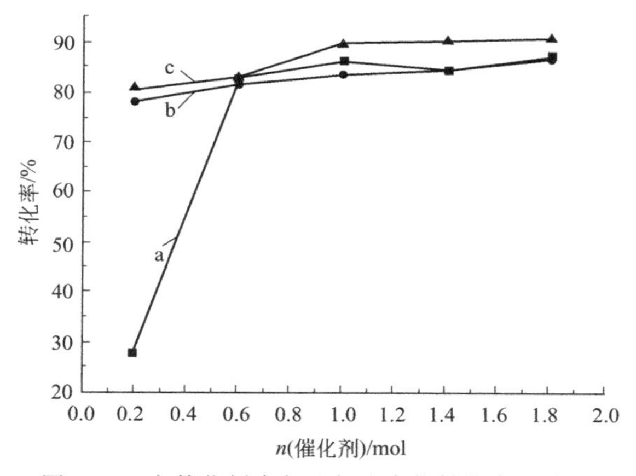

图2-40　主催化剂摩尔比与聚合物转化率的关系

a—$W(OPPh_3)_2Cl_6$；b—$W(PPh_3)_2Cl_6$；c—$WO(OPPh_3)_2Cl_2$

（4）不同DCPD单体摩尔量时转化率

图2-41所示为从单体摩尔比变换考察聚合物的转化率，图2-41中曲线比较离散，曲线a、b、c分别代表$W(OPPh_3)_2Cl_6$、$W(PPh_3)_2Cl_6$、$WO(OPPh_3)_2Cl_2$。b的转化率最高，平均超过a和c 1%～5%；而a和c在摩尔量为1200mol时，基本一致，在小于1200mol时，a的转化率要大于c，而大于1200mol时，c的转化率要大于a，并且随着摩尔比的增大，a和b的转化率都呈现出逐渐下降的趋势，而c基本保持不变。

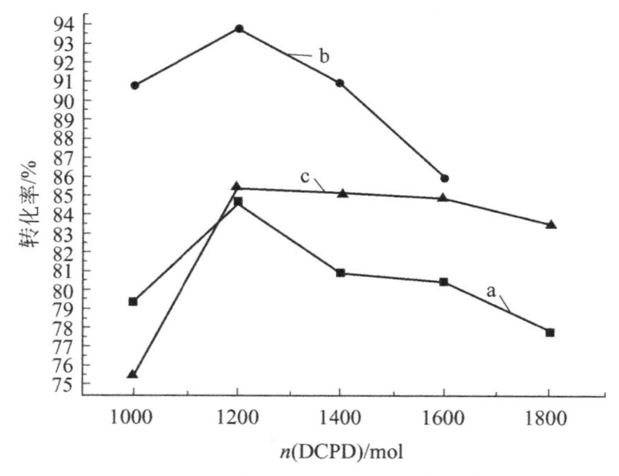

图2-41　DCPD单体摩尔比与聚合物转化率的关系

a—$W(OPPh_3)_2Cl_6$；b—$W(PPh_3)_2Cl_6$；c—$WO(OPPh_3)_2Cl_2$

2.3.3　钼-三苯基膦系列配合物

2.3.3.1　配合物合成方法

（1）$MoO_2(OPPh_3)_2Cl_2$

A：MoO_4H_2＋HCl(浓)⟶ MoO_2Cl_2

B：$OPPh_3$＋CH_3CH_2OH(少量)⟶溶液

将A加入B中，搅拌反应1h过滤，先用正己烷洗涤沉淀物三遍，再用丙酮洗三遍，真空干燥。产物经二氯乙烷提纯得到淡黄色结晶。

(2) $MoO_2(PPh_3)_2Cl_2$

C：MoO_4H_2＋HCl(浓)⟶ MoO_2Cl_2

D：PPh_3＋CH_3CH_2OH(少量)⟶ 溶液

将C加入D中，搅拌反应1h过滤，先用正己烷洗涤沉淀物三遍，再用丙酮洗三遍，真空干燥。产物经二氯乙烷提纯得到绿色结晶。

(3) $MoO_2[OP(t\text{-}BuPh)_3]_2Cl_2$与$MoO_2[P(t\text{-}BuPh)_3]_2$

① 膦配体合成

$$t\text{-BuPhBr}+\text{Mg}\longrightarrow t\text{-BuPhMgBr}$$
$$t\text{-BuPhMgBr}+\text{PCl}_3\longrightarrow \text{P}(t\text{-BuPh})_3$$
$$\text{P}(t\text{-BuPh})_3+\text{H}_2\text{O}_2\longrightarrow \text{OP}(t\text{-BuPh})_3$$

② 配合物合成同2.3.3.1 (1)、(2)。

2.3.3.2 结构分析

(1) 配体结构分析

① $OP(t\text{-}BuPh)_3$红外光谱分析，见图2-42。

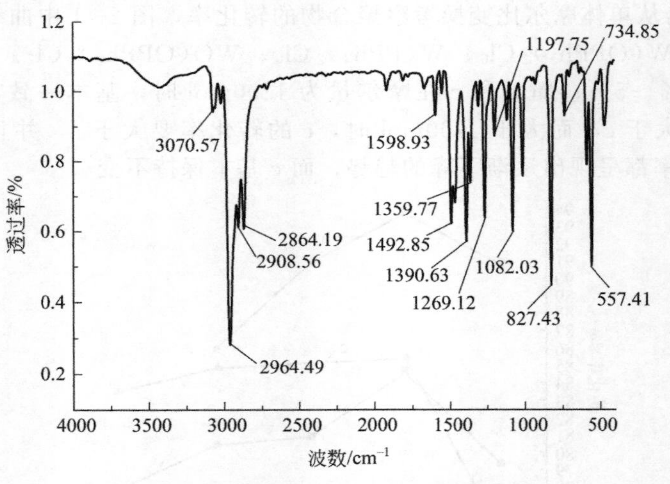

图2-42 $OP(t\text{-}BuPh)_3$红外光谱图

IR(σ, cm^{-1})：1197cm^{-1}，γ(P═O,s)；734cm^{-1}，γ(P—Ar,w)；1600～1450cm^{-1}，γ(苯环的C═C，3～4个尖锐谱带，对芳烃高度特征)；3070cm^{-1}，γ(苯环的C═H)；2964cm^{-1}、2908cm^{-1}、2864cm^{-1}，γ_{asym}(—CH_3)；1390cm^{-1}、1359cm^{-1}，γ_{asym}(—CH_3变角振动谱带分裂)。

由图2-42可知，3000cm^{-1}处有三个甲基吸收峰。由于—CH_3之间的耦合作用，在1390cm^{-1}和1359cm^{-1}出现—CH_3的对称变角振动谱带分裂。可以推断生成了三-(4-叔丁基苯基)氧膦。

② $OP(t\text{-}BuPh)_3$ ^{1}H NMR分析 合成新配体后，尽快处理，以防被空气氧化。后用丙

酮重结晶，得到未氧化的三(4-叔丁基苯基)膦，测定其^{1}H NMR 如图 2-43 所示。

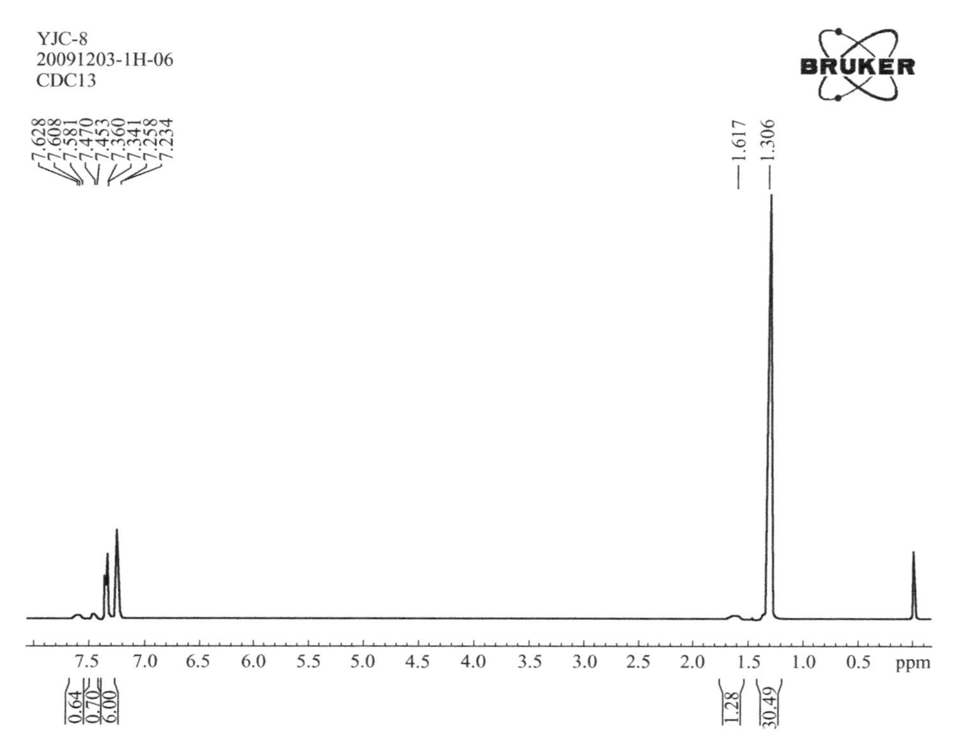

图 2-43　OP(t-BuPh)$_3$的^{1}H NMR 谱图

^{1}H-NMR($CDCl_3$)δ：7.58～7.60ppm(m,5.9H)，7.47ppm(m,6.1H)，1.32ppm(s,27H)

7.58～7.60ppm（m，5.9H），7.47ppm(m,6.1H)为配体苯环上的两类氢原子，1.32ppm(1ppm=1×10^{-6}，余同）为叔丁基的氢原子。苯环的核磁谱峰向低场有一定的移动，证明生成了三-(4-叔丁基苯基）氧膦。

(2) $MoO_2(OPPh_3)_2Cl_2$

① 红外光谱分析　由图 2-44 可知，在 900～950cm^{-1}范围内出现了一对很强的吸收峰，这归属于MoO_2的对称与不对称伸缩振动。对于膦氧化合物 $OPPh_3$，P═O 的伸缩振动引起的特征峰位于 1184cm^{-1}处，而配合物中的P═O伸缩振动峰移至 1154cm^{-1}附近，说明P═O键能量降低。这是由于在配合物中，配体 $OPPh_3$与中心 Mo 原子发生了配位，从而进一步证明得到了目标配合物。

IR(σ,cm^{-1})：948cm^{-1}，γ_{asym}(Mo═O,s)；904cm^{-1}，γ_{sym}(Mo═O,s)；153cm^{-1}，γ(P═O,s)；414cm^{-1}，γ(Mo…$OPPh_3$)；723cm^{-1}，γ(P═C)；1591cm^{-1}，γ(苯环的C═C)；3057cm^{-1}，γ(苯环的 C═H)；1433cm^{-1}，1487cm^{-1}，γ($OPPh_3$的特征峰)。

② ^{1}H NMR 谱分析　如图 2-45 所示，三苯基氧化磷的苯环上有三类氢原子，分别对应图谱中的 12H、6H 和 12H。7.26ppm 为 $CDCl_3$中少许残留的质子峰，1.69ppm 为 H_2O 的质子峰。

(3) $MoO_2(PPh_3)_2Cl_2$

① 红外光谱，见图 2-46。

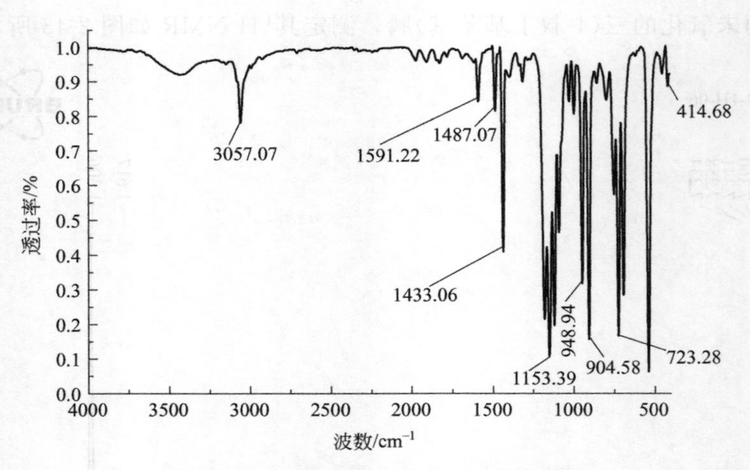

图 2-44 $MoO_2(OPPh_3)_2Cl_2$红外光谱图

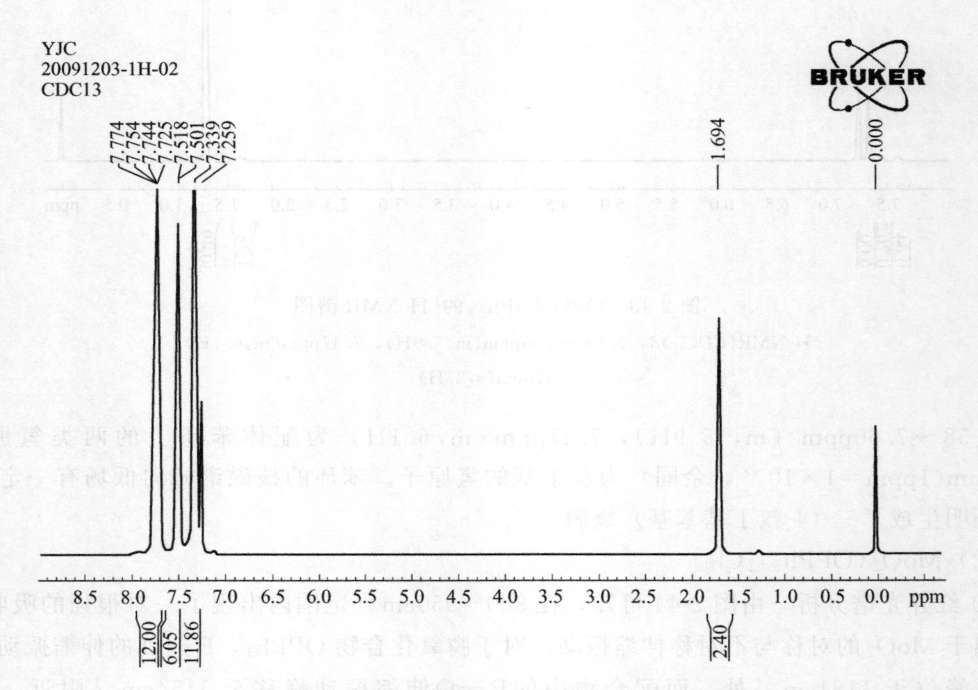

图 2-45 $MoO_2(OPPh_3)_2Cl_2$的^1H NMR 谱图

^{1}H-NMR($CDCl_3$)δ：7.34ppm(s,12H)，7.50～7.52ppm(d,6H)，7.72～7.77ppm(m,12H)，1.69ppm(s,2.4H)

IR(σ,cm^{-1})：974cm^{-1}，γ(Mo═O,s)；1153cm^{-1}，γ(P═O,s)；727cm^{-1}，γ(P═C)；1587cm^{-1}，γ(苯环的 C═C)；3053cm^{-1}，γ(苯环的 C═H)。

② 核磁^{1}H NMR 见图 2-47。

7.40～7.62ppm(m,15H) 为配体三苯基膦的苯环上的三类氢原子，7.24ppm 为 $CDCl_3$ 中少许残留的质子峰，2.5ppm 为 H_2O 的质子峰，3.5ppm 为 DMSO 的质子峰。图2-61表明配体 PPh_3 和 MoO_2Cl_2已配位。

(4) $MoO_2[OP(t\text{-}BuPh)_3]_2Cl_2$

① FT-IR 表征，见图 2-48。

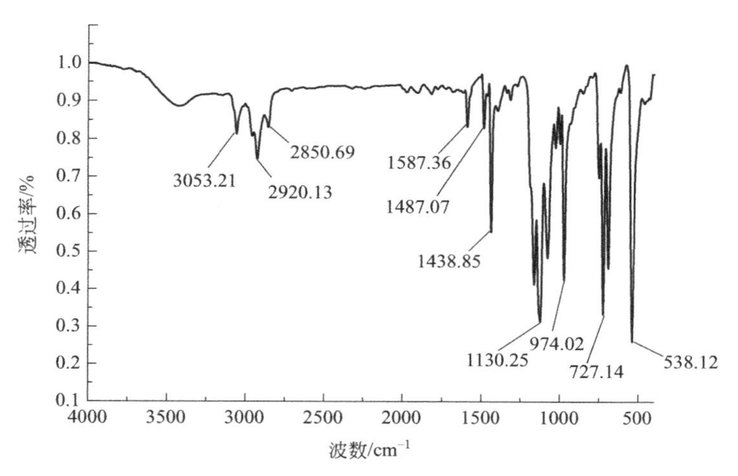

图 2-46　$MoO_2(PPh_3)_2Cl_2$配合物的红外光谱图

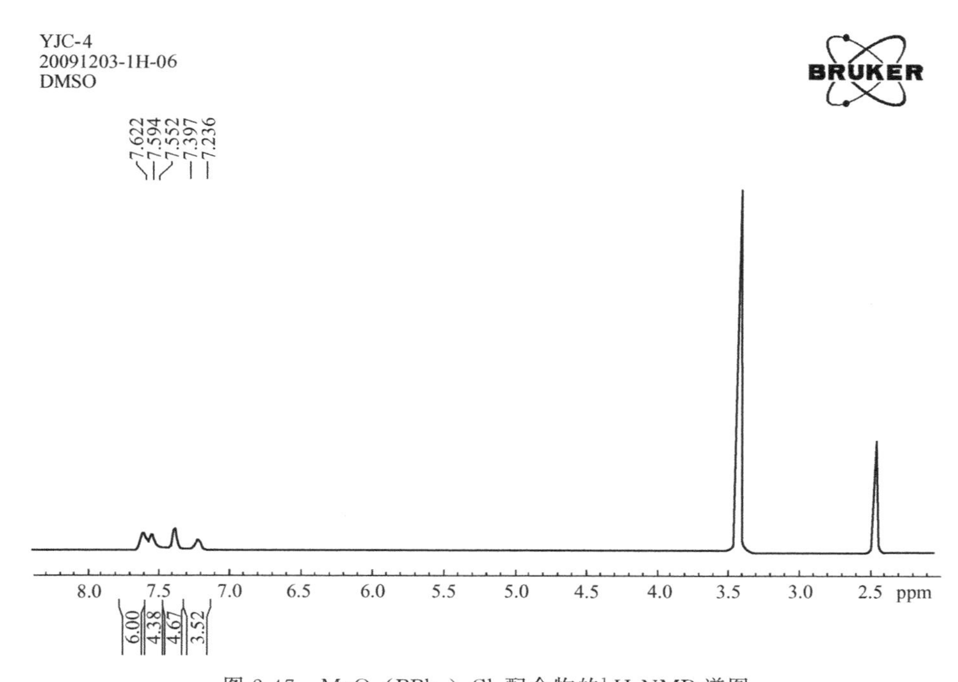

图 2-47　$MoO_2(PPh_3)_2Cl_2$配合物的^1H NMR 谱图

^1H-NMR(DMSO)δ：7.59～7.62pph(m,6H)，7.40～7.55ppm(m,9H)，7.24ppm(s，3.5H)

由图 2-48 可知，1089cm^{-1}附近出现的强吸收峰，应归属于 MoO_2的对称与不对称伸缩振动，2900cm^{-1}左右为三个—CH_3 伸缩振动吸收峰。对于膦氧化合物 OP(t-BuPh)$_3$，P═O伸缩振动引起的特征峰位于 1190cm^{-1}处，而配合物中的P═O伸缩振动峰移至1186cm^{-1}附近，说明P═O键能量降低。这是由于在配合物中，配体 $OPPh_3$与中心 Mo 原子发生了配位，从而进一步证明得到了目标配合物。

② ^1H NMR 表征，见图 2-49。

7.26～7.33ppm(m,11.6H)，7.63～7.66ppm(m,12H) 为配合物苯环上的两类氢原子，1.26ppm 为叔丁基的氢原子。氢原子数目符合，证明生成了目标化合物。

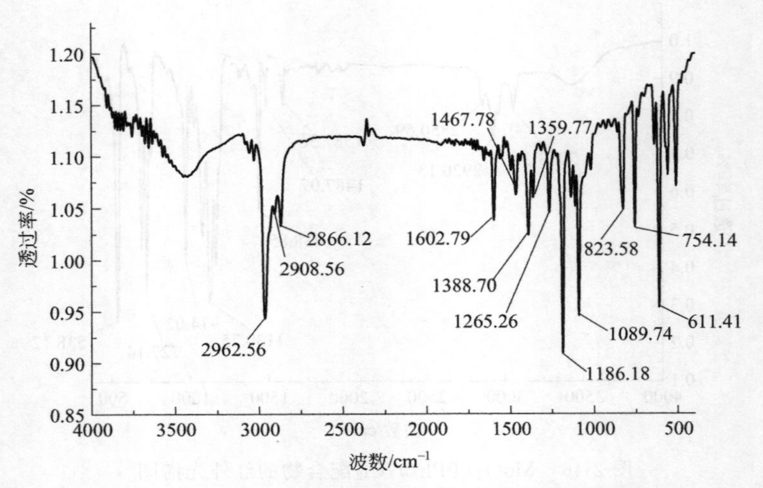

图 2-48 $MoO_2[OP(t\text{-}BuPh)_3]_2Cl_2$ 的红外光谱图

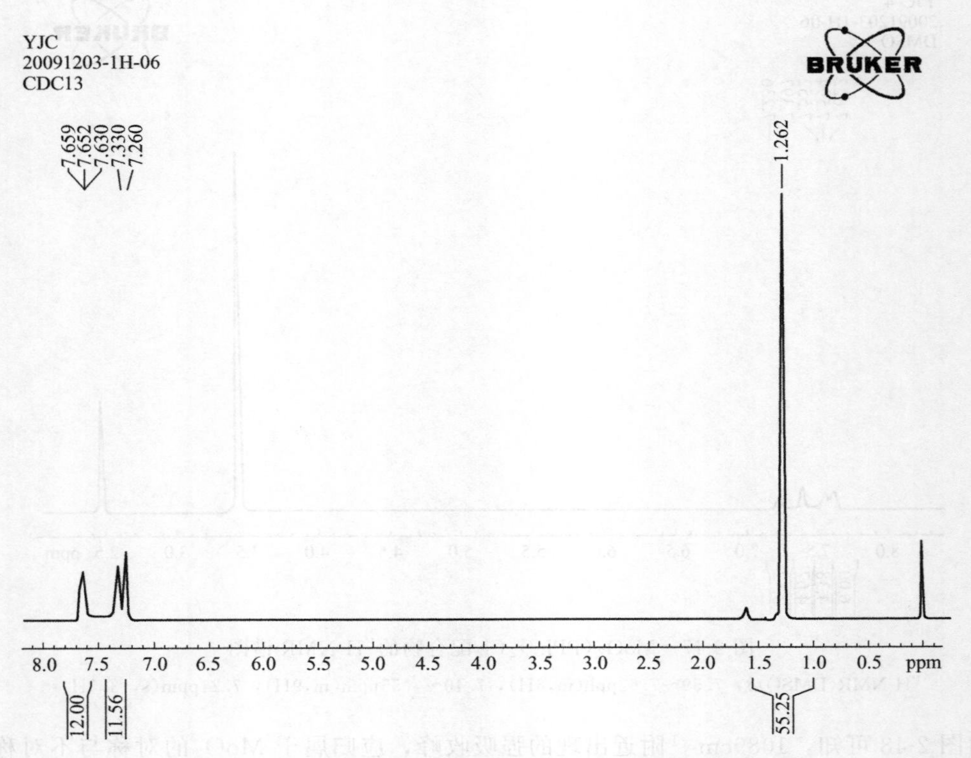

图 2-49 $MoO_2[OP(t\text{-}BuPh)_3]_2Cl_2$ 的^1H NMR 谱图

^1H-NMR($CDCl_3$)δ：7.26～7.33ppm(m,11.6H)，7.63～7.66ppm(m,12H)，1.26ppm(s,55H)

2.3.3.3 催化剂聚合活性

(1) 聚合方法

聚合活性的测定，采用小试实验，即使用安瓿瓶反应。具体实验过程为：干燥安瓿瓶后，称取 20mL 的 DCPD 料液于安瓿瓶中。再将计量好的主催化剂（钼催化剂）加入瓶中，使用分散器进行分散，抽排充氮气保护后，用注射器加入计量的烷基铝，充分摇晃均匀，放入设定好温度的烘箱中。观察聚合反应变化，记录凝胶时间，将所得样品进行相应的测试。

测定钼催化剂对 DCPD 的聚合活性，分别考察单体量、主催化剂（钼催化剂）量、助催化剂（烷基铝）量、温度等对凝胶时间的影响，以确定最佳的聚合反应配比。所选的实验比例如下。

① 改变单体量 起始配比（摩尔比）为 1000∶1∶20，以 200mol 为间隔，依次往上扩大配比分别为：1200∶1∶20→1400∶1∶20→1600∶1∶20→1800∶1∶20→2000∶1∶20→2200∶1∶20。

② 改变主催化剂的量 分别称取不同质量的钼催化剂，固定 n(DCPD)∶n(烷基铝)＝2000∶20，考察五个主催化剂梯度 0.6mol→0.8mol→1.0mol→1.2mol→1.4mol 时的聚合情况。

③ 改变助催化剂的量 固定 n(DCPD)∶n(Mo)＝2000∶1，抽取不同体积的烷基铝液来改变三者的配比，设 2000∶1∶10→2000∶1∶15→2000∶1∶20→2000∶1∶25→2000∶1∶30→2000∶1∶35 共六个梯度。

④ 改变温度。

⑤ 聚合物单体转化率的测定 将制备的 PDCPD 粉碎，放入脂肪提取器，氩气保护下经甲苯抽提 16h，然后经 70℃ 干燥 16h，再真空干燥 6h，按算式计算转化率

$$C=\frac{W_b-W_a}{W_b}\times 100\%$$

式中 W_b——抽提前的质量；

W_a——抽提后的质量。

取部分样品剪碎成小块，置于 80℃ 真空干燥箱中，烘干 12h。分别称其真空干燥前后的重量，由此计算出单体转化率。没有反应的单体 DCPD，大部分挥发掉了，留下的是聚合物。

⑥ 聚合物交联度的测定 聚合反应特性导致部分未聚合的单体会被包裹在聚合物当中，可以将 PDCPD 磨成较细粉末，然后用甲苯加热索氏抽提的方式将单体和低线性部分浸出。网状交联聚合物不能被溶剂溶解，但是能吸收大量溶剂而溶胀。使用热甲苯长时间浸泡或短时间浸润的方式，溶胀 PDCPD，然后根据溶胀的程度侧面说明材料交联程度的大小，交联越大，溶胀越大；反之，交联越小，溶胀越小。

(2) $MoO_2Cl_2(OPPh_3)_2$ 催化剂的活性分析

① 单体量的变化对凝胶时间的影响，见图 2-50。图中纵坐标为从开始加料到最终固化的时间，包括凝胶时间和后固化时间。

由图 2-50 可以看出，随着单体用量的增加，凝胶时间越来越长。这是因为同量溶液中的催化剂量逐渐减少，引发聚合的时间也就逐渐增长。其中 1000∶1∶20 没有聚合，可能是因为烷基铝的量相对较大，破坏了主催化剂和 DCPD 之间形成的活性中心，所以没有经历正常的颜色变化，直接到褐色的糊状，没能聚合。

通过分析凝胶时间随单体量的变化曲线和聚合材料的性状，最终选择 2000∶1∶20 为最宜配比。这个配比和凝胶时间，有利于中试时进模，并且以此作为后续实验的参比。

② 主催化剂量的变化对凝胶时间的影响，见图 2-51。

由图 2-51 可以看出，在适宜凝胶时间内，主催化剂量有个最适范围 0.8～1.2，我们选

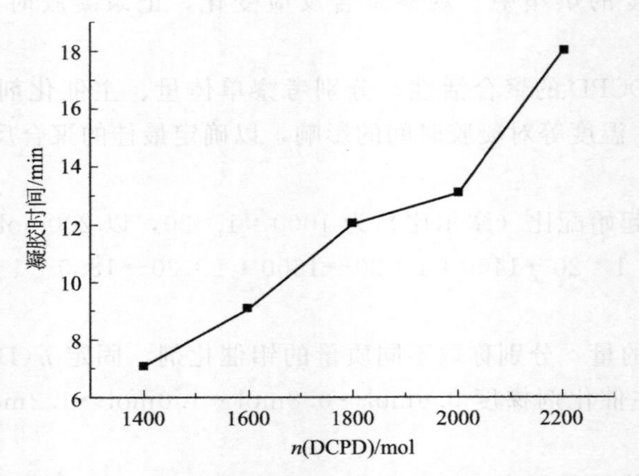

图 2-50 凝胶时间随单体量的变化曲线（Mo∶Al=1∶20）

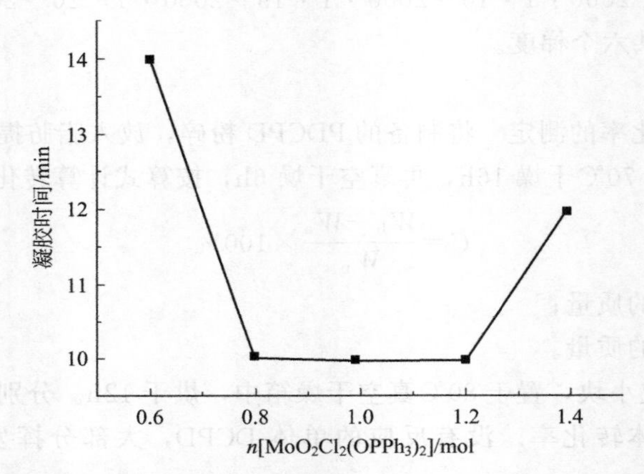

图 2-51 凝胶时间随主催化剂量的变化曲线 [n(DCPD)∶n(Al)=2000∶20]

取 1.0 作为最适的钼催化剂量。

③ 助催化剂量的变化对凝胶时间的影响，见图 2-52。

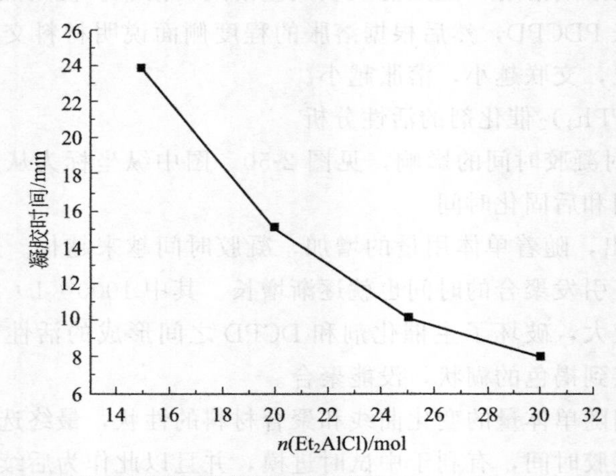

图 2-52 凝胶时间随助催化剂量的变化曲线 [n(DCPD)∶n(Mo)=2000∶1.0]

由图 2-52 可以看出，随着烷基铝量的加大，凝胶时间越来越短，符合聚合规律。但是烷基铝有个最佳值，即能发生聚合反应并使凝胶时间控制在7～15min内的值。综合考虑，我们选取配比20时的烷基铝量。

其中2000∶1∶10不聚合，是因为烷基铝的量少，没有达到引发聚合需要的量；2000∶1∶35也没有聚合，是因为烷基铝量太大，破坏了活性中心。

④ 温度变化对凝胶时间的影响，见图2-53。

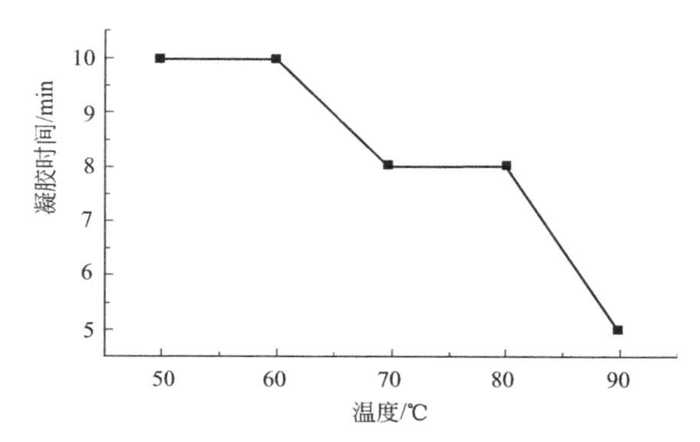

图2-53 凝胶时间随温度的变化曲线 [n(DCPD)∶n(Mo)∶n(Al)=2000∶1∶20]

由图2-53可以看出，随着温度升高，固化时间越来越短。因为在可聚合的温度范围内，温度对聚合反应有促进作用，温度越高，反应越快。70℃作为聚合反应的温度比较适宜。

(3) 聚合物的单体转化率和交联度分析

① 聚合物单体转化率测定结果见表2-5～表2-8。

表2-5 不同单体量对转化率的影响

配比(摩尔比)	烘前/g	烘后/g	转化率/%
1400∶1∶20	11.2868	10.5067	93
1600∶1∶20	10.8761	10.0298	92
1800∶1∶20	11.7534	11.1424	95
2000∶1∶20	11.8528	11.2875	95
2200∶1∶20	9.9329	9.2549	93

表2-6 不同主催化剂的量对转化率的影响

配比(摩尔比)	烘前/g	烘后/g	转化率/%
2000∶0.6∶20	11.4656	9.9808	87
2000∶0.8∶20	11.9584	11.0519	92
2000∶1.0∶20	11.0543	10.4988	95
2000∶1.2∶20	11.0430	10.5809	96
2000∶1.4∶20	9.1862	8.8000	96

表2-7 不同助催化剂的量对转化率的影响

配比(摩尔比)	烘前/g	烘后/g	转化率/%
2000∶1∶15	10.5995	8.0565	76
2000∶1∶20	10.8918	10.1693	93
2000∶1∶25	10.2443	9.2600	90
2000∶1∶30	11.1539	9.0294	81

表 2-8 不同温度对转化率的影响

配比(摩尔比)	烘前/g	烘后/g	转化率/%
2000∶1∶20(50℃)	7.8304	6.5784	84
2000∶1∶20(60℃)	10.7955	8.6878	80
2000∶1∶20(70℃)	10.1238	9.0365	89
2000∶1∶20(80℃)	10.2948	8.3757	83
2000∶1∶20(90℃)	11.3749	10.3028	91

由上述五组数据可以看出，在不同的配比和反应条件下，钼催化剂催化的 DCPD 聚合反应，单体绝大部分都发生了聚合反应，转化率较高。

② 聚合物交联度测定结果见表 2-9～表 2-12。

表 2-9 不同单体的量对交联度的影响

配比(摩尔比)	抽提前/g	抽提后/g	交联度/%
1400∶1∶20	1.1215	1.0362	92.39
1600∶1∶20	1.0060	0.9394	93.38
1800∶1∶20	0.9897	0.9108	92.03
2000∶1∶20	1.0857	1.0621	97.83
2200∶1∶20	1.0193	0.9461	92.82

表 2-10 不同主催化剂的量对交联度的影响

配比(摩尔比)	烘前/g	烘后/g	交联度/%
2000∶0.6∶20	1.0614	1.0377	97.77
2000∶0.8∶20	1.0512	0.8527	81.11
2000∶1.0∶20	1.0021	0.9652	96.32
2000∶1.2∶20	1.0159	0.9612	94.62
2000∶1.4∶20	1.0041	0.9705	96.65

表 2-11 不同助催化剂的量对交联度的影响

配比(摩尔比)	烘前/g	烘后/g	交联度/%
2000∶1∶15	1.0012	0.9721	97.09
2000∶1∶20	1.0618	0.9305	87.63
2000∶1∶25	1.0575	0.8363	79.08
2000∶1∶30	1.0421	0.8921	85.61

表 2-12 不同温度对交联度的影响

配比(摩尔比)	烘前/g	烘后/g	交联度/%
2000∶1∶20(50℃)	1.1372	0.8902	78.28
2000∶1∶20(60℃)	1.0285	0.8309	73.07
2000∶1∶20(70℃)	1.0188	0.7898	77.52
2000∶1∶20(80℃)	1.0443	0.7976	76.38
2000∶1∶20(90℃)	1.0089	0.7425	73.60

以上四组数据可以看出，钼催化剂催化 DCPD 聚合反应，得到的是交联结构的聚合物材料。

2.3.4　W(Ph$_2$PR)$_2$Cl$_6$配合物

2.3.4.1　配体合成

传统的合成方法是：Ph$_3$P 与金属锂反应生成二苯基膦锂和苯基锂，然后加入氯代叔丁烷分解掉苯基锂，最后在冰水浴冷却下滴加溴代烷烃，生成目标产物。反应原理如下所示：

$$Ph_2P{-}Ph + 2Li \xrightarrow{THF} Ph_2P{-}Li + Ph{-}Li$$

$$Ph{-}Li + Cl{-}C(CH_3)_3 \longrightarrow Ph{-}C(CH_3)_3 + LiCl$$

$$Ph_2P{-}Li + R{-}Br \longrightarrow Ph_2P{-}R + Li{-}Br$$

R=C_4H_9, C_6H_{13}, C_8H_{17}, $C_{10}H_{21}$, $C_{12}H_{25}$

上述传统合成方法有机溶剂用量多，副反应多，收率低。我们对合成方法进行改进，在第二步反应中通过加水，将二苯基膦锂和苯基锂分别转变为二苯基膦和苯，避免了因分解苯基锂而使用价格昂贵的氯代叔丁烷；然后二苯基膦在碱性条件下与溴代烷烃反应生成目标产物。

$$Ph_2P{-}Ph + 2Li \xrightarrow{THF} Ph_2P{-}Li + Ph{-}Li$$

$$Ph_2P{-}Li + Ph{-}Li + 2H_2O \longrightarrow Ph_2P{-}H + C_6H_6 + 2LiOH$$

$$Ph_2P{-}H + R{-}Br \xrightarrow{NaOH} Ph_2P{-}R + HBr$$

R=C_4H_9, C_6H_{13}, C_8H_{17}, $C_{10}H_{21}$, $C_{12}H_{25}$

该合成方法避免了使用氯代叔丁烷，有机溶剂用量少，目标产物收率高。下面以 $Ph_2PC_6H_{13}$ 为例，论述化合物的合成。

在氮气保护下，将 0.12mol 三苯基膦和 100mL 四氢呋喃加入三口烧瓶中，搅拌溶解后加入过量的金属锂片，搅拌反应 5h，溶液变为深红色。将未反应的锂片过滤掉，滤液在冰水浴冷却下加入 8mL 水，待溶液红色褪去后再将 20mL 含氢氧化钠的水溶液滴加到溶液中，然后在搅拌下缓慢滴加 30mL 含 0.12mol 溴代正己烷的四氢呋喃溶液，1h 滴完后升温至 50℃，继续反应 2h。反应结束后，分离出有机层，用无水硫酸镁干燥，蒸馏除去溶剂，即得无色液体 $Ph_2PC_6H_{13}$，产率为 88.7%。以石油醚与氯仿体积比为 6∶1 的混合溶剂作为流动相，对目标产物进行柱层分离，以得到更加纯净的目标化合物，然后对其结构进行表征。

2.3.4.2 配合物的合成

① 配合物的合成　在手套箱中抽真空并冲入高纯氮气，置换 3～4 次。称取一定量的 WCl_6 于三口瓶中，加入适量的干燥 CH_3Cl 进行溶解，然后称取过量的配体二苯基烷基膦，用 CH_3Cl 完全溶解后，在氮气保护下，逐滴滴加到 WCl_6 的 CH_3Cl 溶液中，滴加时间为 2～4h，此时溶液颜色由黑色变为浅灰色。升温至 50℃，反应 10h。静置一段时间后，反应瓶中上层为深蓝色液体，下层为浅灰色固体，将下层固体分离出，即得目标配合物。

② 配合物的洗涤　将所得到的配合物溶于少量的二甲基甲酰胺，配成浓而稠的溶液，然后向其逐滴滴加干燥的 CH_3Cl 溶液，此时会析出少量的固体，将固体取出，重复上述操作 2～3 次，得到较为纯净的目标配合物，然后对其进行表征。

2.3.4.3 二苯基烷基膦的结构表征

将层析分离得到的目标产物浓缩干燥得到纯净的二苯基烷基膦，分别对其进行红外光谱分析（IR）和核磁共振分析（^1H-NMR、^{13}C-NMR、^{31}P-NMR）。

(1) $Ph_2PC_4H_9$

① IR 分析，见图 2-54。

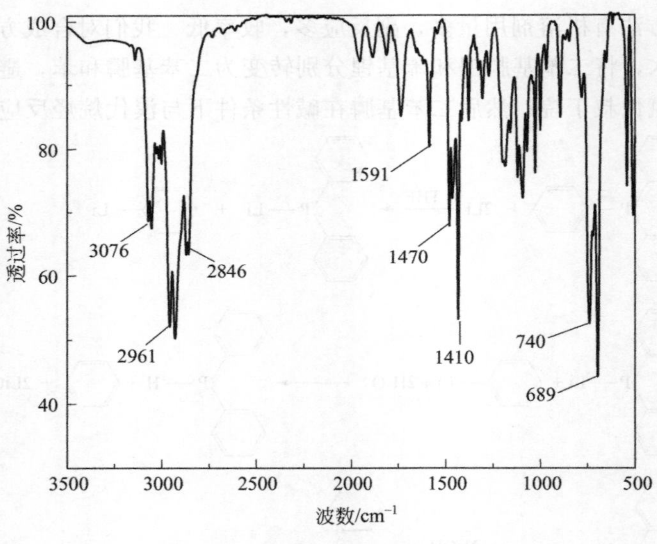

图 2-54　$Ph_2PC_4H_9$ 的红外光谱图

从图 2-54 可以看出，$Ph_2PC_4H_9$ 的主要特征吸收峰为：苯环上碳氢键伸缩振动吸收峰为 3076cm^{-1}，苯环上 C═C 骨架振动吸收峰为 1591cm^{-1}，丁基上甲基及亚甲基碳氢键伸缩振动吸收峰为 2961cm^{-1}、2846cm^{-1}，丁基上甲基及亚甲基碳氢键弯曲振动吸收峰为 1470cm^{-1}，对比 PPh_3、三丁基膦的标准红外谱图［图 2-55(a)、图 2-55(b)］可知 P—C 的特征吸收峰为 1410cm^{-1}，苯环上碳氢键面外弯曲振动吸收峰为 740cm^{-1}、689cm^{-1}，并且以上谱图和 $Ph_2PC_4H_9$ 的标准红外光谱图［图 2-55(c)］相似，初步证明产物正确。

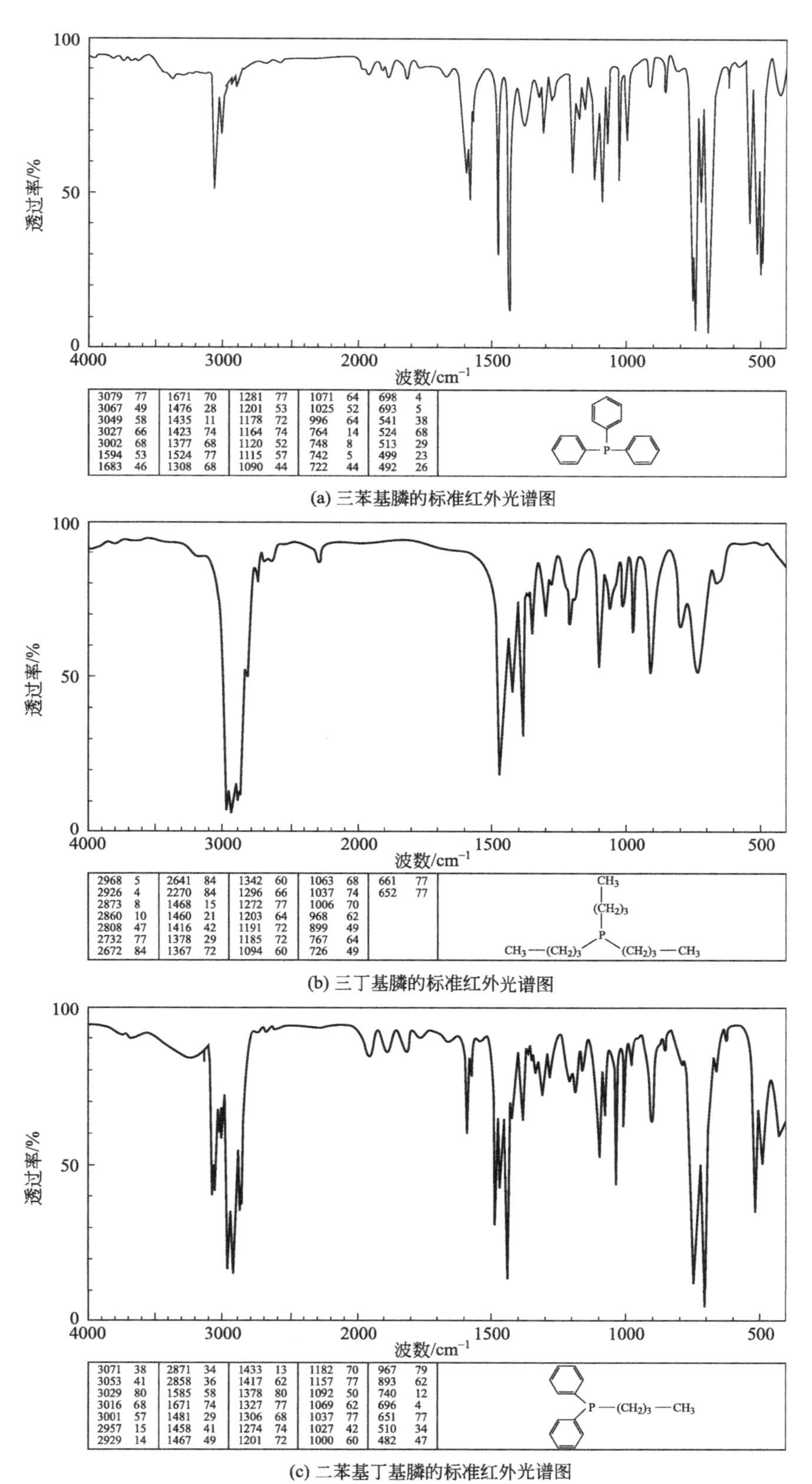

3079	77	1671	70	1281	77	1071	64	698	4
3067	49	1476	28	1201	53	1025	52	693	5
3049	58	1435	11	1178	72	996	64	541	38
3027	66	1423	74	1164	74	764	14	524	68
3002	68	1377	68	1120	52	748	8	513	29
1594	53	1524	77	1115	57	742	5	499	23
1683	46	1308	68	1090	44	722	44	492	26

(a) 三苯基膦的标准红外光谱图

2968	5	2641	84	1342	60	1063	68	661	77
2926	4	2270	84	1296	66	1037	74	652	77
2873	8	1468	15	1272	77	1006	70		
2860	10	1460	21	1203	64	968	62		
2808	47	1416	42	1191	72	899	49		
2732	77	1378	29	1185	72	767	64		
2672	84	1367	72	1094	60	726	49		

(b) 三丁基膦的标准红外光谱图

3071	38	2871	34	1433	13	1182	70	967	79
3053	41	2858	36	1417	62	1157	77	893	62
3029	80	1585	58	1378	80	1092	50	740	12
3016	68	1671	74	1327	77	1069	62	696	4
3001	57	1481	29	1306	68	1037	77	651	77
2957	15	1458	41	1274	74	1027	42	510	34
2929	14	1467	49	1201	72	1000	60	482	47

(c) 二苯基丁基膦的标准红外光谱图

图 2-55　三苯基膦、三丁基膦、二苯基丁基膦的标准红外光谱图

② ^{1}H NMR 分析，见图 2-56。

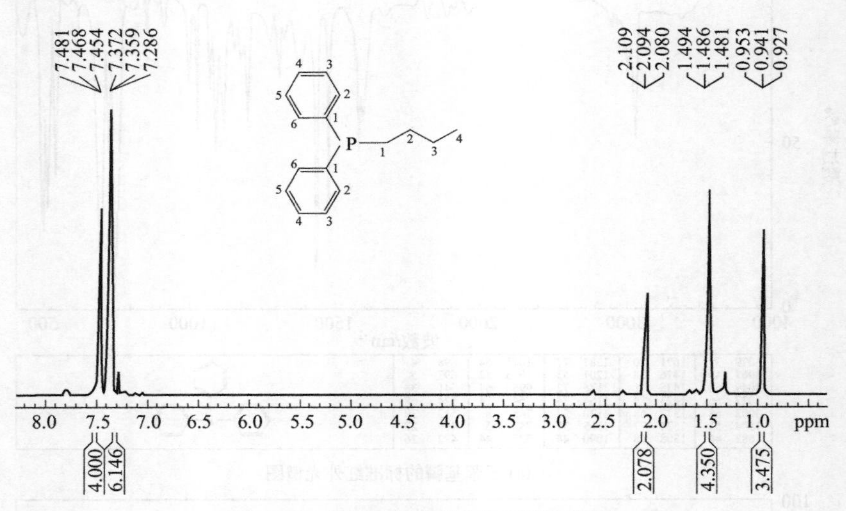

图 2-56 $Ph_2PC_4H_9$ 的 ^{1}H NMR 谱图

从图 2-56 可以看出，7.37～7.36ppm 处归属为苯环 3、4、5 位上氢原子的化学位移，7.48～7.45ppm 处归属为苯环 2、6 位上氢原子的化学位移，二者的峰面积之比为 3∶2，与苯环上氢原子个数比一致；2.11～2.08ppm 处归属为丁基 1 号位上氢原子的化学位移，1.49～1.48ppm 处归属为丁基 2、3 位上氢原子的化学位移，0.95～0.93ppm 处归属为丁基 4 号位上氢原子（甲基上的氢原子）的化学位移，三者峰面积之比为 2∶4∶3，与目标化合物丁基上氢原子个数比一致，这与 $Ph_2PC_4H_9$ 结构式相符。

③ ^{13}C NMR 分析，见图 2-57。

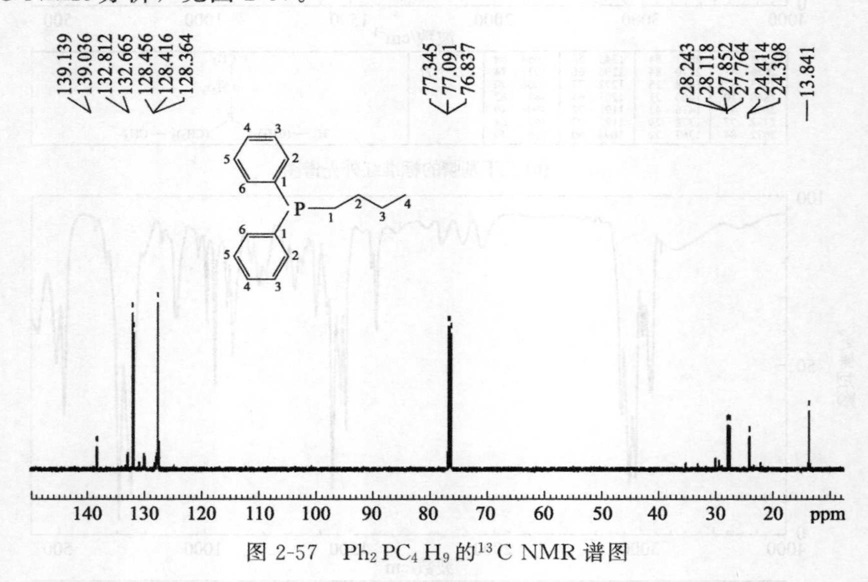

图 2-57 $Ph_2PC_4H_9$ 的 ^{13}C NMR 谱图

从图 2-57 可以看出，139.14～139.04ppm 处归属为苯环 1 号位碳原子的化学位移，132.81～132.67ppm 处归属为苯环 2、6 位碳原子的化学位移，128.46～128.36ppm 处归属为苯环 3、4、5 位上碳原子的化学位移，28.24ppm、28.12～27.77ppm、24.41～24.31ppm、13.84ppm 处分别归属为丁基上 1、2、3、4 位上碳原子的化学位移，这与

$Ph_2PC_4H_9$结构式相符。

④ ^{31}P NMR分析，见图2-58。

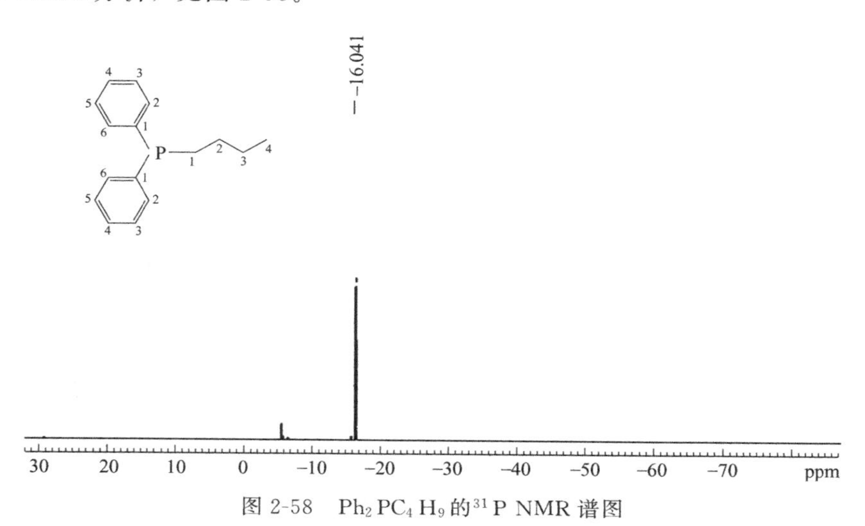

图2-58　$Ph_2PC_4H_9$的^{31}P NMR谱图

由图2-58可知，产物的核磁共振磷谱在−16.04ppm处有一较大峰，该峰为$Ph_2PC_4H_9$中磷原子的吸收峰，这与$Ph_2PC_4H_9$的结构式相符。

上述结果表明，采用改进后的合成方法可以合成出目标产物。

(2) $Ph_2PC_6H_{13}$

① IR分析，见图2-59。

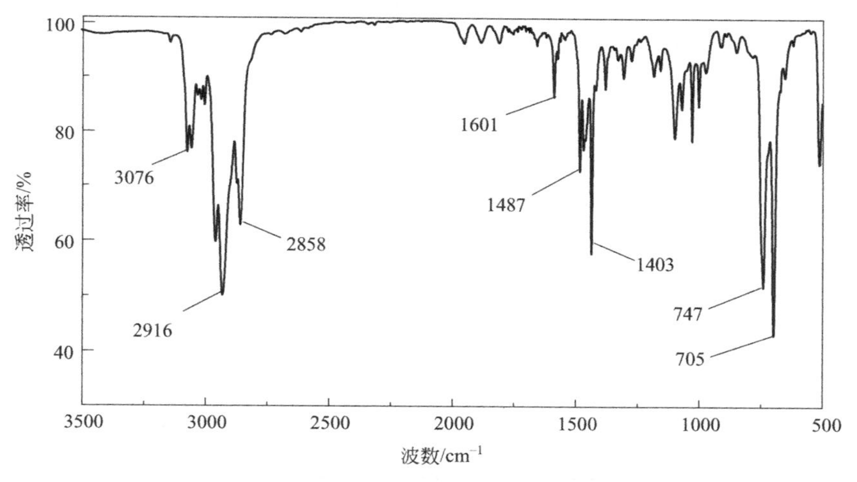

图2-59　$Ph_2PC_6H_{13}$的红外光谱图

从图2-59可以看出，$Ph_2PC_6H_{13}$的主要特征吸收峰为：苯环上碳氢键伸缩振动吸收峰为3076cm^{-1}，苯环上C═C骨架振动吸收峰为1601cm^{-1}，己基上甲基及亚甲基碳氢键伸缩振动吸收峰为2916cm^{-1}、2858cm^{-1}，己基上甲基及亚甲基碳氢键弯曲振动吸收峰为1487cm^{-1}，对比Ph_3P、三丁基膦的标准红外谱图［图2-55(a)、图2-55(b)］可知P—C的特征吸收峰为1403cm^{-1}，苯环上碳氢键面外弯曲振动吸收峰为747cm^{-1}、705cm^{-1}，以上初步证明产物正确。

② ^{1}H NMR 分析，见图 2-60。

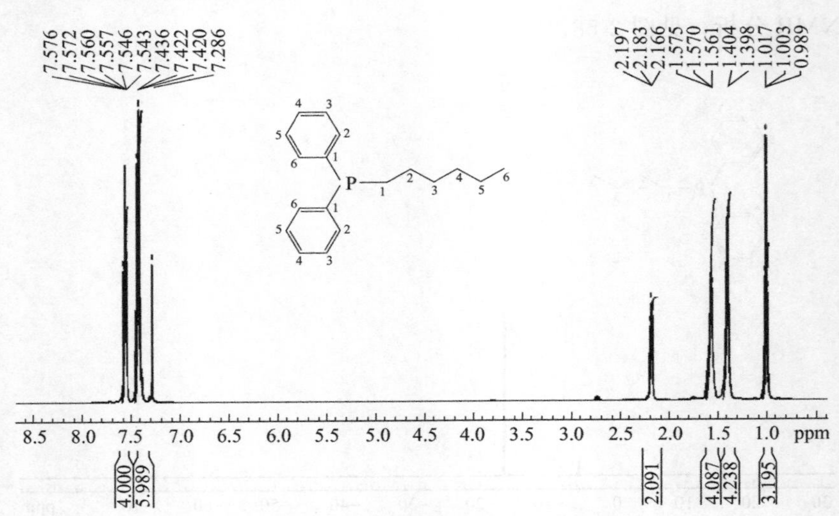

图 2-60 $Ph_2PC_6H_{13}$ 的 ^{1}H NMR 谱图

从图 2-60 可以看出，7.44～7.42ppm 处归属为苯环 3、4、5 位上氢原子的化学位移，7.58～7.54ppm 处归属为苯环 2、6 位上氢原子的化学位移，二者的峰面积之比为 3∶2，与苯环上氢原子个数比一致；2.20～2.17ppm 处归属为己基 1 号位上氢原子的化学位移，1.58～1.56ppm、1.40～1.40ppm 处归属为己基 2、3、4、5 位上氢原子的化学位移，1.02～0.99ppm 处归属为己基 6 号位上氢原子（甲基上的氢原子）的化学位移，三者峰面积之比为 2∶8∶3，与目标化合物己基上氢原子个数比一致，这与 $Ph_2PC_6H_{13}$ 结构式相符。

③ ^{13}C NMR 分析，见图 2-61。

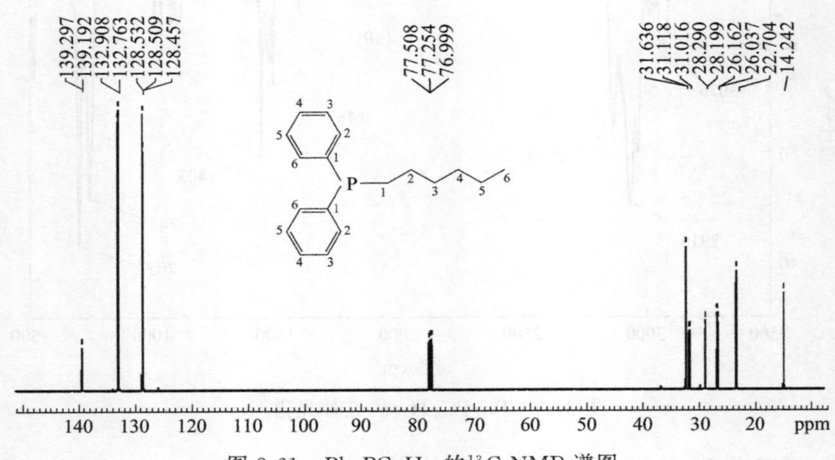

图 2-61 $Ph_2PC_6H_{13}$ 的 ^{13}C NMR 谱图

从图 2-61 可以看出，139.30～139.19ppm 处归属为苯环 1 号位碳原子的化学位移，132.91～132.76ppm 处归属为苯环 2、6 位碳原子的化学位移，128.53～128.46ppm 处归属为苯环 3、4、5 位上碳原子的化学位移，31.64ppm、31.12～31.02ppm、28.29～28.20ppm、26.16～26.04ppm、22.70ppm、14.24ppm 处分别归属为己基上 1、2、3、4、5、6 位上碳原子的化学位移，这与 $Ph_2PC_6H_{13}$ 结构式相符。

④ ^{31}P NMR 分析，见图 2-62。

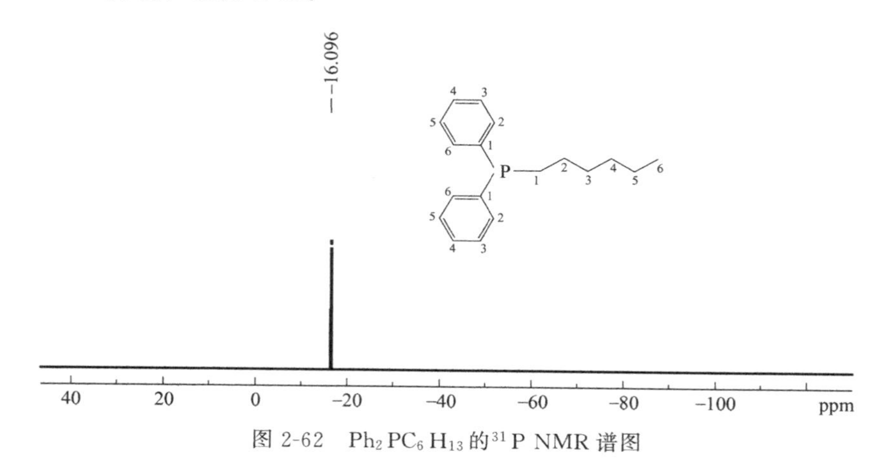

图 2-62 $Ph_2PC_6H_{13}$ 的 ^{31}P NMR 谱图

由图 2-62 可知，产物的核磁共振磷谱在－16.10ppm 处有一较大峰，该峰为 $Ph_2PC_6H_{13}$ 中磷原子的吸收峰，这与 $Ph_2PC_6H_{13}$ 结构式相符。

上述结果表明，采用改进后的合成方法可以合成出目标产物。

(3) $Ph_2PC_8H_{17}$

① IR 分析，见图 2-63。

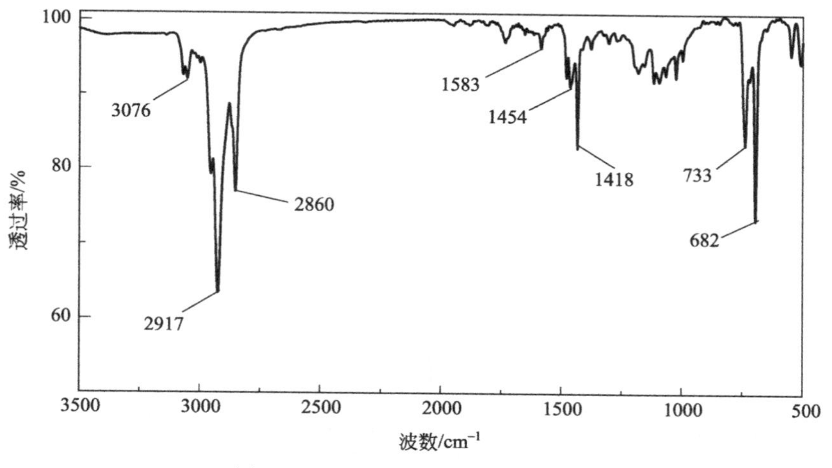

图 2-63 $Ph_2PC_8H_{17}$ 的红外光谱图

从图 2-63 可以看出，$Ph_2PC_8H_{17}$ 的主要特征吸收峰为：苯环碳氢键伸缩振动吸收峰为 $3076cm^{-1}$，苯环 C═C 骨架振动吸收峰为 $1583cm^{-1}$，辛基上甲基及亚甲基碳氢键伸缩振动吸收峰为 $2917cm^{-1}$、$2860cm^{-1}$，己基上甲基及亚甲基碳氢键弯曲振动吸收峰为 $1454cm^{-1}$，对比 Ph_3P、三丁基膦的标准红外谱图［图 2-55(a)、图 2-55(b)］可知 P—C 的特征吸收峰为 $1418cm^{-1}$，苯环的碳氢键面外弯曲振动吸收峰为 $733cm^{-1}$、$682cm^{-1}$，以上初步证明产物正确。

② ^1H NMR 分析，见图 2-64。

从图 2-64 可以看出，7.36～7.34ppm 处归属为苯环 3、4、5 位上氢原子的化学位移，7.46～7.43ppm 处归属为苯环 2、6 位上氢原子的化学位移，二者的峰面积之比为 3∶2，与

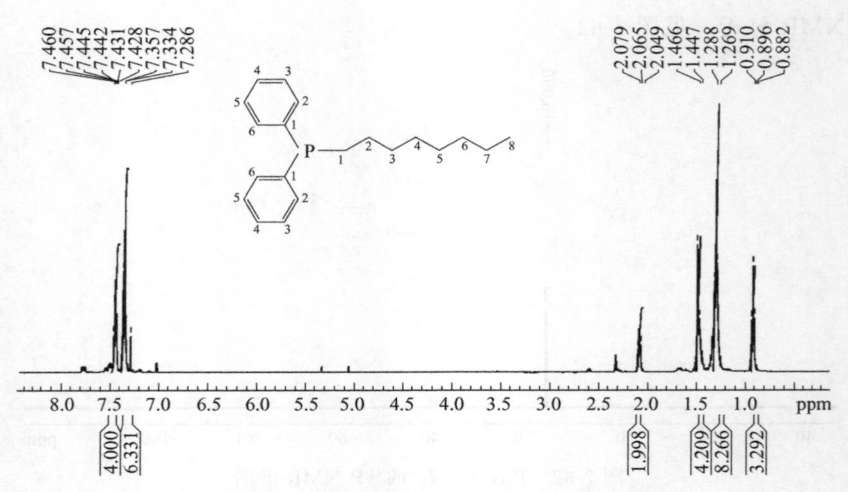

图 2-64 $Ph_2PC_8H_{17}$的^1H NMR 谱图

苯环上氢原子个数比一致；2.08～2.05ppm 处归属为辛基 1 号位上氢原子的化学位移，1.47～1.45ppm、1.29～1.27ppm 处归属为辛基 2、3、4、5、6、7 位上氢原子的化学位移，1.02～0.99ppm 处归属为辛基 8 号位上氢原子（甲基上氢原子）的化学位移，三者峰面积之比为 2：12：3，与目标化合物己基上氢原子个数比一致，这与 $Ph_2PC_8H_{17}$ 结构式相符。

③ ^{13}C NMR 分析，见图 2-65。

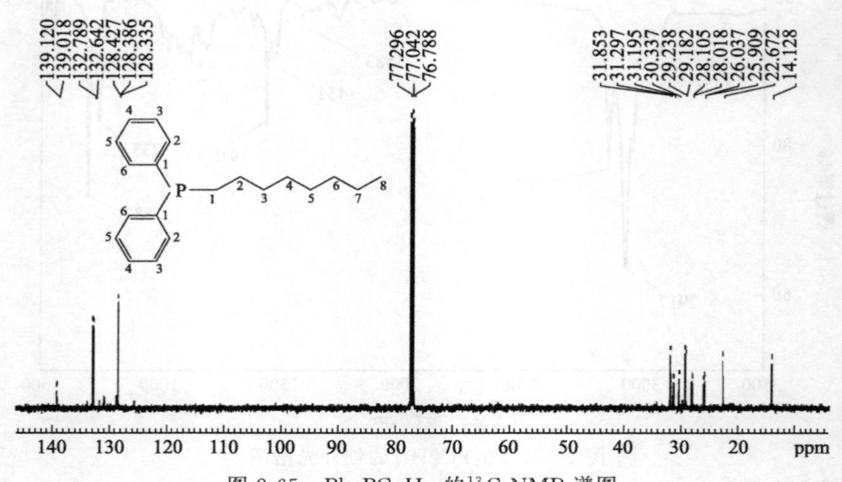

图 2-65 $Ph_2PC_8H_{17}$的^{13}C NMR 谱图

从图 2-65 可以看出，139.12～139.02ppm 处归属为苯环 1 号位碳原子的化学位移，132.78～132.64ppm 处归属为苯环 2、6 位碳原子的化学位移，128.43～128.34ppm 处归属为苯环 3、4、5 位上碳原子的化学位移，31.85ppm、31.30～31.20ppm、30.34ppm、29.24～29.18ppm、28.11～28.02ppm、26.04～25.91ppm、22.67ppm、14.13ppm 处分别归属为辛基 1、2、3、4、5、6、7、8 位上碳原子的化学位移，这与 $Ph_2PC_8H_{17}$ 结构式相符。

④ ^{31}P NMR 分析，见图 2-66。

由图 2-66 可知，产物的核磁共振磷谱在－16.08ppm 处有一较大峰，该峰为$Ph_2PC_8H_{17}$中磷原子的吸收峰，这与 $Ph_2PC_8H_{17}$ 结构式相符。

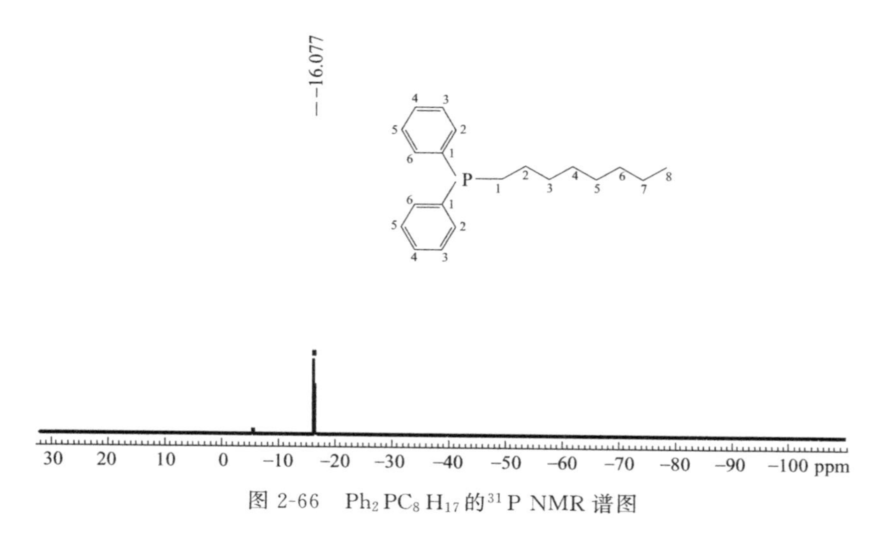

图 2-66　$Ph_2PC_8H_{17}$ 的 ^{31}P NMR 谱图

上述结果表明，采用改进后的合成方法可以合成出目标产物。

(4) $Ph_2PC_{10}H_{21}$

① IR 分析，见图 2-67。

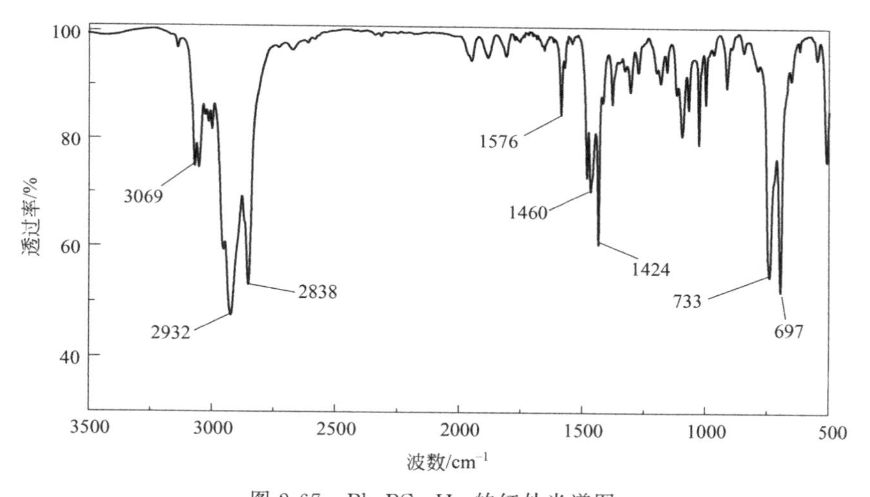

图 2-67　$Ph_2PC_{10}H_{21}$ 的红外光谱图

从图 2-67 可以看出，$Ph_2PC_{10}H_{21}$ 的主要特征吸收峰为：苯环碳氢键伸缩振动吸收峰为 3069cm^{-1}，苯环 C═C 骨架振动吸收峰为 1576cm^{-1}，癸基上甲基及亚甲基碳氢键伸缩振动吸收峰为 2932cm^{-1}、2838cm^{-1}，癸基上甲基及亚甲基碳氢键弯曲振动吸收峰为 1460cm^{-1}，对比 Ph_3P、三丁基膦的标准红外谱图 [图 2-55(a)、图 2-55(b)] 可知 P—C 的特征吸收峰为 1424cm^{-1}，苯环碳氢键面外弯曲振动吸收峰为 733cm^{-1}、697cm^{-1}，以上初步证明产物正确。

② ^1H NMR 分析，见图 2-68。

从图 2-68 可以看出，7.31～7.30ppm 处归属为苯环 3、4、5 位上氢原子的化学位移，7.43～7.39ppm 处归属为苯环 2、6 位上氢原子的化学位移，二者的峰面积之比为 3∶2，与苯环上氢原子个数比一致；2.04～2.01ppm 处归属为癸基 1 号位上氢原子的化学位移，1.41ppm、1.23ppm 处归属为癸基 2、3、4、5、6、7、8、9 位上氢原子的化学位移，

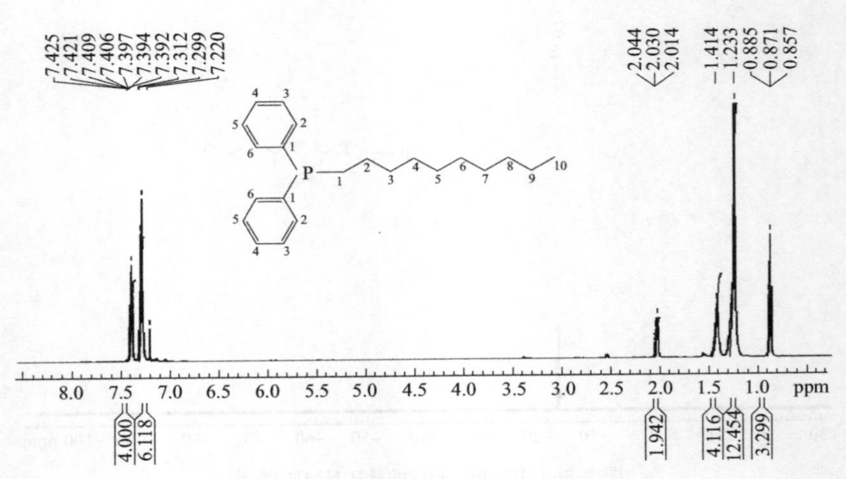

图 2-68 $Ph_2PC_{10}H_{21}$ 的 ^1H NMR 谱图

0.89～0.86ppm 处归属为癸基 10 号位上氢原子（甲基上的氢原子）的化学位移，三者峰面积之比为 2∶16∶3，与目标化合物已基上氢原子个数比一致，这与 $Ph_2PC_{10}H_{21}$ 结构式相符。

③ ^{13}C NMR 分析，见图 2-69。

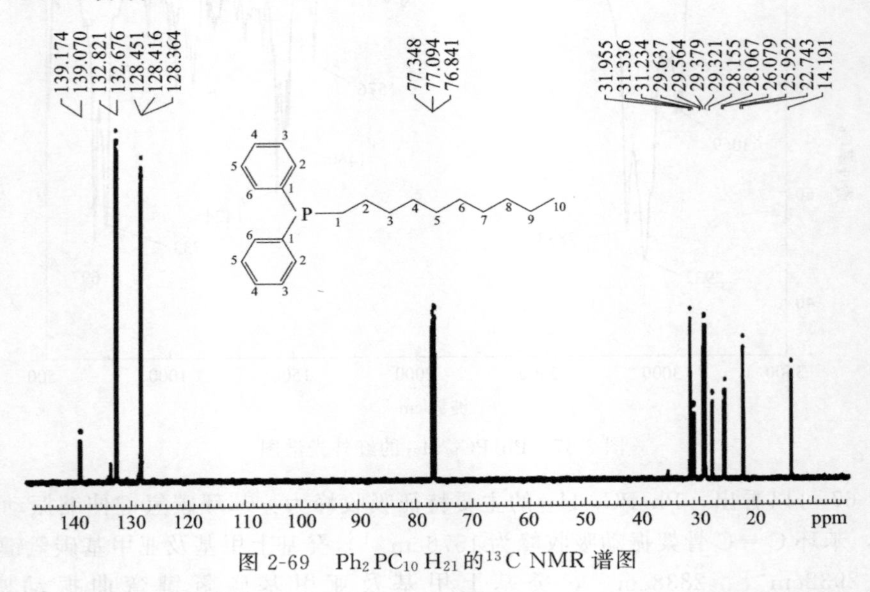

图 2-69 $Ph_2PC_{10}H_{21}$ 的 ^{13}C NMR 谱图

从图 2-69 可以看出，139.17～139.07ppm 处归属为苯环 1 号位碳原子的化学位移，132.82～132.68ppm 处归属为苯环 2、6 位碳原子的化学位移，128.45～128.36ppm 处归属为苯环 3、4、5 位上碳原子的化学位移，31.96ppm 处归属为与癸基 1 号位上碳原子的化学位移，31.34～31.23ppm、29.64～29.56ppm、29.38～29.32ppm、28.16～28.07ppm、26.08～25.95ppm、22.74ppm 处归属为癸基 2、3、4、5、6、7、8、9 号位上碳原子的化学位移，14.19ppm 处归属为癸基 10 号位上碳原子的化学位移，这与 $Ph_2PC_{10}H_{21}$ 结构式相符。

④ ^{31}P NMR 分析，见图 2-70。

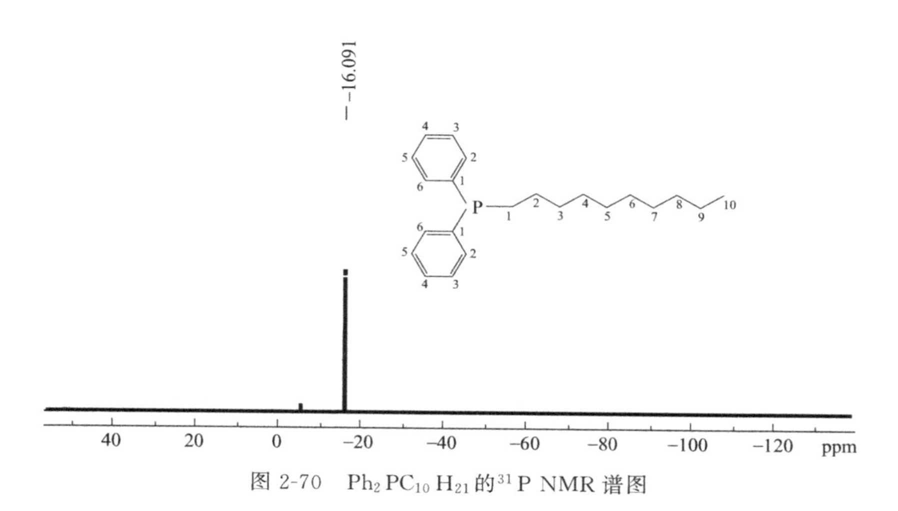

图 2-70 $Ph_2PC_{10}H_{21}$的^{31}P NMR 谱图

由图 2-70 可知，产物的核磁共振磷谱在 −16.09ppm 处有一较大峰，该峰为$Ph_2PC_{10}H_{21}$中磷原子的吸收峰，这与$Ph_2PC_{10}H_{21}$结构式相符。

上述结果表明，采用改进后的合成方法可以合成出目标产物。

(5) $Ph_2PC_{12}H_{25}$

① IR 分析，见图 2-71。

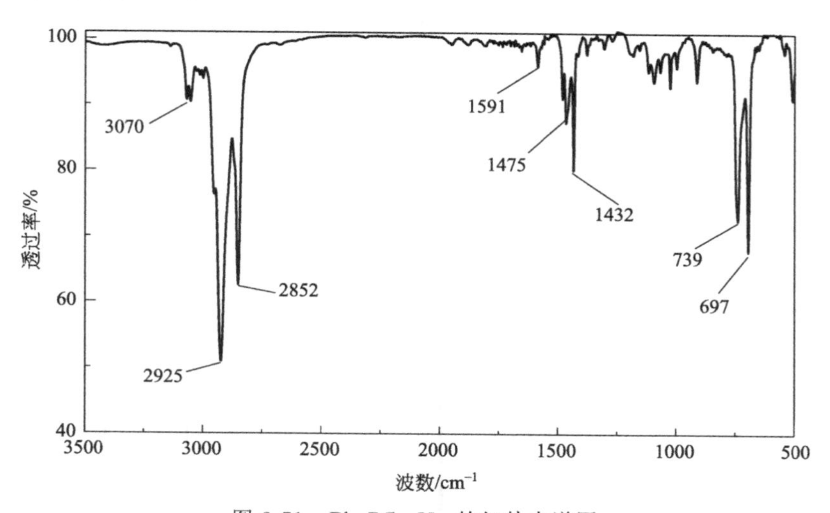

图 2-71 $Ph_2PC_{12}H_{25}$的红外光谱图

从图 2-71 可以看出，$Ph_2PC_{12}H_{25}$的主要特征吸收峰为：苯环上碳氢键伸缩振动吸收峰为 $3070cm^{-1}$，苯环 C=C 骨架振动吸收峰为 $1591cm^{-1}$，十二烷基上的甲基及亚甲基碳氢键伸缩振动吸收峰为 $2925cm^{-1}$、$2852cm^{-1}$，十二烷基上的甲基及亚甲基碳氢键弯曲振动吸收峰为 $1475cm^{-1}$，对比三苯基膦、三丁基膦的标准红外谱图［图 2-55(a)、图 2-55(b)］可知 P—C 的特征吸收峰为 $1432cm^{-1}$，苯环碳氢键面外弯曲振动吸收峰为 $739cm^{-1}$、$697cm^{-1}$，以上初步证明产物正确。

② ^{1}H NMR 分析，见图 2-72。

从图 2-72 可以看出，7.37～7.36ppm 处归属为苯环 3、4、5 位上氢原子的化学位移，7.48～7.45ppm 处归属为苯环 2、6 位上氢原子的化学位移，二者的峰面积之比为 3∶2，与

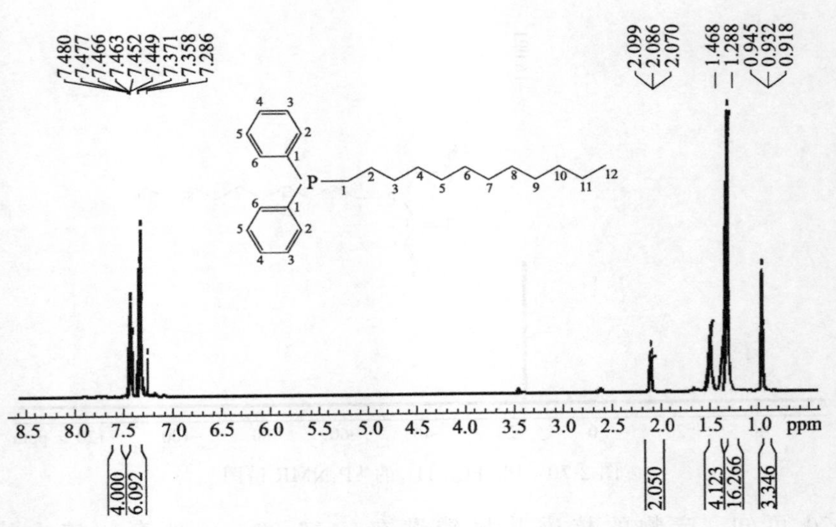

图 2-72 $Ph_2PC_{12}H_{25}$ 的 ^1H NMR 谱图

苯环上氢原子个数比一致；2.10～2.07ppm 处归属为十二烷基上 1 号位上氢原子的化学位移，1.47ppm、1.29ppm 处归属为十二烷基上 2、3、4、5、6、7、8、9、10、11 位上氢原子的化学位移，0.95～0.92ppm 处归属为十二烷基上 12 号位上氢原子（甲基上的氢原子）的化学位移，三者峰面积之比为 2∶20∶3，与目标化合物十二烷基上氢原子个数比一致，这与 $Ph_2PC_{12}H_{25}$ 结构式相符。

③ ^{13}C NMR 分析，见图 2-73。

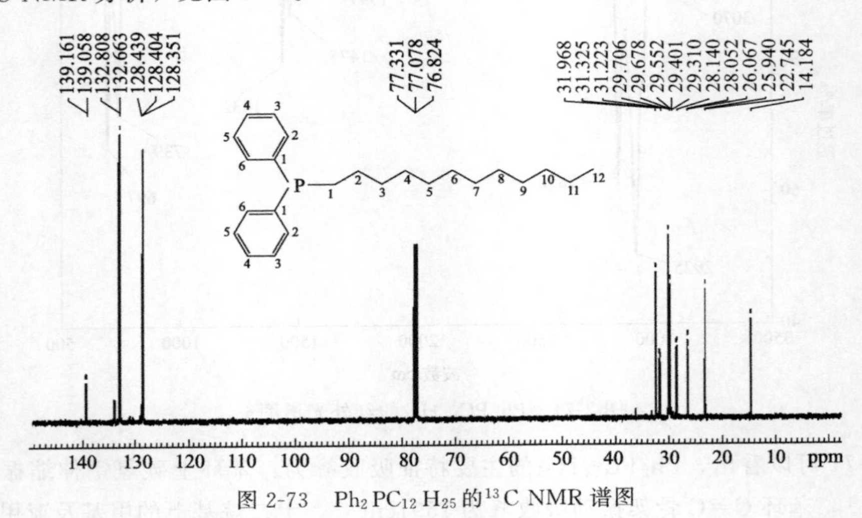

图 2-73 $Ph_2PC_{12}H_{25}$ 的 ^{13}C NMR 谱图

从图 2-73 可以看出，139.16～139.06ppm 处归属为苯环 1 号位碳原子的化学位移，132.81～132.66ppm 处归属为苯环 2、6 位碳原子的化学位移，128.44～128.35ppm 处归属为苯环 3、4、5 位上碳原子的化学位移，31.97ppm 处归属为十二烷基上 1 号位上碳原子的化学位移，31.33～31.22ppm、29.71～29.55ppm、29.40～29.31ppm，28.14～28.05ppm、26.07～25.94ppm、22.75ppm 处分别归属为十二烷基上 2、3、4、5、6、7、8、9、10、11 位上碳原子的化学位移，14.18ppm 处归属为十二烷基上 12 号位上碳原子的化学位移，这与 $Ph_2PC_{12}H_{25}$ 结构式相符。

④ ^{31}P NMR 分析，见图 2-74。

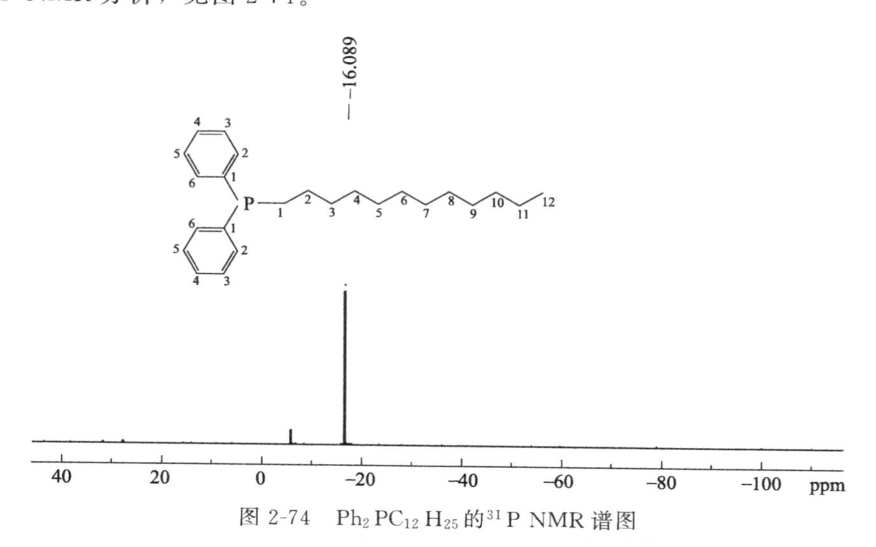

图 2-74　$Ph_2PC_{12}H_{25}$的^{31}P NMR 谱图

由图 2-74 可知，产物的核磁共振磷谱在 −16.09ppm 处有一较大峰，该峰为 $Ph_2PC_{12}H_{25}$中磷原子的吸收峰，这与 $Ph_2PC_{12}H_{25}$结构式相符。

上述结果表明，采用改进后的合成方法可以合成出目标产物。

2.3.4.4　$W(Ph_2PR)_2Cl_6$配合物表征

(1) $W(Ph_2PC_4H_9)_2Cl_6$配合物

① IR 分析，见图 2-75。

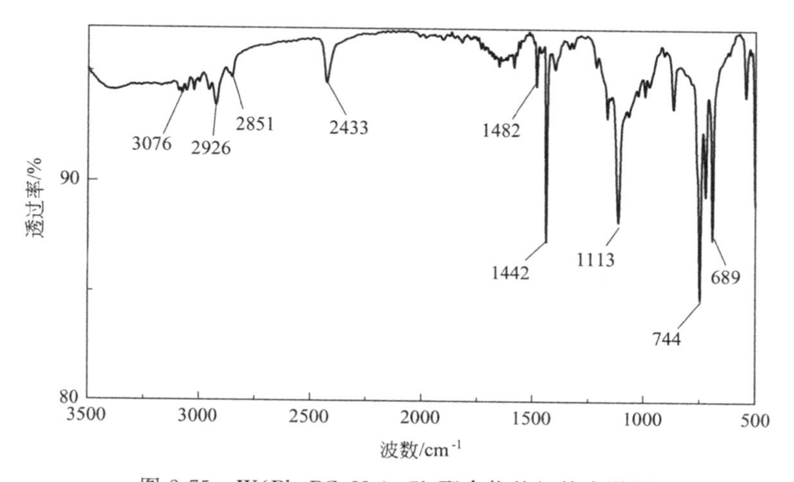

图 2-75　$W(Ph_2PC_4H_9)_2Cl_6$配合物的红外光谱图

从图 2-75 可以看出，$W(Ph_2PC_4H_9)_2Cl_6$配合物的主要特征吸收峰为：苯环碳氢键伸缩振动吸收峰为 $3076cm^{-1}$，丁基上甲基及亚甲基碳氢键伸缩振动吸收峰为 $2926cm^{-1}$、$2851cm^{-1}$，丁基上甲基及亚甲基碳氢键弯曲振动吸收峰为 $1482cm^{-1}$，苯环碳氢键面外弯曲振动吸收峰为 $744cm^{-1}$、$689cm^{-1}$，P—C 键特征吸收峰为 $1442cm^{-1}$。与配体 $Ph_2PC_4H_9$ 中 P—C 键在 $1410cm^{-1}$ 处的吸收峰相比，配合物中 P—C 的吸收频率升高，这主要是因为 $Ph_2PC_4H_9$与 WCl_6发生配位反应后，所形成的空间位阻较大，迫使临近基团的键角变小，吸收频率增高[126]。并且对比 $Ph_2PC_4H_9$ 的红外谱图可知 $Ph_2PC_4H_9/WCl_6$ 配合物的 P…W 配位键的吸收峰是 $2433cm^{-1}$。以上说明 $Ph_2PC_4H_9$ 与 WCl_6 发生了配位反应。

② ^{31}P NMR 分析，见图 2-76。

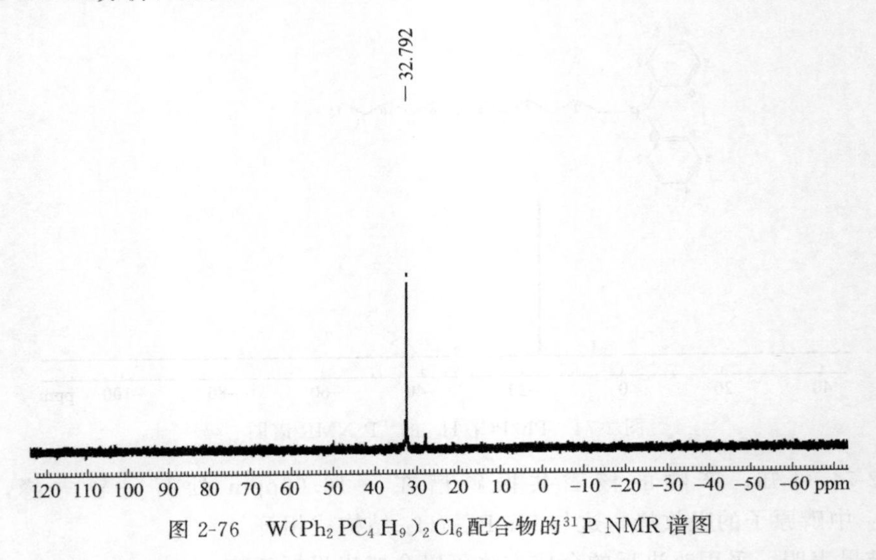

图 2-76　$W(Ph_2PC_4H_9)_2Cl_6$ 配合物的 ^{31}P NMR 谱图

图 2-76 为 $W(Ph_2PC_4H_9)_2Cl_6$ 配合物进行核磁共振磷谱。从图 2-76 可以看出，配合物在 32.79ppm 处有一较大吸收峰，对比 $Ph_2PC_4H_9$ 的磷谱发现，配体在－16.04ppm 处的吸收峰在反应后完全消失，从－16.04ppm 处峰的消失以及 32.79ppm 处强峰的出现，可以证明 $Ph_2PC_4H_9$ 与 WCl_6 发生了配位反应。查阅相关文献［127，128］可知，有机膦配体与过渡金属盐发生配位反应后，磷谱中磷的化学位移向高场移动，与本实验结果相符。

(2) $W(Ph_2PC_6H_{13})_2Cl_6$

① IR 分析，见图 2-77。

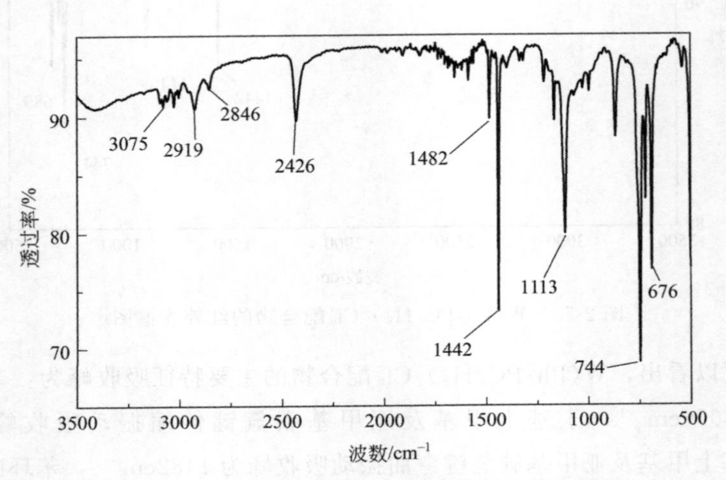

图 2-77　$W(Ph_2PC_6H_{13})_2Cl_6$ 配合物的红外光谱图

从图 2-77 可以看出，$WCl_6(Ph_2PC_6H_{13})_2$ 配合物的主要特征吸收峰为：苯环碳氢键伸缩振动吸收峰为 $3075cm^{-1}$，己基上甲基及亚甲基的碳氢键伸缩振动吸收峰为 $2919cm^{-1}$、

2846cm^{-1}，己基上甲基及亚甲基的碳氢键弯曲振动吸收峰为1482cm^{-1}，苯环上碳氢键面外弯曲振动吸收峰为744cm^{-1}、676cm^{-1}，P—C键特征吸收峰为1442cm^{-1}。与配体$Ph_2PC_6H_{13}$中P—C键在1403cm^{-1}处的吸收峰相比，配合物中P—C的吸收频率升高，原因分析如2.3.4.4所示。并且对比$Ph_2PC_6H_{13}$的红外谱图可知$Ph_2PC_6H_{13}/WCl_6$配合物的P…W配位键的吸收峰是2426cm^{-1}。以上说明$Ph_2PC_6H_{13}$与WCl_6发生了配位反应。

② ^{31}P NMR分析，见图2-78。

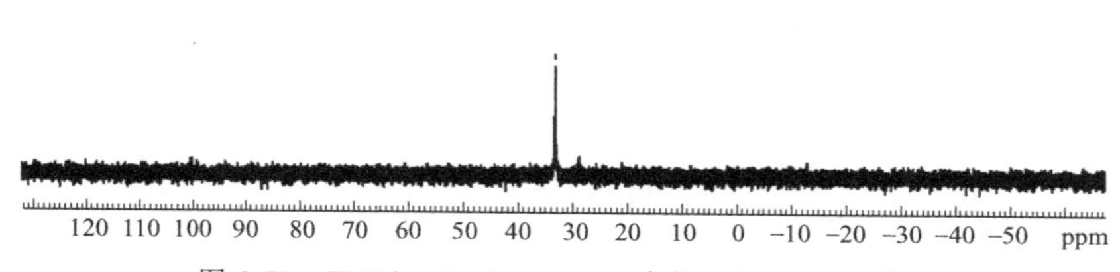

图2-78　$W(Ph_2PC_6H_{13})_2Cl_6$配合物的^{31}P NMR谱图

从图2-78可以看出，谱图中只有33.554ppm处出现一较大吸收峰，与前结果一致。

(3) $W(Ph_2PC_8H_{17})_2Cl_6$配合物

① IR分析，见图2-79。

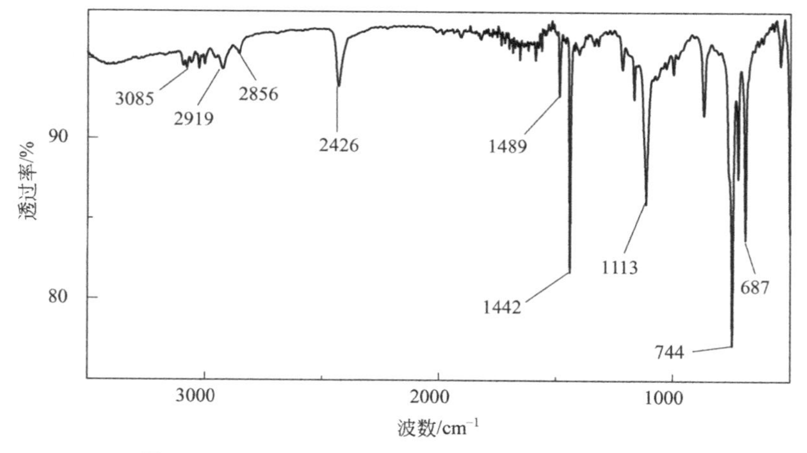

图2-79　$W(Ph_2PC_8H_{17})_2Cl_6$配合物的红外光谱图

从图2-79可以看出，$W(Ph_2PC_8H_{17})_2Cl_6$配合物的主要特征吸收峰为：苯环上碳氢键伸缩振动吸收峰为3085cm^{-1}，辛基上甲基及亚甲基的碳氢键伸缩振动吸收峰为2919cm^{-1}、2856cm^{-1}，辛基上甲基及亚甲基的碳氢键弯曲振动吸收峰为1489cm^{-1}，苯环上碳氢键面外弯曲振动吸收峰为744cm^{-1}、687cm^{-1}，P—C键特征吸收峰为1442cm^{-1}。与配体

$Ph_2PC_8H_{17}$中P—C键在1418cm^{-1}处的吸收峰相比，配合物中P—C的吸收频率升高，原因分析如2.3.4.4所示。并且对比$Ph_2PC_8H_{17}$的红外谱图可知$WCl_6(Ph_2PC_8H_{17})_2$配合物的P…W配位键的吸收峰是2426cm^{-1}。以上说明$Ph_2PC_8H_{17}$与WCl_6发生了配位反应。

② ^{31}P NMR分析，见图2-80。

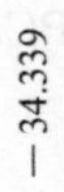

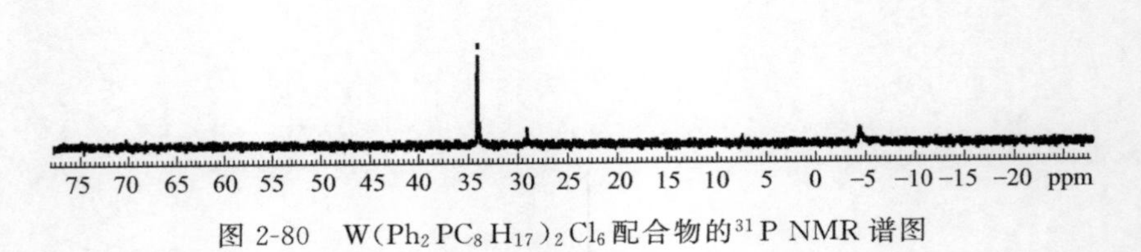

图2-80　$W(Ph_2PC_8H_{17})_2Cl_6$配合物的^{31}P NMR谱图

从图2-80可以看出，谱图中只有34.339ppm处出现一较大吸收峰，与前结果基本一致。

(4) $W(Ph_2PC_{10}H_{21})_2Cl_6$配合物

IR分析，见图2-81。

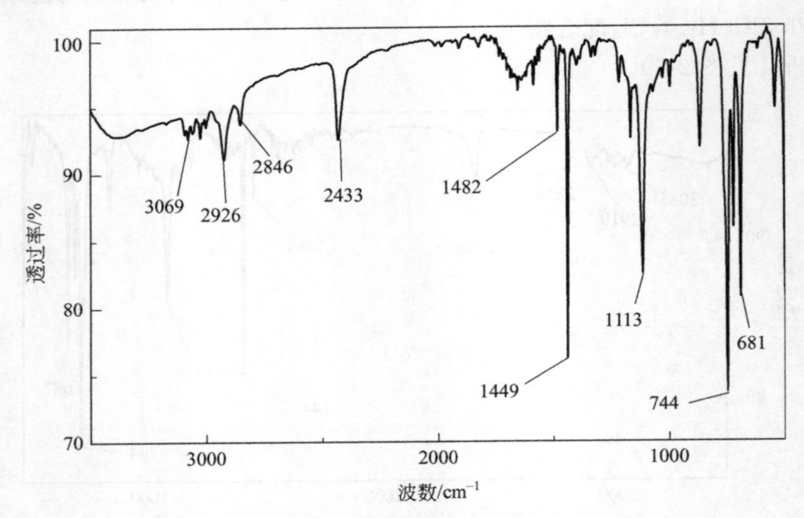

图2-81　$W(Ph_2PC_{10}H_{21})_2Cl_6$配合物的红外光谱图

从图2-81可以看出，$W(Ph_2PC_{10}H_{21})_2Cl_6$配合物的主要特征吸收峰为：苯环上碳氢键伸缩振动吸收峰为3069cm^{-1}，癸基上甲基及亚甲基的碳氢键伸缩振动吸收峰为2926cm^{-1}、2846cm^{-1}，癸基上甲基及亚甲基的碳氢键弯曲振动吸收峰为1482cm^{-1}，苯环上碳氢键面外弯曲振动吸收峰为744cm^{-1}、681cm^{-1}，P—C键特征吸收峰为1449cm^{-1}。与配体$Ph_2PC_{10}H_{21}$中P—C键在1424cm^{-1}处的吸收峰相比，配合物中P—C的吸收频率升高，原因分析如 2.3.4.4 所示。并且对比 $Ph_2PC_{10}H_{21}$ 的红外谱图可知 $WCl_6(Ph_2PC_{10}H_{21})_2$ 配合物的 P…W 配位键的吸收峰是 $2433cm^{-1}$。以上说明 $Ph_2PC_{10}H_{21}$ 与 WCl_6 发生了配位反应。

(5) $W(Ph_2PC_{12}H_{25})_2Cl_6$ 配合物

IR 分析，见图 2-82。

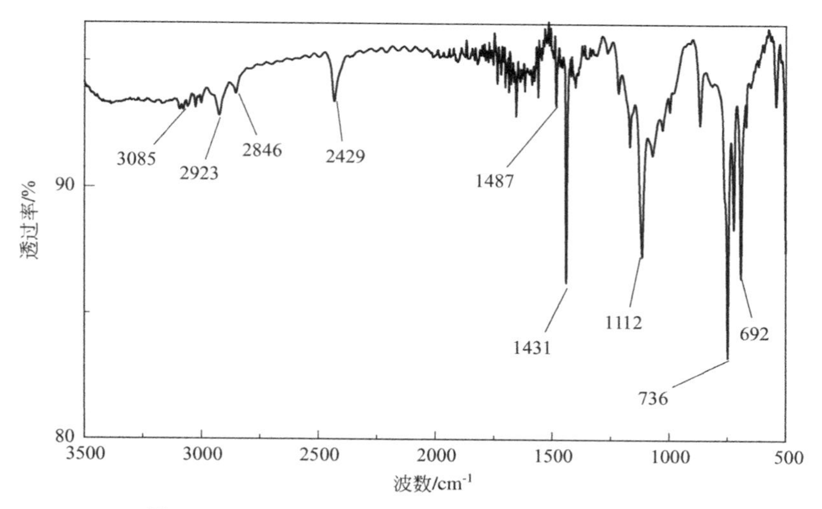

图 2-82　$W(Ph_2PC_{12}H_{25})_2Cl_6$ 配合物的红外光谱图

从图 2-82 可以看出，$W(Ph_2PC_{12}H_{25})_2Cl_6$ 配合物的主要特征吸收峰为：苯环上碳氢键伸缩振动吸收峰为 $3085cm^{-1}$，十二烷基上甲基及亚甲基的碳氢键伸缩振动吸收峰为 $2923cm^{-1}$、$2846cm^{-1}$，十二烷基上甲基及亚甲基的碳氢键弯曲振动吸收峰为 $1487cm^{-1}$，苯环上碳氢键面外弯曲振动吸收峰为 $736cm^{-1}$、$692cm^{-1}$，P—C 键特征吸收峰为 $1431cm^{-1}$。与配体 $Ph_2PC_{12}H_{25}$ 中 P—C 键在 $1432cm^{-1}$ 处的吸收峰相比，配合物中 P—C 的吸收频率升高，原因分析如 4.1.2 所示。并且对比 $Ph_2PC_{12}H_{25}$ 的红外谱图可知 $WCl_6(Ph_2PC_{12}H_{25})_2$ 配合物的 P…W 配位键的吸收峰是 $2429cm^{-1}$。以上说明 $Ph_2PC_{12}H_{25}$ 与 WCl_6 发生了配位反应。

由前述结果可知，$Ph_2PC_4H_9$、$Ph_2PC_6H_{13}$、$Ph_2PC_8H_{17}$ 与 WCl_6 配位后，磷原子的化学位移都从 −16ppm 左右移到 33ppm 左右，由此可以推断 $W(Ph_2PC_{10}H_{21})_2Cl_6$ 与 $W(Ph_2PC_{12}H_{25})_2Cl_6$ 配合物磷原子的化学位移应该在 33ppm 附近。

2.3.4.5　二烷基苯基膦钨配合物催化性能

(1) 聚合反应变量选择

DCPD 开环易位聚合的影响因素有主催化剂量、助催化剂量以及反应温度等，以新型配合物为主催化剂、Et_2AlCl 为助催化剂，采用控制变量法，分别考察五种催化体系催化 DCPD 开环移位聚合的情况，并确定各催化体系的最佳反应条件。具体步骤如下。

① 改变主催化剂的量　通过前期大量的实验，初选出一个 $n(DCPD):n(W):n(Al)$ 的摩尔量比，在该摩尔比下，DCPD 的凝胶时间在 3min 以内。然后固定 $n(DCPD):n(Al)$，改变主催化剂的量，求出主催化剂的最佳摩尔比，在该摩尔比下 DCPD 的凝胶时间在 50s 左右。

② 改变助催化剂的量　根据上面所得到的最佳主催化剂的摩尔比，固定 $n(DCPD):n(W)$，改变助催化剂的量，求出助催化剂的最佳摩尔比，在该摩尔比下 DCPD 的凝胶时间

在 50s 左右。

③ 改变温度　根据前两步所得到的最佳摩尔比，固定 n(DCPD)∶n(W)∶n(Al)，改变温度，并记录各自温度下 DCPD 的凝胶时间，求出最佳反应温度，在该温度下 DCPD 的聚合时间在 50s 左右。

(2) 催化聚合性能

① $W(Ph_2PC_4H_9)_2Cl_6$ 与 Et_2AlCl 体系

$W(Ph_2PC_4H_9)_2Cl_6$、Et_2AlCl 以及温度对 DCPD 凝胶时间的影响如图 2-83 所示。

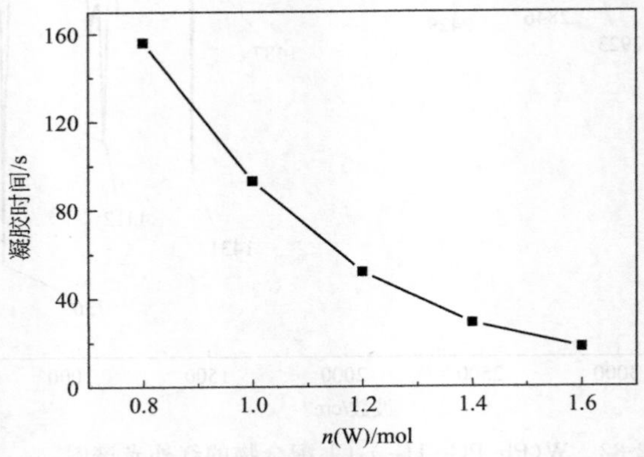

(a) 凝胶时间随主催化剂量的变化曲线[60℃, n(DCPD)∶n(Al)=1600∶24]

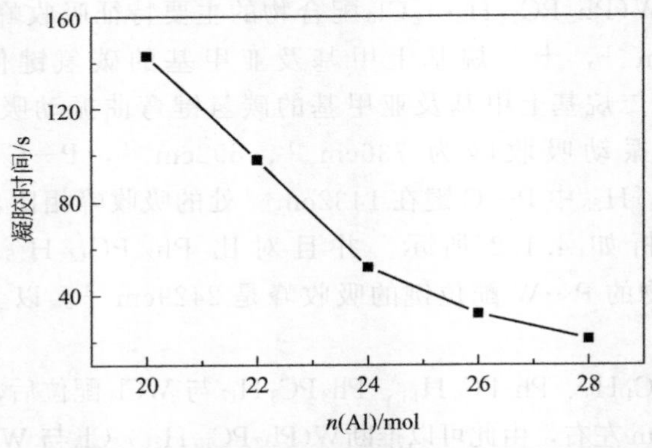

(b) 凝胶时间随助催化剂量的变化曲线[60℃, n(DCPD)∶n(W) =1600∶1.2]

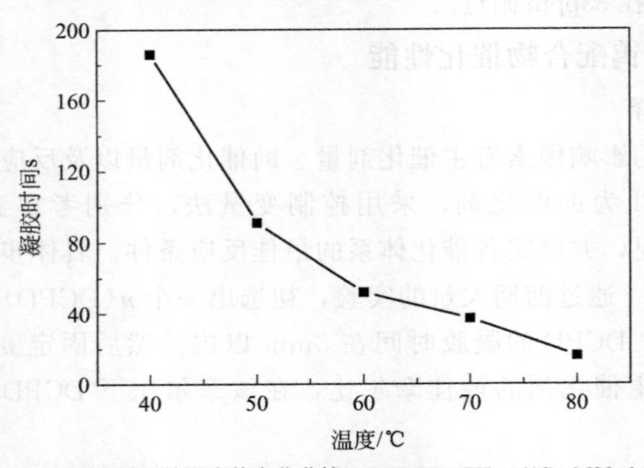

(c) 凝胶时间随温度的变化曲线[n(DCPD)∶n(W)∶n(Al)=1600∶1.2∶24]

图 2-83　凝胶时间随主催化剂量、助催化剂量、温度的变化曲线

由图 2-83(a) 可知，随着主催化剂 $W(Ph_2PC_4H_9)_2Cl_6$ 量的增加，聚合凝胶时间逐渐减少，当 $W(Ph_2PC_4H_9)_2Cl_6$ 的量大于 1.2mol 时，凝胶时间继续减少，就局部而言，波动曲线趋于平缓。分析原因：DCPD 开环易位聚合的活性中心是金属卡宾，聚合体系中主催化剂 $W(Ph_2PC_4H_9)_2Cl_6$ 的量直接决定着活性金属卡宾的数量，这样随着 $W(Ph_2PC_4H_9)_2Cl_6$ 量的增加，单位时间单位体积内产生的活性金属卡宾数量增加，反应速率逐渐加快，凝胶所需时间减少。当 $W(Ph_2PC_4H_9)_2Cl_6$ 量较大时，局部迅速凝胶，导致附近部分金属卡宾被包裹，所以凝胶曲线趋于平缓[127]。当 $W(Ph_2PC_4H_9)_2Cl_6$ 的量为 1.2mol 时，DCPD 聚合具有适合成型工艺的凝胶时间。

从图 2-83(b) 可以看出，随着助催化剂 Et_2AlCl 量的增加，凝胶所需时间逐渐减小，当助催化剂的量大于 24mol 时，凝胶时间继续变小，就局部而言，波动曲线趋于逐渐平缓。这主要是因为在双组分催化剂中，助催化剂的量直接控制着金属卡宾的生成速率，以此控制整个聚合反应的速率。当助催化剂量增加时，主催化剂与助催化剂相遇的概率增加，生成金属卡宾的概率增加，单位时间单位体积内生成的活性金属卡宾数量增加，所以凝胶时间不断减小。当助催化剂的量较大时，局部迅速凝胶，导致附近部分金属卡宾被包裹，所以凝胶曲线趋于平缓。当助催化剂的量为 24mol 时，DCPD 聚合具有适合成型工艺的凝胶时间。

由图 2-83(c) 可以看出，反应温度越高，凝胶所需时间越少。分析原因：主催化剂与助催化剂反应生成活性金属钨卡宾后，金属钨卡宾与降冰片烯环中的双键形成金属环丁烷中间体的过程需要在合适的温度下才能进行。温度较低时，反应缓慢，并且金属钨卡宾不稳定，容易失活，这样形成金属环丁烷中间体的数量减少，凝胶时间较长；而温度过高，可能会使部分活性种失活，聚合曲线趋于平缓。当温度为 60℃时，DCPD 聚合具有适合成型工艺的凝胶时间。

综上所述，$W(Ph_2PC_4H_9)_2Cl_6$ 与 Et_2AlCl 体系催化 DCPD 开环易位聚合的最佳反应条件为：温度 $T=60℃$，$n(DCPD):n(W):n(Al)=1600:1.2:24$，在该条件下 DCPD 聚合的凝胶时间为 52s。

② $W(Ph_2PC_6H_{13})_2Cl_6$ 与 Et_2AlCl 体系

$W(Ph_2PC_6H_{13})_2Cl_6$、Et_2AlCl 以及温度对 DCPD 凝胶时间的影响如图 2-84 所示。

由图 2-84(a) 可知，随着主催化剂 $W(Ph_2PC_6H_{13})_2Cl_6$ 量的增加，聚合凝胶时间逐渐减小，当 $W(Ph_2PC_6H_{13})_2Cl_6$ 的量大于 1.2mol 时，凝胶时间继续变小，就局部而言，波动曲线趋于逐渐平缓（见前述前因）。当 $Ph_2PC_6H_{13}/WCl_6$ 的量为 1.2mol 时，DCPD 聚合具有适合成型工艺的凝胶时间。

从图 2-84(b) 可以看出，助催化剂量越多，凝胶所需时间越少，当助催化剂的量大于 18mol 时，凝胶时间继续变小，就局部而言，波动曲线趋于逐渐平缓。当助催化剂的量为 20mol 时，DCPD 聚合具有适合成型工艺的凝胶时间。

由图 2-84(c) 可以看出，随着反应温度的升高，聚合凝胶时间逐渐减少。当温度为 60℃时，DCPD 聚合具有适合成型工艺的凝胶时间。

综上所述，$W(Ph_2PC_6H_{13})_2Cl_6$ 与 Et_2AlCl 体系催化 DCPD 开环易位聚合的最佳反应条件为：温度 $T=60℃$，$n(DCPD):n(W):n(Al)=1600:1.2:20$，在该条件下 DCPD 聚合的凝胶时间为 48s。

③ $W(Ph_2PC_8H_{17})_2Cl_6$ 与 Et_2AlCl 体系

$W(Ph_2PC_8H_{17})_2Cl_6$、Et_2AlCl 以及温度对 DCPD 凝胶时间的影响如图 2-85 所示。

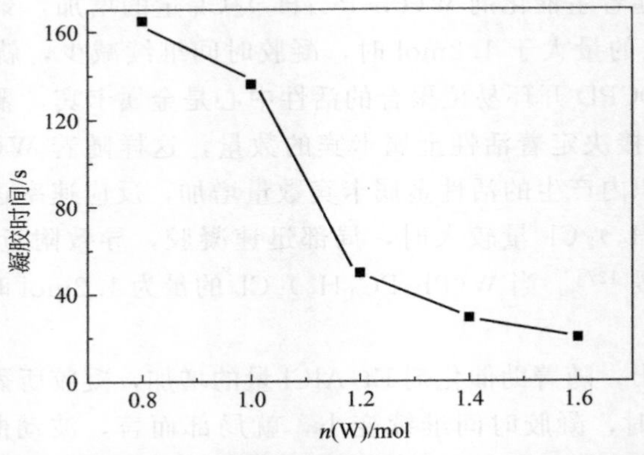

(a) 凝胶时间随主催化剂量的变化曲线[60℃, n(DCPD):n(Al)=1600:20]

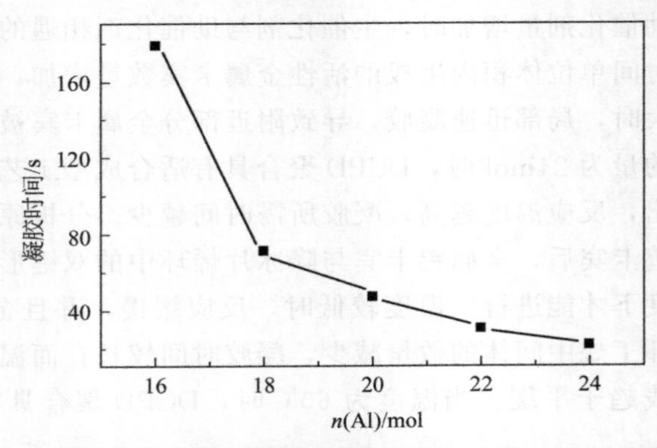

(b) 凝胶时间随助催化剂量的变化曲线[60℃, n(DCPD):n(W)=1600:1.2]

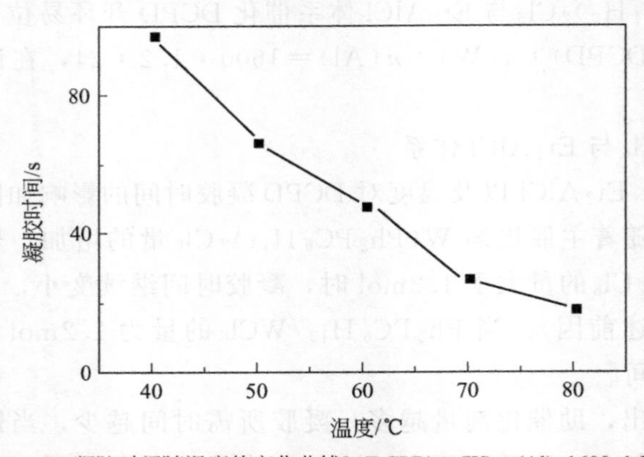

(c) 凝胶时间随温度的变化曲线[n(DCPD):n(W):n(Al)=1600:1.2:20]

图 2-84 凝胶时间随主催化剂量、助催化剂量、温度的变化曲线

由图 2-85(a) 可知，随着主催化剂 $WCl_6(Ph_2PC_8H_{17})_2$ 量的增加，聚合凝胶时间逐渐减小，当 $W(Ph_2PC_8H_{17})_2Cl_6$ 的量大于 1mol 时，凝胶时间继续变小，就局部而言，波动曲线趋于逐渐平缓（分析原因见前述）。当 $W(Ph_2PC_8H_{17})_2Cl_6$ 的量为 1mol 时，DCPD 聚合具有适合成型工艺的凝胶时间。

由图 2-85(b) 可以看出，助催化剂量越多，凝胶所需时间越少，当助催化剂的量大于 20mol 时，凝胶时间继续减少，就局部而言，波动曲线趋于逐渐平缓。当助催化剂的量为 20mol 时，DCPD 聚合具有适合成型工艺的凝胶时间。

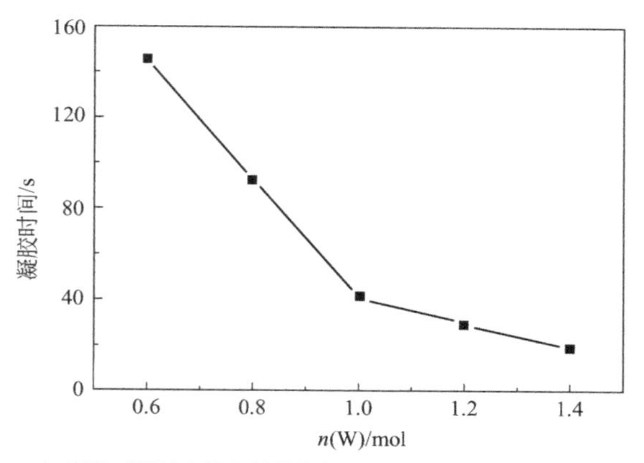

(a) 凝胶时间随主催化剂量的变化曲线[50℃, n(DCPD):n(Al)=1600:20]

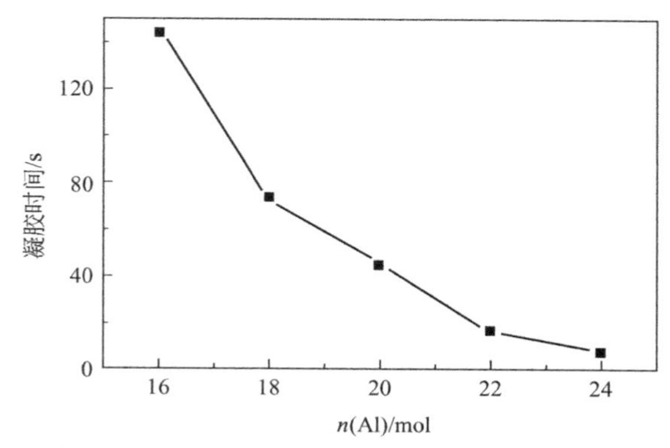

(b) 凝胶时间随助催化剂量的变化曲线[50℃, n(DCPD):n(W)=1600:1.0]

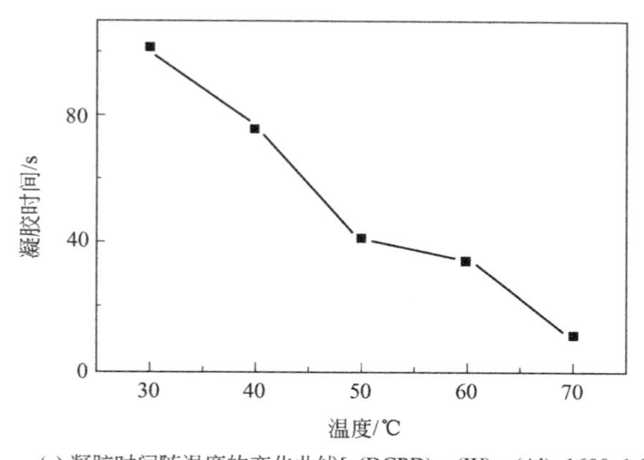

(c) 凝胶时间随温度的变化曲线[n(DCPD):n(W):n(Al)=1600:1.0:20]

图 2-85　凝胶时间随主催化剂量、助催化剂量、温度的变化曲线

由图 2-85(c) 可以看出，随着反应温度的升高，聚合凝胶时间逐渐减小。当温度为50℃时，DCPD 聚合具有适合成型工艺的凝胶时间。

综上所述，$W(Ph_2PC_8H_{17})_2Cl_6$ 与 Et_2AlCl 体系催化 DCPD 开环易位聚合的最佳反应条件为：温度 $T=50$℃，n(DCPD)：n(W)：n(Al)＝1600：1：20，在该条件下 DCPD 聚合的凝胶时间为 41s。

④ $W(Ph_2PC_{10}H_{21})_2Cl_6$ 与 Et_2AlCl 体系

$W(Ph_2PC_{10}H_{21})_2Cl_6$、$Et_2AlCl$ 以及温度对 DCPD 凝胶时间的影响如图 2-86 所示。

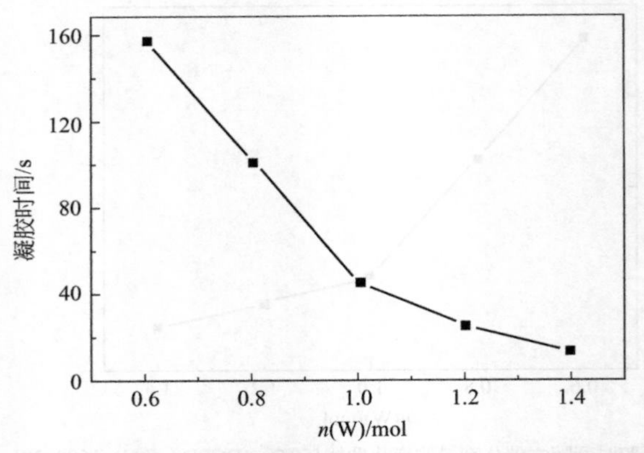

(a) 凝胶时间随主催化剂量的变化曲线[60℃, n(DCPD):n(Al)=1200:20]

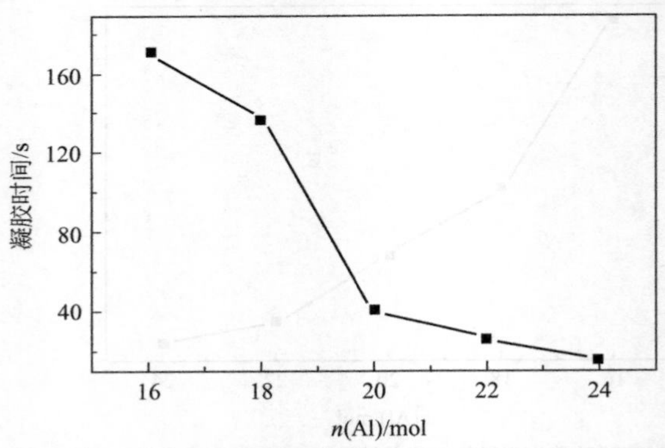

(b) 凝胶时间随助催化剂量的变化曲线[60℃, n(DCPD):n(W) =1200:1.0]

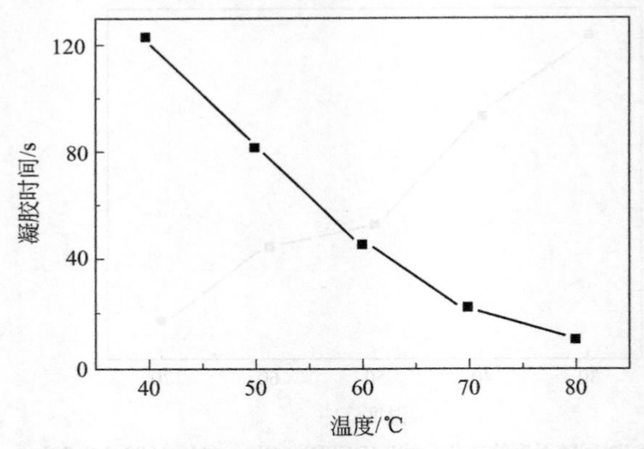

(c) 凝胶时间随温度的变化曲线[n(DCPD):n(W):n(Al)=1200:1.0:20]

图 2-86 凝胶时间随主催化剂量、助催化剂量、温度的变化曲线

由图 2-86(a) 可知，随着主催化剂 $W(Ph_2PC_{10}H_{21})_2Cl_6$ 量的增加，聚合凝胶时间逐渐减小，当 $W(Ph_2PC_{10}H_{21})_2Cl_6$ 的量大于 1mol 时，凝胶时间继续变小，就局部而言，波动曲线趋于逐渐平缓（分析原因见前述）。当 $W(Ph_2PC_{10}H_{21})_2Cl_{66}$ 的量为 1mol 时，DCPD 聚合具有适合成型工艺的凝胶时间。

从图 2-86(b) 可以看出，助催化剂量越多，凝胶所需时间越少，当助催化剂的量大于 20mol 时，凝胶时间继续减少，就局部而言，波动曲线趋于逐渐平缓。当助催化剂的量为 20mol 时，DCPD 聚合具有适合成型工艺的凝胶时间。

由图 2-86(c) 可以看出，随着反应温度的升高，聚合凝胶时间逐渐减小。当温度为 60℃时，DCPD 聚合具有适合成型工艺的凝胶时间。

综上所述，$W(Ph_2PC_{10}H_{21})_2Cl_6$ 与 Et_2AlCl 体系催化 DCPD 开环易位聚合的最佳反应条件为：温度 $T=60$℃，n(DCPD)∶n(W)∶n(Al)＝1200∶1∶20，在该条件下 DCPD 聚合的凝胶时间为 45s。

⑤ $W(Ph_2PC_{12}H_{25})_2Cl_6$ 与 Et_2AlCl 体系

$W(Ph_2PC_{12}H_{25})_2Cl_6$、$Et_2AlCl$ 以及温度对 DCPD 凝胶时间的影响如图 2-87 所示。

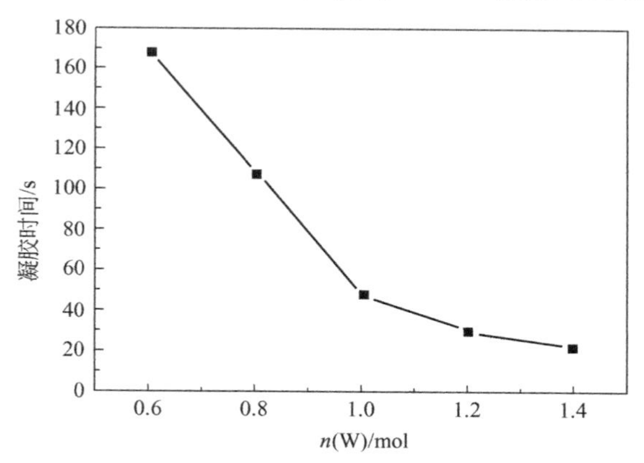

(a) 凝胶时间随主催化剂量的变化曲线 [70℃, n(DCPD)∶n(Al)=1200∶22]

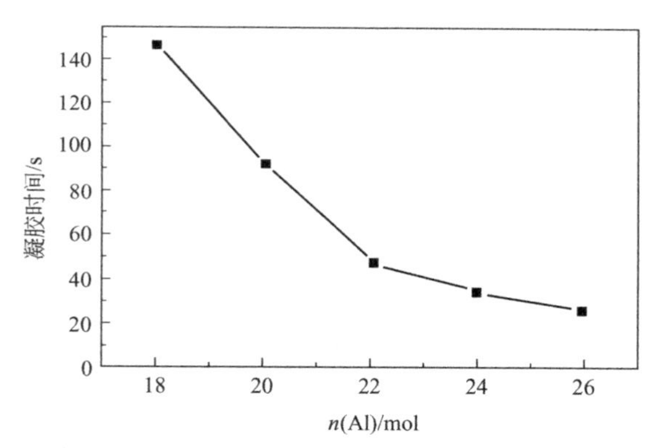

(b) 凝胶时间随助催化剂量的变化曲线[70℃, n(DCPD)∶n(W) =1200∶1.0]

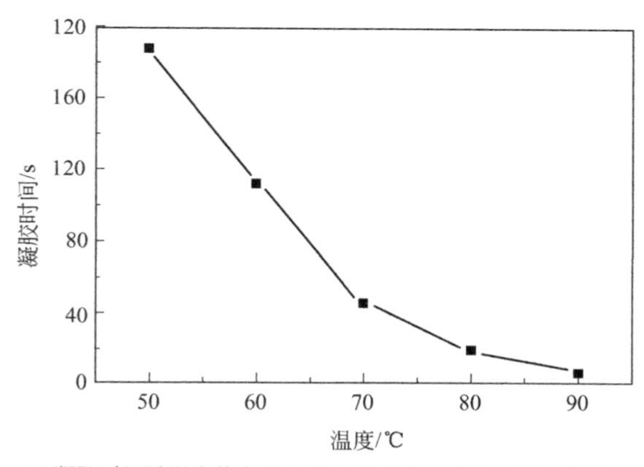

(c) 凝胶时间随温度的变化曲线 [n(DCPD)∶n(W)∶n(Al)=1200∶1.0∶22]

图 2-87　凝胶时间随主催化剂量、助催化剂量、温度的变化曲线

由图 2-87(a) 可知，随着主催化剂 $W(Ph_2PC_{12}H_{25})_2Cl_6$ 量的增加，聚合凝胶时间逐渐减少，当 $W(Ph_2PC_{12}H_{25})_2Cl_6$ 的量大于 1mol 时，凝胶时间继续减少，就局部而言，波动曲线趋于逐渐平缓（分析原因见前述）。当 $W(Ph_2PC_{12}H_{25})_2Cl_6$ 的量为 1mol 时，DCPD 聚合具有适合成型工艺的凝胶时间。

从图 2-87(b) 可以看出，助催化剂量越多，凝胶所需时间越少，当助催化剂的量大于 22mol 时，凝胶时间继续减少，就局部而言，波动曲线趋于逐渐平缓。当助催化剂的量为 22mol 时，DCPD 聚合具有适合成型工艺的凝胶时间。

由图 2-87(c) 可以看出，随着反应温度的升高，聚合凝胶时间逐渐减小。当温度为 70℃时，DCPD 聚合具有适合成型工艺的凝胶时间。

综上所述，$W(Ph_2PC_{12}H_{25})_2Cl_6$ 与 Et_2AlCl 体系催化 DCPD 开环易位聚合的最佳反应条件为：温度 $T=70℃$，$n(DCPD):n(W):n(Al)=1200:1:22$，在该条件下 DCPD 聚合的凝胶时间为 47s。

2.3.4.6 配合物活性对比

五种催化剂催化 DCPD 开环易位聚合的最佳温度、最佳配比以及凝胶时间如表 2-13 所示。

表 2-13 各种催化剂的最佳温度、最佳配比以及凝胶时间

催化剂	最佳配比 [$n(DCPD):n(W):n(Al)$]	最佳温度/℃	凝胶时间/s
$W(Ph_2PC_4H_9)_2Cl_6$	1600∶1.2∶24	60	52
$W(Ph_2PC_6H_{13})_2Cl_6$	1600∶1.2∶20	60	48
$W(Ph_2PC_8H_{17})_2Cl_6$	1600∶1∶20	50	41
$W(Ph_2PC_{10}H_{21})_2Cl_6$	1200∶1∶20	60	45
$W(Ph_2PC_{12}H_{25})_2Cl_6$	1200∶1∶22	70	47

从表 2-13 可以看出，五种催化剂的活性顺序为：$W(Ph_2PC_8H_{17})_2Cl_6>W(Ph_2PC_{10}H_{21})_2Cl_6>W(Ph_2PC_6H_{13})_2Cl_6>W(Ph_2PC_4H_9)_2Cl_6>W(Ph_2PC_{12}H_{25})_2Cl_6$。原因可能是：在一定范围内，随着配体上碳链的不断伸长，配位催化剂在 DCPD 基体中的溶解性不断提高，催化剂在基体中分散均匀，催化效率较高。当碳链过长时，所形成的空间位阻越大，催化剂与 Et_2AlCl 原位反应的概率降低，催化效率不断降低。

2.3.5 配合物的稳定性

2.3.5.1 $MoO_2(OPPh_3)_2Cl_2$ 催化剂的稳定性

表 2-14 所示为 $MoO_2(OPPh_3)_2Cl_2$ 催化剂的稳定性数据表中配比为 $n(DCPD):n(W):n(Al)$。由表 2-14 可以看出，钼催化剂在空气中放置 25d 后，9～10min 即发生凝胶，证明钼催化剂还具有非常高的催化活性。

2.3.5.2 $Mo[P(PhOR)_3]_2Cl_5$ 催化剂稳定性

图 2-88 为 $Mo[P(PhOR)_3]_2Cl_5$ 催化剂暴露天数与凝胶时间的关系。

表 2-14　$MoO_2(OPPh_3)_2Cl_2$ 催化剂的稳定性

配比	放置时间/d	凝胶时间
2400∶1.4∶20	5	7min 凝胶，12min 固化，脱模
	10	18min 凝胶，41min 固化
	15	6min 凝胶，10min 固化，脱模
	20	8min 凝胶，13min 固化
	25	10min 凝胶，13min 固化
2400∶2.2∶20	5	4min 凝胶，10min 固化，脱模
	10	13min 凝胶，20min 固化
	15	4min 凝胶，6min 固化
	20	5min 凝胶，10min 固化，脱模
	25	9min 凝胶，13min 固化

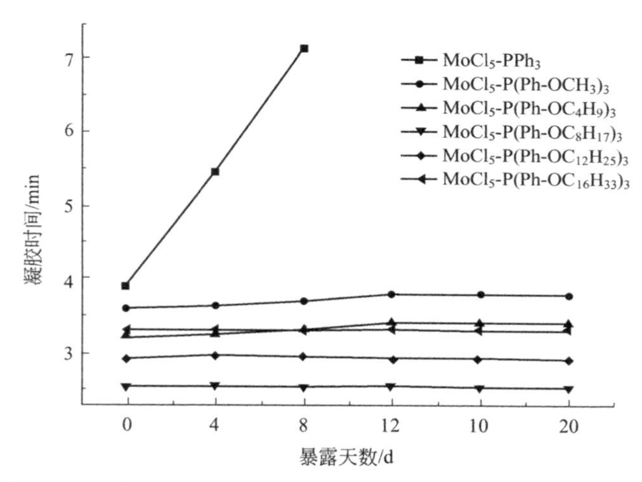

图 2-88　$Mo[P(PhOR)_3]_2Cl_5$ 催化剂暴露天数与凝胶时间的关系

由图 2-88 可以看出，含有长链烷氧基团的新型膦配体能够提高配位催化剂的稳定性。

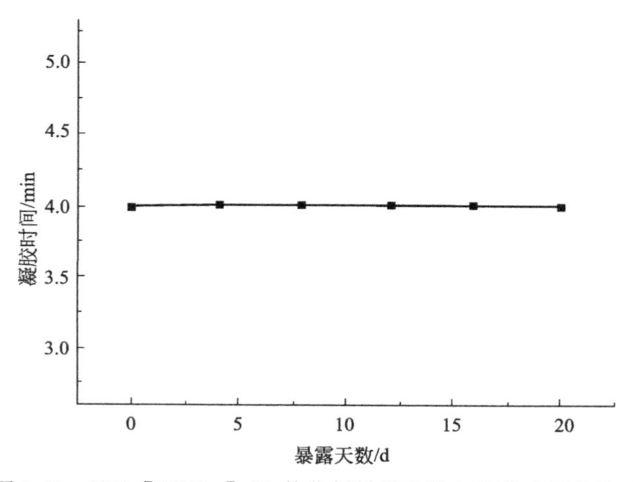

图 2-89　$WO_2[OPPh_3]_2Cl_2$ 催化剂暴露天数与凝胶时间的关系

2.3.5.3 $WO_2[OPPh_3]_2Cl_2$催化剂稳定性

由图 2-89 可以明显看出，$WO_2[OPPh_3]_2Cl_2$的催化活性随着观测时间的延长，并没有发生显著的变化，从催化剂的初始实验聚合反应发生凝胶化时间为 4min，到 20d 的实验周期结束，反应时间仍保持在 4min，在整个催化剂活性稳定性测试期间内，证明该体系可以在常规条件下在较长时间内保持良好的稳定性。

2.3.5.4 $W(Ph_2PR)_2Cl_6$催化剂稳定性

从图 2-90 可以看出，随暴露天数的增加，带有不同 R 烷基的 $W(Ph_2PR)_2Cl_6$配合物的催化活性基本不变，直到 15d 后，相同摩尔量的配合物（碳链由短到长）催化 DCPD 聚合的凝胶时间分别稳定在 2.8min、2.5min、1.6min、3.0min 以及 4.2min 左右，说明配合物对空气和水汽稳定性好。

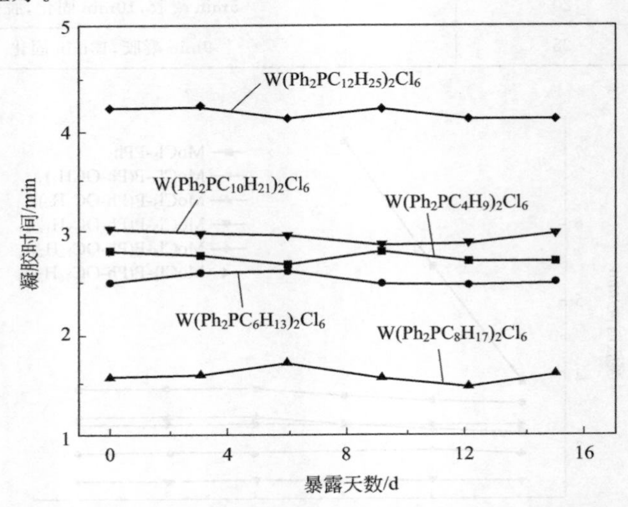

图 2-90 不同烷基的 $W(Ph_2PR)_2Cl_6$催化剂凝胶时间与暴露天数的关系

图 2-91 为 $W(Ph_2PC_4H_9)_2Cl_6$配合物敞口放置在空气中 10d 后的核磁共振磷谱，结果表明磷原子的化学位移并未发生改变，仍在 32ppm 附近，由此可以看出配合物稳定性较好。

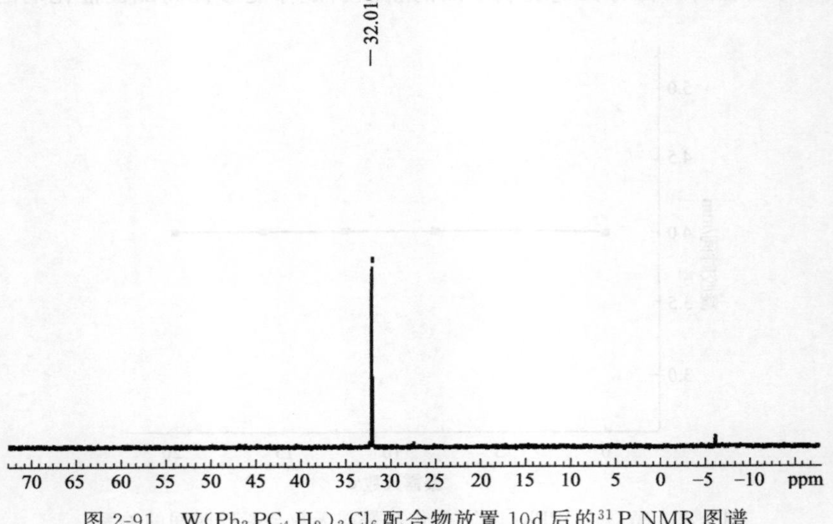

图 2-91 $W(Ph_2PC_4H_9)_2Cl_6$配合物放置 10d 后的^{31}P NMR 图谱

上述结果显示，机膦配合物 $MoO_2(OPPh_3)_2Cl_2$、$Mo[P(PhOR)_3]_2Cl_5$、$WO_2[OPPh_3]_2Cl_2$、$W(PPh_2R)_2Cl_6$ 都具有很好的环境稳定性。钼和钨的高价氯化物对水汽是非常敏感的，暴露在环境中很快就发生水解，然而，一旦与有机磷配合后就非常稳定。连有芳环的磷原子电子云密度较高，能够向缺电子的金属原子轨道提供较多的电子，使金属原子轨道能级降低很多，因此，配合后高价 $MoCl_5$、WCl_6 的稳定性显著增加。

新型膦配体配位催化剂制备工艺简单，且活性高，价格低廉，很好地解决了目前双组分催化剂存在的环境稳定性差的缺点。而且该类催化剂颜色较浅，可以制造浅色的PDCPD-RIM制品，扩大了应用范围。

参考文献

[1] Peter Schwab, Robert H Grubbs. Synthesis and Applications of $RuCl_2$ (CHR) $(PR_3)_2$: The Influence of the Alkylidene Moiety on Metathesis Activity [J]. Am Chem Soc. 1996, (118): 100-110.

[2] 李弘，王征，何炳林等. 双环戊二烯开环歧化聚合反应催化体系的配位体效应研究 [J]. 离子交换与吸附，1997，13 (3): 302-306.

[3] Balcar H., Peyrusova L., J. Mol. Catal., 1994 (90): 135-141.

[4] Hamilton J. G., Ivin k. J., Rooney J. J., J. Mol. Catal. 1986 (36): 115.

[5] 郭敬. 开环移位聚合合成聚双环戊二烯 [D]. 西安：西北工业大学，2007: 52-56.

[6] Hérisson J L, Chauvin Y. Macromol Chem, 1971, 141: 161-167.

[7] 张浩，张红江，陈可佳等. 含氮和硅的大位阻钨类配合物的合成及催化双环戊二烯聚合研究 [J]. 弹性体. 2009，19 (6): 17-21.

[8] Zheng Wang, Hong Li, Binglin He. Macroligand effect of tungsten catalyst for ring opening metathesis polymerization of dicyclopentadiene [J]. Journal of Molecular Catalysis A: Chemical. 2000, (159): 121-125.

[9] Yanlong Qian, Keleypette Dono, Jiling Huang. Ring-opening metathesis polymerization of dicyclopentadiene catalyzed by titanium tetrachloride adduct complexes with oxygen-containing ligands [J]. Journal of Applied Polymer Science, 2001, 81: 662-666.

[10] Liu Jianfei, Zhang Danfeng. J Molecular Catalyst A: Chem, 1999, 142: 301.

[11] Hong Li, Zheng Wang, Binglin He. Ring-opening metathesis polymerization of dicyclopentadiene by tungsten catalysts supported on polystyrene [J]. Journal of Molecular Catalysis A: Chemical, 1999, 147: 83-88.

[12] Ari Lehtonen, Reijo Sillanpaa. Inorg Chem Commu, 2001, 4: 108.

[13] Ari Lehtonen, Reijo Sillanpaa. Inorg Chem Commu, 2002, 5: 267.

[14] Abadie M J, Dimonie M, Christine Couve. European Polymer Journal. 2000, 36: 1213.

[15] Danfeng Z, Jiling H, Yanlong Q, Albert S. C. Chan. J Mol Catal A: Cheml, 1998, 133: 131.

[16] Hamilton J G, Ivin K J, Rooney J J. J Molecular Catalyst., 1986, (36): 115.

[17] Annie Pacreau, Michel Fontanilleb. Makromol Chem, 1987, 188: 2585.

[18] Zhang Danfeng, Huang Jiling. J Mol Cat A: Chemical, 1998, (133): 131.

[19] Abadie M J, Dimonie M. Eur Polym J, 2000, (36): 1213.

[20] Donald R. Polymerization Process [P]. US005218065A. 1993.

[21] Willem S. Polymer of Diclopentadiene and a Process for Preparation [P]. US4810762. 1989.

[22] Ari Lehtonen, Reijo Sillanpää. Inorganic Chemistry Communications, 1998, 17 (19): 3327.

[23] 李弘，王征. 离子交换与吸附，1997，13 (3): 302-306.

[24] Justin P Gallivan, Jason P Jordan. Tetrahedron Lett, 2005, 46: 2577-2583.

[25] Soon Hyeok Hong, Robert H Grubbs. J A Chem Society, 2006, 128 (11): 3508-3509.

[26] Kress Jacky, Osborn John A. J Chem Soc Chem Commun, 1988, 110: 1164-1166.

[27] Richard R Schrock. Polyhedron, 1995, 22 (14): 3177-3195.

[28] Andreas Hafner, Paul A van der Schaaf, Andreas Mühlebach. Progress in Organic Coating, 1997, 1-4 (32): 89-96.

[29] Schrock R R, Murdzek J S, Bazan G C. J Am Chem Soc, 1990, 112 (10): 3875- 3886.
[30] Bazan G C, Khosravi E, Schrock R R. J Am Chem Soc, 1990, 112 (23): 8378- 8387.
[31] Bazan G C, OSkam J H , Schrock R R. J Am Chem Soc, 1991, 113 (18): 6899- 6907.
[32] Schrock R R, Tetrahedron, 1999, 55 (26): 8141-8153.
[33] Schrock R R. Chem Rev, 2002, 102 (1): 145-180.
[34] Schrock R R. , Lan-Chang Liang, Robert Baumann, et al. J Organometallic Chemistry, 1999, 1-2 (591): 163-173.
[35] Schrock R R, Hoveyda A H. Angew Chem Int Ed, 2003, 42 (38): 4592- 4633.
[36] Peter Schwab, Robert H Grubbs. J Am Chem Soc. 1996, (118): 100-106.
[37] Nguyen S T, Johnson L K, Grubbs R H. J Am Chem Soc, 1992, 114 (10): 3974- 3975.
[38] Schwab P, Grubbs R H, Ziller J W. J Am Chem Soc, 1996, 118 (1): 110-115.
[39] Schwab P, France M B, Grubbs R H. Angew Chem Int Ed, 1995, 34 (18): 2039-2041.
[40] Wilhelm T E, Belderrain T R, Grubbs R H. Organometallies, 1997, 16 (18): 3867-3869.
[41] Audio N, Clavier H, Mauduit M, GuiUemin J C. J Am Chem Soc, 2003, 25: 9248-9249.
[42] Hong S H, Grubbs R H. J Am Chem Soc, 2006, 1 (28): 3508-3512.
[43] Scholl M, Trnka T M, Grubbs R H. Tetrahedron Lett, 1999, 40: 2247-2250.
[44] Scholl M, Ding S, Grubbs R H. Org Lett, 1999, 1 (6): 953-956.
[45] Trnka T M, Morgan J P, Grubbs R H. J Am Chem Soc, 2003, 125 (9): 2546-2558.
[46] Nguyen S T, John son L K, Grubbs R H. J Am Chem Soc, 1992, 114 (10): 3974-3975.
[47] Nguyen S T, Grubbs R H , Ziller J W. J Am Chem Soc, 1993, 115 (21): 9858-9859.
[48] Wu Z, Nguyen S T , Grubbs R H, Ziller J W. J Am Chem Soc, 1995, 117 (20) : 5503-5511.
[49] Dias E L, Nguyen S T , Grubbs R H. J Am Chem Soc, 1997, 119 (17): 3887-3897.
[50] Dias E L, Grubbs R H. Organometallics, 1998, 17 (13) : 2758-2767.
[51] Chang S, Jones L, Wang C, et al. Organomet allics, 1998, 17 (16): 3460: 3465-3470.
[52] Sanford M S, Hen ling L M, Grubbs R H. Organometallics, 1998, 17 (24): 5384-5389.
[53] Ulman M , Belderrain T R, Grubbs R H. Tetrahedron Lett , 2000, 41 (24): 4689-4693.
[54] Lynn D M, Mohr B, Grubbs R H, Henling L M, Day M W. J Am C hem Soc, 2000, 122 (28): 6601-6609.
[55] Bielawski C W, Louie J, Grubbs R H. J Am Chem Soc, 2000, 122 (51): 12872-12873.
[56] Sanford M S, Hen ling L M, Day M W, Grubbs R H. Angew Chem Int Ed, 2000, 39 (19): 3451-3453.
[57] Trnka T M, Grubbs R H. Acc Chem Res , 2001, 34 (1) : 18-29.
[58] Rolle T , Grubbs R H . Chem Commun, 2002 (10): 1070-1071.
[59] Sanford M S, Ulman M , Grubbs R H. J Am Chem Soc, 2001, 123 (4): 749-750.
[60] Sanford M S , Love J A, Grubbs R H . J Am Chem Soc, 2001, 123 (27): 6543-6554.
[61] Stuer W, Wolf J, Werner H J. Organomet Chem, 2002, 641 (1): 203-207.
[62] 李永胜．大分子配体钌卡宾络合物催化活性开环歧化聚合反应研究 [D]．天津：南开大学，2002.
[63] Buchowicz W, Ingold F, Mol J C, Lutz M, Spek A L. Chem-Eur J, 2001, 7: 2842: 2847-2851.
[64] Coalter J N, Caulton K G. New J Chem, 2001, 25 (5): 679-684.
[65] Nieczypor P, Van Leeuwen P W N M, Mol J C, et al. J Organomet Chem, 2001, 625 (1): 58-66.
[66] Furstner A, Guth O, Duffels S G, et al. Chem-Eur J, 2001, 7: 4811-4820.
[67] Amoroso D, Fogg D E. Macromolecules, 2000, 33 (7): 2815-2818.
[68] Werner H, Jung S, Gonzulez-Herrero P, et al. Eur J Inorg Chem, 2001, 7 (8): 1957-1961.
[69] Leung W H , Lau K K, Zhang Q F, et al. Organometallics, 2000, 19 (11): 2084-2089.
[70] Katayama H, Urushima H, Ozawa F J. Organomet Chem, 2000, 606 (1): 16-25.
[71] Saoud M, Romerosa A, Peruz zini M. Organometallics, 2000, 19 (20): 4005-4007.
[72] Vander Schaaf P A, Kolly R, Kirner H J, et al. J Organomet Chem, 2000, 606 (1): 65-74.
[73] Hansen S M, Volland M A O, Rominger F, et al. Angew Chem Int Ed, 1999, 38 (9): 1273-1276.
[74] Kingsbury J S, Harrit y J P A, Bonitatebus P J, et al. J Am Chem Soc, 1999, 121 (4): 791-799.
[75] Katayama H, Yoshida T, Ozawa F J. Organomet Chem, 1998, 562 (2): 203-206.

［76］ 张文珍．交互置换反应调节烯烃分布及其新催化剂的研究［D］．大连：大连理工大学，2007.
［77］ Gita B, Sundarer ejan G. J Mol Cat al A: Chem, 1997, 115 (1): 79-84.
［78］ Mauldin T C, Kessler M R. J Therm Anal Calorim, 2009, 96 (3) : 705-713.
［79］ Patricio E R, Warren E P. J Am Chem Soc. 2007, 129 (6): 1698-704.
［80］ Sanford M S, Ulman M, Grubbs R H. J Am Chem S oc, 2001, 123 (4): 749-750.
［81］ Bielawski C W, Grubbs R H. Prog Polym Sci, 2007, 32: 129-134.
［82］ Buchmeiser M R, Chem Rev, 2009, 109: 303-321.
［83］ Monsaert S, Vila A L, Drozdzak R, et al. Chemical Society Reviews, 2009, 38: 33603372.
［84］ Kost T, Sigalov M, Goldberg I, et al. Journal of Organometallic Chemistry, 2008, 693: 2200-2203.
［85］ Diesendruck C E, Vidavsky Y, Asuly A B, et al. Journal of Polymer Science Part A: Polymer Chemistry, 2009, 47: 4209-4213.
［86］ Gstrein X, Burtscher D, Szadkowska A, et al. Journal of Polymer Science Part A: Polymer Chemistry, 2007, 45: 3494-3500.
［87］ Szadkowska A, Gstrein X, Burtscher D, et al. Organometallics, 2010, 29: 117-124.
［88］ Tzur E, Szadkowska A, Asuly A B, et al. Chem Eur J, 2010, 16: 8726-8737.
［89］ Gulajski L, Michrowska A, Bujok R, et al. Journal of Molecular Catalysis A: Chemical, 2006, 254: 118-123.
［90］ Kost T, Sigalov M, Goldberg I, et al. Journal of Organometallic Chemistry, 2008, 693: 2200-2203.
［91］ Diesendruck C E, Vidavsky Y, Ben-Asuly A, et al. Journal of Polymer Science Part A: Polymer Chemistry, 2009, 47: 4209-4213.
［92］ Szadkowska A, Makal A, Wozniak K, et al. Organometallics, 2009, 28: 2693-2700.
［93］ Schaaf P A V, Kolly R, Kirner H J, et al. Journal of Organometallic Chemistry, 2000, 606: 65-74.
［94］ Hejl A, Day M W, Grubbs R H. Organometallics, 2006, 25: 6149-6154.
［95］ Kabro A, Roisnel T, Fischmeister C, et al. Chem Eur J, 2010, 16: 12255-12261.
［96］ Allaert B, Dieltiens N, Ledoux N, et al. Journal of Molecular Catalysis A: Chemical, 2006, 206: 221-226.
［97］ Vidavsky Y, Lemcoff N G, Beilstein J. Org Chem, 2010, 6: 1106.
［98］ Delaude L, Demonceau A, Noels A F. Chem Commun, 2001, 986.
［99］ Zhang Y, Wang D, Lonnecker P, et al. Macromol Symp, 2006, 236: 30.
［100］ Asuly A B, Aharoni A, Diesendruck C E, et al. Organometallics, 2009, 28: 4652.
［101］ Wang D, Wurst K, Knolle W, et al. Angew Chem Int Ed, 2008, 47: 3267.
［102］ Wang D, Wurst K, Buchmeiser M R. Chem Eur J, 2010, 16: 12928.
［103］ Sanford M S, Henling L M, Grubbs R H, Organometallics, 1998, 17: 5384.
［104］ Gulajski L, Michrowska A, Bujok R, et al. Journal of Molecular Catalysis A: Chemical, 2006, 254: 118.
［105］ Ledoux N, Drozdzak R, Allaert B, et al. Dalton Transactions, 2007, 5201.
［106］ Ledoux N, Allaert B, Schaubroeck D, et al. Journal of Organometallic Chemistry, 2006, 691: 5482.
［107］ Gawin R, Makal A, Wozniak K, et al. Angew Chem Int Ed, 2007, 46: 7206.
［108］ Clercq B D, Verpoort F. Journal of Molecular Catalysis A: Chemical, 2002, 180: 67.
［109］ PPool S J, Schanz H J. J Am Chem Soc, 2007, 129: 14200.
［110］ Dunbar M A, Balof S L, LaBeaud L J, et al. Chem Eur J, 2009, 15: 12435.
［111］ Samec J S M, Keitz B K, Grubbs RH. Journal of Organometallic Chemistry, 2010, 695: 1831.
［112］ Monsaert S, Ledoux N, Drozdzak R, et al. Journal of Polymer Science Part A: Polymer Chemistry, 2010, 48: 302.
［113］ Herrison J L, Chauvin Y. Catalyse de transformation desoléfin par les complexes du tungstène Ⅱ: Tèlomèrisationdes oléfins cycliquesen présenced' oléfins acycliques [J]. Makromol Chem, 1970, 141: 161-176.
［114］ 吴振，高金胜，陈静威，等．三苯基膦的合成［J］．石油化工，1998，(27)：190-193.
［115］ 戴海燕．国内三苯基膦合成研究生产及应用状况［J］．精细化工信息，1989，53 (3)：33-36.
［116］ 高荣，蔡春，吕春叙，等．三苯基膦合成工艺改进［J］．精细化工中间体，2002，32 (4)：53-54.
［117］ 申文杰，王常有，周敬来，等．有机膦配体在氢甲酰化反应中的应用［J］．天然气化工，1996，21：32-37.

[118] Saidi O, Liu S, Xiao J. Effects of ligands on the rhodium-catalyzed hydroformylation of acrylate [J]. Journal of Molecular Catalysis A Chemical, 2009, 305 (1-2): 130-134.

[119] Leeuwen P W N M V, Claver C. Rhodium Catalyzed Hydroformylation [M]. Springer Netherlands, 2002.

[120] 刘桂华，叶青松，潘再富等．反式-双(三苯基膦)二氯合钯（Ⅱ）的合成及其结构表征［J］．云南化工．2013，40（2）：5-7.

[121] 夏春谷，孙衍文，刘铁元等．有机膦配位镍催化剂的乙烯齐聚研究［J］．石油化工．1997，26（2）：93-96.

[122] 王晓霞，胡培博，魏玉萍．羟乙基纤维素负载三苯基膦钯催化剂的合成及其在Suzuki偶联反应中的应用［J］．化学与生物工程，2014，31（7）：37-41.

[123] 袁茂林，付海燕，李瑞祥等．新型配体三(3,4-二甲氧基苯基)膦的合成及其Rh配合物在1-十二烯氢甲酰化反应中的催化性能［J］．催化学报，2010，31（9）：1093-1097.

[124] 王定博，杨世琰，李树本．水溶性膦配体TPPTS及在水-有机两相氢甲酰化中的应用［J］．石油化工，2000，29：654-658.

[125] 龚军芳，刘广宇．环钯化二茂铁亚胺-三苯基膦配合物的合成、表征及催化Suzuki反应研究［J］．高等学校化学学报，2006，27（7）：1266-1271.

[126] 郭利兵，张海洋，化林等．1,2-双(二苯基膦)乙烷氯化钯配合物的合成与表征，2007，25（1）：37-39.

[127] 叶汝汉．含磷化合物核磁共振谱图的研究与应用［D］．广东：广东工业大学，2011.

[128] Hérisson J L, Chauvin Y. Catalyse de transformation des oléfines par les complexes dutungstène. II. Télomérisation des oléfines cycliques en présence d'oléfines acycliques [J]. Die Makromolekulare Chemie, 2003, 141 (1): 161-176.

第 3 章　双环戊二烯共聚改性

3.1　概述

3.1.1　共聚改性目的

双环戊二烯（DCPD）经开环易位聚合得到的聚双环戊二烯（PDCPD）是一种新型的性能优异的工程塑料，已经成为高分子材料领域研究的热点。尽管该材料的综合性能相对常见工程塑料来说比较好，但其刚度及耐热性相对较低。聚双环戊二烯的玻璃化转变温度随交联度的不同而改变[1]，一般在 140～160℃之间，对于某些应用领域来说是比较低的，因而限制了它的应用范围。为此，人们还在继续探索新的改性方法，以期得到性能更好的聚双环戊二烯材料。

3.1.2　共聚方法

DCPD 在开环易位催化剂的存在下具有很高的活性，有可能与其他环烯烃或单烯烃进行共聚或同步共混聚合，制备出共聚物或互穿网络聚合物。利用 DCPD 的开环易位聚合同步制备互穿聚合物网络的方法具有很强的可设计性和产物多样性。通过选择单体种类、组成比例或同时使用多种乙烯基单体可形成不同结构的互穿网络聚合物，有可能得到具有特种性能的聚合物合金，从而可进一步扩展聚双环戊二烯材料的性能。

陈金泉等[2]采用 Grubbs 催化剂进行双环戊二烯开环易位聚合，重点考察了本体聚合及双环戊二烯与苯乙烯共聚的影响因素，并利用红外光谱和差示扫描量热仪对产物的结构与性能进行了表征。结果表明，对于双环戊二烯本体聚合及双环戊二烯-苯乙烯共聚合体系，随着聚合温度的升高，反应速度增加，凝胶时间变短，但最终单体转化率基本不变；随着催化剂浓度的降低，体系凝胶时间延长。双环戊二烯与苯乙烯的配比对凝胶时间及转化率影响不大，但过量苯乙烯的引入会导致产物玻璃化转变温度的下降。

刘枫[3]采用第一代 Grubbs 催化剂合成了环戊二烯-苯乙烯共聚物，确定其最佳反应条件为 n(DCPD)：n(催化剂)＝1000：1，苯乙烯含量 5%（质量分数），反应时间 90min。FT-IR 及^{1}H-NMR 测试结果表明，双环戊二烯与苯乙烯发生开环易位聚合反应，共聚物结构中存在环戊烯环以及反式非环烯烃结构，同时其分子具有一定的结构对称性。DSC 及 TGA 测试表明，随着苯乙烯含量的增加，双环戊二烯-苯乙烯共聚物的玻璃化转变温度 T_g 不断降低，其热稳定性与未固化的聚双环戊二烯相似，T_d10%(质量损失 10%时的热分解温度)=318.8℃，T_{dmax}=452.3℃，残炭率为28.9%。

吴美玲[4]以辛基环戊二烯（OCPD）为共聚单体，在Grubbs催化剂的引发下与DCPD共聚制备出了DCPD-OCPD共聚物。力学性能测试结果表明，共聚物的拉伸强度及模量、弯曲强度和模量以及抗冲击强度均呈现出先增加后下降的趋势，当OCPD的加入量为10%（质量分数）时，共聚物的拉伸强度和模量达到最大值，分别为53.88MPa和925.94MPa，抗冲击强度为89.37kJ/m^2；当OCPD的加入量为2.5%（质量分数）时，共聚物的弯曲强度及模量达到最大，分别为92.25MPa和2600.31MPa；共聚体系的热稳定性随着OCPD的加入而有所提高。

一般来说，高刚性的单体的引入，特别是含有杂原子的单体，可显著提高聚合物的玻璃化转变温度[5]。Leach DR等[6]对1,4,5,8-四亚甲基-1,4,4a,5,8,8a-六氢化萘（NMDH）与DCPD共聚物进行研究发现，当NMDH含量为20%时材料的T_g提高了56℃，力学性能也有明显提高。Lee JK等[7]用钌催化剂将亚乙基降冰片烯与DCPD共聚，得到自修复能力很强的复合材料，同时材料的热力学性能也有很大提高。Luisa Morbelli等[8]以降冰片烯内酯作为共聚单体与双环戊二烯在Grubbs催化剂的引发下进行共聚，当共聚物中的降冰片烯内酯含量在30%左右时其玻璃化转变温度可达到183℃。

一些环烯烃与DCPD共聚后由于交联度降低，使得材料的抗冲击强度明显增加。Khasat NP等[9]在研究中采用可以开环移位聚合的环烯烃如降冰片烯、环戊烯、茚等与DCPD单体混合，制备出新型的共聚材料，得到的材料冲击强度提高了74%，原因是引入的这些共聚单体在聚合过程中影响了PDCPD的交联使得材料的冲击强度得到提高。Hara S等[10]在专利中专门研究了一系列可以开环易位聚合的单体与DCPD共聚，如环戊二烯、环辛二烯、1,5-己二烯等，这些单体多为液态单体，由于这些单体的加入不仅能够降低DCPD单体的凝固点，同时在聚合过程中这些单体开环后形成链状嵌段共聚物，在一定程度上降低了PDCPD的交联度，材料的抗冲击性能得到了极大的提高。Minchak RJ等[11]将环戊二烯与DCPD进行共聚，得到的材料具有很好的力学性能，热性能也有一定的提高。双环戊二烯与环戊二烯共聚，可得到机械强度高、冲击性能好的复合材料。

采用双催化体系使两种不同聚合机理的单体同时进行聚合共混是一种很有效的办法，但适合于该方法的体系很少。Fiori S等[12]将甲基丙烯酸甲酯（MMA）单体与DCPD单体混合，由开环易位催化剂与自由基聚合催化剂双催化体系引发，用前沿聚合的方法制备出了PDCPD/PMMA互穿网络结构的复合材料，但仅考察研究了影响前沿聚合的因素，并没有对材料进行进一步的表征。

3.1.3 经典双组分催化共聚

目前，大部分文献中报道双环戊二烯共聚反应是采用Grubbs催化剂，而基本没有关于经典双组分催化剂的应用于共聚反应的报道。由于经典双组分催化剂催化双环戊二烯聚合具有反应快、放热量大的特点，可选的共聚单体较多、含量范围较大，而且具有很好的成型工艺性，因此，具有很大的使用价值。本章采用经典双组分催化剂对双环戊二烯与苯乙烯、蒎烯和丙烯酸酯类的共聚进行了探索研究。

3.2 PDCPD/PS 互穿聚合物网络

3.2.1 互穿聚合物网络的制备

在惰性气体保护下，向安瓿瓶中加入一定比例的苯乙烯（St）或溴代苯乙烯（BSt）、DCPD以及适量的过氧化苯甲酰（BPO），充分搅拌使其完全溶解后，并在50℃下保持10min；然后分别向安瓿瓶中加入双组分催化剂，混合后立即注入模具，将其放置在50℃烘箱中保温30min，待其脱模后取出，即可得到固定尺寸的互穿聚合物网络。

3.2.2 转化率与结构表征

3.2.2.1 苯乙烯转化率的测定

由于PDCPD是热固性交联结构，导致部分未聚合的单体会被包裹在聚合物当中。在80℃下对样品进行真空干燥24h，将未反应的单体抽出，按下式分别计算聚合物的转化率w_1以及St的转化率w_2。

$$w_1=\frac{A_1}{A_0}\times 100\% \tag{3-1}$$

$$w_2=1-\frac{(A_0-A_1)-B}{C}\times 100\% \tag{3-2}$$

式中 A_0——真空干燥前样品的质量，g；

A_1——真空干燥后样品的质量，g；

B——空白样品的损失质量，g；

C——样品中苯乙烯的质量，g。

3.2.2.2 抽提失重率的测定

将真空干燥后的复合材料磨成细粉，再用甲苯抽提24h将可溶解的聚合物抽出，80℃真空干燥6h后，按下式计算聚合物的抽提失重率w_3。

$$w_3=\frac{D_0-D_1}{D_0}\times 100\% \tag{3-3}$$

式中 D_0——抽提前样品的质量，g；

D_1——抽提后样品的质量，g。

3.2.2.3 红外光谱（IR）分析

采用美国Thermo公司的Nicolet iS10型傅里叶红外光谱仪，用KBr压片法，对制得的溴代苯乙烯单体进行红外光谱分析。采用反射法对制得的聚合物薄膜进行红外光谱分析。

3.2.2.4 扫描电子显微镜（SEM）表征

为了观察制得的聚合物的内部结构以及微观形貌，将制得的样条用液氮冷冻并使其淬断，然后用甲苯刻蚀，采用日本电子公司JSM-5610LV型扫描电子显微镜对淬断面进行观察。

3.2.2.5 热失重分析（TG）

采用NETZSCH公司STA409PC热重分析仪进行热重分析。温度范围为0～600℃，升温速率 10℃/min，Ar 流量 100mL/min。

3.2.2.6 差示扫描量热分析（DSC）

采用美国 PE 公司 Diamond 型差示扫描量热仪测试样品的玻璃化转变温度。测试条件：在氮气氛围下，升温速率 10℃/min。

3.2.2.7 力学性能测试标准

拉伸性测试按照 GB/T 1040—2006 进行。

冲击性能测试按照 GB/T 1043—2008 进行。

3.2.3 双催化剂体系对 DCPD/PS 混合单体的聚合实验验证

为了验证催化 DCPD 聚合的双组分催化剂（W/Al）、催化苯乙烯（St）聚合的自由基引发剂过氧化二苯甲酰（BPO）在该反应体系中所起的作用，设定实验温度为 50℃，St 占料液总量的体积分数为 5%，DCPD 料液与 W/Al 催化剂的体积比为 100∶2∶4，BPO 的量为 St 质量的 0.2%，在该条件下进行聚合反应。所得结果见表 3-1（未注明时间的，均为 2h 内的反应结果）。

从实验 4、5 结果可知两种单体互换催化剂不能引发各自的聚合反应，或是说聚合效果不明显；从实验 7、8 结果可知在 W/Al 催化剂存在条件下，单独向 DCPD 中加入 St 或者 BPO 都不影响聚合；从实验 6、7 知，不论 BPO 是否存在，体系都能聚合，可能是由于 DCPD 聚合放出的热量导致 St 热聚合，因此需要对 BPO 的效果进行进一步验证，并通过真空干燥来检验 St 是否聚合完全。

表 3-1 两种单体聚合实验

序号	反应成分	反应结果
1	St 60℃热聚合	12h 自聚合
2	St+BPO	聚合
3	DCPD+W/AL	聚合
4	DCPD+BPO	不聚
5	St+W/Al	不聚
6	St+DCPD+BPO+W/Al	聚合
7	St+DCPD+W/Al	聚合
8	DCPD+BPO+W/Al	聚合
9	St+DCPD+BPO	不聚

3.2.4 温度对聚合的影响

取质量分数 5%的 St 的 DCPD 溶液，BPO 含量为苯乙烯质量的 0.2%，混合单体、W、Al 催化剂的摩尔比为 1000∶1∶10，改变聚合温度进行试验，所得结果如表 3-2 所示。

表 3-2 凝胶时间随温度的变化

温度/℃	20	30	40	50	60	70
凝胶时间/s	240	228	173	106	72	32

由表 3-2 可知，随着温度的升高，体系的凝胶时间降低，说明升高温度可以使得催化活性提高，从而促进反应的进行。在 60℃下聚合得到的料块表面平整，但有些许小气孔；在 70℃下聚合所得料块表面起伏较大，有大的起泡。说明温度过高使得反应剧烈，发烟过程产生的气体对制品的宏观形貌影响较大。综合温度对凝胶时间以及制品的外部形貌的影响，选定反应温度为 50℃。

3.2.5 苯乙烯及 BPO 含量对聚合的影响

在氮气保护下，向 100mL 安瓿瓶内加入 St/DCPD 混合溶液 20g。其中，St 质量分数分别为 1%、3%、5%、7%、10%、15%、20%、25%及 30%，再加入质量分数分别为 1%和 1.5%的自由基引发剂 BPO，充分溶解后，先后向安瓿瓶内加入浓度为 2.66mol/L 的一氯二乙基铝助催化剂 0.7mL 和浓度为 0.4mo/L 钨催化剂 0.4mL 进行反应，分别记下三个体系［BPO（0）、BPO（1%）和 BPO（1.5%）］的凝胶时间，成型后打碎瓶子，取出料块并放置在真空烘箱中干燥，分别称量干燥前后质量，计算转化率以及抽提失重率，结果如图 3-1～图 3-4 所示。

图 3-1 是不同 BPO 含量作用下苯乙烯质量分数对凝胶时间的影响。

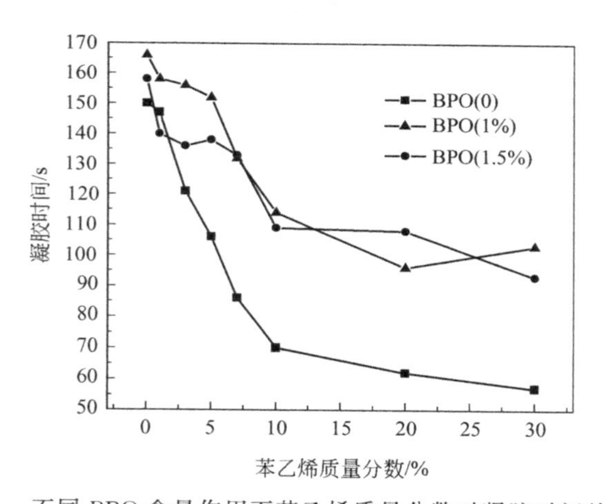

图 3-1 不同 BPO 含量作用下苯乙烯质量分数对凝胶时间的影响

由图 3-1 可以看出，苯乙烯的存在可加速 DCPD 的聚合，聚合体系的凝胶时间随苯乙烯含量的升高而明显缩短。其原因可能是苯乙烯对主催化剂中钨原子的电子云有影响，使得产生的卡宾中间体相对稳定，从而使聚合反应速率增加。结果还显示，无 BPO 存在时苯乙烯聚合反应速率更快，且随着 BPO 含量的增加凝胶时间延长，说明 BPO 的存在对聚合体系有着一定程度的阻碍作用。

图 3-2 是苯乙烯质量分数对苯乙烯转化率的影响。

由图 3-2 可知，对于 BPO(0) 和 BPO(1%) 体系而言，苯乙烯转化率的变化规律一致，且都较高，达到 90%以上，并且无 BPO 存在时的转化率更高。BPO 含量达到 1.5%时对体系影响较大，特别是当苯乙烯质量分数低于 7%时，苯乙烯的转化率很低。以上结果可能是由苯乙烯的热聚合以及自由基引发聚合相竞争引起的，且热聚合占主要因素。加入 BPO 后减缓了 DCPD 的聚合反应，使得 DCPD 交联过程的放热过程变缓，从而使得苯乙烯转化率下降。这种作用在苯乙烯含量较小时尤为明显。

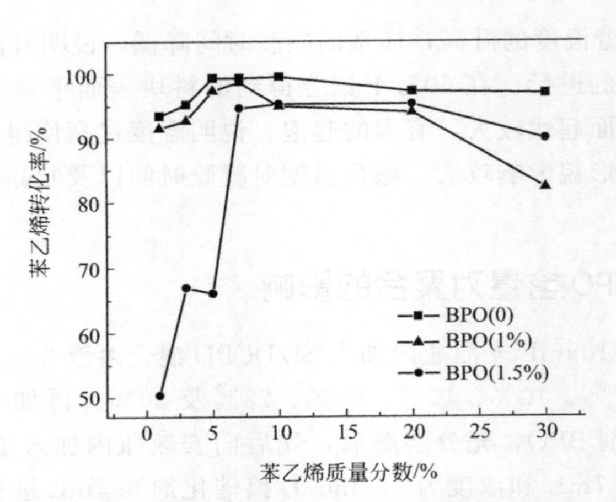

图 3-2 苯乙烯质量分数对苯乙烯转化率的影响

图 3-3 是不同 BPO 含量作用下苯乙烯质量分数对总转化率的影响。

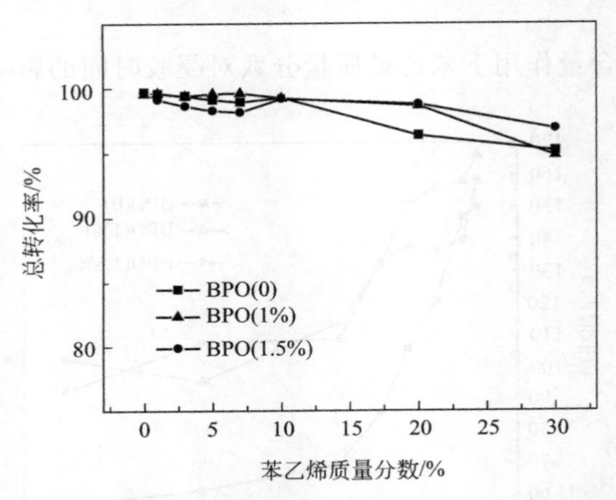

图 3-3 不同 BPO 含量作用下苯乙烯质量分数对总转化率的影响

由图 3-3 可知，随着苯乙烯质量分数的增加，总转化率呈现下降的趋势，但还是达到了 95％以上；BPO 含量对转化率有一定的削弱作用，但影响不大。这可能是由于随着苯乙烯含量的升高，DCPD 的相对含量降低，使得聚合所放出的热量较少，总转化率略微下降。

图 3-4 是苯乙烯质量分数对抽提失重率的影响。

由图 3-4 可知，抽提失重率随着苯乙烯含量的升高而升高，这可能也是因为苯乙烯含量的升高使得 DCPD 被稀释，聚合时放出的热量减少，降低了 PDCPD 的交联。同时，加入 BPO 的体系的抽提失重率比不加 BPO 的体系更高。这更进一步证明了 BPO 的引入阻碍了 DCPD 的交联，使得聚合物体系中有更多的线性或短链 PDCPD 存在，从而导致被溶剂抽出的质量升高。

综上所述，苯乙烯更倾向于热引发聚合，且对聚合速率有一定的促进作用。此外，BPO 对于苯乙烯聚合的贡献远比不上它对 DCPD 的阻聚作用。因此，在后续的研究中，不使用 BPO。

3.2.6 单催化剂体系聚合实验验证

为了进一步探讨苯乙烯在基体中的存在形式，由于当苯乙烯含量较低时（小于 30％），不

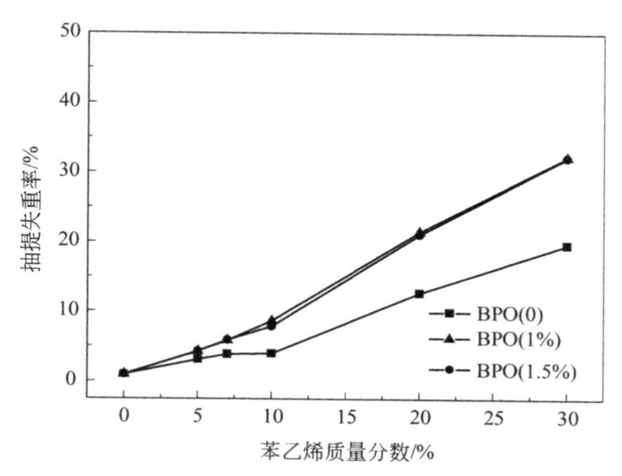

图 3-4　苯乙烯质量分数对抽提失重率的影响

足以通过分离的办法得到足量的目标物进行分析测试。于是，考虑采取极端状态［$w(St)\geqslant 50\%$］下的试验来讨论其聚合方式问题。因此，在不添加 BPO 的条件下，继续增大苯乙烯的含量进行重复实验，实验结果如图 3-5～图 3-7 所示。

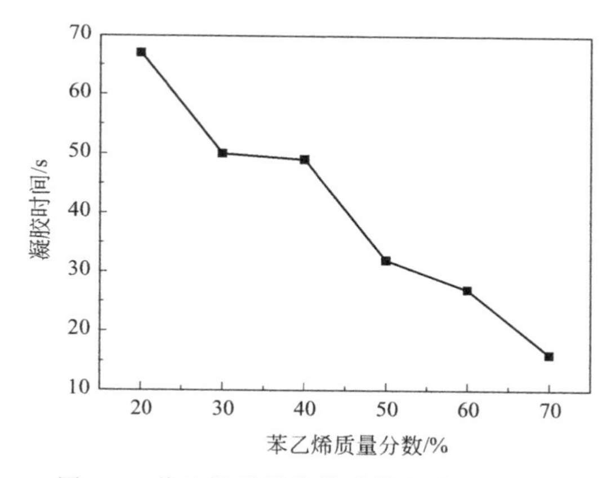

图 3-5　苯乙烯质量分数对凝胶时间的影响

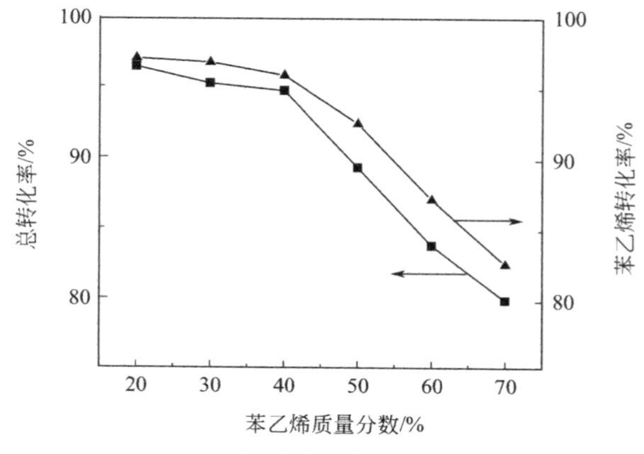

图 3-6　苯乙烯质量分数对转化率的影响

图 3-5～图 3-7 分别是苯乙烯质量分数对凝胶时间、转化率和抽提失重率的影响。对比

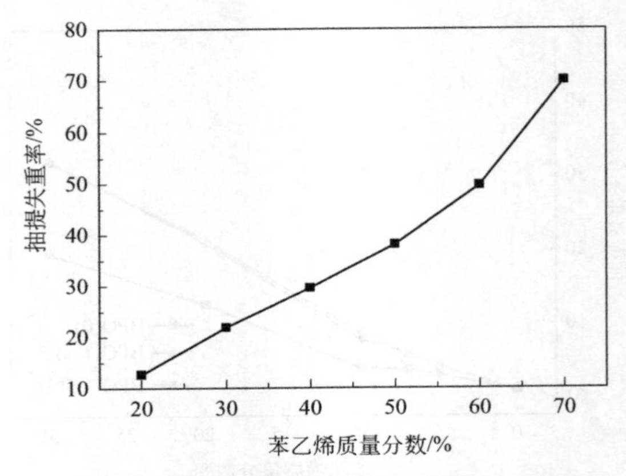

图 3-7 苯乙烯质量分数对抽提失重率的影响

图 3-5～图 3-7 可知，凝胶时间、转化率和抽提失重率随苯乙烯含量的变化规律与之前所做的探讨一致。当苯乙烯含量超过 50%时，苯乙烯转化率下降明显，并且可以观察到相分离，得到的聚合物样品强度低、易碎。

3.2.7 红外光谱分析

将制得的聚合物薄膜用甲苯抽提，再进行红外光谱分析，结果如图 3-8～图 3-10 所示。

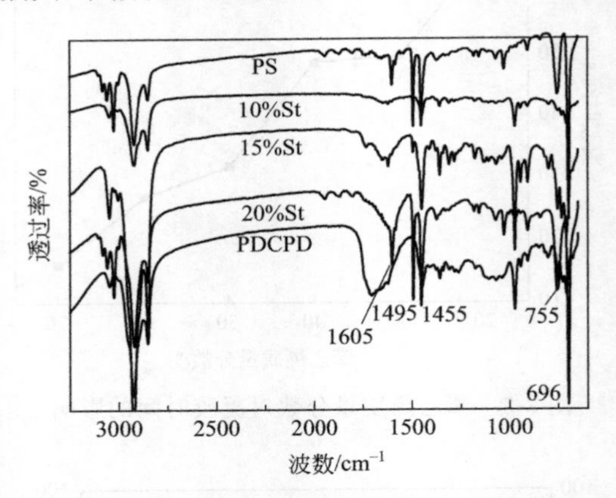

图 3-8 聚合物样品的红外光谱图（抽提前）

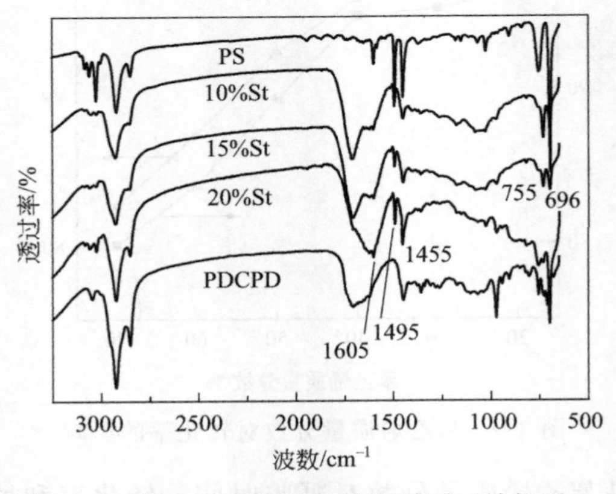

图 3-9 聚合物样品的红外光谱图（抽提后）

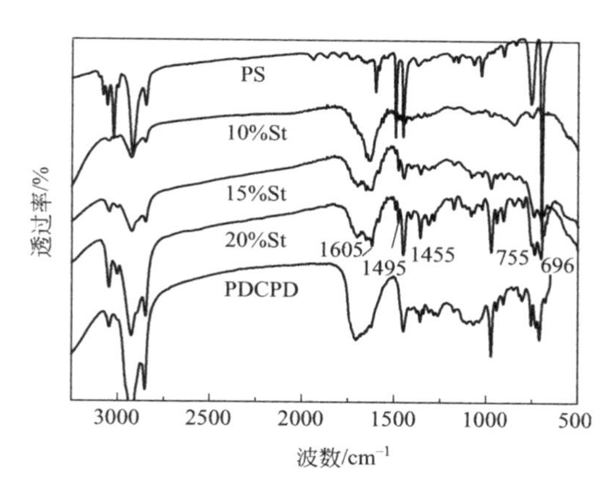

图 3-10 聚合物样品抽提溶出物的红外光谱图

图 3-8 和图 3-9 分别是聚合物膜经甲苯抽提前后的红外光谱图，图 3-10 是聚合物样品抽提溶出物的红外光谱图。

对比图 3-8 和图 3-9 可知，抽提前后，特征峰基本一致。696cm^{-1}和 755cm^{-1}为苯环单取代 C—H 面外弯曲振动的吸收峰，1605cm^{-1}、1495cm^{-1}、1455cm^{-1}为苯环的骨架变形振动峰，这些特征峰在抽提前后的红外谱图中依然存在，说明聚苯乙烯（PS）不能从样品中被抽提出来。对比图 3-10，溶出物的特征峰与抽提前的特征峰较一致，不能观察到纯粹的 PS 的特征峰，说明经甲苯抽提溶出物中同时含有线型 PDCPD 链段以及 PS 分子链。由此说明在苯乙烯质量分数＜20％时，苯乙烯可能均聚形成 PS，其分子链缠绕在 PDCPD 网络中形成 IPN 结构，使得 PS 不能被完全抽出。

在验证实验中，选取苯乙烯质量分数为 50％的聚合样品，磨碎后用甲苯抽提。将抽提液浓缩后经甲醇沉淀得到的沉淀物用红外光谱分析，结果如图 3-11 所示。

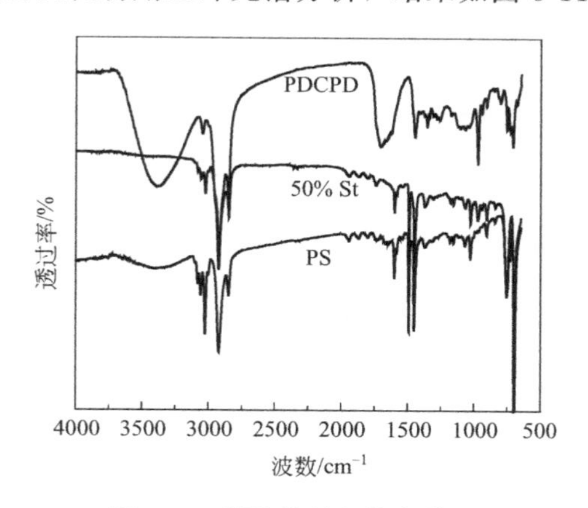

图 3-11 沉淀物的红外光谱图

图 3-11 是沉淀物与 PDCPD、PS 的红外光谱对比图。由图 3-11 可知，3100～3000cm^{-1}是芳环的 C—H 伸缩振动，1596cm^{-1}、1496cm^{-1}、1451cm^{-1}是苯环的骨架振动，说明目标物中含有苯环结构；2925cm^{-1}、2850cm^{-1}是亚甲基（$—CH_2—$）的 C—H 伸缩振动；与 PS 的表征红外光谱图对比，特征峰一致。这说明，经氯仿抽出甲醇沉淀得到的产物是 PS。证明了当 m(St)∶m(DCPD) 为 1∶1 时，苯乙烯均聚形成 PS 集聚相（即相分离）。依此结论，可以推测，在苯乙烯质量分数＜50％的体系，形成的 PS 分子能均匀分散在基体中，且

能与 DCPD 中形成 PDCPD/PS 半互穿网络结构。

3.2.8 差示扫描量热分析

对苯乙烯质量分数为 10%的 PDCPD/PS 聚合物试样以及 PS 进行 DSC 测试，测试结果见图 3-12。

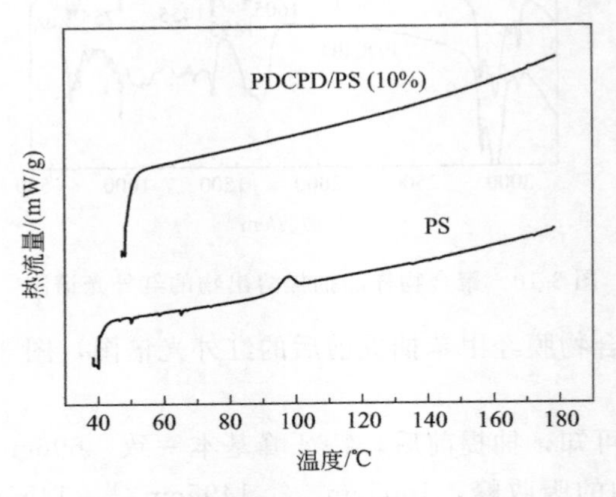

图 3-12 聚合物以及 PS 的 DSC 曲线

由图 3-12 可知，苯乙烯的玻璃化转变温度约为 100℃，但是在苯乙烯质量分数为 10%的聚合物样品中却观察不到明显的玻璃化转变温度。原因可能是 PS 分子链受到 PDCPD 网络的限制不能自由运动，因此没有测出玻璃化转变温度。因此可以推测形成了互穿网络结构。

3.2.9 热失重分析

选用PDCPD40%+PS60%的混合物苯乙烯质量分数分别为 10%和 20%的 PDCPD/PS 聚合物和 PDCPD 和做热失重分析，测试结果如图 3-13 所示。

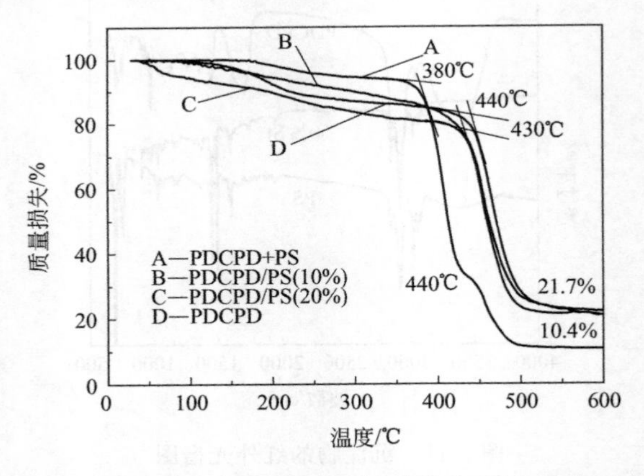

图 3-13 PDCPD+PS、PDCPD/PS 聚合物和 PPCPD 的 TG 曲线

由图 3-13 可知，在 PDCPD 和 PS 的混合样品中有两个明显的分解温度，分别对应 PS 和 PDCPD 的热分解温度（380.5℃和 437.7℃），但在 PDCPD/PS 聚合物中，只能观察到一个分解温度，且随着 St 含量的增加而略微降低。如果 PS 分子链缠绕在 DCPD 网络中形成半互穿网络结构，那么就有可能只表现出一个分解温度，同时随着 St 含量的升高，分解温度向低温方向移动。

3.2.10 微观形貌分析

为了考察 PS 在基体中分布和存在形式，用液氮冷冻样品进行淬断，并将断面用甲苯刻蚀，观察材料的断面刻蚀前后的形貌，如图 3-14 所示。

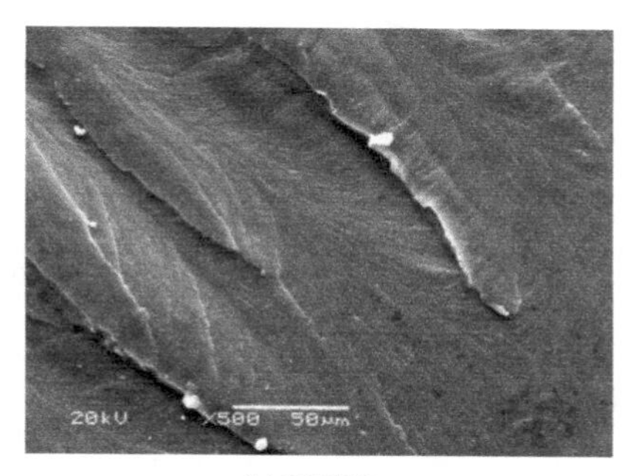

(a) PDCPD

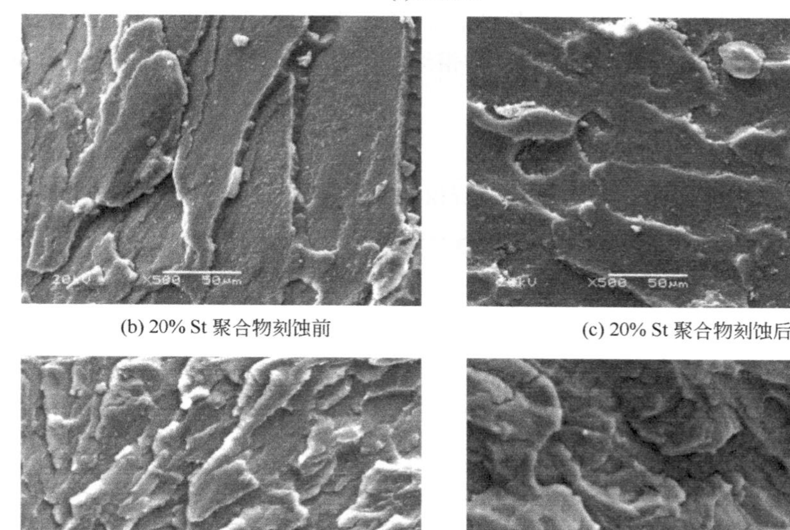

(b) 20% St 聚合物刻蚀前　　(c) 20% St 聚合物刻蚀后

(d) 30% St 聚合物刻蚀前　　(e) 30% St 聚合物刻蚀后

图 3-14 PDCPD 和 PDCPD/PS 聚合物淬断面的 SEM 形貌

由于 PS 可以被甲苯溶解而被抽出，如果 PS 在基体中是宏观分相的，即为海岛分布，则样品刻蚀后的断面会因 PS 被溶出而出现空洞。然而，从图 3-14 可以看出断裂面经甲苯刻蚀后没有出现海岛结构形貌，说明材料中并没有 PS 的聚集。因此，可以推断苯乙烯均聚形成 PS，并与 PDCPD 分子相互缠结形成互穿网络结构。

3.2.11 力学性能

3.2.11.1 拉伸性能

对制得的复合材料进行拉伸强度测试，所得结果如图 3-15 所示。

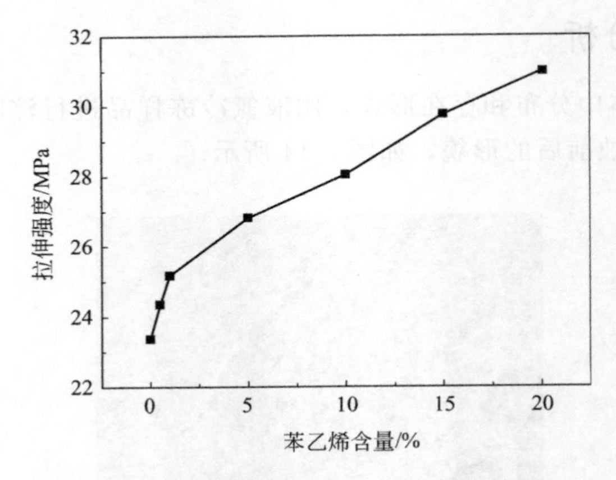

图 3-15 苯乙烯含量与拉伸强度的关系

由图 3-15 可知，加入 St 后得到的样品，拉伸强度比纯的 PDCPD 要高，且随着 St 含量的增加，材料整体拉伸屈服强度呈上升趋势，在测试范围内，拉伸强度提高了 32.5%。这是因为 PS 分子链与 PDCPD 网格形成了界面相缠结，两者产生协同效应而使其拉伸性能明显高于纯的 PDCPD。

3.2.11.2 冲击性能

对制得的复合材料进行冲击强度测试，所得结果如图 3-16 所示。

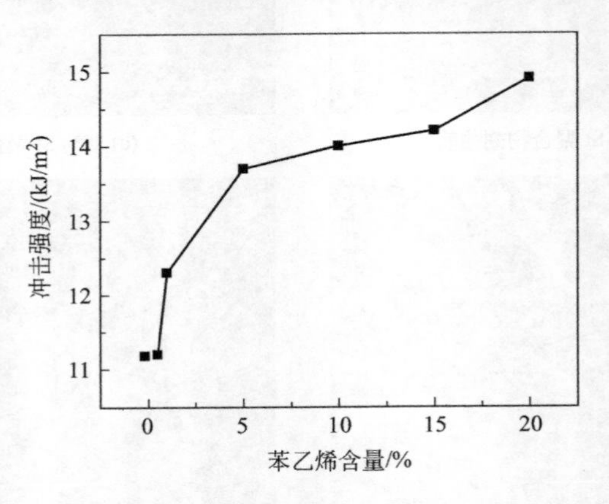

图 3-16 苯乙烯含量与冲击强度的关系

由图 3-16 可知，聚合物材料的冲击强度随着 St 含量的增加而呈上升趋势，明显提高了材料的韧性。测试范围内，材料的冲击强度上升了 33.3%。一般而言，PS 是一种脆性较大的材料，不适于增韧。可能是因为 PDCPD 和 PS 形成半互穿网络后协同作用明显，从而提高了 PDCPD 材料的力学性能。

3.3 双环戊二烯与溴代苯乙烯的共聚反应

参考聚双环戊二烯/聚苯乙烯（PDCPD/PS）半互穿网络聚合物的制备方法，将苯乙烯（St）溴化得到溴代苯乙烯（BSt），进一步制得兼具机械强度和阻燃性能的聚双环戊二烯/聚溴代苯乙烯（PDCPD/PBSt）互穿网络材料。同时，参考原位聚合的方法，将线型的溴化聚苯乙烯（BPSt）溶于双环戊二烯（DCPD）中，再加入双组分催化剂催化 DCPD 交联，从而直接形成半互穿网络结构。对比两种不同的阻燃组分（BSt 和 BPSt）对 DCPD 聚合影响的差异，为今后工作进行更深入的探索。

3.3.1 溴代苯乙烯单体的红外光谱分析

将制得的 BSt 常温下真空干燥除水后，与 KBr 研磨制样进行红外谱图分析，并与聚苯乙烯（PS）的红外谱图对比，如图 3-17 所示。

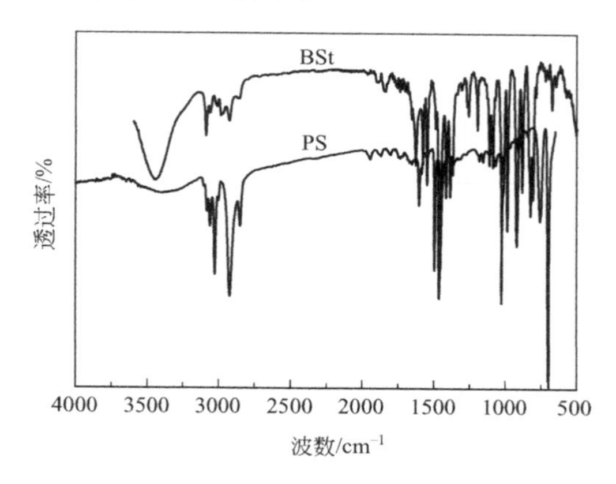

图 3-17 溴代苯乙烯与聚苯乙烯红外光谱图

由图 3-17 可知：3076cm^{-1} 是苯环上 C—H 伸缩振动，1582cm^{-1}、1550cm^{-1}、1459cm^{-1} 为苯环的骨架振动，884cm^{-1} 是苯环上 C—H 的面外弯曲振动，说明了在产物中存在有苯环结构。1625cm^{-1} 是 C=C 伸缩振动，669cm^{-1} 是 C—Br 键伸缩振动。综上可以确定得到了目标产物溴代苯乙烯（BSt）。

3.3.2 溶解性测试

制得的 BSt 为白色晶体，表 3-3、表 3-4 分别为 BSt、BPSt 在下列试剂的溶解性。

表 3-3 BSt 溶解性

试剂	溶解性	试剂	溶解性	试剂	溶解性
三氯甲烷	溶	二氧六环	溶	无水乙醇	不溶
二氯乙烷	溶	苯乙烯	溶	正庚烷	不溶
甲苯	溶	丙酮	溶	乙酸乙酯	不溶
四氢呋喃	溶	DCPD	溶	石油醚	不溶

表 3-4 BPSt 溶解性

试剂	溶解性	试剂	溶解性	试剂	溶解性
三氯甲烷	溶	DCPD	溶(加热)	石油醚	不溶
二氯乙烷	溶	甲苯	溶(加热)	无水乙醇	不溶
二氧六环	溶	丙酮	不溶		
四氢呋喃	溶	乙酸乙酯	不溶		

由表 3-3、表 3-4 可知，BSt 和 BPSt 在上述溶剂中的溶解性几乎一致，但丙酮可以溶解 BSt 却不能溶解 PSt，因此，可以利用丙酮将制得的复合材料中未反应的 BSt 单体溶出。

3.3.3 催化剂用量对双环戊二烯/溴代苯乙烯体系聚合的影响

在干燥安瓿瓶内，先加入 DCPD，后加入 BSt 充分溶解，配置总量为 20g 的料液，真空抽排置换氮气环境后加入双组分催化剂（W/Al），观察现象，分别记录凝胶和脱模时间。

以 BSt 质量分数 3% 的料液为基准，改变 W/Al 催化剂的量，考察催化剂对聚合的影响，结果如表 3-5 所示。

表 3-5 凝胶脱模时间与催化剂量的关系表

V(W)/mL	V(Al)/mL	凝胶时间	脱模时间
0.4	0.8	3min 不凝胶	30min 不脱模
0.4	1.0	1min	7min
0.4	1.2	27s	5min

从表 3-5 可知，增加 Al 催化剂的用量可以使凝胶时间减少。在双组分催化剂中，助催化剂 Al 的用量直接控制着金属卡宾活性中心的生成速率，直接影响了聚合的反应速率。所以随着助催化剂 Al 量的增加，活性中心金属卡宾的生成速率加快，且金属卡宾数量不断增多，所以凝胶时间逐渐缩短。结合实际操作时间需要，确定 W 催化剂的量为 0.4mL，Al 催化剂的量为 1mL，即 DCPD 料液与 W/Al 催化剂的体积比为 100∶2∶5。

3.3.4 溴代苯乙烯含量对聚合的影响

将质量分数分别为 1%、3%、5%、7%、10%、15%、20% 及 25% 的阻燃组分（BSt 或 BPSt）加入 100mL 安瓿瓶内，配置总量为 10g 的 DCPD 溶液，排空气充氮气后，在安瓿瓶内先后加入铝催化剂 1mL 和钨催化剂 0.4mL 进行反应，记下凝胶脱模时间（图 3-18），成型后将瓶子打碎，取出料块，分别称量干燥前后质量，按式 3-1 计算转化率，结果见图 3-18所示。

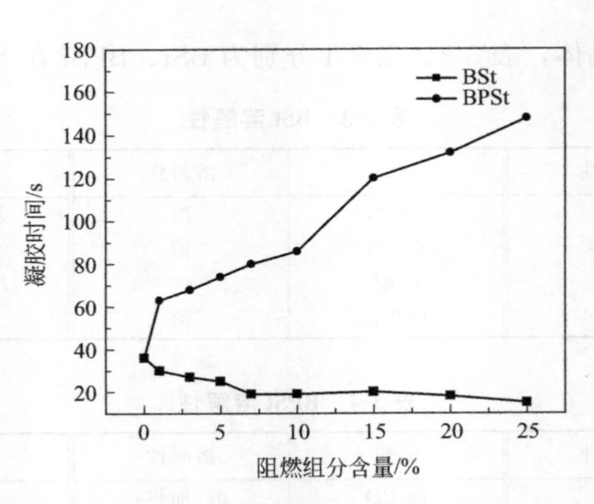

图 3-18 阻燃组分含量对凝胶时间的影响

由图 3-18 可知，BSt 和 BPSt 对凝胶时间的影响截然相反：BSt 可以加速凝胶时间，而 BPSt 却能减缓凝胶。溴代苯乙烯加速凝胶的原因与苯乙烯体系一致，是由于溴代苯乙烯分子电子云密度大，容易与钨原子形成配位，使得产生的卡宾中间体更为稳定，从而使聚合反应速率增加。但在 BPSt 体系中，随着 BPSt 含量的增大，体系黏度明显增大，使得卡宾中间体的运动能力减弱，从而减缓凝胶。

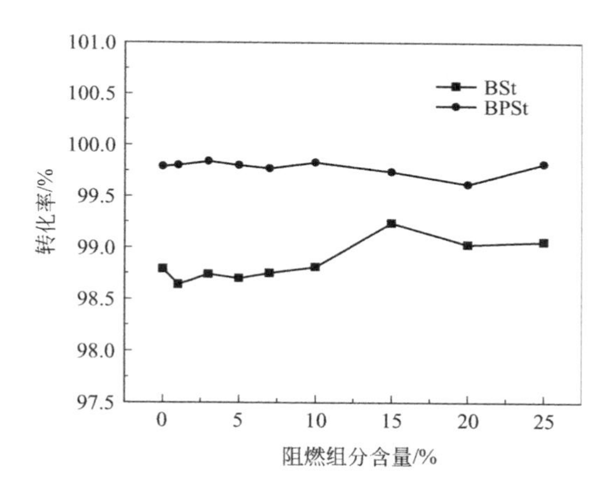

图 3-19 阻燃组分含量对转化率的影响

由图 3-19 可知，体系的转化率很高，且随阻燃组分含量的变化不大。BPSt 体系的转化率比 BSt 体系稍高，分别达到了 98.5%和 99.5%以上。

BSt 的转化率按式(3-1) 计算，结果如图 3-20 所示。

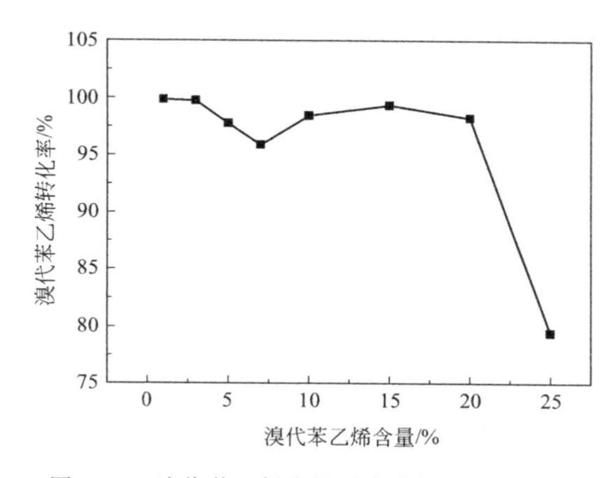

图 3-20 溴代苯乙烯含量对自身转化率的影响

由图 3-20 可知，BSt 的转化率呈略微下降趋势。这是因为单位体积 DCPD 聚合放出的热不足以引发更多的 BSt 聚合，从而导致转化率降低。

图 3-21 是抽提失重率随阻燃组分含量变化的示意图。由图 3-21 可知，两种阻燃体系对抽提失重率的影响基本一致，都呈上升态势，BSt 体系略高。说明加入阻燃组分后，DCPD 更倾向于生成短链或者线型 PDCPD 链段从而被抽出，使得抽提失重率升高。

3.3.5 共聚物红外光谱分析

对 DCPD/BSt 体系制得的聚合物膜用氯仿抽提并进行红外光谱分析，如图 3-22 所示。

由图 3-22 知：$3045cm^{-1}$为苯环上 C—H 伸缩振动，$1447cm^{-1}$为苯环的骨架振动，可以确定抽提前后复合材料中存在苯环的吸收峰，经抽提后膜中仍存在苯环结构。这说明 BSt 可能发生自聚反应并以分子水平分散到 PDCPD 中，二者相互缠绕形成了互穿网络难以被抽出。抽提溶出物的特征峰与抽提前聚合物的特征峰较一致，说明抽提溶出物中包含了 BSt 分

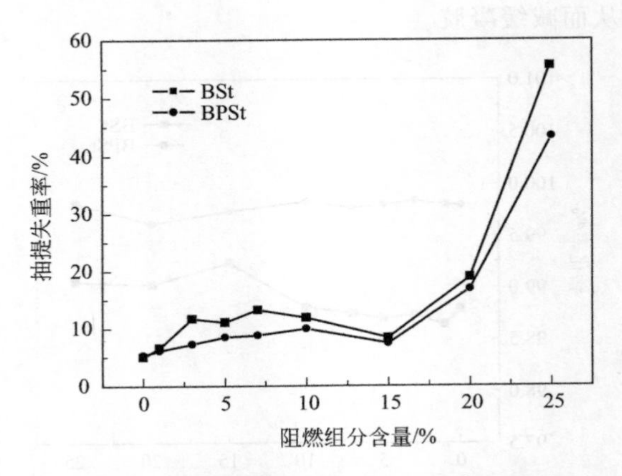

图 3-21 阻燃组分含量对抽提失重率的影响

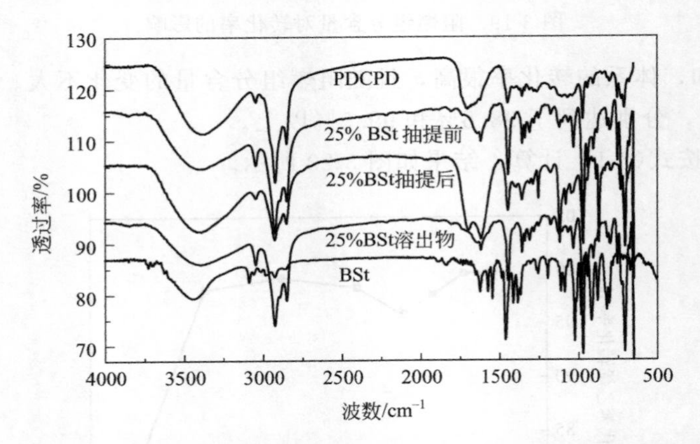

图 3-22 聚双环戊二烯/聚溴代苯乙烯互穿网络聚合物的红外光谱图

子链以及小分子或线型 PDCPD 分子链段。

3.3.6 共聚物微观形貌分析

用液氮冷冻样品进行淬断，断面用氯仿刻蚀，图 3-23 是刻蚀前后的 SEM 形貌。

由图 3-23 可知，在 BSt 体系中，刻蚀前后淬断面都没有明显的“海岛”结构，说明聚合物中没有 PBSt 分相聚集，说明 BSt 可能均聚形成 PBSt 缠绕在 PDCPD 网络中形成了半互穿网络结构。与 PDCPD/PS 体系一样，我们都可以推测形成了半互穿网络结构。同样，在 BPSt 体系中，采用原位共混聚合的办法直接制备半互穿网络结构，在 SEM 照片中不能观察到明显的相区差别。说明 BPSt 和 PDCPD 相容性良好，BPSt 分子链缠绕在 PDCPD 网络里形成了半互穿网络结构。

3.3.7 共聚物力学性能

图 3-24 和图 3-25 分别是阻燃组分含量对所制得的互穿网络材料的拉伸强度和冲击强度的影响。

图 3-24 是拉伸强度随阻燃组分质量分数的关系图。由图 3-24 可知，随着阻燃组分 (BSt 和 BPSt) 含量的增加，材料的拉伸强度先上升后下降，在 10%附近达到最大值，分别

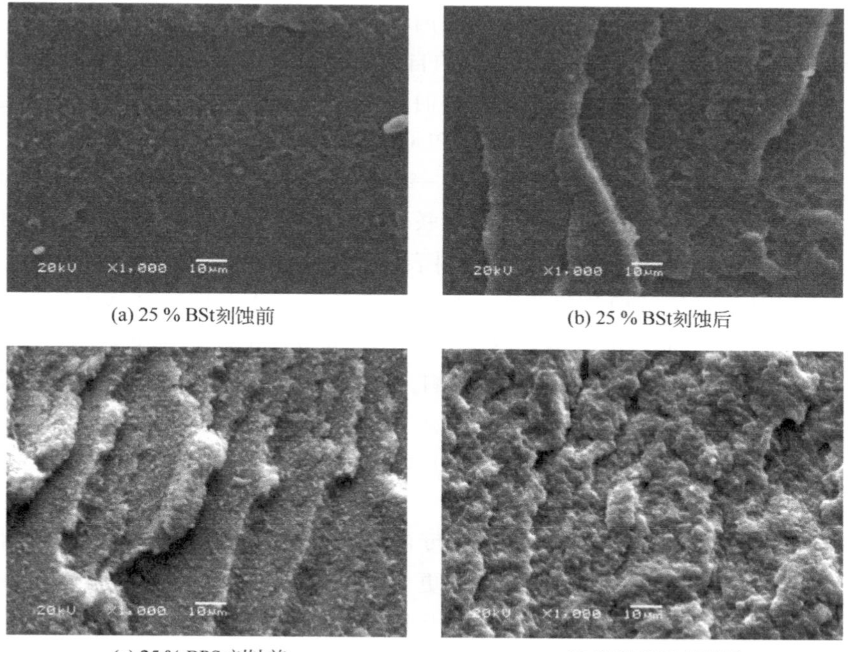

(a) 25 % BSt刻蚀前　(b) 25 % BSt刻蚀后

(c) 25 % BPSt刻蚀前　(d) 25 % BPSt刻蚀后

图 3-23　不同聚合物淬断面的 SEM 形貌

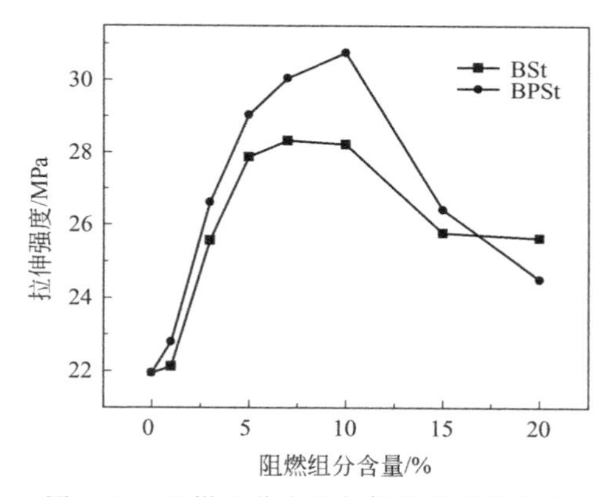

图 3-24　阻燃组分含量与拉伸强度的关系

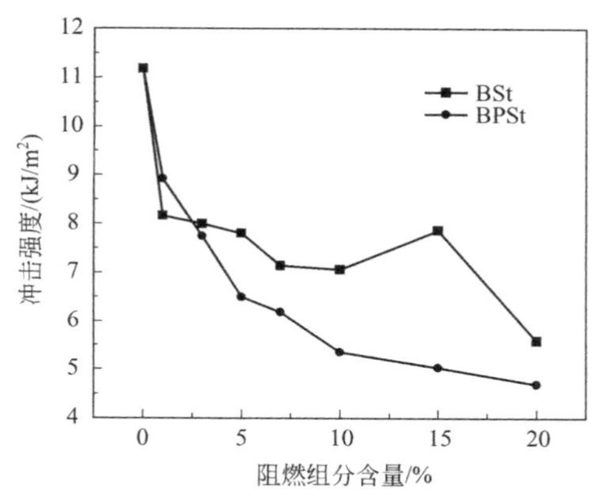

图 3-25　阻燃组分含量与冲击强度的关系

达到了 28.33MPa 和 30.76MPa。在测量范围内，仍比纯 PDCPD 材料的拉伸强度要高。

由于 BSt 是刚性分子，聚合以后，链段的自由运动由于 BSt 的存在而受阻，从而使得材料的刚性增加。当 BSt 的质量分数在 5%以内时，刚性基团较少，对链段的自由运动影响不大，从而提高了材料的拉伸强度；也可能与 PDCPD/PS 体系一样，BSt 均聚并与 PDCPD 网络缠绕形成半互穿网络，强迫相容，表现出一定的协同作用，使得拉伸强度升高。当 BSt（或 BPSt）含量过高时，影响了 PDCPD 的交联，使得交联网络密度降低，不能很好地形成互穿网络结构，使得拉伸强度下降，整个材料表现出硬而脆的性质。

另外，由于 BPSt 含量增加会导致体系黏度急剧增大，体系中的气泡不容易排出，制得的聚合物样条内有大量小而密的气泡，这也是导致后期拉伸强度急剧下降的一个原因。

图 3-25 是阻燃组分含量对冲击强度的影响。由图 3-25 可知，材料的冲击强度呈现明显的下降趋势。

由于阻燃组分的分子结构中含有刚性基团苯环，使得材料内部的链段自由运动受阻，从而使材料表现出一定的脆性。

与 St 体系相比，加入 BSt 后材料冲击强度的变化趋势明显相反，这可能是由于 BSt 分子中 Br 原子的体积较大，使得体系的柔顺性更差，从而使得材料的冲击强度下降。

对于 PDCPD/BPSt 半互穿网络体系，由于 BPSt 含量升高导致体系黏度增加，继而导致制得的样条内部有大量小而密的气孔，使得 PDCPD/BPSt 半互穿网络聚合物的冲击强度下降更快。

3.4 蒎烯与双环戊二烯的共聚反应

3.4.1 蒎烯

蒎烯（pinene）是萜类化合物最重要的代表，有 α-蒎烯（α-pinene，简写 αP）和 β-蒎烯（β-pinene，简写 βP）两种异构体，多存在于一些天然精油中，以松节油中含量最高，其中 α-蒎烯含 58%～65%，β-蒎烯约含 30%，其结构式如下所示。由于其含有碳碳双键的多元环、桥环结构且可以提供 C_{10} 的分子骨架，其化学反应活性很高，在不同的条件下可以发生多种化学反应，产生多种衍生物，也可以在引发剂的作用下发生聚合反应形成萜烯树脂。

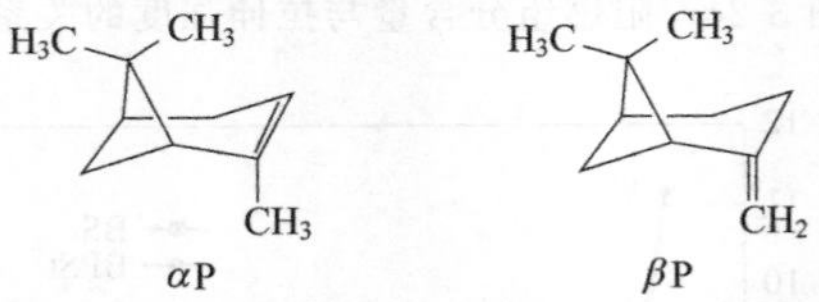

H_3C CH_3 CH_3 αP　　H_3C CH_3 CH_2 βP

深入研究蒎烯的聚合反应及机理，对发展且完善蒎烯的聚合理论、实现蒎烯聚合的微观控制、进行分子设计等具有较大意义，特别是在化石资源日益枯竭的情况下，利用生物质资源生产高分子材料，对于减轻对化石资源的依赖和环境污染有着重要的现实意义。本节主要就蒎烯的聚合反应机理及在高分子材料领域中的应用进行综述。

3.4.1.1 蒎烯的聚合反应

α-蒎烯双键位于环内，其聚合活性低，被认为是一种较难聚合的单体。它虽然可以被自由基引发剂、高能辐射、阳离子型引发剂、Ziegler 型引发剂等引发聚合，但只有阳离子聚合具有较大的实际意义。β-蒎烯分子环上存在两个烷基的给电子效应，难以均聚，但可以与吸电子单体进行共聚；而且其双键位于环外，更容易被引发阳离子聚合。虽然α-蒎烯的反应活性不如β-蒎烯，但由于其含量高，所以被更多地运用于实际研究、生产中。

20世纪50年代，Roberts等[13]开始对α-蒎烯的聚合工艺和聚合理论进行研究，至20世纪90年代，周正斌[14]、Higashimura[15]等以Roberts的聚合工艺和聚合理论假设，采用多种手段阐明了α-蒎烯的聚合机理为开环和扩环聚合。20世纪50年代，Roberts等[16]推测了β-蒎烯比较容易按开环异构化机理聚合生成较高分子量的产物。20世纪60年代后，Modena[17]和Pietila等[18]分别用红外和核磁进一步证实了这种推测[19]。到目前为止，关于阳离子引发剂引发蒎烯聚合反应方面的研究较多，阳离子引发剂也由最初单一的路易斯酸发展到了复合型引发剂[20]，而自由基引发的α-蒎烯聚合研究较少。此外。近几年还出现了Ziegler-Natta、辐射诱导聚合等新方法。

(1) 阳离子聚合反应

邓云祥等[21]利用新的引发体系$AlCl_3$/活化剂/电子给体，引发纯α-蒎烯聚合。他们提出了另外一种聚合机理，即α-蒎烯可形成两种不稳定的正碳离子Ⅰ和Ⅱ，如下所示。通过多种路易斯酸（$AlCl_3$、$TiCl_4$、$FeCl_3$等）与$SOCl_2$合成出的新型引发剂引发α-蒎烯聚合的进一步研究发现，$H^{\oplus}$引发α-蒎烯聚合以扩环机理为主，链节结构单元以苯环为主要结构单元，络合状态下的正离子引发聚合，以开环机理为主。复合引发体系Lewis酸/$SOCl_2$比Lewis酸的聚合活性大幅度提高。且活性大小与其配位能力顺序基本一致。

Ⅰ Ⅱ

卢江等[22]分别采用复合体系$AlCl_3/SbCl_3$和$AlCl_3$对α-蒎烯/苯乙烯阳离子共聚合的反应过程进行了研究，实验结果表明：α-蒎烯聚合以开环和扩环两种机理共存，$AlCl_3$催化情况下以扩环机理为主，链增长活性中心的阳碳离子在环上空间位阻大难以进行链增长反应。由于α-蒎烯/苯乙烯两种单体活性差异较大，$AlCl_3$体系难以共聚。而对复合体系$AlCl_3/SbCl_3$来说，α-蒎烯是开环聚合，其链增长活性增加使α-蒎烯的聚合活性显著提高。再者由于苯乙烯的作用加速了α-蒎烯的聚合，可使α-蒎烯与苯乙烯进行共聚。

AMRamos等[23]研究了用不同氧化处理方法得到的活性炭引发蒎烯的聚合反应。结果表明，氧化的活性炭带有可以引发蒎烯聚合的酸性基团（羧基和酚基），并且聚合转化率随酸性的增加而增加，说明聚合机理是阳离子聚合。对于两种异构单体来说引发步骤是相同的，β-蒎烯的环外双键和α-蒎烯的环内双键的质子化生成一个相同的叔碳正离子，进而重排成松油醇阳离子而进攻另一个单体，从而形成一种具有环戊烷和异丁烯结构的交替共聚物。

廖爱德等[24]研究了$AlEt_2Cl$/t-BuCl体系引发α-蒎烯阳离子聚合的行为。实验结果表明：$AlEt_2Cl$不能使α-蒎烯聚合，t-BuCl和$AlEt_2Cl$复合后具备活性且随两者含量的变化而变化。表明t-BuCl参与链的引发，α-蒎烯转化率及聚合产物的组成都受聚合条件及加料方式的影响。

近几年已经开发出了多种β-蒎烯聚合催化技术，如Ziegler-Natta、自由基、阳离子和辐射诱导的阳离子聚合[25]。生成的聚合物具有环己烯和异丁烯单元的交替共聚结构。路易斯酸促进的阳离子聚合是工业上生产聚β-蒎烯最有效的方法。其中，以$AlCl_3$醚合物为催化剂最为有效[26]。

AnLong Li[27]等研究了β-蒎烯和异丁烯的聚合反应。结果表明，因两单体结构相似，引发及增长方式也相似，为阳离子机理增长。该聚合物具有异丁烯软段和聚蒎烯硬段结构，因而其物理性能可随物料比的不同而发生很大的变化。

β-蒎烯通过Lewis酸阳离子聚合合成萜烯树脂已实现工业化生产，但存在以下不足：①聚合必须在低温（<0℃）下进行才能得到有实际应用价值的产物；②较大的催化剂用量使后处理过程复杂；③即使在较低的温度下，聚合所得聚β-蒎烯的分子量也不高，这限制了应用范围。经研究发现，采用后过渡金属配合物，如含有N-N配体的二亚胺结构的后过渡金属配合物做催化剂有可能克服这些不足。

(2) 自由基聚合

关于α-蒎烯自由基聚合的研究报道较多。其中，以α-蒎烯与苯乙烯的自由基聚合[28]和α-蒎烯与马来酸酐[29]的自由基聚合为最。

蒋旭红等[30]报道，在不加任何其他试剂的情况下，α-蒎烯与马来酸酐反应得到了萜烯马来树脂，反应机理推测共聚可能遵循“电荷转移聚合机理”，给电子的α-蒎烯与受电子的马来酸酐之间生成1∶1的络合物。α-蒎烯带有不饱和键，有较低的电离势，属π型电子给予体。而马来酸酐带有吸电子基，电子亲和能高，属π型电子接受体。不加自由基引发剂的条件下，α-蒎烯与马来酸酐共聚反应能自发进行，可能是生成了双自由基，因此其所形成的络合物在自由基聚合中，仅仅作为一个单体起作用。

ACEncarnação等[31]研究了过渡金属氧化物或其活性炭负载物做引发剂。结果表明V_2O_5本体只能使α-蒎烯异构化，生成莰烯和三环萜；而其活性炭负载氧化钒的催化剂则只能使蒎烯产生自由基聚合，此时，该催化剂的作用可促使过氧化物自由基的生成，因而是一种蒎烯自由基聚合引发剂。在90℃反应100h得到了α-聚蒎烯，转化率为30%，分子量较低。

腊明等[32]以AIBN为引发剂将α-蒎烯与醋酸乙烯酯进行自由基共聚合，得到共聚物，其收率为20%～70%。该共聚物随单体配比中α-蒎烯数量的增加而增加。

李凝等[33]运用分散聚合的方法，以聚乙烯醇吡咯烷酮（PVP）为分散剂，H_2O_2-$FeSO_4$作引发剂，在无水乙醇溶液中，将苯乙烯与α-蒎烯分散共聚，共聚后选择石油醚作为沉淀剂将共聚物分离出来，在80℃下反应4h，α-蒎烯：苯乙烯＝1∶4；引发剂：单体总量＝1∶4。在此条件下α-蒎烯的转化率可达到90%。

Liu等[34]运用多种杂多酸来催化α-蒎烯，发现催化结果相对比较好的是杂多酸中的硅钨酸。

吴义辉等[35]运用两步气相法并且分别以γ-Al_2O_3和SiO_2为载体合成出$AlCl_3$催化剂，运用于α-蒎烯异构化反应。结果表明：催化剂对α-蒎烯有高的催化活性，30℃时，$AlCl_3$/γ-Al_2O_3催化α-蒎烯，可得到95.5%的转化率和94.4%的主产物选择性。

AnLong Li等[36]用1-苯基氯乙烷/$TiCl_4$/$Ti(OiPr)_4$/$n Bu_4NCl$催化体系合成出了β-蒎烯和异丁烯的共聚物。结构表征结果表明共聚物是以完全无规的方式连接的。

王毅等[37]以1-甲氧羰基-乙基-苄基二硫代乙酯（MEPD）作为可逆加成-断裂链转移聚合（RAFT）试剂，70℃下，对β-蒎烯与丙烯酸甲酯的RAFT自由基共聚合进行一定研究。研究结果表明：在较低β-蒎烯投料比下，产物分子量随单体转化率增加而增加，在较高β-蒎烯投料比下，产物分子量随单体转化率增加而降低。

朱华龙等[38]以AIBN为引发剂，探讨了β-蒎烯与苯乙烯自由基共聚反应中单体浓度、引发剂浓度、反应温度等对其共聚速率的影响。经实验后得出结果表明：聚合速率和苯乙烯浓度、引发剂浓度呈正相关关系，而和 β-蒎烯浓度关系相反。

(3) 辐射诱导聚合

生活中，人们发现具有四元环的化合物有好的生物活性和光学活性[39]，而蒎烯化学结构中既有碳碳双键又具有四元环。因此，研究其光学活性对于蒎烯的深加工利用有很重要的意义[40]。

Franco Cataldo 等[41]用 γ 射线引发手性 β-蒎烯分别得到了旋光聚蒎烯和消旋聚蒎烯，研究了它们的光学旋转色散。聚合物结构如下所示。

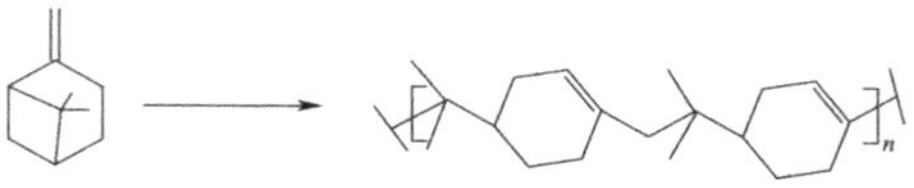

Franco Cataldo 等[42]用辐射方法在硅凝胶上进行 β-蒎烯的辐射聚合，考察了辐射剂量对接枝聚合反应的影响。结果显示，在一定条件下聚合转化率可达到 60%，化学接枝到二氧化硅表面的最多可达到 20%。红外分析表明此方法得到的聚蒎烯结构与本体聚合的相同。

Franco Cataldo 等[43]为了研究手性 β-蒎烯聚合前后光学活性的变化，将 β-蒎烯在 600kGy 的强度下用 γ 辐照聚合，生成聚蒎烯和二聚体，但转化率低，前者为 6.5%，后者为 13%。固体产物有交联，部分可溶。而自由基聚合产物可溶于甲苯。

3.4.1.2 蒎烯聚合物的应用

蒎烯是一种重要的天然萜烯馏分，现在已经广泛应用于橡胶、胶黏剂、涂料、油墨、生物医学中间体[44]、农用化学品[45]、香料[46]和包装等许多行业。由于化石资源的日益减少，来源于可再生资源的萜烯树脂引起人们的广泛兴趣。

(1) 蒎烯合成增塑剂

罗常泉等[47]利用 DLB 催化 α-蒎烯异构化，再与马来酸酐经狄尔斯-阿尔德反应，制备出 α-萜烯-马来酸酐加成物（TMA）。研究发现在优化情况下 TMA 收率可达 88%以上，且纯度也可达 92%以上。TMA 可以用于环氧树脂的固化剂、跳蚤杀虫剂、光学玻璃黏合剂、木材的防腐剂等。另外，TMA 能进一步合成热固性的不饱和聚酯树脂、醇酸树脂，以及以 TMA 为酰化剂对二乙醇胺进行 N-酰化反应，合成出 α-蒎烯-马来酸酐基乙醇非离子型表面活性剂，常压下 TMA 和氨气反应生成 1-异丙基-4-甲基二环［2,2,2］-5-辛烯-2,3-二甲酰亚胺（TMI），TMI 和 1-溴-2-乙基己烷反应合成杀虫增效活性剂等一系列重要化学品。

赖刚等[48]利用异辛醇与 TMA 在甲苯磺酸作用下反应制备得到 α-蒎烯-马来二酸二异辛酯，在反应温度 130℃下反应 180min，反应酯化率和产率分别达到 93%和 90%以上。

(2) 蒎烯在橡胶加工中的应用

1909 年，有美国专利[49]首先报道了将蒎烯应用于橡胶领域。1933 年 Guef refining 公司开始在工业上大规模生产蒎烯树脂应用于橡胶领域。

岑兰等[50]研究了三种加工助剂改性烷基酚醛树脂（TKM-80）、60NSF 和蒎烯树脂分别作为加工助剂对棉短纤维/三元乙丙橡胶复合材料性能的影响。

王兴益[51]选定了比较理想的 Lewis 酸催化剂体系，运用商品苯酚和商品松节油合成得到淡黄色萜烯酚树脂，产率在 90%以上。这类萜烯酚树脂可应用于橡胶、保护膜胶带等领域，且可与国外同类产品媲美，并且为实现萜烯酚树脂工业化应用提供重要依据。

陈福林等[52]研究了几种相容剂对氯丁橡胶/三元乙丙橡胶硫化特性和物理性能的影响。结果表明：随停放时间延长，未加相容剂和加入乙烯-乙酸乙烯酯橡胶共聚物（EVA）或乙烯-乙酸乙烯酯橡胶（EVM）的胶料 t_{90} 延长。加入 α-蒎烯树脂、马来酸酐接枝 EPDM（EPDM-g-MAH）、二甲苯树脂或者酚醛树脂的胶料 t_{90} 总体变化不明显，但并用胶中两相的相容性得到改善，其硫化胶物理性能、耐热空气老化性能变好。

（3）蒎烯在胶黏剂方面的应用

李爱元等[53]利用 α-蒎烯和间戊二烯共聚，得到的共聚树脂热稳定性好，黏结相容性好。

熊德元等[54]以 $AlCl_3/SbCl_3$ 为催化体系催化 α-蒎烯与 β-蒎烯 1∶1 聚合，合成出了色度为 3、软化点为 136℃的蒎烯树脂，总得率达到 85.7%。

庄锦树等[55]以 AIBN 为引发剂引发 α-蒎烯和苯乙烯自由基共聚合，该共聚物可望用于胶黏剂、涂料、油墨等工业，作为无色增黏剂和增塑剂使用。

林晨等[56]对改性萜烯树脂——萜烯-苯乙烯树脂产品的生产工艺进行了一定研究，因其热稳定性好、色泽浅、价格低而受到关注，并在胶黏剂中得到广泛应用。

（4）蒎烯在涂料方面的应用

梁晖等[57]以苯乙烯与 α-蒎烯为原料进行共聚得到嵌段共聚物，该共聚物溶液黏度增大，玻璃化转变温度相对于苯乙烯均聚物下降，热失重为 1%时的温度也相对其下降。结果表明：该嵌段共聚物由于具有芳环和脂环结构，且具有萜烯树脂和聚苯乙烯的特性，可作为界面活性剂和相容剂等使用。

张兵等[58]以 α-蒎烯、苯乙烯、马来酸酐为原料合成出 α-蒎烯-苯乙烯-马来酸酐三元共聚物（STMA），并以 STMA 固化双酚 A 型环氧树脂 E-12。结果表明：用 STMA 固化双酚 A 型环氧树脂 E-12 的凝胶时间随着温度升高及其比例的增加而缩短。当 α-蒎烯-苯乙烯-马来酸酐三元共聚物含量为 2%～4%时，固化后的环氧树脂 E-12 形成的漆膜有很好的冲击强度、硬度和附着力。

李蒙俊[59]对 α-蒎烯的聚合机理和催化机理进行了相关探讨，且就 α-蒎烯合成萜烯树脂进行了系统研究，结果可得到得率为 95%的萜烯树脂。其主要运用于橡胶制品、涂料、黏合剂、印刷油墨等方面。

李岸龙等[60]系统研究了 β-蒎烯与丙烯酸（AA）、丙烯酸甲酯（MA）、马来酸酐（MAh）、丙烯腈（AN）等极性乙烯基单体（PVM）的共聚合行为。结果表明：蒎烯与以上各种乙烯基单体之间发生有效自由基共聚合反应，并且在一定条件下添加合适的路易斯酸，能提高该共聚物中 β-蒎烯的嵌入率和交替共聚合倾向。由于其抗老化性能好、无臭无毒及热稳定性和电绝缘性好等优点，可作为增黏剂和填充剂使用，应用于食品包装、涂料、胶黏剂等领域。

（5）蒎烯在其他方面的应用

Trumbo 等[61]以自由基引发，得到马来酸酐和 β-蒎烯的交替共聚物，该种交替共聚物具有光学活性，经过改性后可应用于立体催化领域。

邱振名等[62]通过 β-蒎烯和马来酸酐反应，得到了两者的共聚物。该共聚产物再进行进一步皂化改性，可得到一种性能良好的阴离子表面活性剂。

从以上文献分析看出，蒎烯是一种具有较高聚合活性的环状烯烃，可用多种形式引发聚合，既可均聚，又可与其他单体进行共聚。而且其环状结构具有较大的刚性，与其他单体共聚后有可能提高共聚物的力学性能。

3.4.2　蒎烯与双环戊二烯共聚物制备方法

3.4.2.1　蒎烯均聚物的制备方法

在氮气环境下分别取20mL的α-蒎烯（缩写αP）和β-蒎烯（缩写βP），然后分别倒入氮气环境下的100mL安瓿瓶中，再分别加入主催化剂和助催化剂，在80℃条件下反应3min后敲碎安瓿瓶，开模取出样品。

3.4.2.2　蒎烯与双环戊二烯共聚物的制备方法

氮气环境下，分别将DCPD/αP、DCPD/βP以及与双环戊二烯/混合蒎烯（缩写mP）的混合单体转移到安瓿瓶中，然后分别向各体系中加入一定量的主催化剂（W）和助催化剂（Al），混匀后在氮气保护下立即注入预热至80℃的模具中，保温反应40min使其充分聚合，后取出试样，将其制成标准试样进行性能表征。

混合单体中蒎烯的质量分数分别为0、0.25%、0.5%、0.75%、1%、3%、5%、7%。DCPD/mP混合单体中α-蒎烯/β-蒎烯的质量比为70/30。

3.4.2.3　转化率测定方法

在聚合后的样品中，未反应的单体被包埋在PDCPD及其共聚物中，将其在80℃下进行真空抽提24h，将未反应的单体抽出。按式(3-4)、计算出聚合物的转化率w_4，按式(3-5)计算出蒎烯或亚乙基降冰片烯的转化率w_5，按式(3-6)计算出蒎烯以及亚乙基降冰片烯均聚物的转化率w_6。

$$w_4=\frac{A_1}{A_0}\times100\% \tag{3-4}$$

$$w_5=1-\frac{(A_0-A_1)-B}{C}\times100\% \tag{3-5}$$

$$w_6=\frac{D-E}{D}\times100\% \tag{3-6}$$

式中　A_0——真空干燥前样品的质量，g；

A_1——真空干燥后样品的质量，g；

B——空白样品的损失质量，g；

C——样品中蒎烯或者亚乙基降冰片烯的质量，g；

D——蒎烯均聚物或亚乙基降冰片烯均聚物干燥前的质量，g；

E——蒎烯均聚物或亚乙基降冰片烯干燥后的质量，g。

3.4.3　双环戊二烯/蒎烯的共聚合反应

3.4.3.1　反应条件对共聚合反应的影响

（1）共聚合温度的影响

分别取3%含量的αP/DCPD和βP/DCPD的混合液20mL，按上述确定的物质的量比例为n(DCPD)∶n(Al)∶n(W)=1320∶57∶1加入双组分催化剂进行反应，改变聚合的温度进行测试，所得到的结果如表3-6所示。

表 3-6 凝胶时间随温度的变化

温度/℃	30	40	50	60	70	80	90
αP 凝胶时间/s	380	260	200	136	90	50	6
βP 凝胶时间/s	340	240	160	100	70	40	3

由表 3-6 可知，聚合凝胶时间随着温度的升高而逐渐缩短，说明该聚合体系的温度升高可使聚合活性增强，从而提高聚合反应速率。在 90℃条件下反应，可观察到两种催化剂加进去后瞬间反应，并且反应剧烈类似聚合发泡一样，聚合物充满气泡迅速胀大，且凝胶、发烟、脱模时间大大缩短。综合所做实验，结果选取 80℃为反应温度。

(2) 凝胶时间和蒎烯含量的关系

根据上述已确定的反应条件，在 80℃条件下，固定主催化剂、助催化剂和聚合物的用量［n(DCPD)∶n(Al)∶n(W)=1320∶57∶1］，分别改变 αP 和 βP 的含量，考察 αP 和 βP 的含量变化对聚合凝胶时间的影响，结果见图 3-26。

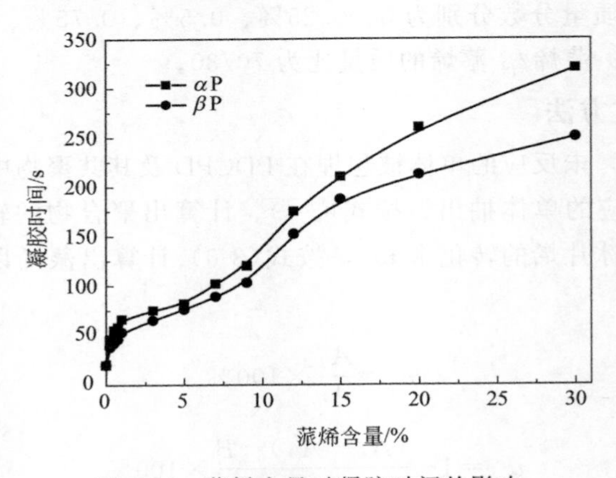

图 3-26 蒎烯含量对凝胶时间的影响

由图 3-26 可看出，凝胶时间随着 αP 和 βP 含量的增加逐渐变长，且用 αP 的凝胶时间要比 βP 长。从分子结构上分析这也再次印证了上述 βP 双键位于环外，更容易被引发聚合的原因。

(3) 蒎烯质量分数对聚合转化率的影响

在 100mL 安瓿瓶内，配置蒎烯的 DCPD 溶液 20mL。其中，αP 和 βP 质量分数分别为 0、1%、3%、5%、7%、9%、12%、15%、20%、25%及 30%，安瓿瓶内置换为氮气环境，先后加入铝催化剂 0.8mL 和钨催化剂 0.28mL 进行反应，分别记下其凝胶时间，要求 3min 内成型，敲碎瓶子，取出材料并放置在真空烘箱中真空干燥，分别称量干燥前和干燥后质量，按式(3-4)～式(3-6) 计算转化率，结果见表 3-7、表 3-8 所示。

表 3-7 αP 质量分数对转化率的影响

序号	αP 质量分数/%	αP 转化率/%	聚合总转化率/%
1	0	0	99.88
2	1	87.84	99.78
3	3	90.53	99.62
4	5	88.43	99.33

续表

序号	αP 质量分数/%	αP 转化率/%	聚合总转化率/%
5	7	87.95	99.11
6	9	90.46	99.09
7	12	82.25	97.85
8	15	80.41	97.08
9	20	84.25	96.97
10	30	88.05	96.55
11	100	26.89	26.89

表 3-8　βP 质量分数对转化率的影响

序号	βP 质量分数/%	βP 转化率/%	聚合总转化率/%
1	0	0	99.88
2	1	81.87	99.73
3	3	80.52	99.32
4	5	91.83	99.52
5	7	94.25	99.49
6	9	91.95	99.23
7	12	96.17	99.46
8	15	94.26	99.07
9	20	84.06	96.76
10	30	89.27	96.25
11	100	53.28	53.28

由表 3-7、表 3-8 可知，在 αP 和 DCPD 共聚时，含量在 9%以下，聚合物总转化率都在 99%以上，αP 基本无影响。在 βP 和 DCPD 共聚时，当含量在 15%以下时，聚合物总转化率都在 99%以上，βP 基本无影响。

对比 αP 和 βP 质量分数对总转化率的影响，αP 质量分数达到 9%，βP 质量分数达到 15%后，其总转化率才有所降低，但都达到了 96%以上；这也在一定程度上说明 βP 较 αP 更加易于和 DCPD 聚合；结合表 3-6～表 3-8 再比较 αP 和 βP 的转化率，发现 βP 聚合活性高于 αP，这也再次证明了双键在环外的 βP 易于被引发。

由表 3-7 和表 3-8 可知，均聚物 αP 和 βP 转化率分别为 26.89%和 53.28%，而 DCPD 和蒎烯共聚时转化率都可以达到 80%以上。可能的原因从分子结构上分析，αP 和 βP 均含双键，其双键的立体阻遏较大，均聚困难；当与 DCPD 共聚时，DCPD 链段的存在可以降低立体空间的阻遏效应。

3.4.3.2　红外光谱表征

蒎烯均聚物及共聚物的红外光谱表征见图 3-27 和 3-28。

由图 3-27 和图 3-28 可知：$1640cm^{-1}$是环戊烯环上 C=C 伸缩振动，$671cm^{-1}$是烯烃的面外弯曲震动；$971cm^{-1}$为 CH—CH 反式结构的弯曲振动谱带，是 DCPD 聚合后的特征吸收峰。1380～$1500cm^{-1}$是聚蒎烯特征峰，图 3-27 和 3-28 中分别在 $1380cm^{-1}$和 $1383cm^{-1}$处出现的吸收峰都是由于蒎烯四元环上的—$C(CH_3)_2$ 基团对称变形引起，且该峰在蒎烯均聚物中存在，而在共聚物中没有存在。这说明蒎烯可能以分子水平分散到 PDCPD 基体中。两者可能发生了共聚反应。

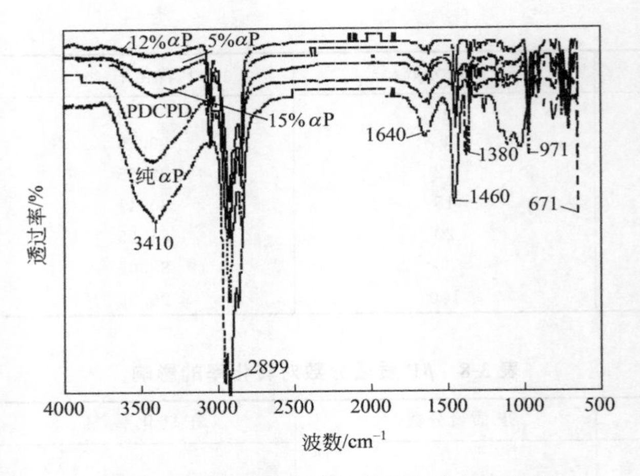

图 3-27 α-蒎烯均聚物及共聚物的红外光谱

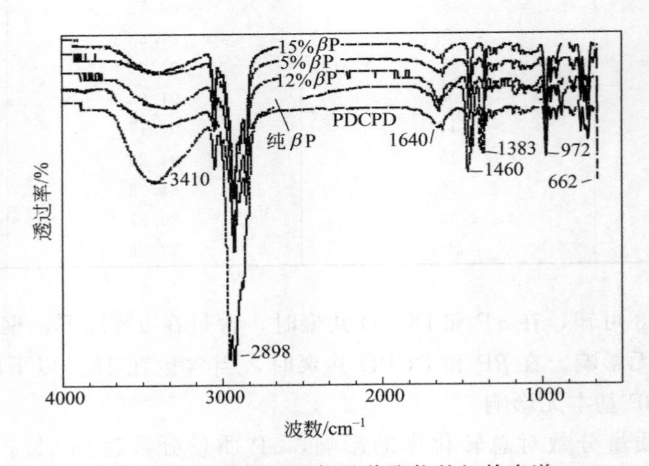

图 3-28 β-蒎烯均聚物及共聚物的红外光谱

3.4.3.3 TG分析

为了考察共聚物的热稳定性，同时判断蒎烯链段在共聚物中的分散情况，对αP均聚物、βP均聚物及质量分数分别为3%的PDCPD/αP和PDCPD/βP共聚物进行了热失重分析，分析结果如图3-29所示。

由图3-29可知：聚αP有两个明显的分解温度，第一个分解温度在100℃左右，第二个分解温度接近400℃。聚βP只有一个分解温度，在100℃左右。均聚双环戊二烯在180℃左右有一个不明显的分解，在440℃左右有一个显著的分解。

与均聚物明显不同的是，共聚物只有一个与PDCPD相同的分解温度，比两种蒎烯均聚物的分解的温度高很多，而且热稳定性比DCPD均聚物好。

综合上述，在共聚物中聚蒎烯相较好地分散于基体中，因而没有出现聚蒎烯的特征分解温度，而且共聚物的热稳定性明显高于PDCPD，说明蒎烯可能以共聚的形式存在于聚合物中，并可提高共聚物的热稳定性。

3.4.3.4 力学性能测试与分析

(1) 共聚物拉伸性能

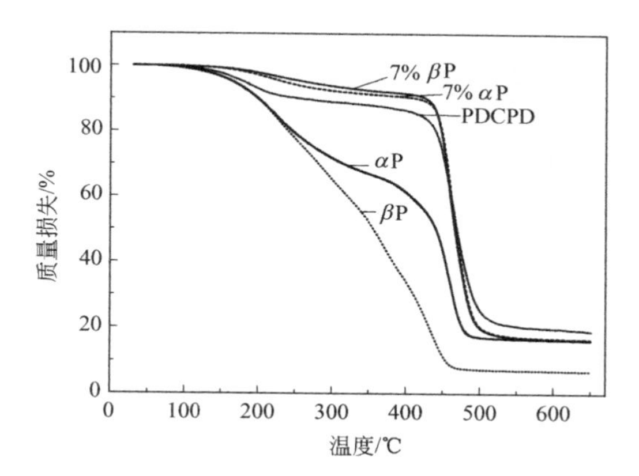

图 3-29 αP 均聚物、βP 均聚物、DCPD-αP 共聚物和 DCPD-βP 共聚物的 TG 曲线

蒎烯含量对拉伸性能的影响见图 3-30。

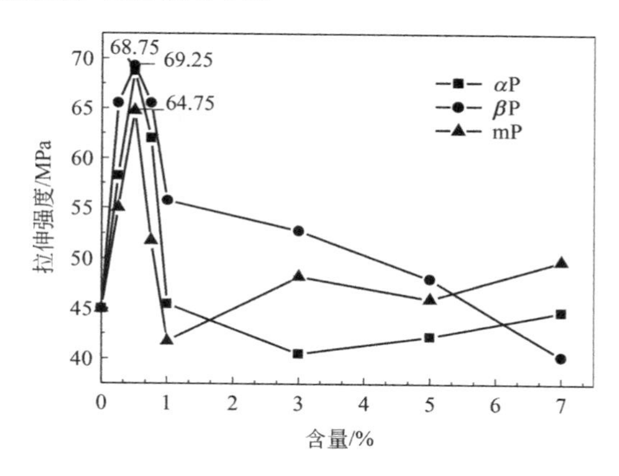

图 3-30 αP 和 βP 含量与拉伸强度的关系

由图 3-30 可知，蒎烯的引入，对于聚双环戊二烯来说，对其拉伸强度的提高是有利的，随着蒎烯质量分数的增多，复合材料的拉伸强度都呈现不同程度的提高，但当其质量分数小于1%时提高最明显，如为 0.5%时，拉伸强度最大，分别达到了 68.75MPa 和 69.25MPa，分别比纯 PDCPD 增加了 52.78%和 53.89%；蒎烯混合物 mP 也有较好的效果，拉伸强度达到 64.75MPa，比纯 PDCPD 提高了 43.89%。当质量分数大于1%时，拉伸强度下降但和纯 DCPD 拉伸强度基本持平。

（2）共聚物冲击性能

蒎烯含量对冲击性能的影响见图 3-31。

由图 3-31 可知，随着蒎烯质量分数的增多，复合材料的冲击强度呈现先增高后降低的趋势。当 αP 和 βP 质量分数均小于 0.75%时，复合材料的冲击强度都高于纯 PDCPD，但继续增加蒎烯含量则冲击强度下降很快。当 αP、βP 和 mP 质量分数为 0.50%时强度最大，分别达到了 15.25kJ/m^2、14.62kJ/m^2 和 14.20kJ/m^2，分别比纯 PDCPD 提高了 23.98%、18.86%和 15.40%。

综合 DCPD-Pinene 共聚物力学性能的分析结果看，少量蒎烯的引入可同时提高材料的拉伸强度和冲击强度。扫描电镜形貌分析也说明了共聚物比均聚物有较高的韧性。蒎烯分子具有刚性较高的环结构，其聚合物不溶不熔，且脆性较高，而 PDCPD 则是具有较高强度和

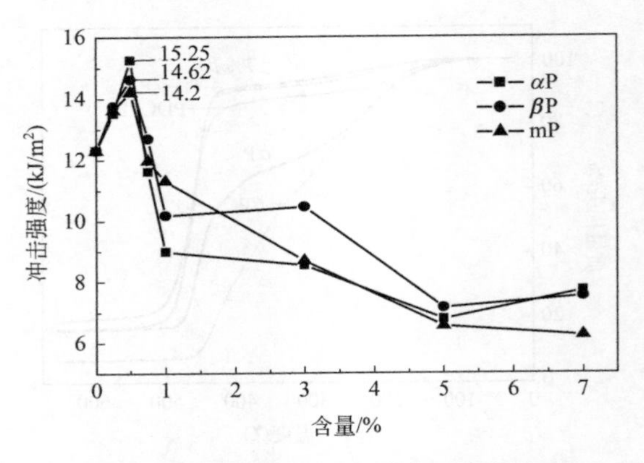

图 3-31 αP 和 βP 含量与冲击强度的关系

韧性的材料。然而，当少量蒎烯与 DCPD 共聚后却表现出更高的拉伸强度，且冲击强度也有明显的提高。这种现象的产生可能是大分子的特殊结构引起的。蒎烯是刚性的环状单烯烃，共聚后大分子的刚性增加，但单烯的引入又可能使 PDCPD 的交联度减少，从而有可能韧性提高，综合的影响结果是当蒎烯含量较少时两种性能同时增加，而刚性的影响较大，随着蒎烯含量的增加，冲击强度比拉伸强度下降更快。然而，更合理的解释则需要对该材料的结构与性能关系进行更深入的分析。

(3) 冲击断面 SEM 透射电镜分析

PDCPD 和 PDCPD-Pinene 复合材料的冲击断面 SEM 形貌见图 3-32。

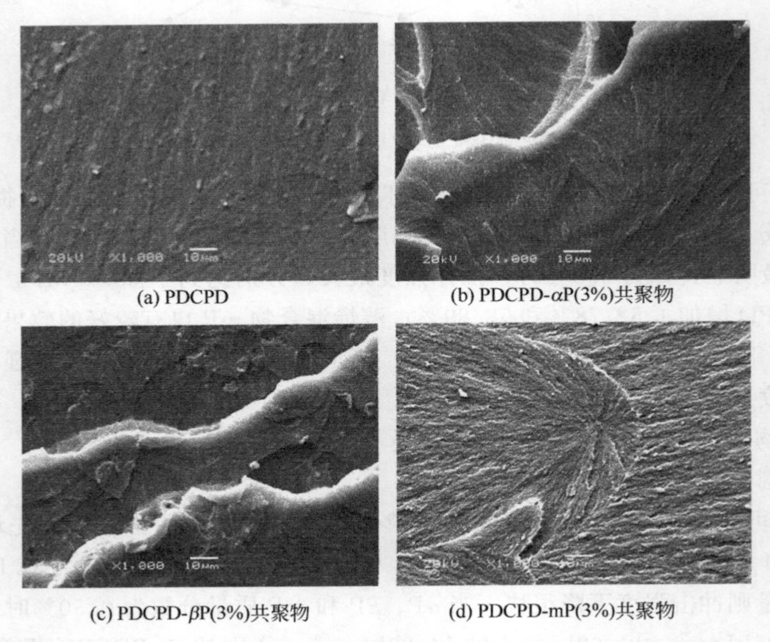

(a) PDCPD (b) PDCPD-αP(3%)共聚物

(c) PDCPD-βP(3%)共聚物 (d) PDCPD-mP(3%)共聚物

图 3-32 PDCPD 和 PDCPD-Pinene 复合材料的冲击断面 SEM 形貌

由图 3-32(a) 可知，纯 PDCPD 断面形貌比较平滑；由图 3-32(b)、(c) 和 (d) 可知含有聚蒎烯的复合材料的断面形貌发生了较大变化，存在较多的断裂纹路和褶皱，这是韧性断裂的重要特征。

3.5 双环戊二烯/亚乙基降冰片烯的共聚合反应

3.5.1 亚乙基降冰片烯

亚乙基降冰片烯又称 5-亚乙基-2-降冰片烯或者 5-亚乙基基双环 [2,2,1] 庚-2-烯（简称 ENB，分子结构式如下所示），ENB 是无色的且有强烈类樟脑味的挥发性液体，具有两种异构体，顺式异构体沸点为 147.35℃，反式异构体沸点为 148.57℃，密度是 0.893g/mL，分子量为 120.2，分子式 C_9H_{21}。

亚乙基降冰片烯具有环内双键和环外双键，性质比较活泼。目前主要以第三单体的形式在三元乙丙橡胶的合成方面有重要作用。它和其他的第三单体相比具有硫化速度快、聚合活性高及二次反应少等诸多优点。是目前三元乙丙橡胶合成的首选第三单体。

王鹤等[63]研究了第三单体亚乙基降冰片烯含量对未填充三元乙丙橡胶混炼胶硫化特性的直接影响。同时也研究了不同分子结构的三元乙丙橡胶交联结构对力学性能和分子链运动能力的直接影响。实验结果表明，EPDM 混炼胶交联度随 ENB 含量的增加而提高、硫化时间也随之延长，ENB 含量继续增加硫化胶玻璃化转变的温度也随之向高温方向逐渐偏移，EPDM 硫化胶扯断伸长率逐渐降低，其损耗因子的峰值也逐渐开始降低。

三元乙丙橡胶具有耐化学品、耐臭氧、耐水蒸气、耐放电等性能。可以作为防水板等建材、发动机周边的橡胶制品和耐冲击塑料的改性材料。

3.5.2 PDCPD-ENB 共聚物的制备

氮气环境下，将 PDCPD-ENB 的混合单体转移到安瓿瓶中，然后分别向各体系中加入一定量的主催化剂（W）和助催化剂（Al），混匀后在氮气保护下立即注入预热至 80℃的模具中，保温反应 40min 使其充分聚合。然后取出试样，将其制成标准试样进行性能表征。

混合单体中 ENB 的质量分数分别为 0、0.25%、0.5%、0.75%、1%、3%、5%、7%。

3.5.2.1 ENB 均聚合催化剂量和转化率的确定

氮气保护下向装有 20mLENB 的安瓿瓶中加入一定量的双组分催化剂（W/Al），在 80℃条件下反应，观察并记录其凝胶和脱模时间。经过一系列小试实验最终确定加催化剂量为 n(W) 为 0.2mL，n(Al) 为 0.5mL，20s 左右凝胶，转化率为 99%。

ENB 均聚转化率较高，和 DCPD 类似。从分子空间结构上分析，ENB 分子结构内含有两个不饱和双键，降冰片烯环上的环张力大，双键容易被打开，发生开环移位聚合反应。所以其聚合转化率较高。

3.5.2.2 共聚合催化剂量的确定

把 DCPD 加入干燥的安瓿瓶内，后加入含量为 3%的 ENB，共配置总量为 20mL 的料液，用真空泵和氮气罐对安瓿瓶进行氮气置换使安瓿瓶内充满氮气，再加入双组分催化剂

(W/Al)，观察并记录其凝胶和脱模时间。

以3%含量的ENB料液为基准，分别改变W/Al的催化剂用量，考察这两种组分催化剂用量对聚合的影响，经过多组小型实验最终确定W催化剂的用量为0.28mL，Al催化剂的用量为0.6mL［换算成物质的量比为［n(DCPD)/n(Al)/n(W)］约是1320∶42∶1］，凝胶时间为45s，可满足工业化生产时对时间的要求。

3.5.2.3 共聚合温度的确定

取3%含量的DCPD/ENB混合液20mL，按上述确定的物质的量比例为n(DCPD)∶n(Al)∶n(W)=1320∶42∶1加入双组分催化剂进行反应，改变聚合的温度进行测试，所得到的结果可见表3-9。

由表3-9可知，聚合凝胶时间随着温度的升高而逐渐缩短，说明该聚合体系的温度升高可使聚合活性增强，从而提高聚合反应速率。在90℃条件下反应，可观察到两种催化剂加进去后瞬间反应，并且反应剧烈类似聚合发泡一样，聚合物充满气泡迅速胀大，且凝胶、发烟、脱模时间大大缩短。综合所做实验，结果选取80℃为反应温度。

表3-9 凝胶时间随温度的变化

温度/℃	30	40	50	60	70	80	90
ENB凝胶时间/s	300	200	152	100	60	42	1

3.5.2.4 凝胶时间和ENB含量的关系

根据上述已确定的反应条件，在80℃条件下，固定主催化剂、助催化剂和聚合物的用量［n(DCPD)∶n(Al)∶n(W)=1320∶42∶1］，改变ENB的含量，考察ENB的含量变化对聚合凝胶时间的影响，结果见图3-33。

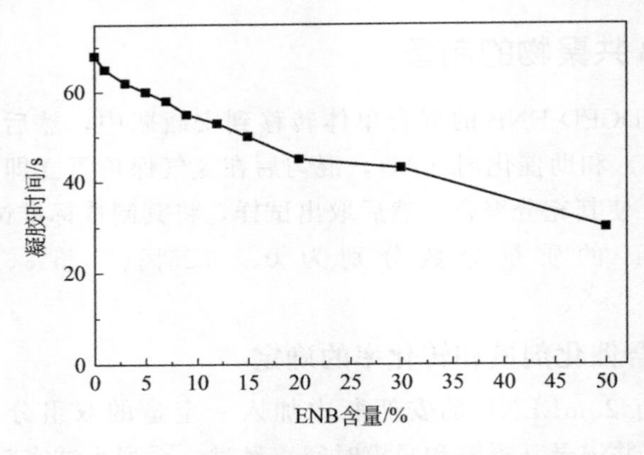

图3-33 亚乙基降冰片烯含量对凝胶时间的影响

由图3-35可知，随着亚乙基降冰片烯含量的增加其凝胶时间逐渐变短，说明亚乙基降冰片烯可以促进DCPD的聚合，提高其聚合速率。

3.5.2.5 ENB质量分数对转化率的影响

在100mL安瓿瓶内，配置ENB的DCPD溶液20mL。其中，ENB质量分数分别为0、1%、3%、5%、7%、12%、15%、20%及30%，安瓿瓶内置换为氮气环境，在80℃条件下先后加入铝催化剂0.6mL和钨催化剂0.28mL进行反应，要求45s左右凝胶，待其充分反应3min后敲碎瓶子，取出材料并放置在真空烘箱中真空干燥48h，分别称量干燥前和干燥后质量，按式(3-4)～式(3-6)计算转化率，结果如表3-10所示。

表3-10 ENB质量分数对转化率的影响

编号	1	2	3	4	5	6	7	8	9
ENB质量分数/%	0	1	3	5	7	12	15	20	30
总转化率/%	99.1	99.1	99.2	99.3	99.35	99.49	99.96	99.98	99.98

由表3-10可知，ENB均聚物转化率大于99%，而DCPD和ENB共聚后转化率仍然可以也达到99%以上。

3.5.2.6 红外光谱分析

ENB均聚物及共聚物的红外光谱见图3-34。

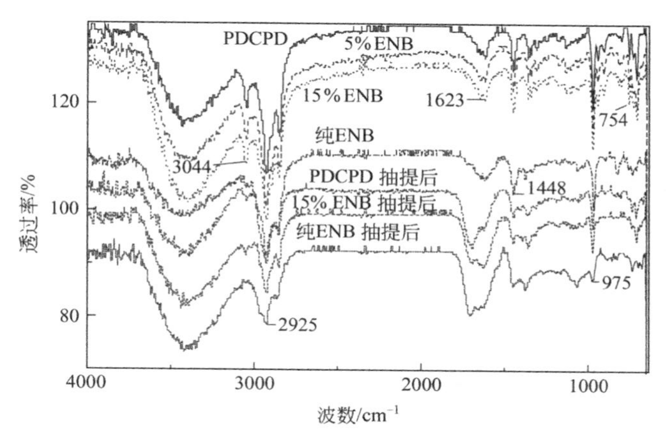

图3-34 ENB均聚物及共聚物的红外光谱

由图3-34可知：纯亚乙基降冰片烯的吸收峰基本和纯双环戊二烯的吸收峰重叠，而两者共聚物的吸收峰也基本和均聚物吸收峰重叠，均聚物和共聚物萃取后其吸收峰和萃取前基本一致，所以两者是否共聚由红外判断不可行，可以由TG分析来对两者是否共聚作出判断。

3.5.2.7 TG分析

为了考察共聚物的热稳定性，同时判断ENB链段在共聚物中的分散情况，对ENB均聚物、DCPD均聚物及其质量分数为3%的PDCPD-ENB共聚物进行了热失重分析，分析结果如图3-35所示。

由图3-35可知：三者的热分解曲线趋势近似，都有两个分解温度。但ENB均聚物的分解温度低于PDCPD和PDCPD-ENB的分解温度，特别是第二个分解温度，后者高于前者40℃左右。共聚物的热分解没有出现ENB均聚物相应分解温度，说明ENB单体可能参与了共聚。

综合上述，在PDCPD-ENB共聚物中的聚亚乙基降冰片烯相较好地分散于基体中，因而没有出现聚亚乙基降冰片烯的特征分解温度，而且共聚物的热稳定性明显高于PDCPD，说明亚乙基降冰片烯可能以共聚的形式存在于聚合物中。

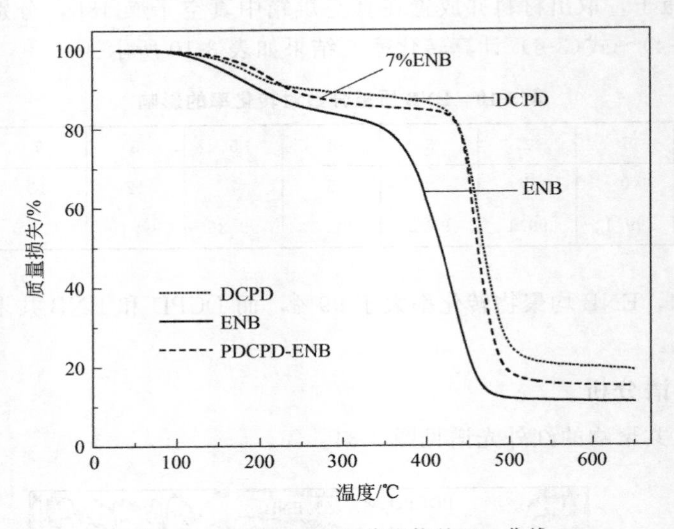

图 3-35　PDCPD-ENB 共聚物的 TG 曲线

3.5.2.8　力学性能测试与分析

(1) DCPD/ENB 共聚物拉伸性能

ENB 含量对拉伸性能的影响见图 3-36。

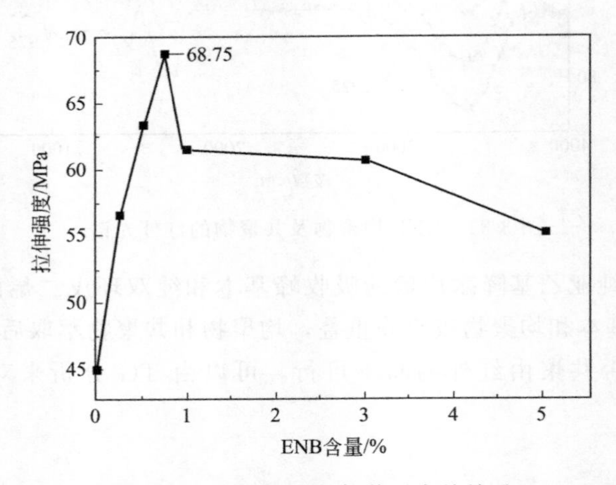

图 3-36　ENB 含量与拉伸强度的关系

由图 3-36 可知，加入 ENB，对于聚双环戊二烯来说，对其拉伸强度的提高是有利的，随着 ENB 质量分数的增多，复合材料的拉伸强度都呈现明显的提高，当 ENB 含量达到 0.75%时，拉伸强度最大，达到了 68.75MPa，比纯 PDCPD 增加了 52.78%；这是因为 ENB 中两个双键都很活泼，有可能都参与了反应，从而使交联度增加，使拉伸强度较纯 PDCPD 得到明显提高。达到峰值后拉伸强度有所下降但均比纯 DCPD 高。

(2) DCPD/ENB 共聚物冲击性能

ENB 含量对冲击性能的影响见图 3-37。由图 3-37 可知，当 ENB 质量分数达到 0.75%时，复合材料的冲击强度达到最大，较纯 PDCPD 提高 10%，但继续增加 ENB 含量，冲击强度开始回落并基本保持原有的水平。

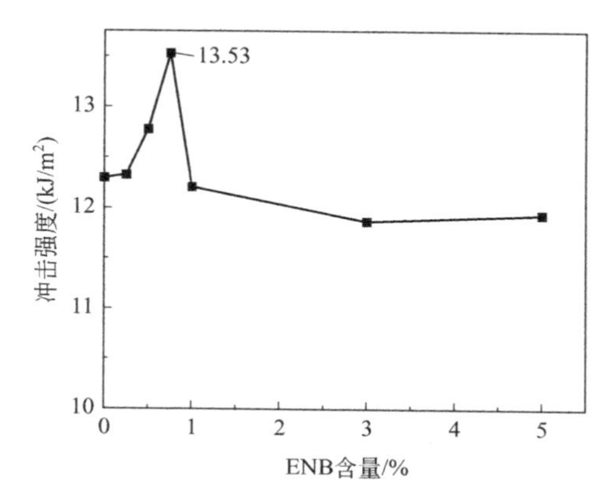

图 3-37 ENB 含量与冲击强度的关系

3.5.2.9 冲击断面 SEM 透射电镜分析

PDCPD 和 PDCPD-ENB 复合材料的冲击断面 SEM 形貌见图 3-38。

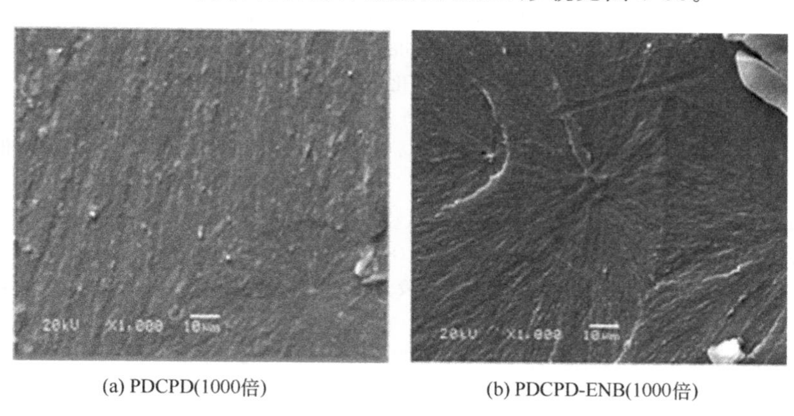

(a) PDCPD(1000倍)　　(b) PDCPD-ENB(1000倍)

图 3-38 PDCPD 和 PDCPD-ENB 复合材料的冲击断面 SEM 形貌

由图 3-38(a) 可知，纯 PDCPD 断面形貌比较平滑；由图 3-38(b) 可知，含有 3%聚亚乙基降冰片烯的复合材料的断面形貌发生了较大变化，存在较多的断裂纹路和褶皱，这是韧性断裂的重要特征。

参 考 文 献

[1] J. Kodemura, T. Natsuume, Polym. J. 27 _ 1995 . 1167. R. A. Fisher, R. H. Grubbs, Makromol. Chem. Macromol. Symp. 63 _ 1992. 271.

[2] 陈金泉，谢家明．双环戊二烯与苯乙烯共聚的研究，石油化工技术与经济，27 (3)，2011.

[3] 刘枫．聚双环戊二烯及其共聚物的合成研究 [D]，大连：大连理工大学，2012.

[4] 吴美玲．聚双环戊二烯及其共聚物的改性研究 [D]，大连：大连理工大学，2017.

[5] Watkins, P. Quigley, M. Orton, Macromol. Chem. Phys. 195 _ 1994. 1147. F. Castner, N. Calderon, J. Mol. Cat. 15 _ 1982. 47.

[6] Leach D R. US 4708969. 1986.

[7] Lee J K, Hong S J. Macromol Res, 2004, 12 (5): 478.

[8] Luisa Morbelli, Elisabeth Eder, Peter Preishuber-Pflügl, Franz Stelzer, Copolymerizations between cyclic olefins and norbornene Lactone, Journal of Molecular Catalysis A: Chemical 160, 2000. 45-51.

[9] Khasat N P, Leach D. US 5480940. 1996.

[10] Hara S, Endo Z I, Mera H. US 5068296. 1991.

[11] Minchak R J. US 4002815. 1977.

[12] Fiori S, Mariani A, Ricco L, et al. e-Polymer, 2002, (29): 1.

[13] Williams R J, Truesdail J H, Weinstock H H, et al. Journal of American Chemical Society [J]. Nutrition Reviews, 1979, 37 (1): 15-18.

[14] 周正斌，程芝. α-蒎烯聚合反应机理的研究 [J]. 林产化学与工业，1992 (3): 189-195.

[15] Higashimura T, Lu J, Kamigaito M, et al. Cationic polymerization of α-pinene with aluminium-based binary catalysts, 2. Survey of catalyst systems [J]. Die Makromolekulare Chemie, 1993, 194 (194): 3441-3453.

[16] Roberts W J, Day A R. A Study of the Polymerization of α- and β-Pinene with Friedel-Crafts Type Catalysts [J]. J. am. chem. soc, 1950, 72 (3): 1226-1230.

[17] M M, Bates R B, Marvel C S. Some low molecular weight polymers of *d*-limonene and related terpenes obtained by Ziegler-type catalysts [J]. Journal of Polymer Science Part A General Papers, 1965, 3 (3): 949-960.

[18] Heikki Pietila, Arto Sivola, Howard Sheffer. Cationic polymerization of β-pinene, styrene and α-methylstyrene [J]. Journal of Polymer Science Part A-1 Polymer Chemistry, 1970, 8 (3): 727-737.

[19] 李岸龙，梁晖，卢江. α、β-蒎烯的可控阳离子聚合 [J]. 石油化工，2004，33 (1): 82-86.

[20] Franco Cataldo, Ornella Ursini, Giancarlo Angelini, et al. On the Way to Graphene: The Bottom-Up Approach to Very Large PAHs Using the Scholl Reaction [J]. Fullerenes, 2011, 19 (8): 713-725.

[21] 邓云祥，林华玉，东村敏延. 新引发剂体系 $AlCl_3$/活化剂/电子给体的 α-蒎烯聚合作用研究（Ⅰ)-$AlCl_3$/$SbCl_3$/酯体系 [J]. 高等学校化学学报，1991 (10): 140-143.

[22] 卢江，梁晖，毛凤生等. $AlCl_3$/$SbCl_3$ 复合体系引发 α-蒎烯/苯乙烯阳离子共聚合 [J]. 应用化学，1996 (1): 10-13.

[23] Ramos A M, Silva I F, Vital J, et al. Polymerization of pinenes and styrene using activated carbons as catalysts and supports for metal catalysts [J]. Carbon, 1997, 35 (8): 1187-1189.

[24] 廖爱德，卢江，徐文烈，邓云祥. $AlEt_2Cl$/*t*-BuCl 引发 α-蒎烯阳离子聚合 [J]. 中山大学学报，1994，33 (1): 55-60.

[25] 刘祖广，朱华龙，曾巍等. 磷钨酸催化 β-蒎烯阳离子聚合反应 [J]. 化工学报，2011，62 (4): 962-969.

[26] Kukhta N A, Vasilenko I V, Kostjuk S V. Room temperature cationic polymerization of β-pinene using modified $AlCl_3$ catalyst: toward sustainable plastics from renewable biomass resources [J]. Green Chemistry, 2011, 13 (13): 2362-2364.

[27] Li A L, Zhang W, Liang H, et al. Living cationic random copolymerization of β-pinene and isobutylene with 1-phenylethyl chloride/TiCl/Ti (OPr) /BuNCl [J]. Polymer, 2004, 45 (19): 6533-6537.

[28] 庄锦树，陈鸿熙. α-蒎烯与苯乙烯的自由基共聚合 [J]. 林产化学与工业，1992 (2): 107-112.

[29] Jolanta Maślińska-Solich, Irena Rudnicka. Optically active polymers—I. Copolymerization of β-pinene with maleic anhydride [J]. European Polymer Journal, 1988, 24 (24): 453-456.

[30] 蒋旭红，蒋凤池. α-蒎烯与马来酸酐反应研究 [J]. 仲恺农业工程学院学报，2000 (4): 33-36.

[31] Encarnação A C, Flores A, Mota S I, et al. Polymerisation of pinenes using vanadium oxide supported on activated carbon [J]. Catalysis Today, 2003, 78 (1): 197-201.

[32] 腊明，苏涛. α-蒎烯与醋酸乙烯酯的自由基共聚合 [J]. 化学与粘合，2009，31 (1): 18-20.

[33] 李凝，张毅，陈珊珊. H_2O_2-$FeSO_4$ 引发 α-蒎烯与苯乙烯分散聚合 [J]. 化工技术与开发，2001，30 (1): 11-12.

[34] Liu Z, Zhang T, Zeng W, et al. Cationic polymerization of α -pinene using Keggin silicotungstic acid as a homogeneous catalyst [J]. Reaction Kinetics, Mechanisms and Catalysis, 2011, 104 (1): 125-137.

[35] 吴义辉，田福平，贺民，等. 固载化 $AlCl_3$ 催化剂上 α-蒎烯异构化反应 [J]. 催化学报，2011，32 (7): 1138-1142.

[36] AnLong Li, Wei Zhang, Hui Liang, Jiang Lu, Living cationic random copolymerization of β-pinene and isobutylene with 1-phenylethyl chloride/$TiCl_4$/$Ti(OiPr)_4$/nBu_4NCl, Polymer, 45 (2004) 6533-6537.

[37] 王毅，李岸龙，梁晖等. β-蒎烯与丙烯酸甲酯的 RAFT 自由基共聚合研究 [J]. 中山大学学报自然科学版，2007，

46 (4): 50-54.
[38] 刘祖广，朱华龙，曾巍等．磷钨酸催化 β-蒎烯阳离子聚合反应 [J]．化工学报，2011，62 (4)：962-969.
[39] 尹延柏．蒎酮酸衍生物的合成、表征及生物活性研究 [D]．北京：中国林业科学研究院，2009.
[40] 柳中梅．蒎烯及其衍生物光学活性的研究现状 [J]．广州化工，2015，43 (3)：24-26.
[41] Cataldo F，Lilla E，Ursini O. Radiation-induced polymerization of β (+)-pinene and synthesis of optically active β (+)/β(−) pinene polymers and copolymers [J]. Radiation Physics & Chemistry，2011，80 (6)：723-730.
[42] Cataldo F，Ursini O，Lilla E，et al. Radiation-induced polymerization and grafting of β (−) pinene on silica surface [J]. Radiation Physics & Chemistry，2008，77 (5)：561-570.
[43] Cataldo F，Keheyan Y. Radiopolymerization of β (−) pinene：A case of chiral amplification [J]. Radiation Physics & Chemistry，2006，75 (5)：572-582.
[44] 王爱，赵扬，罗金岳．SO_4～(2-)/ZrO_2 催化 α-蒎烯开环异构化制备对伞花烃的研究 [J]．南京师大学报（自然科学版)，2012，35 (3)：62-67.
[45] 胡建华，韩嘉，李倩茹，等．α-蒎烯衍生物的合成及其综合利用 [J]．山东化工，2014，43 (6)：64-68.
[46] 王中天．β-蒎烯环氧化反应研究 [J]．化工中间体，2014 (7)：31-35.
[47] 罗常泉，段文贵，岑波等．α-蒎烯-马来酸酐加成物的合成 [J]．生物质化学工程，2006，40 (3)：25-28.
[48] 赖刚，段文贵，岑波等．α-蒎烯-马来二酸二异辛酯的合成 [J]．广西科学，2008，15 (2)：170-172.
[49] ROUXEVILLE E A L. Treatment of hydrocarbons：US，919 248 [P]. 1909-04-20.
[50] 岑兰，李福强，陈福林等．加工助剂对棉短纤维/三元乙丙橡胶复合材料性能的影响 [J]．橡胶工业，2012，59 (4)：217-222.
[51] 王兴益．萜烯酚树脂的研制 [J]．兴义民族师范学院学报，2011 (6)：105-109.
[52] 陈福林，岑兰，廖俊杰等．相容剂对 CR/EPDM 并用胶性能的影响 [J]．橡胶工业，2008，55 (7)：408-411.
[53] 李爱元，施立钦，孙向东等．α-蒎烯和间戊二烯共聚工艺 [J]．应用化学，2014，31 (6)：661-666.
[54] 熊德元，刘雄民，黄宏妙等．α-蒎烯/β-蒎烯共聚物合成与表征 [J]．应用化学，2006，23 (8)：862-865.
[55] 庄锦树，陈鸿熙．α-蒎烯与苯乙烯的自由基共聚合 [J]．林产化学与工业，1992 (2)：107-112.
[56] 林晨．改性萜烯树脂（TS 树脂）的开发及应用 [J]．化工科技市场，2000 (9)：5-6.
[57] 梁晖，卢江，胡静等．苯乙烯/α-蒎烯嵌段共聚物的性能研究 [J]．石油化工，2001，30 (5)：372-375.
[58] 张兵，宁平．α-蒎烯/马来酸酐/苯乙烯三元共聚反应研究 [J]．合成材料老化与应用，2008，37 (2)：4-8.
[59] 李蒙俊．α-蒎烯的聚合反应与萜烯树脂的制备 [J]．生物质化学工程，1993 (4)：2-4.
[60] 李岸龙，梁晖，卢江．β-蒎烯/极性乙烯基单体共聚物的设计与合成研究 [J]．塑料，2009，38 (2)：50-52+64.
[61] Trumbo D L，Giddings C L，Wilson L R A. Terpene-anhydride resins as coating materials [J]. Journal of Applied Polymer Science，1995，58 (1)：69-76.
[62] 邱振名，沈敏敏，哈成勇．β-蒎烯和马来酸酐的反应及产物表征 [J]．化学通报，2007 (8)：617-620.
[63] 王鹤，丁莹，赵树高．三元乙丙橡胶的分子结构参数对其性能的影响 [J]．合成橡胶工业，2014，37 (2)：139-143.

第 4 章　双环戊二烯聚合共混改性

4.1　概述

4.1.1　高分子共混改性

高分子共混是一种简便而有效的改性方法。一般说来，把两种或两种以上的高分子树脂按一定的配比，在一定温度和剪切应力条件下，通过物理或有化学协同的方法进行共混改性[1]，可以得到兼有这些高分子材料性质的混合物，所形成的高分子混合材料称为高分子合金。

混合过程一般包括混合作用和分散作用两方面含义。混合作用系指不同组分相互分散到对方所占据的空间中，即使得两种或多种组分所占空间的最初分布情况发生变化；分散作用则指参与混合的组分发生颗粒尺寸减小的变化，极端情况达到分子程度的分散。实际上，混合作用和分散作用大多同时存在，亦即在混合操作中，通过各种混合机械供给的能量（机械能、热能等）的作用，使被混物料粒子不断减小并相互分散，最终形成均匀分散的混合物。由此可见，组分的分散程度和混合物料的均匀程度是评定混合效果的两个尺度。

由于物理共混具有加工方便、成本低等优点，成为高分子共混改性最基本和最广泛的共混方式[1]。高分子合金与许多单一高分子相比，拥有以下优点：①综合均衡各组分的优缺点，达到优势互补、扬长避短；②通过共混改性来提高高分子的加工性能；③高分子经过共混改性可以满足一些特殊的性能需求；④通过共混可以降低昂贵原材料成本。

4.1.2　高分子共混改性方法

高分子共混改性的基本类型可分为三大类：化学共混、物理共混、物理/化学共混。化学共混即化学反应；物理共混主要是指熔融共混；物理化学共混包含物理混合和化学反应两个过程。按混合时物料的状态，又可分为熔融共混、溶液共混、乳液共混、釜内共混等[2]。①熔融共混：将两种或两种以上的高分子经过预混合，在挤出机、开炼机、密炼机中加热到熔融状态后并在剪切应力作用下进行熔融共混，最终得到物相分散均匀的高分子熔体。这种方法具有非常高的工业应用价值，大多数的高分子共混物都是采用此种方法制备的。②溶液共混：将两种或者两种以上的高分子组分溶于溶剂后，再进行共混。这种方法简单易行且用量少，非常适合在实验室中进行某些基础研究。③乳液共混：将两种或更多的高分子乳液进行均匀混合的方法。④互穿聚合物网络（IPNs）：将两种或两种以上交联聚合物相互贯穿而形成的交织网络聚合物，是大分子在三维空间中以不同的镶嵌方式构成的一种环连体。

4.1.3 高分子共混相容性

不同高分子共混后的性能优劣与它们之间的相容性有关，如果相容性不好，就会发生微观相分离，导致材料的性能下降。因此，相容性一直是共混材料研究的热点[3]。

高分子的相容性，从热力学的角度而言，是指共混物两组分在任意配比下都能形成均相体系，达到分子或者链段水平上的相容的能力；在工艺上，它指的是高分子相互扩散而制得性能稳定的共混物的能力，高分子之间有适当的热力学上的相容性才有可能有良好的工艺相容性。

如果共混体系两种高聚物之间是完全的热力学不相容，则共混后会发生相分离，界面黏结力低，共混物没有实际的应用价值；而如果两种高聚物完全相容，则共混物的性能是两种高聚物性能的加和值。根据共混理论的观点，性能优异的共混体系应该是具有宏观均匀而且微观相分离的形态结构的部分相容体系。这类体系能形成类似“合金”的协同效应。因此，如何改善共混体系间组分的相容性，是提高共混体系性能的重要因素[4]。

影响高分子的相容性因素一般主要有溶解度参数、极性、结晶能力。高分子的共混其实就是聚合物分子之间的相互扩散，但在相互扩散的过程中，分子链又受到内聚力的制约，其大小可用内聚能密度表示。对于高分子来说，内聚能密度与分子间作用力大小相关，分子间作用力又与溶解度参数相关，因此，内聚能密度可用溶解度参数来进行表征。如果两相高分子的溶解度参数越接近、相差越小，其共混物的相容性越好。一般地，若高分子之间的溶解度参数相差较大，则相容性效果就不好。极性相近的高分子，其熔融共混的效果更好，根据相似相容的原理，一般选择极性相似的高分子或者结构相似的高分子来进行熔融共混，可以达到较好的共混效果。

4.1.4 改善高分子共混体系相容性的方法

增加共混体系相容性的办法通常有如下三种。①改变聚合物的分子链结构。通过接枝、共聚等办法，在高聚物分子链上引入反应基团或极性基团，来增加高聚物各组分之间的亲和力或者发生反应，导致各组分间结合力增加，共混体系的相容性得到提高[5]。②在共混物组分间交联。交联分化学交联和物理交联。例如，通过辐射可使 LDPE/PP 产生化学交联，以此来提高相容性。③加入相容剂增容。通过加入相容剂来改善共混物合金的相容性是一种既简便而又常用的一种方法。相容剂的本质是指利用分子间的键合力来达到它的增容作用。它可以降低共混物各界面间的张力，增加体系各相界面间的黏结力，使体系各相分散得更均匀，使共混物的综合性能得到提高。相容剂可按与聚合物基体之间是否存在物理作用或化学作用分为非反应型相容剂和反应型相容剂两类[6]。

非反应型相容剂是指那些本身不具备可反应基团，仅依靠自身对共混物合金中各组分的亲和力、黏结力来提高原来两种相容性差的聚合物的界面作用，具有见效快、工艺简单，无副产物等特点[7]。与非反应型相容剂不同，反应型相容剂在共混的时候与聚合物的官能团在界面处发生了反应生成化学键，增强了结合力，改善了体系的相容性，起到相容剂的作用。反应型相容剂是一些含有能与共混物组分产生化学反应的官能团的共聚物[8]。

4.1.5 互穿聚合物网络

对于热塑性聚合物来说，采用简单的物理共混方法是实现其改性的最常用且最有效的方法。但对于热固性聚合物改性来说，这种方法往往难以实现。而互穿网络技术则是热固性高分子材料改性的有效方法。

互穿聚合物网络（Interpenetrating Polymer Networks，IPNs）是一类两种或多种聚合物以网络形式结合的聚合物合金。构成IPNs的聚合物组分若都是交联的，则称为全互穿聚合物网络；若仅有一种聚合物交联，另一种聚合物是线型的，则称为半互穿聚合物网络(SIPNs)[9]。IPNs的特点在于含有能起到“强迫相容”作用的互穿网络，不同聚合物分子相互缠结形成一个整体而不能解脱。在IPNs中不同聚合物存在各自的相，相互之间未发生化学结合，因此，IPNs不同于接枝或嵌段共聚物，亦不同于一般聚合物共混物或聚合物复合材料。由于在IPNs内存在有永久性不能解脱的缠结，而使IPNs的某些力学性能有可能超越相应的单组分聚合物。

IPNs作为一种新的聚合物共混改性技术，它独特的网络互穿结构、强迫互容、界面互穿以及协同作用等优点，引起了人们极大的关注。

花兴艳等[10]对聚氨酯/环氧树脂互穿网络半硬泡进行了研究，结果表明这种聚合物具有很好的力学性能，既有较高的拉伸强度，兼具很好的韧性，同时材料的热稳定性得到了很好的改善。叶彦春等[11]制备了聚双丙酮丙烯酰胺（PDAAM）/聚氨酯互穿网络聚合物，研究发现，随着PDAAM的加入，聚氨酯的拉伸强度逐渐提高，当PDAAM的含量为40%时材料的拉伸强度和断裂伸长率均达到最大值。

随着互穿网络技术的日益成熟，其他材料的互穿网络聚合物也被广泛研究。丁会利等[12]制备出的不饱和聚酯/聚丙烯酸酯互穿网络聚合物的力学性能与热性能均优于两种单一的聚合物。马卜等[13]制备的PMMA/ER互穿网络复合材料中，当ER含量为30%时材料的拉伸强度为20.89MPa，弯曲强度为34.35MPa。

4.1.6 聚双环戊二烯共混改性

聚双环戊二烯是一种热固性高分子材料，尽管具有较好的综合力学性能，但在某些方面还不能满足应用要求，需进一步提高其力学性能。

聚双环戊二烯改性的主要目的是进一步提高材料的性能或功能。改性剂一般是能溶于DCPD的高分子，其中可分为弹性体和非弹性体。弹性体包括有苯丁橡胶（SBR）、聚异戊烯（PIP）、聚丁二烯（PB）、天然橡胶（NR）、苯乙烯-异戊烯-苯乙烯三嵌段共聚物（SIS）、苯乙烯-丁二烯-苯乙烯三嵌段共聚物（SBS）、乙烯-丙烯-二烯三元共聚物（EPDM）、乙烯-辛烯共聚物聚（POE）、异丁烯（PIB）和乙烯-乙酸乙烯酯共聚物，其中SBR、PB、NR、SBS和EPDM是不饱和弹性体，其他则是饱和弹性体。饱和弹性体的改性可形成半互穿网络结构，而不饱和弹性体改性则可能形成全互穿网络结构。

非弹性体有乙丙共聚物（EP）、线型低密度聚乙烯（LLDPE）、氯化聚乙烯（CPE）、氯化聚丙烯（CPP）和溴化聚苯乙烯等，其中卤化高分子除了可改善力学性能外，还具有一定的阻燃性。

对于改性聚双环戊二烯的共混方法有别于热塑性高分子，过程中同时存在聚合和共混。首先将弹性体溶于DCPD中，按实际需要加入各种添加剂及催化剂，配制成A/B组合料，然后采用反应注射成型机进行成型。由于混合过程中同时有聚合反应发生，因此，将这种过程称之为原位聚合共混。

Klosiewicz 等[14]报道将天然橡胶、丁苯橡胶（SBR）、丁腈橡胶（NBR）、乙丙橡胶（EPDM）等弹性体添加到DCPD单体中，然后引发聚合，对材料进行改性，所得材料的冲击性能和形状恢复能力有明显提高，冲击性能最高提高了350%以上，其弯曲和冲击模量仅降低了7%和3%。原因是弹性体存在于PDCPD材料的网格中间，使复合材料的冲击强度增大，热变形温度有了一定的提高，同时因为弹性体分子链与PDCPD间的协同作用使得其弯曲和冲击强度并未有明显下降，起到了改性的目的。

P. Khasat 等[15]采用可溶性的具有核壳结构的聚合物粒子溶于DCPD单体中，加入开环易位催化剂催化聚合，从而对PDCPD进行增韧，并对材料的聚合工艺进行了研究，得到的材料冲击强度提高了40%以上。

Y. Yang 等[16]用聚丁二烯改性来提高PDCPD的冲击性能及恢复能力，并用核磁共振技术证明了如下所示结构的存在。在此结构中，聚丁二烯部分接枝于PDCPD中的降冰片烯双键碳骨架上，部分则存在于PDCPD的网络结构中。结果表明，经聚丁二烯改性后的PDCPD复合材料冲击强度和恢复能力都有了很大的提高，且材料的恢复能力随着聚丁二烯含量的增加而增强。

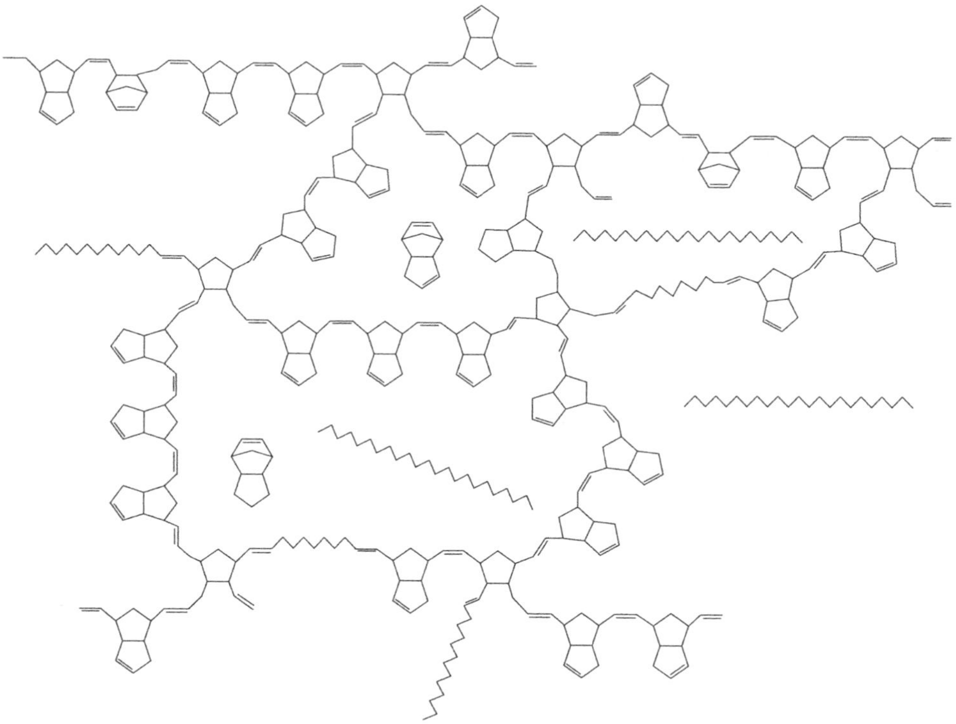

Brian J 等[17]对双酚A缩水甘油醚（DGEBA）基环氧树脂和聚双环戊二烯共混体系进行了仔细研究。该体系中的两个组分不仅分子结构相差较大，而且聚合机理也大不相同。然而，正是这种差别才有可能采用两种引发方式使它们各自聚合并形成互穿网络高分子。该体系中的DCPD采用Grubbs催化剂固化，而环氧树脂采用酸酐来固化，正是前者的聚合反应温升引发酸酐固化环氧树脂。体系中的环氧树脂具有高的拉伸强度和模量，而PDCPD则具有更好的韧性和抗冲击强度，两者性能的互补将使得到的材料具有优异的综合力学性能。这种既强又韧的材料可以满足离岸风力涡轮机的工作环境。

4.2 EVA与双环戊二烯的聚合共混改性

4.2.1 EVA-PDCPD聚合共混物制备与表征

4.2.1.1 制备方法

在安瓿瓶中将不同型号的乙烯-醋酸乙烯酯共聚物（EVA）按照一定配比分别加入DCPD中，置于50℃烘箱中，待完全溶解后，对体系进行抽真空并用氮气置换，分别向瓶中加入缓聚剂以及双催化剂引发DCPD聚合，并对凝胶时间进行调节。优化出最佳反应条件后，按照同样的步骤，将混合液注入模具中，并放置在50℃烘箱中保温1h，待脱模后取出。

4.2.1.2 聚合转化率的测定

在80℃下，对样品进行真空干燥，将未参加反应的小分子抽出，按照式(4-1)计算聚合物的转化率w_1。

$$w_1=\frac{A_1}{A_0}\times 100\% \tag{4-1}$$

式中 A_0——真空干燥前样品的质量，g；

A_1——真空干燥后样品的质量，g。

4.2.1.3 红外光谱分析（IR）

将EVA/DCPD/助催化剂体系加热后的凝胶物，经处理过滤后所得粉末与KBr研磨压片，用美国Thermo公司的Nicolet iS10型傅里叶红外光谱仪对其结构进行表征。

4.2.1.4 扫描电子显微镜（SEM）

将PDCPD/EVA样条的液氮淬断面用甲苯刻蚀，采用FEI公司的Quanta 250 Feg型扫描电子显微镜观察甲苯刻蚀前后的淬断面及材料冲击断面的内部结构和微观形貌。

4.2.1.5 差示扫描量热分析（DSC）

采用TA公司的Q2000型差示扫描量热仪对PDCPD/EVA复合材料进行热分析测试，测定样品的玻璃化转变温度。测试条件：氮气氛围下，升温速率20℃/min，氮气流量50mL/min。

4.2.1.6 热失重分析（TG）

采用NETZSCH公司的STA409PC热重分析仪对试样进行热重分析。测试条件为：氮气氛围下，升温速率10K/min，温度范围25～600℃，氮气流量50mL/min。

4.2.1.7 动态力学分析（DMA）

动态力学分析法是通过测定材料的各种转变，评价材料耐寒性、耐热性、相容性等性能的一种简便方法。采用美国TA公司的Q800型动态力学分析仪，通过温度控制测定PDCPD/EVA复合材料在振动负荷下的力学损耗及动态模量与温度的关系。测试条件：温度范围－95～230℃，升温速度5℃/min，测试频率为1Hz，试样尺寸50mm×10mm×4.5mm。

4.2.1.8 冲击性能测试

根据GB/T 1843—2008进行测试。

4.2.1.9 拉伸性能测试

根据 GB/T 1040—2006 进行测试。

4.2.1.10 弯曲性能测试

根据 GB/T 9341—2008 进行测试。

4.2.2 EVA 对聚合反应的影响

4.2.2.1 EVA 的溶解性及浓度选择

在 PDCPD/EVA 体系聚合共混成型过程中要满足反应注射成型工艺的要求，体系的黏度不能太高。不同型号的 EVA 分子量或分子链组成也是不同的，因此，EVA 型号及含量对体系黏度的影响程度不一样。取质量分数为 5% 的不同型号的 EVA 溶解于 20mL 的 DCPD 中，观察其溶解时间及可流动性，结果如表 4-1 所示。

表 4-1 不同分子量 EVA 在 DCPD 中的溶解性

EVA 型号	205W	VA910	VA900	VA800	VA700	VA600	VC500
熔体流动速率/(g/10min)	800	400	150	20	15	6	3
溶解性	大————→小						

由表 4-1 可知，随着 EVA 熔体流动速率的减小（即分子量增大），EVA 在 DCPD 中的溶解性越来越小，黏度越来越高。

在此基础上，以溶解度最小的 VC500 为基准，按照质量分数分别为 3%、4%、5%、6%、7%、8%、9%、10%配制 20mL 溶液，观察其溶解情况，以选择合适的 EVA 含量。结果发现，随着 EVA 含量的增加，溶解时间越来越长，而且可流动性越来越差，综合溶解性情况以及成型需要，最终将 EVA 最大添加量定为质量分数 7%。

4.2.2.2 凝胶时间的调节

由于催化剂具有较高的活性，使 DCPD 在很短时间内凝胶并发生聚合，因此，向体系中加入缓聚剂正丁醚来适当延缓凝胶速度以保证反应的可操作性。其对 DCPD 聚合反应的调节机理是缓聚剂与助催化剂发生络合，降低活性金属卡宾的生成速率，从而降低聚合活性。

4.2.2.3 EVA 对反应速率的影响

由于不同分子量的 EVA 对聚合反应速率的影响不同，为使聚合反应速率固定在一个合适的范围，需要用缓聚剂来进行调节。如果反应活性越高，缓聚剂用量就相对越多；反应本身活性越低，所需缓聚剂的量就少。所以可用反应所需缓聚剂的量来考察聚合活性。

纯 DCPD 聚合所需缓聚剂的量为 2.0mL，图 4-1 为不同型号 EVA 在相同反应条件下所加入缓聚剂量的变化曲线。由图可知，不同型号（分子量不同）的 EVA 在相同浓度下所需要的缓聚剂的量基本没有变化。可见，EVA 分子量对聚合反应活性基本没有影响。

4.2.2.4 EVA 对聚合转化率的影响

为了考察 EVA 的引入对 DCPD 的聚合是否有影响，分别取加入不同型号（分子量不同）EVA 后，在 EVA 含量分别为 0.5%、1%、3%、5%和 7%时，对 DCPD 的聚合转化

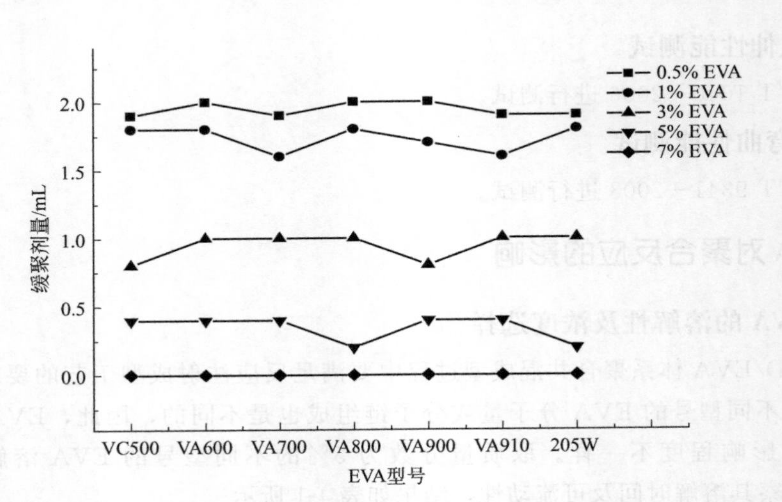

图 4-1 相同凝胶速度下 EVA 分子量与缓聚剂量的关系

(温度 t=50℃，VDCPD=40mL，凝胶时间为 90s)

率进行测定，结果见表 4-2。

表 4-2 EVA 对聚合转化率的影响

转化率/% / EVA 含量/% / 型号	0.50	1.00	3.00	5.00	7.00
205W	99.36	99.43	99.56	99.38	99.62
VA910	99.52	99.37	99.46	99.53	99.57
VA900	99.49	99.47	99.29	99.33	99.45
VA800	99.34	99.45	99.70	99.48	99.36
VA700	99.55	99.56	99.35	99.46	99.49
VA600	99.63	99.45	99.72	99.31	99.37
VC500	99.54	99.45	99.67	99.33	99.45

纯 DCPD 聚合的转化率为 99.56%，而表 4-2 的结果表明，在向体系中引入不同分子量及不同含量的 EVA 后，反应的聚合转化率都在 99%以上，与纯 DCPD 的聚合转化率基本没有差别。

4.2.3 EVA 对力学性能的影响

4.2.3.1 冲击性能

图 4-2 为不同型号的 EVA 含量对复合材料冲击强度的影响。由图可知，加入不同型号的 EVA 后，材料的冲击强度随着 EVA 含量的增加，都呈现先升高后降低的趋势，分别在 EVA 含量为 5%时，冲击强度达到最大，其中加入 VA600 的复合材料冲击强度最高，提高了 85%。由此可见，EVA 的引入显著提高了材料的抗冲击性，以 5%的含量为最佳点，过多的加入可能会引起 EVA 的团聚，因此，超过此最佳点，材料的冲击强度反而下降。

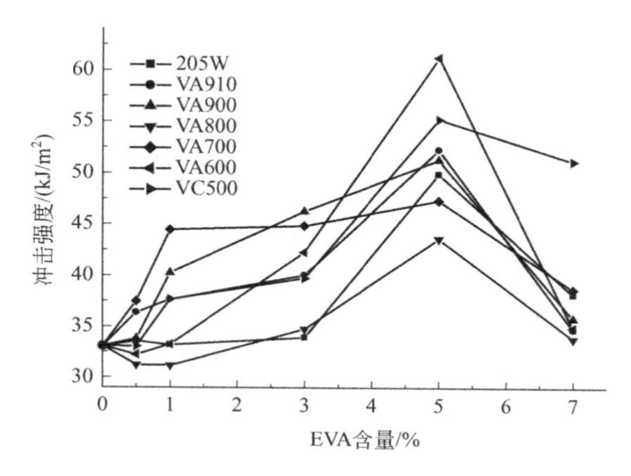

图4-2　EVA含量与冲击强度的关系

4.2.3.2　拉伸性能

图4-3为EVA含量对复合材料拉伸强度的影响。由图可知，加入EVA后，材料的拉伸强度随EVA含量的增加呈现下降的趋势，但不是很明显，最少降幅为12.4%（VA700），最大为19.2%（VA900）。这是由于EVA的加入在一定程度上影响了PDCPD的交联度，并起到增塑作用，从而使材料强度降低。而传统的增韧方法一般都是伴随着拉伸强度的显著降低。由此推断，采用极性EVA增韧剂和原位开环聚合的方式，所得聚合共混物形成了一种特殊结构，有效限制了拉伸强度的大幅度下降。

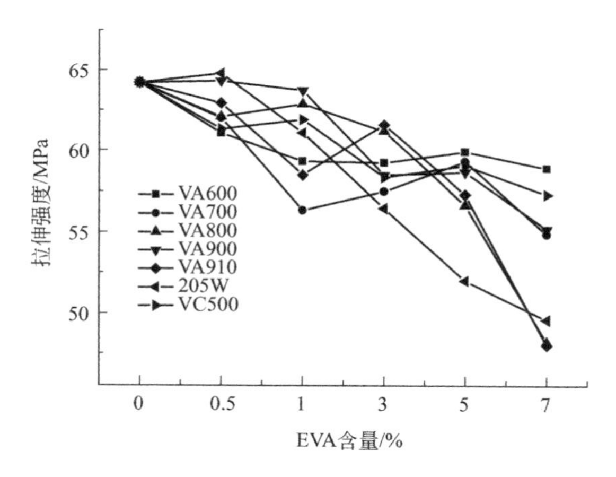

图4-3　EVA含量与拉伸强度的关系

4.2.3.3　弯曲性能

图4-4为EVA含量与复合材料弯曲强度的关系。由图可知，材料的弯曲强度随着EVA含量的增加而逐渐降低，EVA增韧剂对弯曲强度的影响规律与拉伸强度的相同，是由于交联度的降低和增塑的原因所造成的。当EVA含量较低时，对PDCPD的交联度较小，随着EVA含量的增加，材料交联度下降，导致弯曲强度有所降低，但降幅不大，最大降幅为25%，原因也是由于共混物形成的特殊结构起到了作用。

4.2.3.4　硬度

图4-5为不同EVA含量下复合材料的硬度曲线图。由图中曲线可以看出，复合材料的

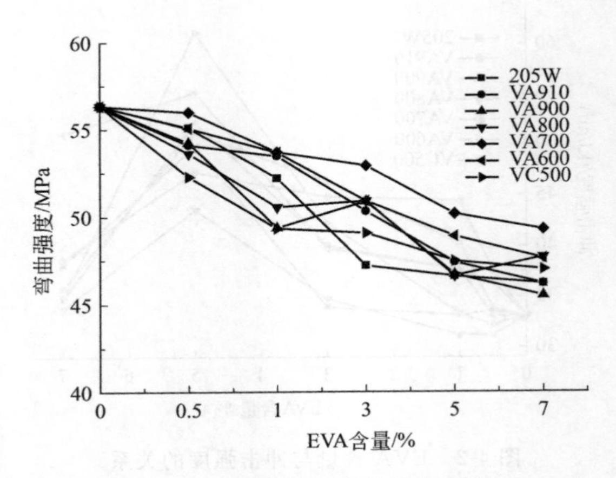

图 4-4 EVA 含量与弯曲强度的关系

硬度随着 EVA 含量的增加而逐渐降低，但降低幅度较小，最大降幅为 11.1%。由此可见，EVA 的引入会对使材料的硬度有一定程度的降低，但同时也有效限制了降低的幅度，这可能是这种聚合方法制备的不相容体系起到的特殊作用。

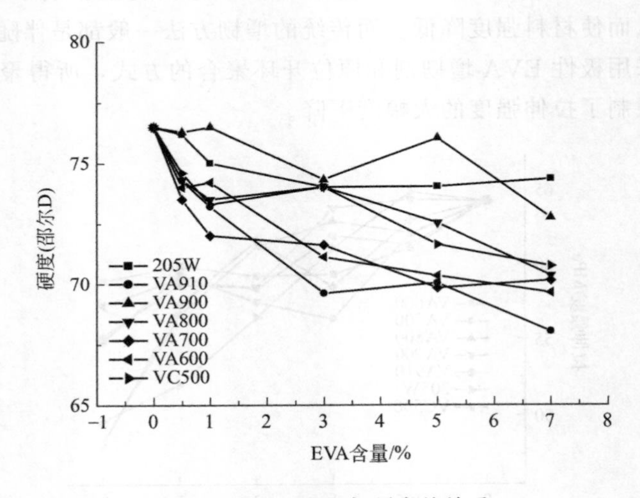

图 4-5 EVA 含量与硬度的关系

4.2.4 PDCPD/EVA 共混结构表征

极性 EVA 与 PDCPD 结构相差较大，属于不相容体系，EVA 的引入在通常情况下会降低材料的强度。但是，由上述讨论可见，采用原位开环聚合共混的方法制备出的复合材料不仅具有较高的韧性，同时具有良好的强度。可能的原因是采用该聚合工艺制备的不相容体系中，共混的两种聚合物之间形成一种强迫相容的特殊结构，这种结构使聚合共混物的抗冲击性大幅提高的同时，也有效限制了材料强度的下降，而 EVA 在基体中的分散情况成为验证这种结构的关键。因此，对 EVA 在基体中的分散情况进行考察。

4.2.4.1 微观形貌分析

如果体系不相容，EVA 则可能在体系中发生团聚，会出现海岛型形貌，此时，用 EVA

的良溶剂抽提则可把EVA溶解掉。

将PDCPD/EVA复合材料用液氮冷冻淬断，并用甲苯进行刻蚀。以EVA质量分数为5%的PDCPD/VA600为例，图4-6为甲苯刻蚀前后淬断面的SEM形貌。

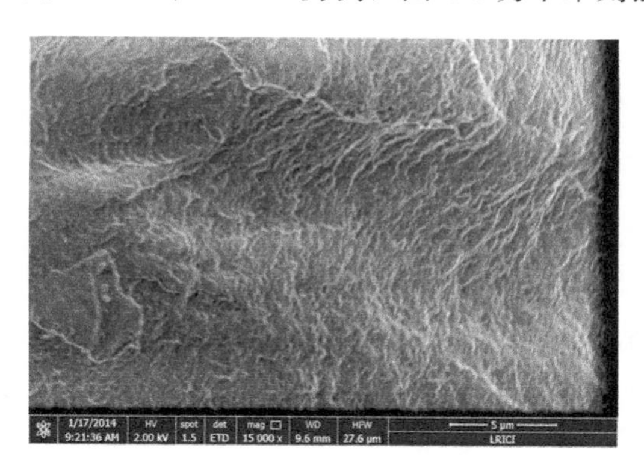

图4-6 PDCPD/VA600复合材料甲苯刻蚀前后淬断面SEM形貌

由于EVA可被甲苯溶解，如果EVA在基体中分布不均匀或成聚集态，经甲苯刻蚀后的断面会因EVA的溶出而出现类似海岛状的空洞。而在放大15000倍的扫描电镜图中可以看出，经甲苯刻蚀后的形貌与刻蚀前没有明显差别，并没有发现EVA被刻蚀出的痕迹。由此推断，与传统增韧聚合物的方式不同，采用原位开环聚合的反应方式，聚合速度非常快，使EVA大分子来不及分相聚集就被基体“冻结”，形成强迫相容性体系[18]，即EVA线型分子链与PDCPD交联网络形成互穿缠绕，因此，EVA在基体中的分散非常均匀，可能达到了分子分散。

同时，这也与上述力学性能的结果相符合。由于EVA与PDCPD互穿互锁的强迫相容结构，使柔性的EVA链段均匀分布于基体中以消耗能量并终止裂纹[19]，从而显著提高了材料韧性。当EVA分子量较大时，分子链间达到了更大程度的互穿缠结，最大限度地抑制了相分离过程。而5%的含量为临界点，此时EVA的线型分子链与PDCPD网状结构互锁能力最好，冲击强度达到最大值。

4.2.4.2 冲击断面分析

冲击断面形貌分析即通过材料冲击断裂面的形貌表征出材料缺口冲击断裂时的断裂特征。图4-7和图4-8分别为PDCPD和PDCPD/EVA的冲击断面SEM形貌（从低倍到高倍），其中图4-8(a)、(b)分别为VA600型号和VC500型号，EVA质量分数为5%。从图4-8中可以看出，PDCPD/EVA复合材料的断面形貌与PDCPD的断面形貌有明显差异。纯PDCPD的整个冲击断裂面较为平整光滑，呈现出脆性断裂的特点；而添加EVA后的断面变得粗糙，并出现很多褶皱，为典型的韧性断裂。由此可见，EVA与PDCPD的分子链互穿互锁，使EVA均匀分散于基体中，从而消耗能量并终止裂纹，起到了增韧的效果。

4.2.4.3 差示扫描量热分析

差示扫描量热是表征聚合共混物相容性的一种有效手段，通过DSC表征可以证明EVA在基体中的分散情况。图4-9为纯PDCPD及PDCPD/EVA的DSC曲线，其中(a)图为纯PDCPD，(b)、(c)分别为EVA（VA600）质量分数5%、7%的PDCPD/EVA。由图可知，

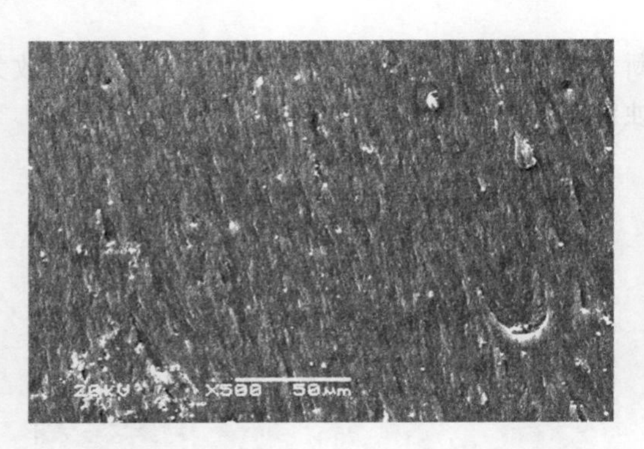

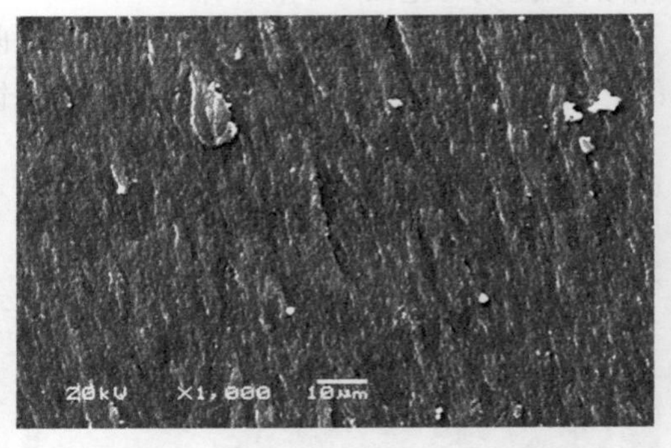

图 4-7 PDCPD 的冲击断面 SEM 形貌

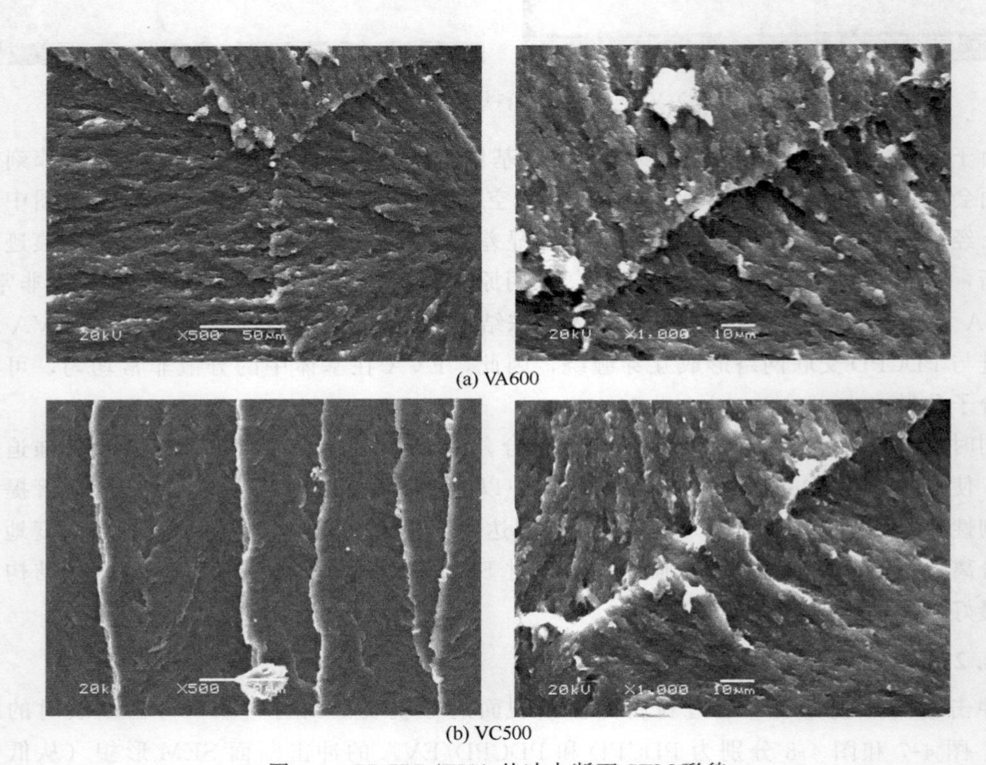

图 4-8 PDCPD/EVA 的冲击断面 SEM 形貌

纯 PDCPD 的玻璃化转变温度（T_g）为 115.62℃，与文献报道的 117℃基本一致[20]。EVA 添加量为 5%和 7%时，聚合物的 T_g 只有一个转变峰，分别为 85.95℃和 83.66℃。对比 EVA 的 T_g（−31℃），EVA 的引入使得共混物的 T_g 向低温移动，说明 EVA 在基体中具有很好的分散性。由于 EVA 具有极性，与 PDCPD 不相容，但由于 DCPD 聚合很快，限制了 EVA 分子链的移动而不能分相，这就造成了强迫相容性，形成了 EVA 与 PDCPD 强迫相容的互穿网络结构。

4.2.4.4 动态力学分析

图 4-10 为 PDCPD/EVA（VA600）复合材料的动态力学分析曲线图。其中，图 4-10(a) 为材料的温度-储能模量曲线。由图可知，PDCPD 材料的储能模量随温度升高而降低。在

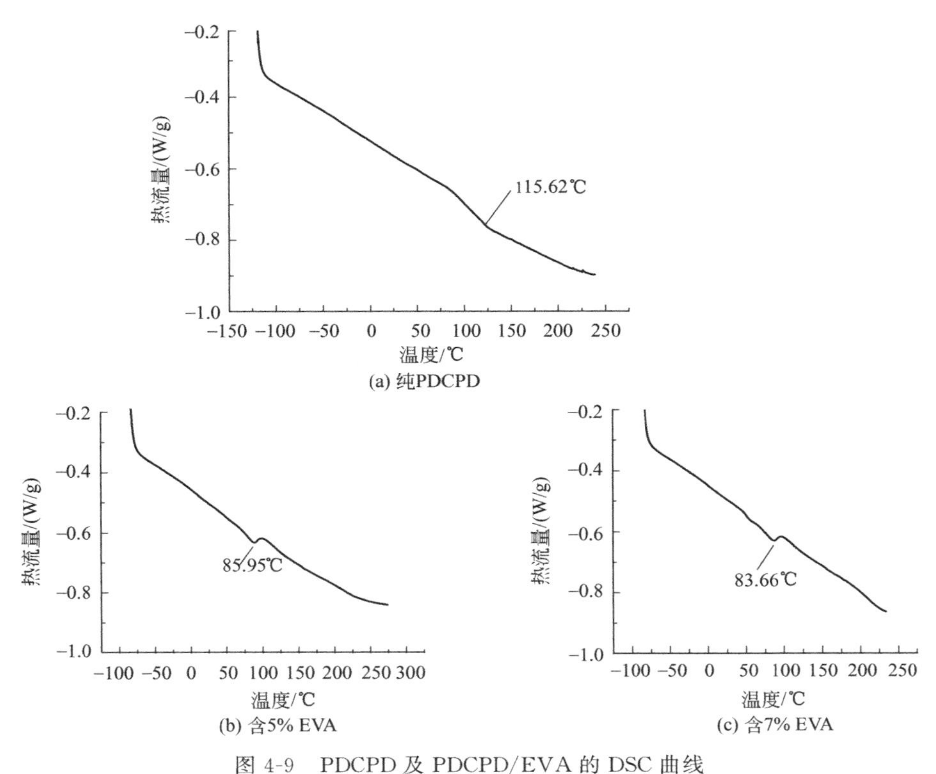

图 4-9　PDCPD 及 PDCPD/EVA 的 DSC 曲线

−95℃下，纯 PDCPD 的储能模量为 3361MPa，含 5%EVA 和 7%EVA 的复合材料的储能模量分别为 3526MPa 和 3535MPa，相对于纯 PDCPD 材料分别提高了 4.9%和 5.2%，但三者相差不大。在−95～10℃，含 EVA 的复合材料储能模量略大于纯 PDCPD，此时材料具有增塑的效果。然而，在 50～120℃之间，含 EVA 的复合材料的储能模量却比纯 PDCPD 的小，这可能是在较高的温度下，EVA 大分子活动性增强，起到了增韧作用。

图 4-10(b) 为材料的温度-损耗曲线。由图可知，纯 PDCPD 在 109℃出现转变峰，加入 5%和 7%的 EVA 后，复合材料的玻璃化转变温度均向低温方向移动，但未出现两个峰，这说明 EVA 和基体具有良好的分散性，由于聚合共混物互穿网络结构的协同效应，使其玻璃化转变温度降低较少。

4.2.4.5　热失重分析

图 4-11 为 PDCPD 和 PDCPD/EVA 复合材料的热失重曲线。由图可知，纯 PDCPD 的热分解温度为 437.7℃，PDCPD/EVA 复合材料的热分解温度为 441.9℃，两者相差不大，且复合材料也只有单一的热分解温度，这再次印证了 EVA 在基体中具有很好的分散性。而 PDCPD/EVA 复合材料的残留率要低于纯 PDCPD，在 600℃时，复合材料的残留率为 18.00%，纯 PDCPD 的残留率为 20.08%，由此可见，EVA 的引入对材料的热性能稍有影响，但下降幅度不大，这是由于共混体系强迫相容的特点，有效限制了热稳定性的下降。

综上所述，采用这种特殊的聚合方法形成强迫相容的特殊结构，不但大幅度提高了材料的韧性，而且对材料热性能的影响极小。

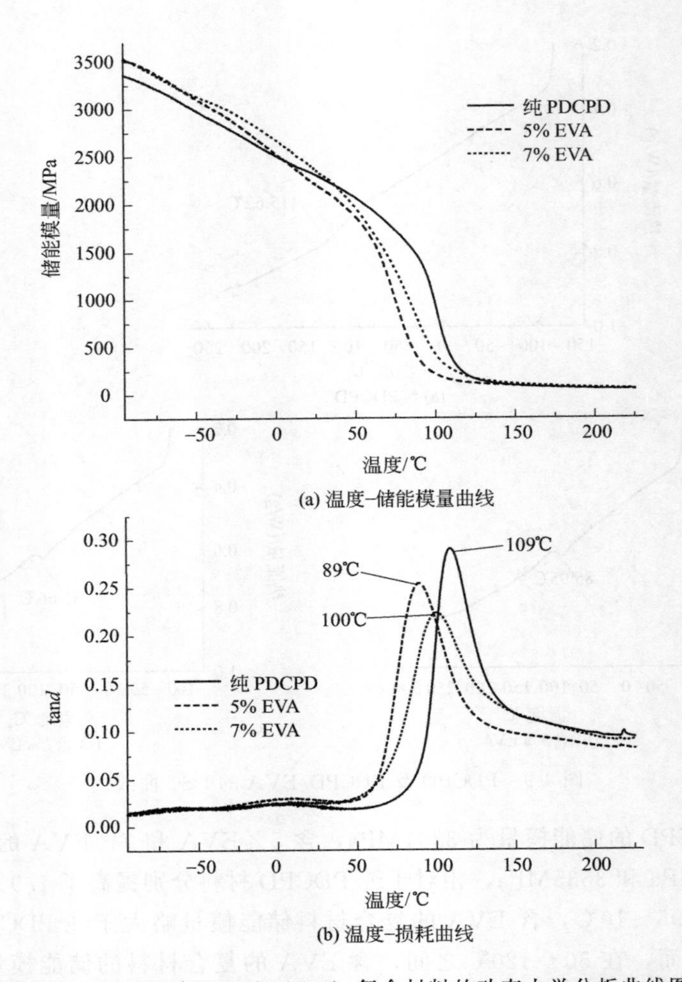

图 4-10 PDCPD/EVA（VA600）复合材料的动态力学分析曲线图

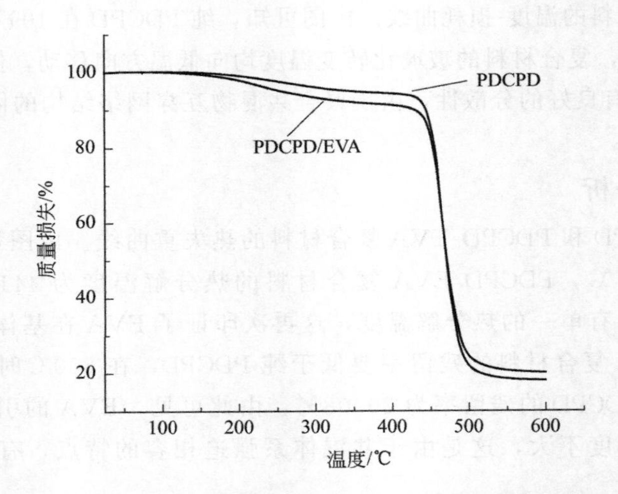

图 4-11 PDCPD 和 PDCPD/EVA 复合材料的热失重曲线

4.3 卤化高分子与双环戊二烯的聚合共混改性

卤化高分子是聚合物通过与卤素发生取代反应生成含氯元素或溴元素的高分子，常见的有氯化聚丙烯（CPP）、氯化聚乙烯（CPE）和溴化聚苯乙烯（BPS）。卤化高分子可溶于DCPD，因而可采用聚合共混的方法来改性 PDCPD，既可改善原有的力学性能，又可使其获得阻燃功能。这类共混物的阻燃性能在第七章进行详细叙述。

4.3.1 CPP 改性 PDCPD

氯化聚丙烯由聚丙烯氯化改性制得，含氯量为 32%±1%。由于氯化聚丙烯分子链上带有氯原子不易燃，耐氧化、耐酸碱腐蚀、耐磨损，且能良好地附于聚烯烃表面，因此 CPP 在黏合剂、相容性助剂、阻燃剂、油墨载色剂和聚烯烃涂料等方面得到了广泛应用[21,22]。

彭军勇等[23]用氯化聚丙烯改性丁腈橡胶（NBR），并引入协同阻燃剂三氧化二锑，制备了阻燃型 NBR/CPP 橡塑复合材料。在最佳条件下，NBR/CPP 橡塑复合材料的拉伸强度、300%定伸应力和邵尔硬度分别增加了 15.7%、112%和 10.9%；复合材料氧指数为 27.4%，达到了自熄级阻燃效果。

4.3.1.1 CPP 对聚合速率的影响

根据主、助催化剂对聚合活性的影响和拟 RIM 技术所要求的时间限制，选取较为合适的配比，并固定主、助催化剂用量，考察不同 CPP 质量分数对共混体系凝胶时间与发烟时间影响。

图 4-12 为 CPP 质量分数对复合材料聚合反应凝胶时间的影响。

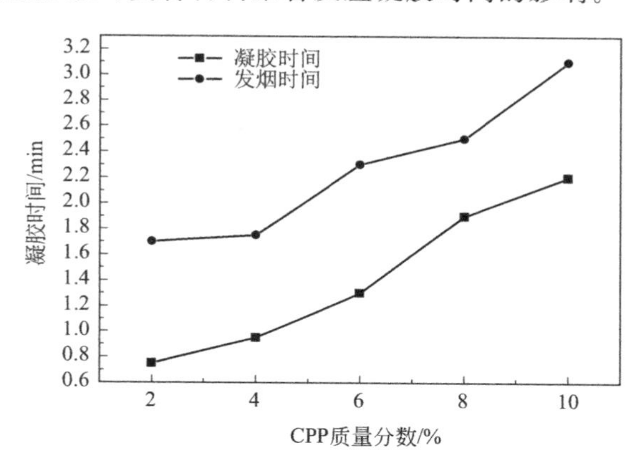

图 4-12 CPP 质量分数对凝胶时间的影响

由图 4-12 可以看出，随着复合体系中 CPP 含量的不断增大，反应的凝胶时间与发烟时间也在随之增加。这可能是由于加入了 CPP 后，其分子在单位空间体积内限制了金属卡宾活性体的数量和产生速度，从而导致复合体系初始产生大分子团状交联物的凝胶开始时间、分子开始大量交联的发烟开始时间均出现延迟。

4.3.1.2 PDCPD/CPP 共混物力学性能

（1）拉伸性能

图 4-13 为不同 CPP 质量分数对复合材料拉伸性能的影响。

由图 4-13 可知，随着 CPP 质量分数的增加，材料的拉伸强度呈先增高后降低的趋势，CPP 在 6%时达到最大值，之后由于气泡问题导致材料拉伸强度的值与实际值有误差。

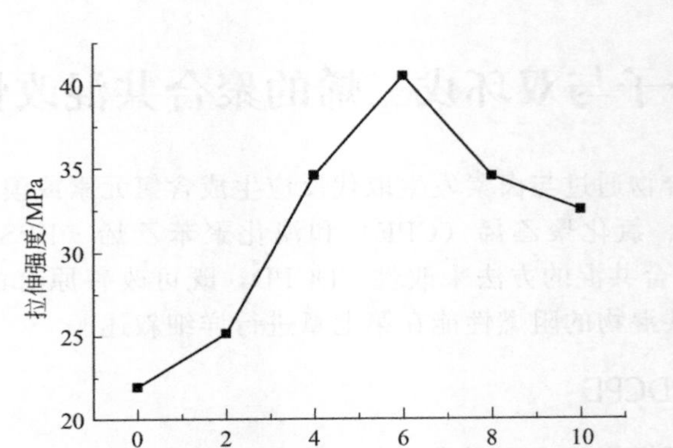

图 4-13 CPP 质量分数变化对拉伸性能的影响

由于 CPP 是线型长链高分子，在物理性质上表现出较好的韧性，使得复合材料的拉伸强度得到一定程度的改善；另一方面，CPP 的线性分子链段可以与 PDCPD 的交联网状结构相互缠绕形成半互穿网络，由于互穿网络独特的拓扑结构和协同作用，使得 PDCPD 复合材料的拉伸强度显著升高。

然而当 CPP 的质量分数增大超过 6%之后，DCPD 与 CPP 混合溶液体系黏度过大，使得 PDCPD 聚合时自身的交联度不够。并且在拟 RIM 实验时，一定数量的气泡由于溶液体系黏度过大而无法抽排干净，从而因为实验条件限制导致复合材料拉伸强度值与理论值有误差，表现为拉伸性能下降，不代表普遍规律。

(2) 冲击性能

图 4-14 为 CPP 质量分数对冲击性能的影响。

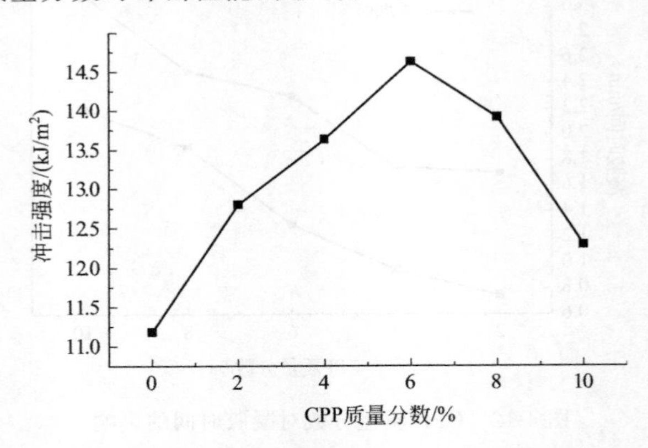

图 4-14 CPP 质量分数变化对冲击性能的影响

由图 4-14 可得显示，随着 CPP 含量的增加，共混物的冲击强度先呈现逐渐上升的趋势。这可能是因为 CPP 作为相对独立的高分子体系，它们的分子链段与 PDCPD 的交联网状结构相互缠绕形成半互穿网络，由于互穿网络独特的拓扑结构和协同作用，使得该复合结构能够吸收更多的冲击能量，抵御冲击破坏的性能开始逐渐上升。

而在 CPP 的添加量增加至 6%以上时，CPP 与 DCPD 混合溶液体系黏度过大，使得 DCPD 在利用拟 RIM 技术进行实验时，一定数量的气泡由于溶液体系黏度过大而无法抽排干净，PDCPD 出现内部有气泡集中、表面不均匀等现象，故复合材料的冲击性能与理论值相比有误差，在图中表现为下降趋势，不代表普遍规律。

(3) SEM分析

图4-15为PDCPD/CPP复合材料SEM形貌。

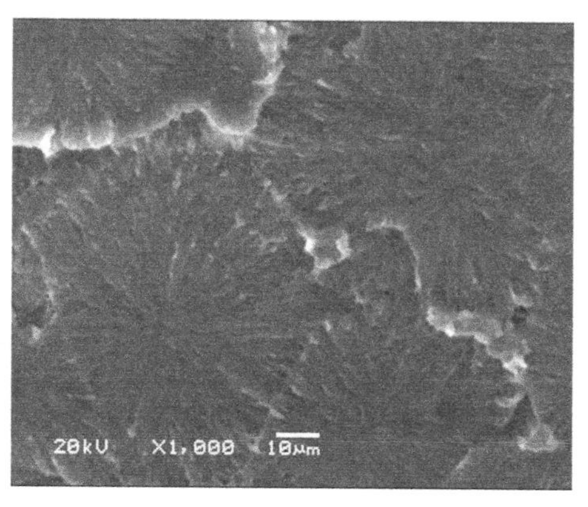

(a) 纯PDCPD

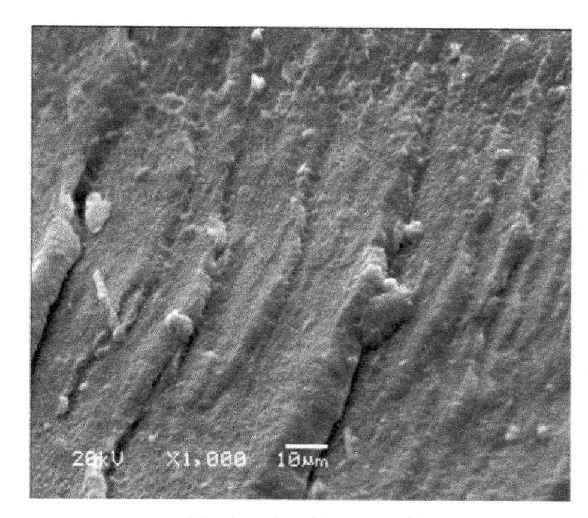

(b) PDCPD/CPP样品刻蚀前

(c) PDCPD/CPP样品刻蚀后

图4-15 PDCPD/CPP复合材料SEM形貌

从SEM图片可以看出，纯DCPD样品的断口微观形貌较为平滑，裂纹线性扩展，断面呈现大片台阶状，材料表现为韧性较差；在PDCPD中加入CPP后，材料断面则呈现凹凸不平，断面纹路明显有较多褶皱，表明PDCPD/CPP复合材料在断裂过程中会发生一定的塑性形变，其韧性比纯PDCPD有所提高；PDCPD/CPP复合材料经甲苯刻蚀后断面形貌变化不大，没有出现空化的海岛结构，由此可以推测CPP与DCPD两者以分子链段形态相互贯穿，复合体系中CPP不容易被溶出。

4.3.2 CPE改性PDCPD

氯化聚乙烯，英文名称为chlorinated polyethylene，简称CPE或CM。密度为1.22g/mL，氯含量一般为25%～45%，无毒无味，呈现白色粉末状，具有较高的韧性（在−30℃仍有柔韧性）和良好的着色性、耐油性、耐老化性、耐化学品性，能与其他高分子材料相容。CPE的分解温度较高，分解产生HCl，HCl能催化自身的脱氯反应[24]，因而有一定的阻燃作用。

4.3.2.1 CPE对聚合速率的影响

图4-16为CPE质量分数对复合材料聚合反应凝胶时间的影响。

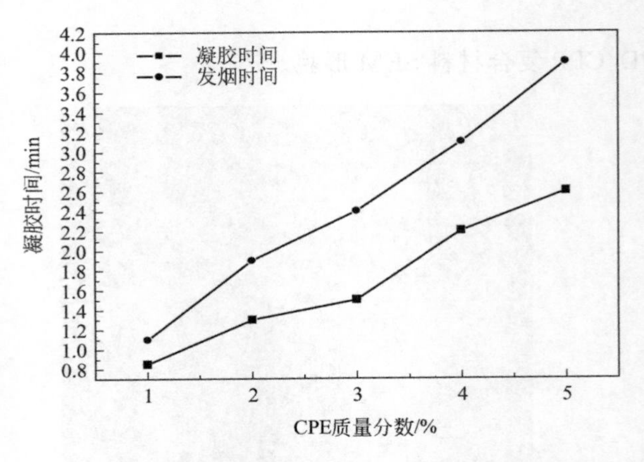

图 4-16 CPE 质量分数对反应凝胶时间的影响

由图 4-16 可以看出，随着复合体系中 CPE 含量的不断增大，反应的凝胶时间与发烟时间也随之增加，其原因与 CPP 相似。

4.3.2.2 PDCPD/CPE 复合材料力学性能

(1) 拉伸性能

图 4-17 为不同 CPP 质量分数对复合材料拉伸性能的影响。

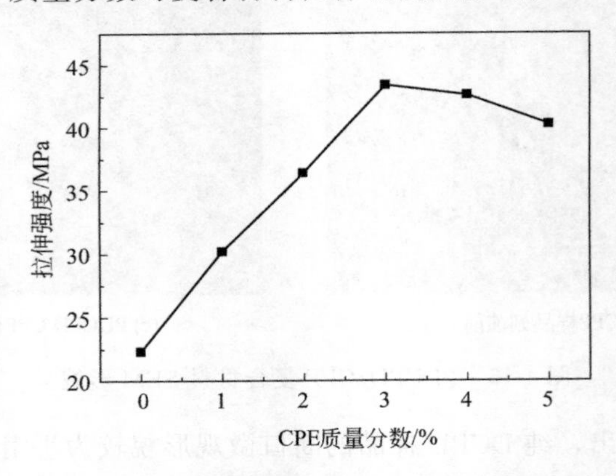

图 4-17 CPE 质量分数对拉伸性能的影响

由图 4-17 可知，随着 CPE 质量分数的增加，材料的拉伸强度呈先增高后降低的趋势，在 3% 时达到最大值，之后由于黏度较大，气泡难以排除而导致拉伸强度的值与实际值有误差。

由于 CPE 是非晶柔性长链高分子，可以改善材料的韧性；另一方面，CPE 的线型分子链段可以与 PDCPD 的交联网状结构相互缠绕形成半互穿网络，又使得 PDCPD 复合材料的拉伸强度明显升高。这可能是互穿网络的协同作用。

然而，由于 CPE 溶于 DCPD 后黏度变大，质量分数超过 3% 之后混合溶液体系黏度过大，催化剂难以快速均匀混合，而且在 RIM 成型时，气泡难以从溶液体系排除，从而测的数据与真实不一致。

(2) 冲击性能

图 4-18 为不同 CPE 质量分数对冲击性能的影响。

由图 4-18 可知，随着 CPE 含量的增加，复合材料的冲击强度先呈现逐渐上升的趋势，在 CPE 添加量增加至 3% 时有一个极大值，随后快速下降，其原因与 CPP 相似。

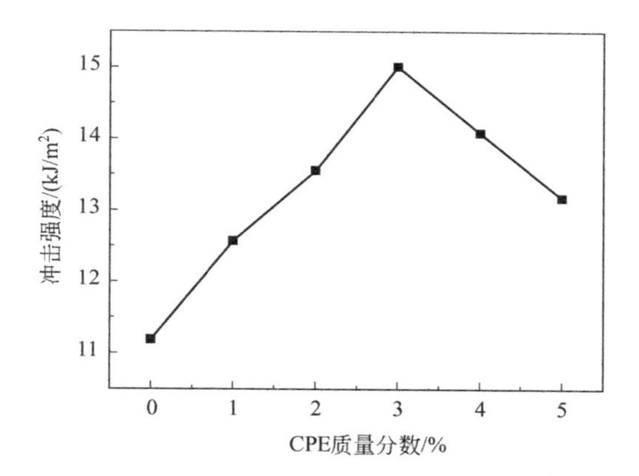

图 4-18 CPE 质量分数对 PDCPD 冲击性能的影响

4.3.2.3 PDCPD/CPE 复合材料 SEM 分析

图 4-19 为 PDCPD/CPE 复合材料 SEM 形貌。

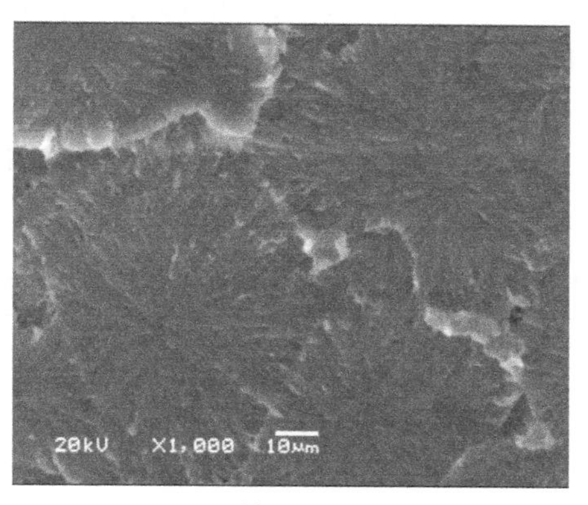

(a) 纯PDCPD

(b) PDCPD/CPE样品刻蚀前

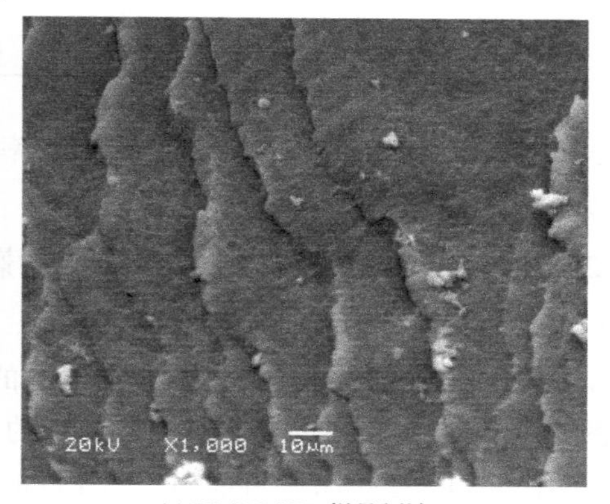

(c) PDCPD/CPE样品刻蚀

图 4-19 PDCPD/CPE 复合材料 SEM 形貌

由图 4-19(a)、(b) 可知，与纯 PDCPD 样品相比，PDCPD/CPE 样品断面则很粗糙，出现较多褶皱，表明 PDCPD/CPE 复合材料的断裂是塑性的，与冲击强度数据一致。

从图 4-19(c) 可知，PDCPD/CPE 复合材料断面经甲苯刻蚀前后形貌基本没有变化，没有出现 CPE 被溶出的空洞，说明 CPE 在基体中的分散程度很大，且与 PDCPD 分子链段形态相互贯穿，限制了 CPE 使其不容易溶出。

4.3.3 BPS 改性 PDCPD

溴代聚苯乙烯（BPS）属于添加型大分子溴代阻燃剂，具有溴含量高、毒性低、耐热性好、流动性好、不起霜等优点[25]。BPS 与多溴联苯醚相比，不会产生有毒的多溴代二苯并二噁英（PBDD）和多溴代二苯并呋喃（PBDF），是目前十溴二苯醚的最佳替代品[26,27]。

徐晓楠[28]研究了 BPS 与 Sb_2O_3 协同阻燃 PA6，阻燃体系能使 PA6 的阻燃性能从 HB 级提高为 V-0 级，LOI 超过 27%。黄艳梅等[29]将 BPS 应用到 HIPS 体系中，研究了不同用量 BPS 对材料的阻燃性能和力学影响，当 BPS 添加量仅为 3%（质量分数）时，材料的水平燃烧速率由 60mm/min 降为了 33mm/min，且综合性能较好。陈晓东等[30]将 BPS 与红磷复配用于提高尼龙 66 的阻燃性，其优点是：在保证具有非常好刚性、耐热尺寸稳定性的同时，阻燃性能可达 V-0 级。

4.3.3.1 PDCPD/BPS 共混物的制备

BPS 对主、助催化剂没有明显的干扰，两个中都可以添加，选用不同添加量 BPS 模拟工业 RIM 过程如下：DCPD、主催化剂、BPS 按所需比例混合均匀，得到 A 液；DCPD、助催化剂、BPS 按所需比例混合均匀，得到 B 液。料液温度为 25℃，将 A、B 快速混合均匀，注入提前预热至 65℃的模具中，混合物凝胶、放热固化得到 PDCPD/BPS 材料样品。BPS 含量对 DCPD/BPS 混合体系聚合情况的影响结果见表 4-3 所示。

表 4-3 BPS 含量对 DCPD/BPS 混合体系聚合反应的影响

实验名称	DCPD/份	BPS/份	凝胶时间/s	放热时间/s	转化率/%
1-1	100	—	6～7	24	98.2
1-2	100	12	6～7	23	97.7
1-3	100	15	6～7	27	98.3
1-4	100	18	7～8	35	98.8
1-5	100	21	6～7	38	98.5
1-6	100	24	6～7	33	98.0

由表 4-3 可知 BPS 含量的增加对聚合速率和转化率都没有明显的影响，当添加量大于 18 份时放热时间稍有所延迟。

4.3.3.2 BPS 对 PDCPD 材料力学性能的影响

（1）拉伸强度

图 4-20 是 BPS 含量对共混物的拉伸性能的影响规律。

由图 4-20 可知，BPS 可以提高 PDCPD 的拉伸强度，当 BPS 添加量为 24 份时，拉伸强度提高了 21.7%，说明 BPS 可能对 PDCPD 的交联度和交联方式有影响，而且当 BPS 的量足够大时，同样形成了可连续相，与 PDCPD 形成互穿网络结构，提高了材料的刚性。

（2）断裂伸长率

图 4-21 是 BPS 含量对共混物的拉伸断裂伸长率的影响规律。

由图 4-21 可知，BPS 的添加量加大了材料的伸长率，伸长率增加了 28.7%，分析原因，可能是引入 BPS 对 PDCPD 结晶度有影响，结晶度下降，同时 BPS 形成了连续相，这些都会对共混物的断裂伸长率有影响。

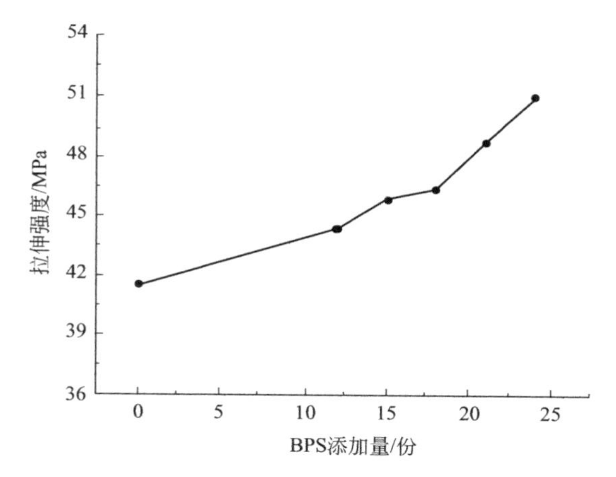

图 4-20　BPS 含量对共混物的拉伸性能的影响

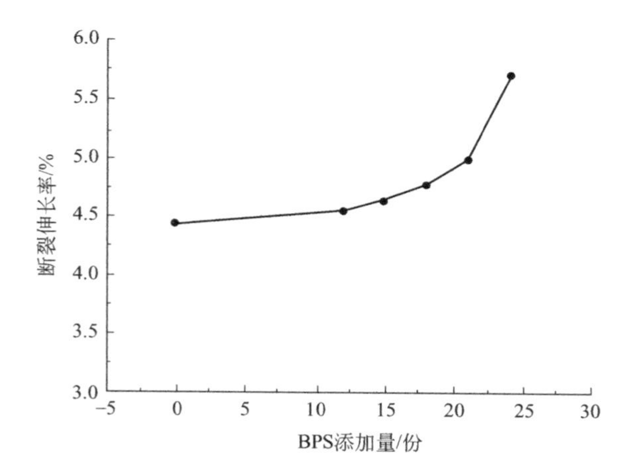

图 4-21　BPS 含量对共混物的拉伸断裂伸长率的影响

(3) 弯曲强度

图 4-22 是 BPS 含量对共混物的弯曲强度的影响规律。

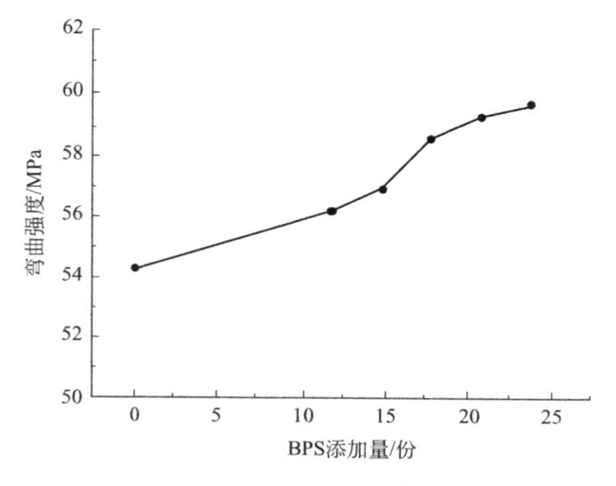

图 4-22　BPS 含量对共混物的弯曲强度的影响

由图 4-23 可知，BPS 添加量会提高材料的弯曲强度，当 BPS 添加量为 24 份时，弯曲强度提高了 9.8%，这可能与材料的刚性变大和形成互穿网络结构有关。

(4) 弯曲模量

图 4-23 是 BPS 含量对共混物的弯曲强度的影响规律。

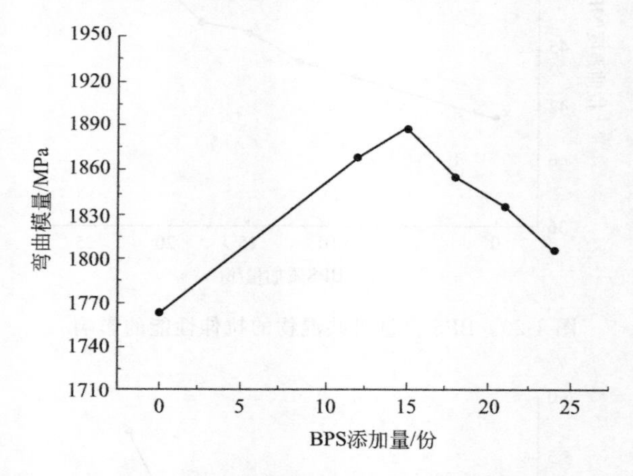

图 4-23 BPS 含量对共混物的弯曲强度的影响

由图 4-23 可知，材料开始弯曲模量是在提高的，BPS 添加量为 15 份时，弯曲模量增加了 124.4MPa，但当用量达到一定程度后，弯曲模量又下降了，可能是 BPS 本身的性能与 PDCPD 性能加和的结果。

(5) 冲击强度

图 4-24 是 BPS 含量对共混物的冲击强度的影响规律。

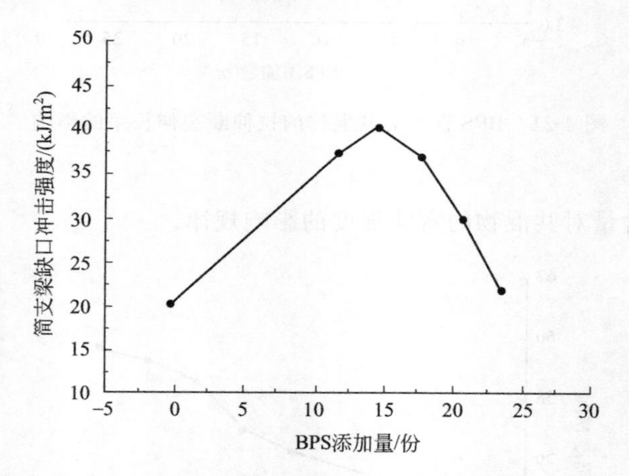

图 4-24 BPS 含量对共混物的冲击强度的影响

由图 4-24 可知，PDCPD 材料的冲击强度是先升后降，BPS 添加量为 15 份时，冲击强度提高了 96.3%，可能是因为少量 BPS，形成应力集中，引发了剪切带，消耗了冲击能量，提高了冲击强度，但是用量过大时，应力过于集中，材料不能在受力时变形吸收冲击能量，裂纹容易发生，冲击性能又下降了。

4.3.3.3 PDCPD/BPS 共混物的热重分析

图 4-25 是不同 BPS 含量对复合材料热失重分析结果。

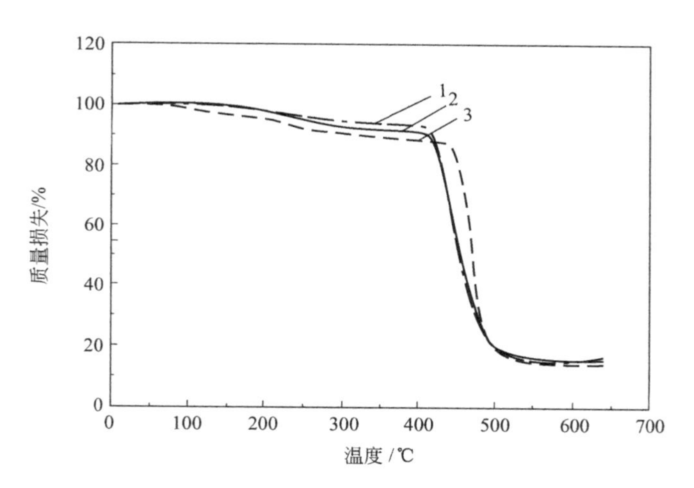

图 4-25　BPS 含量对复合材料热稳定性的影响

1—BPS 20 份；2—BPS 18 份；3—纯 PDCPD

由图 4-25 可知，三条曲线走势基本相同，都只存在一个较大的失重区间，三条曲线在 180℃前基本一致，只是有轻微的失重，此时的微量失重是由残留的 DCPD 单体和类似水分子的小分子挥发引起的。从失重区间可以得到，复合材料热分解速率慢，但最大分解温度比纯 PDCPD 低。BPS 与 PDCPD 以共混的形式存在，理论上应该存在两个明显的分解温度，但结果只有一个，一方面是 BPS（热分解温度为 410℃左右）与 PDCPD（400℃左右）的热分解温度比较接近，另一方面可能是 BPS 在基体中分散程度很高，且形成互穿网络结构，导致分解温度趋于相同。

4.3.3.4　PDCPD/BPS 复合材料动态力学分析（DMA）

图 4-26 是 PDCPD 与 BPS 复合前后的动态力学分析（DMA）。

图 4-26 可知，纯 PDCPD 的 T_g 为 113.17℃，BPS 的 T_g 温度为 162℃，PDCD 与 BPS 共混后则只有一个很窄的玻璃化转变温度。从大分子结构和极性上看两者应该是不相容的，但实际表现出两者是相容的。可能的原因就是这种聚合共混体系的特殊性，由于快速聚合固化，使得不相容 BPS 相很快冻结而不能聚集，形成了强迫相容的互穿网络结构。

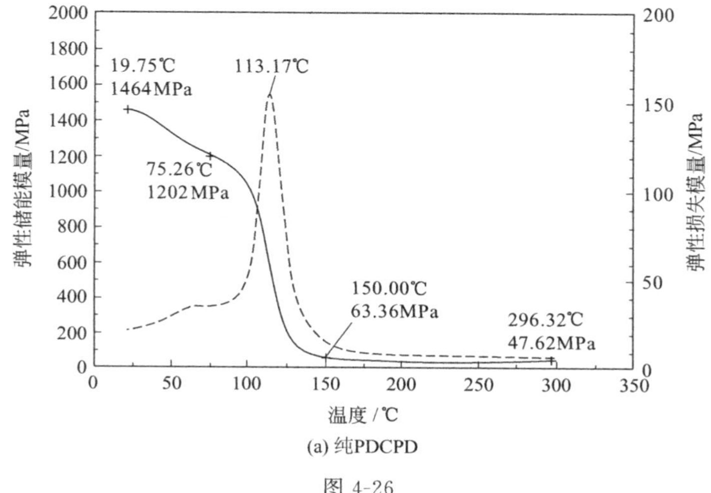

(a) 纯PDCPD

图 4-26

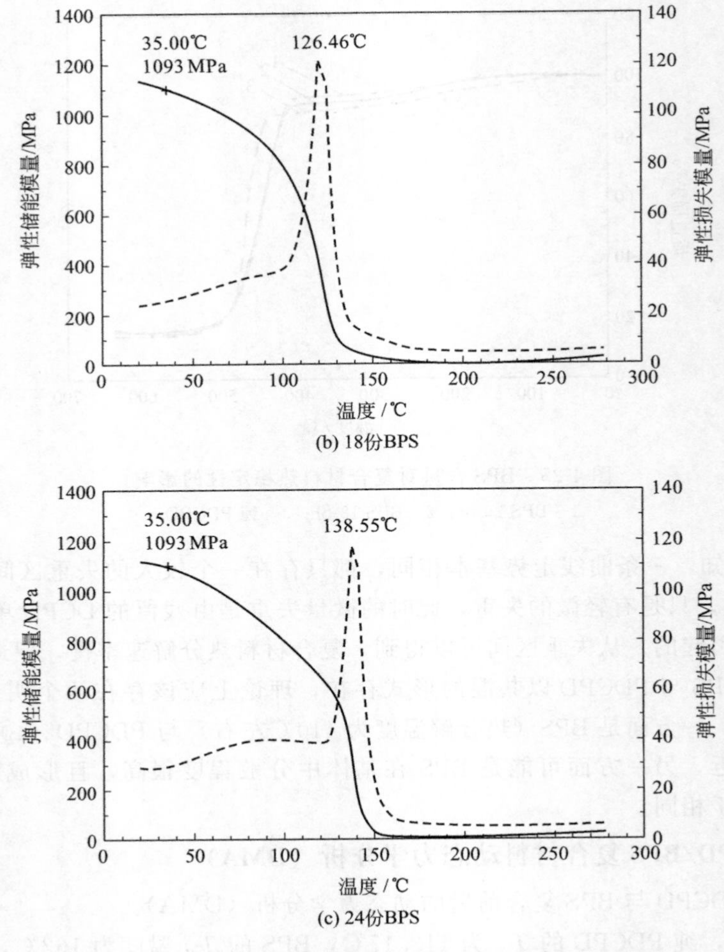

图 4-26 PDCPD 和 PDCPD/BPS 复合材料的动态力学曲线

参考文献

[1] 舒强. PP/ABS共混体系的相容性及结晶行为的研究 [D]. 湘潭：湘潭大学，2010.

[2] 周伟. 聚合物反应共混过程的研究 [D]. 上海：上海交通大学，2010.

[3] 杜仕国. 聚合物共混相容性研究进展 [J]，现代化工，2004. 05：43-48.

[4] 吴培熙，等编著. 聚合物共混改性. 北京：中国轻工业出版社，1996.

[5] 吴先明. 高耐热无卤阻燃 PA6/PPO 合金 [D]. 广州：华南理工大学，2013.

[6] 江明. 高分子合金的物理化学. 成都：四川教育出版社，1993.

[7] 邓程方. 玻璃纤维增强 PPS/PA66 共混合金的制备及性能研究 [D]. 株洲：湖南工业大学，2012.

[8] 王岚. 接枝 POE 弹性体的制备及其在聚酰胺改性中的应用研究 [D]. 北京：北京化工大学，2000.

[9] (美) 斯珀林 (Sperling，L. H.) 著；黄宏慈，欧王春译. 互穿聚合物网络和有关材料. 北京：科学出版社，1987.

[10] 花兴艳，赵暗仲，王啄升，朱全华，聚氨酯/环氧树脂互穿网络半硬泡沫的力学性能及吸能特性，复合材料学报，2010，24 (4)：118-123.

[11] 叶彦春，谭惠民，张玉平，PDAAM/PU 同步互穿网络聚合物的力学性能，化工新型材料，35 (6)：66-67.

[12] 丁会利，赵敏，瞿维伟. 原位聚合法分子复合材料的分类 [J]. 高分子材料科学与工程，2003，19 (2)：24-29.

[13] 马卜，王重辉. 聚甲基丙烯酸甲酯环氧树脂互穿网络复合物的性能研究，精细与专用化学品，2010，18 (9)：31-33.

[14] Klosiewicz, Daniel W. Method for making a dicyclopentadiene thermoset polymer containig elastomer [P]. US 4,520,181.

[15] P. Khasat, D. Leach. Polydicyclopentadiene having improved stability and toughened with polymeric particals [P]. US 5480940.

[16] Y. Yang, E. Lafontainc. Curing study of dicyclopentadiene resin and effect of elastomer on its polymer network [J]. Polymer. 1997, (38) : 1121-1130.

[17] Brian J. Rohde, Megan L. Robertson, Concurrent curing kinetics of an anhydride-cured epoxy resin and Polydicyclopentadiene, Polymer, 2015, 69 : 204-214.

[18] 夏敏，罗运军，王兴元. 超支化聚合物/环氧树脂体系的固化行为及性能 [J]. 高分子材料科学与工程，2008，24 (2)：99-102.

[19] 宋盛菊，杨发杰，褚庭亮等. 环氧树脂增韧方法及增韧剂的研究进展 [J]. 中国印刷与包装研究，2013，5 (5)：9-22.

[20] 黎华明，刘朋生，陈红飙. 聚双环戊二烯的性能研究 [J]. 高分子材料科学与工程. 1999，15 (3)：169-171.

[21] 范忠雷，唐四叶，刘大壮等．氯化聚丙烯研究进展 [J]．现代化工，2004，24 (12)：16-19.

[22] 吕咏梅．我国氯化高聚物生产现状与市场分析 [J]．化工中间体，2002，(16)：15-18.

[23] 彭军勇，王曦，苏胜培等．阻燃型丁腈橡胶/氯化聚丙烯橡塑复合材料的制备与性能研究 [J]．精细化工中间体，2012，42 (2)：50-54.

[24] 林浩，甄卫军．氯化聚乙烯阻燃体系的研究 [J]．2009，12 (3)：32-34.

[25] 魏炳举．环保阻燃剂溴化聚苯乙烯的合成研究 [J]．盐业与化工，2009，38 (3)：20-22.

[26] 欧育湘，赵毅，韩廷解．溴系阻燃剂的 50 年 [J]．塑料助剂，2009，3：1-8.

[27] 刘琳，刘洋，张彰．低相对分子质量溴化聚苯乙烯的合成 [J]．涂料工业，2007，37 (11)：22-25.

[28] 徐晓楠．溴化聚苯乙烯协同三氧化二锑阻燃 PA6 的性能 [J]．塑料，2009，38，(6)：79-81.

[29] 黄艳梅，范五一，黄锐．溴代聚苯乙烯阻燃剂的合成及性能研究 [J]．精细化工，2000，17 (3)：159-161.

[30] 陈晓东，肖健，杨涛等．一种阻燃增强高相比漏电起痕指数聚酰胺复合材料的制备 [P]．CN：1990552，2005.

第 5 章　无机粒子改性 PDCPD

5.1　概述

无机填料改性聚合物不但能降低成本，还能提高聚合物的刚度、硬度、模量、冲击韧性和热变形温度等。按尺寸大小分，无机填料可分为微米级填料和纳米级填料。与传统的微米级填料相比，纳米级填料因其表面体积比高而具有更大的优越性，从而引起科研工作者的极大关注。纳米填料尺寸与微米级填料尺寸相比，更接近聚合物基质的大分子尺寸，因此纳米填料作为改性剂，其表现就大为不同。在聚合物中加入无机纳米填料，诸如纳米蒙脱土、碳纳米管、纳米 SiO_2 、$CaCO_3$ 等可使聚合物的力学、介电、光学等性能得到很大程度的提高。

5.1.1　无机填料的表面改性[1]

无机纳米粒子由于具有极高的表面能，有很强的团聚趋势。因此，采用传统的共混技术难以获得纳米尺度上的均匀分散，得到的往往是纳米颗粒团聚成几百纳米甚至微米尺度的复合材料，从而丧失了纳米颗粒特有的功能和作用。因此，需要对纳米粒子进行表面改性，以降低其表面能态，消除粒子的表面电荷，提高粒子与有机相的亲和力等。一般来说，纳米材料的表面改性方法大致可分为以下六种。

(1) 表面改性剂改性法

利用表面改性剂覆盖于粒子表面，赋予粒子表面新的性质。常用的表面改性剂有硅烷偶联剂、钛酸酯类偶联剂、硬脂酸、有机硅等。

(2) 物理化学改性法

这是一种通过粉碎、摩擦等方法利用机械应力对粒子表面进行激活，以改变纳米粒子的主体结构和物理化学结构的方法。这种活性使纳米填料的分子晶格发生位移，内聚能增大，在外力的作用下活性的粒子表面与其他物质发生反应，附着，达到表面改性的目的。

(3) 外膜改性法

在纳米粒子的表面均匀地包覆一层其他物质的膜，使粒子表面性质发生变化。

(4) 局部活性改性法

利用化学反应使粒子表面接枝上带有不同功能基团的聚合物，使之具有新的性能。

(5) 高能量表面改性法

利用高能电晕放电、紫外线、等离子射线等对粒子表面进行改性。

(6) 利用沉淀反应进行改性法

利用有机或无机物在粒子表面沉淀成一层包覆物，以改变其表面性能。

5.1.2 无机填料改性 PDCPD 的要求

虽然无机填料是改性高分子材料较为有效的技术，限于 DCPD 的聚合与成型的特殊性，可用作改性 PDCPD 的无机粒子种类并不是很多。一是 DCPD 的聚合催化体系比较特殊，该体系能与含活性氢和活性氧的化合物作用，因而，凡是能与主催化剂和助催化剂反应或强烈作用的物质都不适合做该体系的改性材料；二是成型设备特殊，PDCPD 的成型设备的关键部分是主材柱塞计量泵和碰撞混合头，两者都是精密部件，无机粒子含量较高或粒径较大时会导致计量和混合部件的磨损，从而引起计量不准和混合不好，从而使得成型的制品要么性能不好，要么外观有缺陷。所以，用无机材料改性 PDCPD 的研究与应用报道较少。

目前，工业上采用的 RIM 设备是在原来聚氨酯反应成型机上改进而来的，不适合含有无机填料体系。随着 PDCPD 技术与工艺的发展，适于高填料的成型设备将会出现，PDCPD 复合材料的应用领域也将会有一个很大的扩展。

5.2 蒙脱土改性 PDCPD 复合材料

蒙脱土（montmorillonite，MMt）作为一种很有应用价值的层状硅酸盐在纳米复合技术中表现出了它的天然纳米片层结构，大大拓宽了蒙脱土的应用范围。蒙脱土是一种典型的层状硅酸盐，片层之间靠静电力结合，极为牢固。整个结构片层厚约 1nm，长宽约 100nm，由于铝氧八面体亚层中的部分铝原子被低价原子取代，片层带有负电荷。过剩的负电荷靠游离于层间的 Na^{+}、Ca^{2+} 和 Mg^{2+} 等阳离子平衡，因此容易与烷基季铵盐或其他有机阳离子进行有机交换反应生成有机化蒙脱土（OMMt），交换后的蒙脱土呈亲油性，并且层间的距离增大，提高了与聚合物之间的相容性，有利于蒙脱土剥离成纳米片层均匀分散在基体中，从而形成聚合物/蒙脱土纳米复合材料。

5.2.1 PDCPD/OMMt 纳米复合材料制备方法

5.2.1.1 主催化剂负载

将 WCl_6 与 2,6-二叔丁基-4-甲基苯酚反应生成的化合物［$W(OPhC_9H_{21})_3Cl_3$］作为主催化剂，取不同量的主催化剂与十八烷基三甲基溴化铵插层的蒙脱土（OMMt）在甲苯溶剂中进行超声分散，得到 $W(OPhC_9H_{19})_3Cl_3$ 负载于 OMMt，即为负载型主催化剂。

5.2.1.2 材料的制备

（1）安瓿瓶反应

在氮气保护下，分别取 20mL 液化 DCPD 于 A、B 两个 100mL 的安瓿瓶中，A 瓶中加入计量的负载主催化剂，B 瓶中加入计量的一氯二乙基铝助催化剂。将 A 瓶置于超声下分散一定时间后，迅速转移到 B 瓶中并快速摇匀，将安瓿瓶放置入预定反应温度烘箱中，观察不同反应条件下的反应固化情况。

（2）拟反应注射成型

安瓿瓶反应主要是考察各种条件对聚合反应的影响，不适合制备力学性能测试样品。为此，设计一种模拟反应注射成型的小型装置及模具。装置以高压力氮气作为推动力将 A、B 两个储罐内的料液经碰撞混合后注入缓冲瓶，用真空泵排出混合反应液的气体后，再用真空将混合反应料液转移至预先恒温的模具中。待完全固化后，取出样板，按测试标准裁制成样条。

5.2.2 复合材料表征与测试

（1）XRD 测试

将蒙脱土样品研成粉末，在 D/Max2200PCX-射线衍射仪上进行连续扫描，CuKα 射线，石墨单色器，管压/管流为 40kV/30mA，闪烁计数器记录衍射强度，扫描速度为 0.01°/步。扫描范围 1°～10°

（2）扫描电镜

将蒙脱土负载主催化剂后的悬浮液涂布在聚酯薄膜上真空干燥，表面喷金后在 JSM-5610LV 扫描电子显微镜下进行形貌观察。

PDCPD 和 PDCPD/OMMt 材料样条在液氮下淬断，断面喷金后在 JSM-5610LV 扫描电子显微镜下进行形貌观察。

（3）透射电镜

将复合材料超薄切片在 Philips CM100 型电子显微镜上观察，加速电压 200kV，电子束流小于 10mA。

（4）热重分析

材料试样采用 STA409PC 热重分析仪进行热重分析。测试条件：温度 0～800℃，温升 10℃/min，氮气流量 100mL/min。

（5）动态力学分析

将材料加工成为 10mm×2mm×30mm 规格的测试样块，放置于 DMTA Ⅳ热分析仪在 N_2 保护下进行分析。升温速率：10℃/min，测试温度范围：40～250℃。

（6）拉伸性能

根据 GB/T 528—2009 测试。

（7）弯曲性能

根据 GB/T 9341—2008 进行测试。

（8）冲击性能

根据 GB/T 1843—2008 进行测试。

5.2.3 蒙脱土负载主催化剂

有机蒙脱土（OMMt）是由无机蒙脱土（MMt）与长链烷基季铵盐进行离子交换制得的。长链烷基的存在使得 OMMt 能在甲苯中溶胀。钨酚络合物负载后的 OMMt 能够形成一种棕褐色的近似均相的悬浮液，静置 7h 后没有出现沉淀。然而，MMt 负载催化剂后，基本不能在甲苯中溶胀，静置后很快会出现紫色的沉淀。造成上述显著不同的原因可能是 OMMt 的层间距相对较大，催化剂络合物比较容易进入蒙脱土层片间，同时长链烷基的存在使得负载后的催化剂体系能够在甲苯中均匀分散。而 MMt 是亲水性的，不溶于甲苯等有机溶剂，其层间距很小，且催化剂络合物分子较大，很难进入层间距较小的无机蒙脱土中，因此只能吸附在蒙脱土表面形成沉淀。图 5-1 为负载催化剂的不同蒙脱土层 XRD 图。从图中可以分析出，OMMt 负载催化剂后比原来有更大的层间距。

图 5-2 是两种蒙脱土负载催化剂后的 SEM 形貌。由于有机蒙脱土负载催化剂后在溶剂

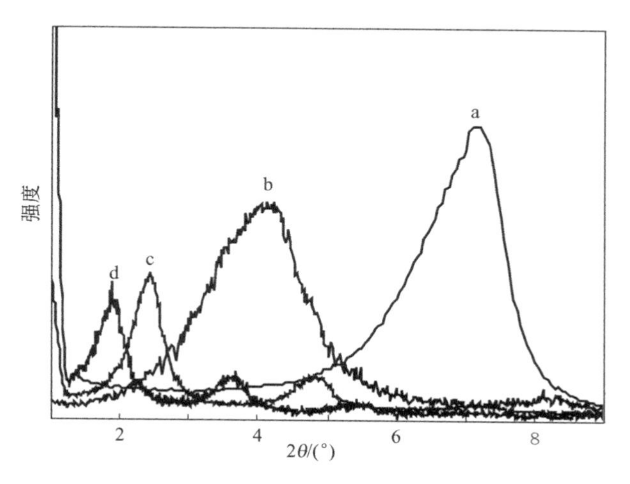

图 5-1 不同蒙脱土层的 XRD

a—MMt；b—OMMt；c—负载 OMMt；d—超声分散负载 OMMt

(a) 负载 OMMt

(b) 负载 MMt

图 5-2 蒙脱土负载催化剂后的 SEM 形貌

中能很好地溶胀，形成粒度小且分散均匀的悬浮液，溶剂蒸发后能够形成连续均匀的膜，所以电镜照片中观察到的是连续的膜层。然而，负载催化剂后的无机蒙脱土在有机溶剂中不能溶胀，而且粒度也较大，溶剂蒸发后不能形成连续膜，因而电镜只能观察到团聚的颗粒。

5.2.4 反应条件对聚合反应的影响

5.2.4.1 主催化剂含量对凝胶时间的影响

图 5-3 是固定助催化剂与主催化剂的比例 [$n(\mathrm{Al}):n(\mathrm{W})=20:1$] 时，非负载主催化剂对凝胶时间的影响规律。

从图 5-3 中可以看出，固定钨铝比，改变钨的量，可以看到随着钨含量的减小，因为反应体系中产生的活性中心绝对数目降低，引发反应速率均逐渐减慢，凝胶时间不断延长。在反应注射成型的过程中，注射头将料液混合喷出后，料液需要经过后混装置后再进入到模具中固化成型，凝胶时间不能过快。因此选择 2～3min 以内产生凝胶的配方进行制品性能测试，此时间既有利于试验操作，又可使单体转化率升高。

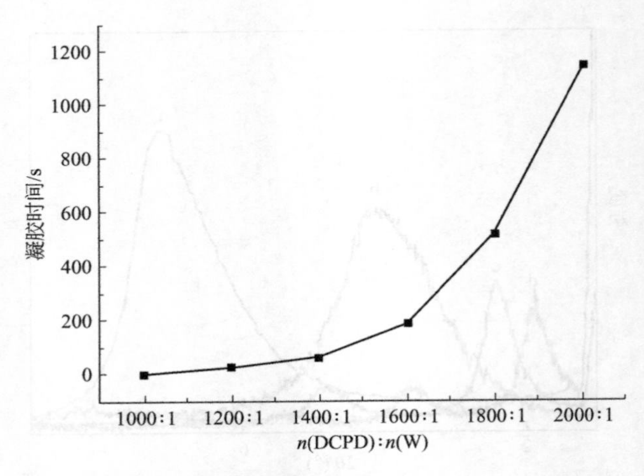

图 5-3 非负载主催化剂对凝胶时间的影响 [n(Al):n(W)=20:1]

5.2.4.2 助催化剂含量对凝胶时间的影响

图 5-4 是固定钨催化剂含量，Et_2AlCl 的含量对凝胶时间的影响规律。

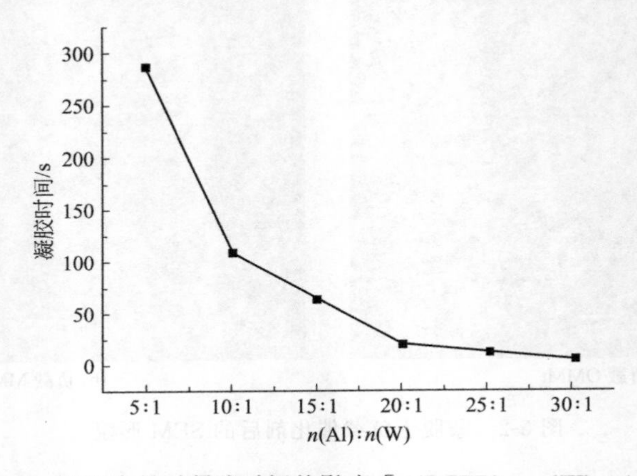

图 5-4 Et_2AlCl 含量对凝胶时间的影响 [n(DCPD):n(W)=1200:1]

固定钨催化剂的量，改变 Et_2AlCl 加入的物质量，用以考察催化剂诱导时间即聚合反应开始出现的时间。从图 5-4 中可以看出随着烷基铝的加入量不断加大，导致活性种卡宾的出现较为迅速、凝胶时间逐渐缩短，聚合反应开始的时间愈加提前。当铝钨比超过 20 时，由于烷基铝的浓度过大，在来不及均匀分散时就产生凝胶，不易于复合材料中填料的均匀分布。

5.2.4.3 蒙脱土含量对凝胶时间的影响

图 5-5 是蒙脱土含量对凝胶时间的影响规律。

蒙脱土含量对反应速度有很大的影响，如图 5-5 所示。随着蒙脱土含量的增加，凝胶时间延长。没有加入蒙脱土时，反应在 2～3min 就达到凝胶，而采用蒙脱土负载催化剂后，其催化性能发生了很大变化，催化剂诱导时间变长。实验结果表明，蒙脱土的层状结构限制了催化剂的催化活性，使其催化活性降低，同时，有机土改性后使用的插层剂（如长链季铵盐等）对烷基铝成分有副反应。在催化双环戊二烯聚合时，首先要形成金属碳烯，由于蒙脱

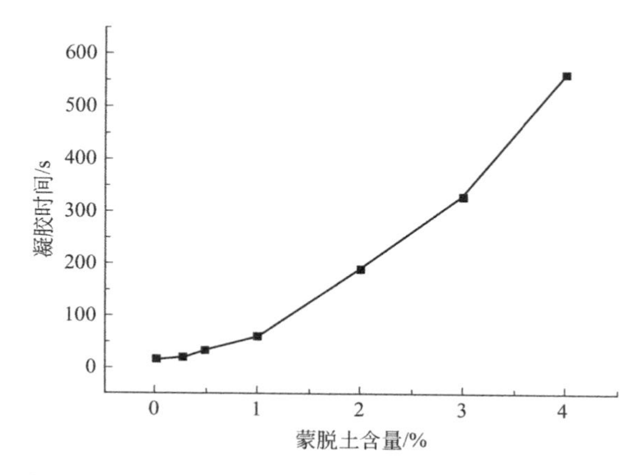

图 5-5　蒙脱土含量对凝胶时间的影响 [n(DCPD)∶n (W)∶n(Al)=1200∶1∶50]

土片层的影响，助催化剂 Et_2AlCl 和钨酚络合物催化剂接触的机会相对减少，导致催化活性降低。随着蒙脱土含量的增加，反应速率和催化剂活性降低，为了完成填料含量的复合材料性能试验，在填料量大于 1%时需要适当增加烷基铝的物质量以保证聚合反应的转化率。

5.2.4.4　复合材料中 OMMt 的分散

图 5-6 是 PDCPD/OMMt 复合材料 XRD 图。

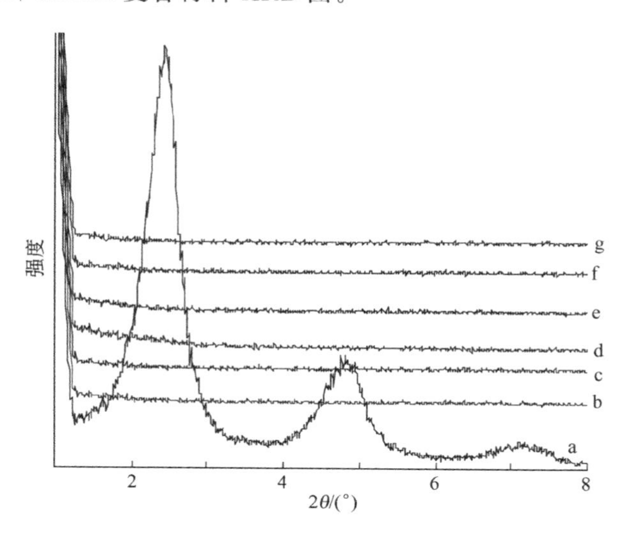

图 5-6　PDCPD/OMMt 复合材料 XRD 图

a—OMMt；b—PDCPD/0.25%OMMt；c—PDCPD/0.5%OMMt；d—PDCPD/1%OMMt；e—PDCPD/2%OMMt；f—PDCPD/3%OMMt；g—PDCPD/4%OMMt

从图 5-6 中可以看出，不同 OMMt 含量的复合材料中都无衍射峰出现，说明都形成了剥离型纳米尺寸。这可能是由于双环戊二烯单体进入蒙脱土层间后卡宾活性种引发聚合反应放出大量的热和聚集的聚合物共同使蒙脱土片层撑开，从而形成了剥离型的纳米复合材料。

5.2.4.5　TEM 分析

图 5-7 为有机蒙脱土含量为 2%的 PDCPD/MMT 纳米复合材料的 TEM 照片。

从图 5-7 中可以看出，剥离的蒙脱土片层清晰可见，单片径向尺寸约 100nm，每层厚度

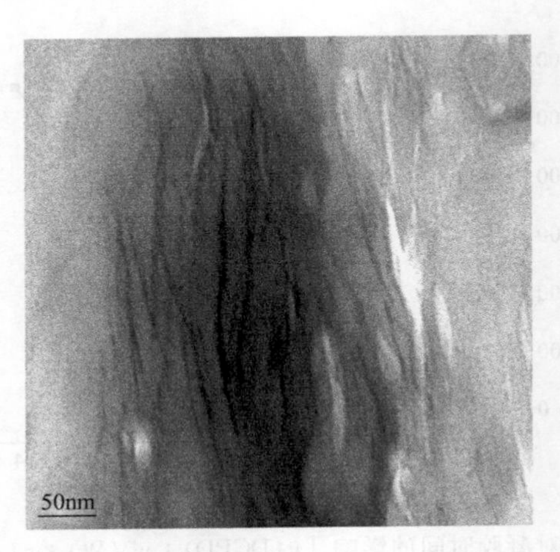

图 5-7 PDCPD/MMT 的 TEM 照片

为 20～50nm，这与图 5-6 中 X 射线衍射的结果也相一致，蒙脱土主要是以剥离型的方式均匀分布在复合体系中。

5.2.4.6 TGA 分析

图 5-8 为 PDCPD 的 TG 和 DTG 曲线。

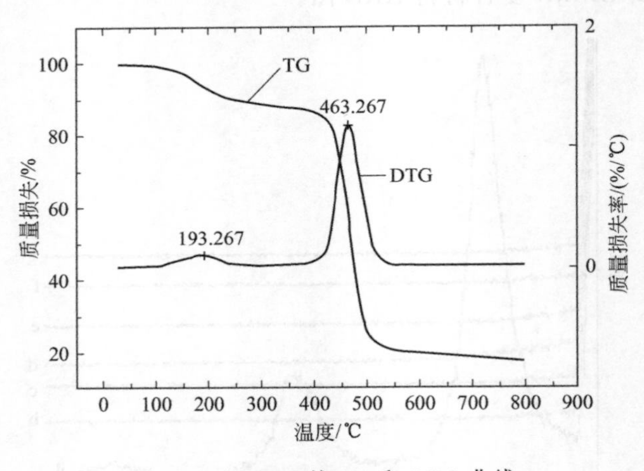

图 5-8 PDCPD 的 TG 和 DTG 曲线

从图 5-8 中可以看出，100℃范围内，PDCPD 有微量的失重，这部分失重主要是 PDCPD 聚合物中含有的微量水分和解聚的 DCPD 成分挥发引起；在 180℃附近有失重产生，这部分失重主要是 PDCPD 基体中含有的残余 DCPD 挥发产生，由此可推断反应转化率；从 180℃到 380℃之间，质量损失率不明显（3%～5%），这部分主要是由 PDCPD 中含有的部分低聚物及其他小分子（酚、有机胺等）分解挥发引起；380～600℃之间，是 PDCPD 本体分解产生的失重；而后在 800℃左右，热分解基本达到稳定值。

图 5-9 为不同含量的 MMt 复合材料的 TG 和 DTG 曲线。

从图 5-9 可知，加入蒙脱土后使复合材料的最大分解温度 T_{dc}都有明显的提高。蒙脱土片层的存在起到了两个作用，一是片层之间的大分子收到空间的限制，热运动能力受阻，二是片层阻隔了分解物的向外扩散，两者共同作用使得复合材料的耐热性得到了提高。

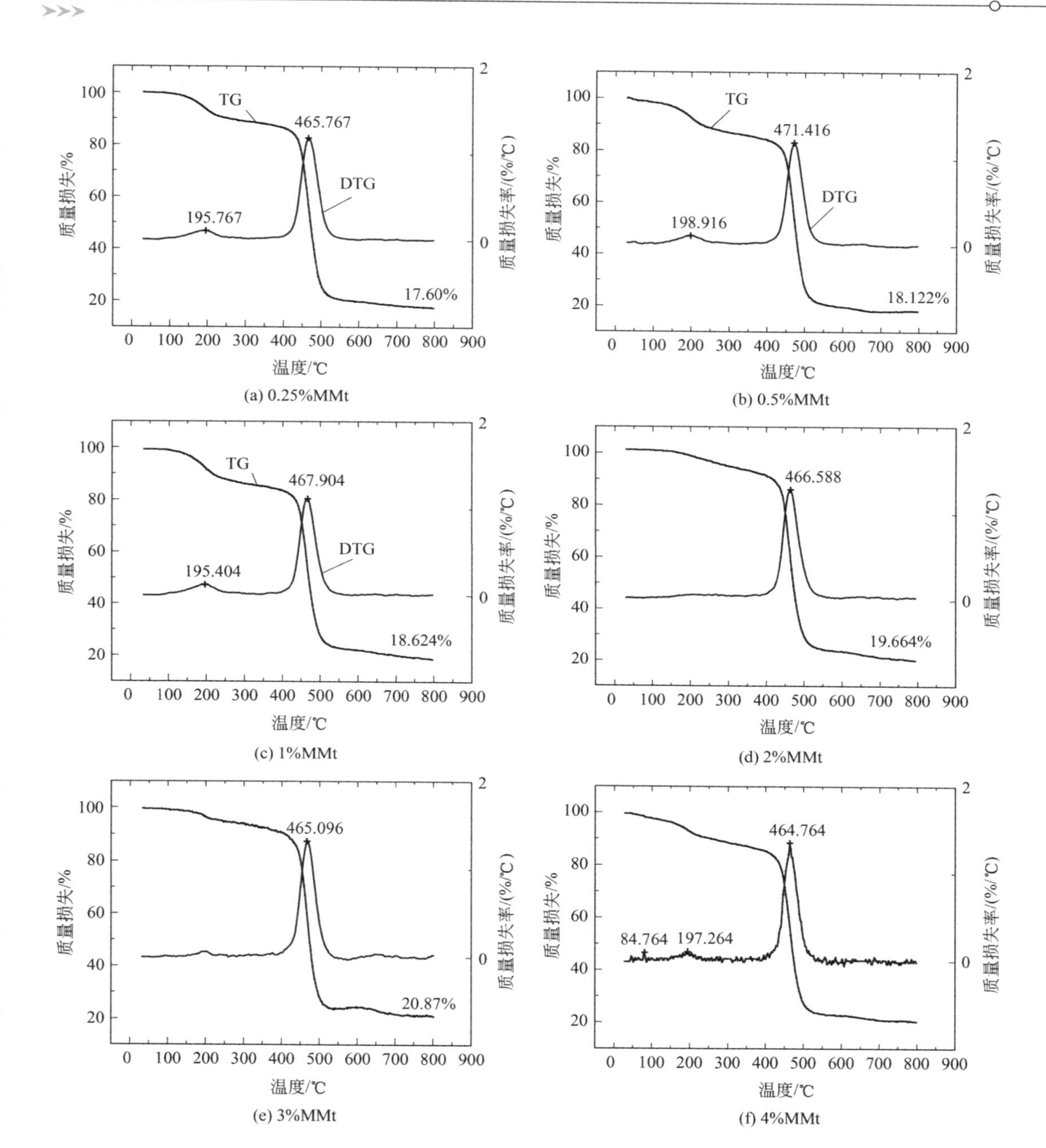

图 5-9　不同含量 MMt 复合材料的 TG 和 DTG 曲线

5.2.4.7　DMA 分析

图 5-10 为 PDCPD 的 DMA 曲线。

图 5-10 中可以看出，tanδ 对应的玻璃化转变温度（T_g）在 109.99℃，与文献报道一致。

图 5-11 是 PDCPD/OMMt 复合材料的 DMA 曲线。

从图 5-11 中看出，含 1%、3%OMMt 的 PDCPD/OMMt 复合材料的玻璃化转变温度 T_g 分别为 106.88℃和 84.66℃，比复合前有明显的降低。原因可能有两个方面，一是随着

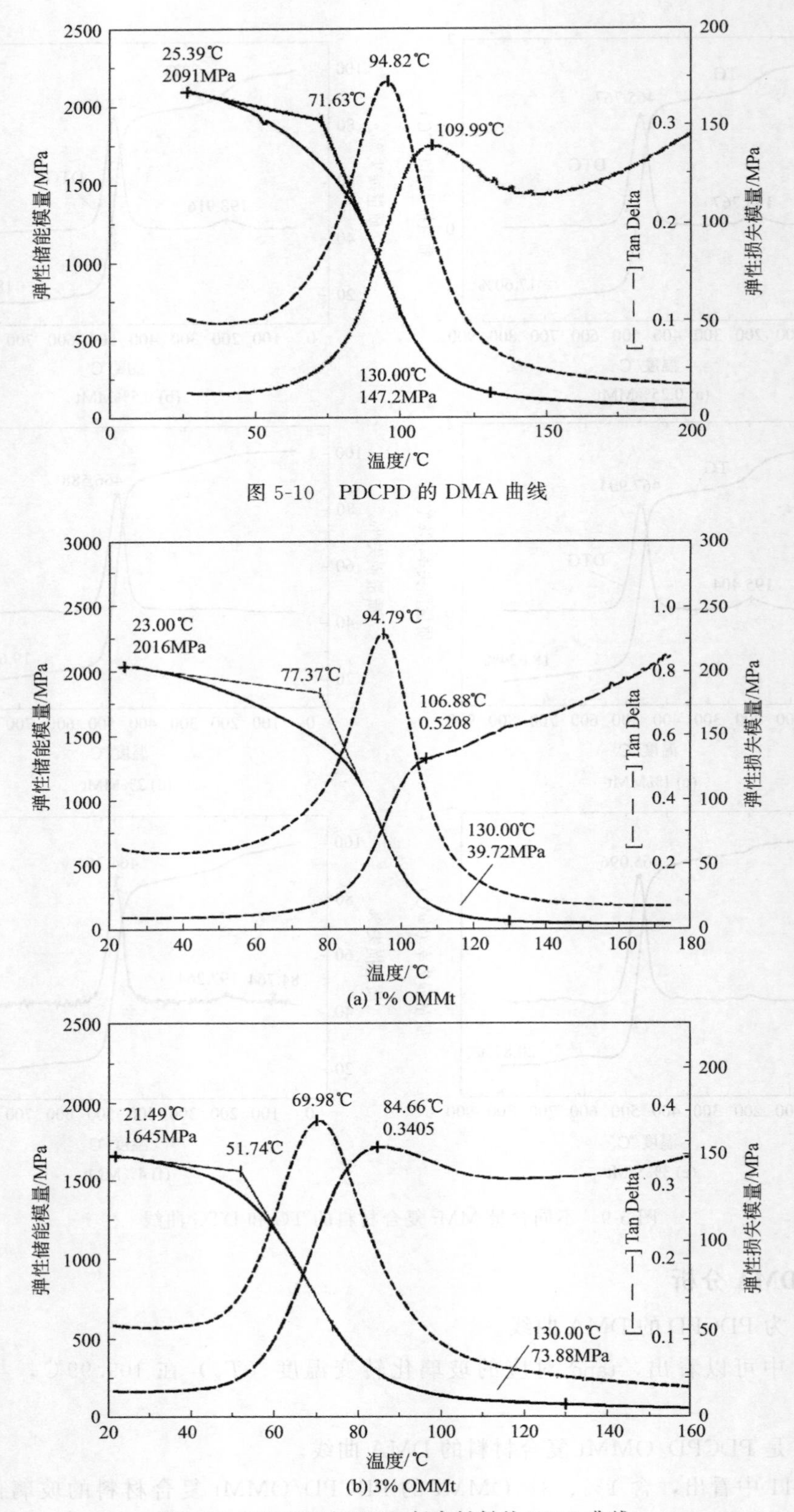

图 5-10 PDCPD 的 DMA 曲线

图 5-11 PDCPD/OMMt 复合材料的 DMA 曲线

OMMt 量的增加团聚较多，材料的物理交联度相应减少；二是 OMMt 中的长链烷基对材料有增塑作用，当含量增多时增塑作用变大。这两种原因造成了分子链活动性增加，玻璃化转变温度下降。

5.2.4.8　力学性能

（1）拉伸性能

图 5-12 是拉伸强度与 OMMt 含量的关系。

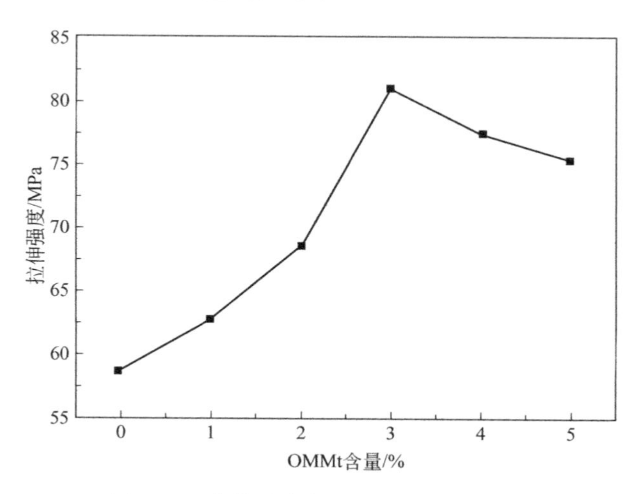

图 5-12　拉伸强度与 OMMt 含量的关系

（2）弯曲性能

图 5-13、图 5-14 分别是弯曲强度、弯曲模量与 OMMt 含量的关系。

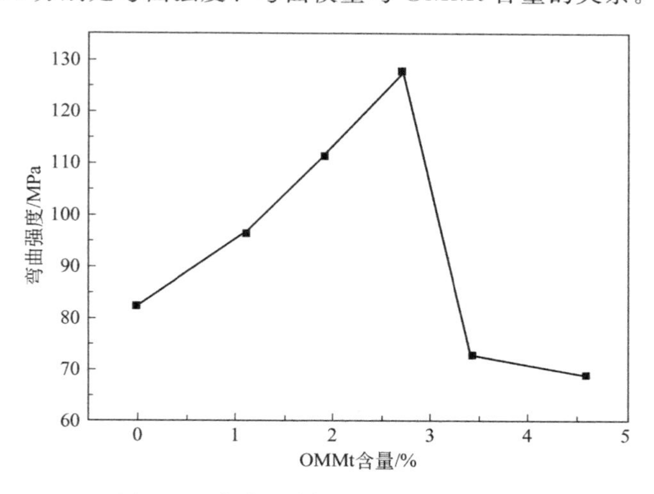

图 5-13　弯曲强度与 OMMt 含量的关系

（3）冲击性能

图 5-15 是冲击强度与 OMMt 含量的关系。

从图 5-12、图 5-13 和图 5-14 可以看出随着 OMMt 含量的增加拉伸强度、弯曲强度和弯曲模量先升高后降低，在 OMMt 含量为 3%左右达到最大值。这可能是因为随着蒙脱土含量的升高，双环戊二烯进入蒙脱土片层中聚合使其进一步剥离形成纳米尺度，随着纳米粒子

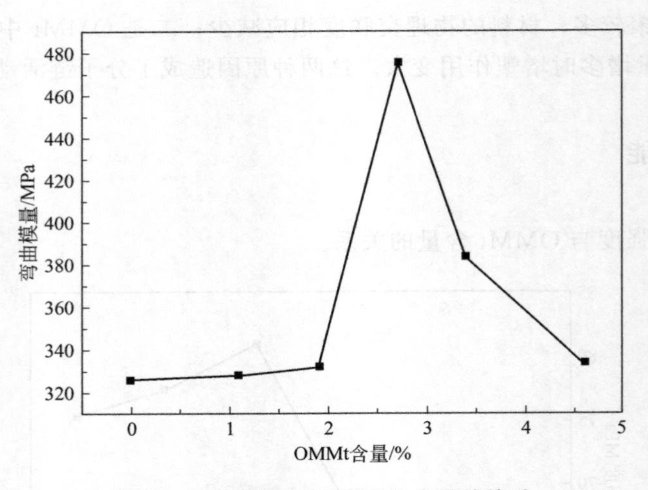

图 5-14 弯曲模量与 OMMt 含量的关系

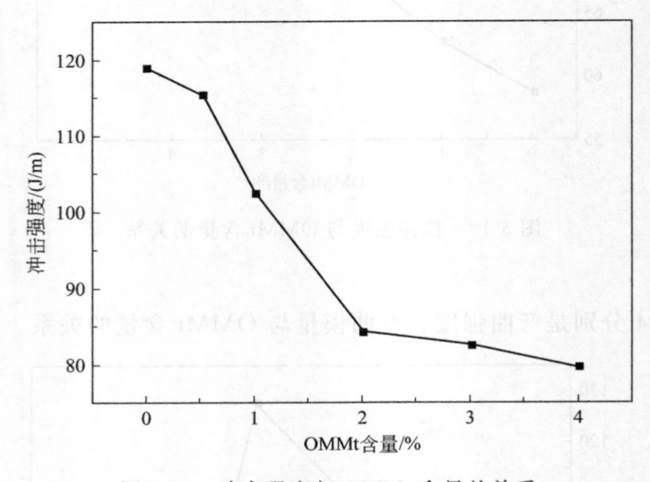

图 5-15 冲击强度与 OMMt 含量的关系

粒径的变小，较大的表面效应造成的强烈作用力相当于形成了很多物理交联点，从而使纳米复合材料的拉伸与弯曲强度逐渐增高。但当蒙脱土含量达到一定程度后，蒙脱土开始团聚，纳米尺度的交联点减少，导致材料的性能下降。

然而从图 5-15 可知，冲击强度随 OMMt 含量增加而下降。

5.3 介孔分子筛改性 PDCPD

5.3.1 概述

介孔材料是一种孔径介于微孔与大孔之间的具有巨大表面积和三维孔道结构的新型材料，由具有立方晶格的硅铝酸盐化合物组成，其组成通式为：$M_{x/n}[(AlO_2)_x(SiO_2)_y]\cdot mH_2O$。式中：$m$ 代表结晶水分子数；M 代表金属阳离子；n 代表金属阳离子的电荷数；x/n 代表金属阳离子的个数。1992 年美国 Mobil 公司首先成功地利用烷基季铵盐阳离子表面活性剂为模板剂，合成出了新型 M41S 系列氧化硅（铝）基有序介孔分子筛[1]。它具有其他多孔材料所不具有的优异特性：①具有高度有序的孔道结构；②孔径单一分布，且孔径尺寸可在较宽范围变化；③介孔形状多样，孔壁组成和性质可调控；④通过优化合成条件可以得到高热稳定性和水热稳定性。它的诱人之处还在于其在催化、吸附、分离及光、电、磁等许多领域的潜在应用价值。所以介孔分子筛的研究一开始就受到国内外研究者的广泛重视。

近年来，人们已经用不同的表面活性剂，根据不同的组装路线成功地制备出了介孔分子筛著名的四大家族——M41S（MCM-41、MCM-48、MCM-50），SBA（14-16），HMS（10、11），MSU（12，13）等硅基分子筛和 Al_2O_3，WO_3，ZrO_2 等金属氧化物介孔材料。著名国内研究人员赵东元先生用亲水三嵌段共聚物聚环氧乙烷—聚环氧丙烷—聚环氧乙烷（P123）制备了高度有序的六角相介孔硅分子筛 SBA-15，其孔径可达 30nm，壁厚 6.4nm，具有相当高的水热稳定性（100℃，50h）[2]。

介孔材料增强聚合物性能是由于介孔分子筛具有规整的纳米级的孔道，如果聚合物分子链能进入介孔分子筛的孔道，则处于介孔分子筛孔道及处于分子筛外表面的聚合物分子链与聚合物本体分子链进行链缠结[3]，从而可形成有机-无机网状缠结结构（interpenetrating organic-inorganic network）。对于介孔分子筛复合材料，聚合物分子链可在介孔分子筛的孔道中与孔道外的聚合物分子链产生链缠结，产生两种效果：①介孔中的纳米级孔道能有效地限制其内树脂分子链的自由运动；②介孔材料是一种刚性材料，其纳米级厚度孔壁具有极好的阻隔性和绝热性。因此，介孔分子筛分散于聚合物体系之中，有利于聚合物力学性能的提高以及耐热性能的增强。

M. T. Run 等[4]通过 PMMA 与 MMS 介孔分子筛复合，通过原位聚合法制得 PMMA/MMS 复合材料，考察材料的形貌、流变学、热力学和动态力学性能，研究发现 PMMA/MMS 聚合物复合材料中 MMS 介孔孔道被 PMMA 所占据，高分子链的运动受孔道的限制。随着 MMS 含量的增加，复合材料表现了更高的玻璃化转变温度、热力学稳定性、拉伸强度和模量、剪切模量。他们得出结论，通过无机有机界面的成功改性或缠结效应，无机介孔粒子能增强聚合物树脂的各项力学性能。聚合物的各项力学指标的改进也主要归因于“有机-无机互穿网络”机理，介孔孔道内高分子链和孔道外高分子链互相缠结，因此起到力学增强效果。

王娜等[5]采用气相法先将 PMMA 引入纳米介孔分子筛 MCM-41 的一维孔道内，再与 EP（环氧树脂）共混，合成 EP/(PMMA/MCM-41）复合材料。结果发现，在相同用量时，纳米介孔分子筛 MCM-41 粒子使 EP 的拉伸强度和拉伸弹性模量大幅度提高，拉伸强度增强比率达到 109%，断裂伸长率也略有增加。这说明纳米介孔 MCM-41 对 EP 起到了较好的增强的作用。增强机理为 EP 分子链引入到 MCM-41 的孔道内，并且与孔口处的 EP 产生了较强的界面相互作用，使 EP 的拉伸强度、拉伸弹性模量均有所提高。

环氧树脂呈三维网状结构，存在内应力大、质脆、耐热性和耐冲击性差等缺点，在很大程度上限制了其在高新技术领域的应用。纳米粒子的问世，为 EP 的改性提供了新途径。张静[6]通过溶液共混法制备出环氧树脂纳米介孔分子筛 MCM-41 复合材料。研究了不同的 MCM-41 粒子含量对其在 EP 中的分散性和 EP/MCM-41 复合材料拉伸性能的影响。所得结论表明，这种具有独特的有机-无机复合结构的 MCM-41 直接用作填料时，能与 EP 形成新型网络复合结构，当 MCM-41 粒子的用量为 1.5～2.5 份时，它能均匀地分散在 EP 基体中，有效地提高 EP/MCM-41 复合材料的力学性能。

Jing He 等[7]在过氧化苯甲酰中加入苯乙烯单体，待 BPO 溶解后，再往溶液中倒入 MCM-48，再加入甲苯，将溶液混合 3h，室温下过滤及干燥，制得样品。添加了 MCM-48 的 PS 与未添加 MCM-48 的 PS 相比，弹性模量增加了 10 多倍，拉伸强度（T_s）增加了 5 倍多，然而断裂伸长率却稍微下降，材料显得硬而脆（典型的高弹性模量特征）。

Na 等[8]采用超临界 CO_2 作为溶剂，将 PP 材料分别与不同类型的介孔材料：MCM-41（含模板剂），MCM-41（不含模板剂）复合制备纳米复合材料。结果发现：不同的 MCM-41 介孔颗粒填充 PP 都能赋予 PP 更高的拉伸性能和耐磨性能。同时结果也表明，含模板剂的 MCM-41 明显性能要优于不含模板剂的 MCM-41。

纳米复合材料不仅能够明显改善聚合物的拉伸强度、刚性、冲击强度等力学性能，而且还可以提高材料的耐热性、阻燃性、透光性、防水性、阻隔性以及抗老性能等[9~14]。

由于大多数聚合物材料具有易燃、燃烧速度快、燃烧过程放热量和生烟量大、释放有毒气体等特点，由此带来的火灾隐患成为危害公众生命财产安全和生态环境的一个严重的社会问题，因此聚合物材料的阻燃日益受到国内外的高度重视。

李明天等[15]采用原位聚合结合共混法制得 PF/MCM-41 复合材料。结果表明，样品 PF/MCM-41 的耐热性比纯酚醛树脂有明显的提高，500℃时纯酚醛树脂、样品 PF/MCM-41 失重率分别为 23.8%和 16.2%；失重率为 50%时，二者的热分解温度分别为 602.7℃和 672.1℃，分解结束温度分别为 698.3℃和 810.4℃，这表明原位聚合法结合共混工艺制备的 PF/MCM-41 复合材料具有更好的耐热性能。介孔材料孔内聚合生成的酚醛树脂与颗粒外的酚醛树脂在固化过程中进一步缩合，形成了网络结构，这同时也说明 PF/MCM-41 复合材料耐热性的提高主要是由于介孔孔道的束缚限制作用。

Jin Ma 等[16]通过表面活性剂的共组装及内置多孔聚合物膜的无机溶胶-凝胶过程制备了共连续相的弹性聚合物/无机复合材料膜。最后得到热力学相当稳定的复合材料膜，添加全硅介孔材料的复合材料膜的热失重大大提升。

Mingtao Run 等[17]用 MMS 介孔材料填充 PET，通过 DSC 测试及 Avrami 结晶动力学理论对主要几个等温晶化阶段分析。得出结论：MMS 介孔颗粒作为成核剂加速了晶化的速率。从 Avrami 方程式分析，晶化活化能随 MMS 组分增加而减小。这表明 MMS 颗粒使得 PET 分子链更容易在等温晶化期间晶化。

从上述内容可知，介孔分子筛具有更大的比表面积、更大的孔径，可极大地增加聚合物分子链与无机粒子的接触面积，另外由于介孔分子筛纳米颗粒尺寸和纳米介孔结构的双重纳米结构以及独特的增强机理，介孔复合材料中具有刚性特点的介孔材料作为“钢管”引入到“水泥”高分子中，总的来说，增强了高分子有机聚合物的力学等各项性能，制备介孔材料改性的复合材料，将成为未来聚合物高分子/纳米材料复合材料的一个重要方向[18~20]。

5.3.2 PDCPD 介孔分子筛复合材料

5.3.2.1 分子筛的制备

(1) 酸性 MCM-41 合成

将十六烷基三甲基溴化铵（C_{16}TMAB）超声溶于蒸馏水中，加入适量浓盐酸搅拌下缓慢逐滴滴加正硅酸乙酯（TEOS），继续搅拌反应 2h，在室温下静置老化 3h，反应结束后将产物抽滤，再用去离子水洗涤至中性，马弗炉程序升温至550℃煅烧2h，即得白色粉末状介孔全硅MCM-41介孔分子筛。

（2）碱性MCM-41合成

以C_{16}TMAB为模板剂，TEOS为硅源，用水热合成法制备。实验具体操作：将NaOH配成溶液加入C_{16}TMAB水溶液中搅拌15min，然后将TEOS缓慢滴入不断搅拌的混合溶液中。滴加完毕继续搅拌3h，之后置于密闭100mL聚四氟乙烯内衬的不锈钢水热釜中，110℃晶化72h。将产物取出洗涤、过滤，烘箱干燥。马弗炉以2℃/min速率程序升温至550℃煅烧2h。

（3）酸性SBA-15合成

以聚环氧乙烷-聚环氧丙烷-聚环氧乙烷三嵌段共聚物（Pluronic P123，EO20PO70EO20，$M_n=5800$）为模板剂，TEOS为硅源。具体操作：称取定量P123和2mol/L的HCl及水混合，40℃恒温水浴锅搅拌2h，再逐滴滴入TEOS，继续搅拌5h，装入水热反应釜中拧紧，100℃烘箱中晶化48h，蒸馏水洗涤并抽滤，烘干得SBA-15原粉，3℃/min程序升温到300℃恒温2h继续升至540℃焙烧3h，即得白色粉末状的SBA-15介孔分子筛。

（4）碱性SBA-15合成

将适量P123加入到水溶液中，滴入几滴NaOH溶液搅拌至P123完全溶解，再加入TEOS搅拌15min，35℃下静置陈化20h，将前驱体溶液装入反应釜100℃下晶化48h，乙醇洗涤、抽滤、自然干燥，程序升温至300℃恒温2h继续升温至550℃焙烧3h。

5.3.2.2 介孔分子筛的改性

分别选用三种硅烷偶联剂：氨丙基三乙氧基硅烷（APTE）、乙烯基三甲氧基硅烷（WD-21）和甲基乙烯基二甲氧基硅烷（WD-23），通过浸渍及超声对SBA-15进行表面改性。

5.3.2.3 介孔分子筛与DCPD的复合

（1）介孔分子筛的分散

配制不同百分比含量的双环戊二烯/介孔分子筛混合溶液，超声分散。

（2）催化剂的负载

在惰性气体下，干燥介孔分子筛在适量无水甲苯中分散后，加入定量的主催化剂，继续超声分散一定时间后蒸出甲苯，得棕黑色负载型催化剂粉末。

（3）复合材料成型

将双环戊二烯/介孔分子筛分散混合溶液等分为A液和B液，在氮气保护下，按一定比例在A液中加入负载主催化剂，B液中加入助催化剂烷基铝。各自混合均匀后，将A液注入B液中并快速混合后注入模具中固化。

5.3.2.4 测试与表征

（1）X射线衍射

管压/管流40kV/30mA，石墨单色器，CuKα射线，记录衍射强度，扫描速度0.01～0.02°/步，扫描范围0.8°～10°。

（2）扫描电镜

样条液氮冷却，将冲击断面于JFC-1600离子测射仪上表面喷金，电流30mA。JSM-5610LV扫描电子显微镜扫描，加速电压0.5～30kV。

(3) 透射电镜

将纳米分子筛粉末制成的悬浮液滴在带有碳膜的电镜用 200 目铜网上，溶剂挥发后放入 PhilipsCM100 型电子显微镜样品台，加速电压 200kV，电子束流小于 10mA。

(4) 热重分析法（TGA）

STA409PC 热重分析仪进行热失重分析与检测。温度范围 30～800℃，氮气流量 100mL/min，温升速率 10℃/min。

(5) 拉伸性能

根据 GB/T 528—2009 将试样制成哑铃形状样条。采用 WDW-10 电子万能试验机对制样进行拉伸强度和断裂伸长率的测试，拉伸速度 5mm/min，每组测 5 个样条，取平均值。

(6) 弯曲性能

对试样施以静态三点式弯曲载荷，直至试样断裂。使用标准 GB/T 9341—2008 进行弯曲模量的计算，每组测 5 个样条，取平均值。

5.3.3 介孔分子筛的制备及改性

5.3.3.1 MCM-41

图 5-16 为分别于酸性及碱性条件下制备的介孔分子筛 MCM-41 的 XRD 衍射峰谱图。

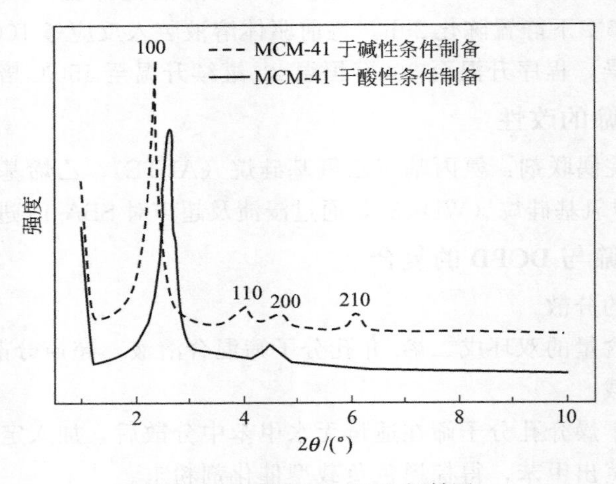

图 5-16 MCM-41 XRD 衍射图

通过 XRD 衍射图可以看出，样品除了在约 2θ 为 2°处出现的主衍射峰 d（100）外，碱性条件下 MCM-41 三个弱衍射峰都清晰可见，分别对应着 MCM-41d（110）、d（200）、d（210）三个晶面峰，这是典型的 MCM-41 特征衍射图，说明样品内部的有序度较高，分子筛属于六方密堆晶相结构。相比之下，酸性 MCM-41 虽然主峰很明显，但是峰强度更低，两个弱洐射峰也不明显，d（210）晶面峰最后消失不见了，这属于介孔分子筛有序程度不高的表现。其原因可能是因为 MCM-41 靠离子键结合，HCl 的加入不利于离子键的生长，而且在较强的酸性环境中 C_{16}TMAB 水解后大部分不能沉聚，缺少晶化过程所必需的可溶性前驱体，从而无法生成有序度高的 MCM-41 介孔分子筛。因此，选用于碱性条件下制备的 MCM-41 介孔分子筛，反应最佳摩尔比：n(TEOS)：n(C_{16}TMAB)：n(NaOH)：n(H_2O)＝1：0.12：0.24：66.7，pH 值为 10。

5.3.3.2 SBA-15 的制备

图 5-17 为介孔分子筛 SBA-15 分别于酸性及碱性条件下制备的 XRD 图。为方便起见，把酸性条件下制备的未改性的 SBA-15 样品记作 M1，改性过的 SBA-15 样品记作 M2。

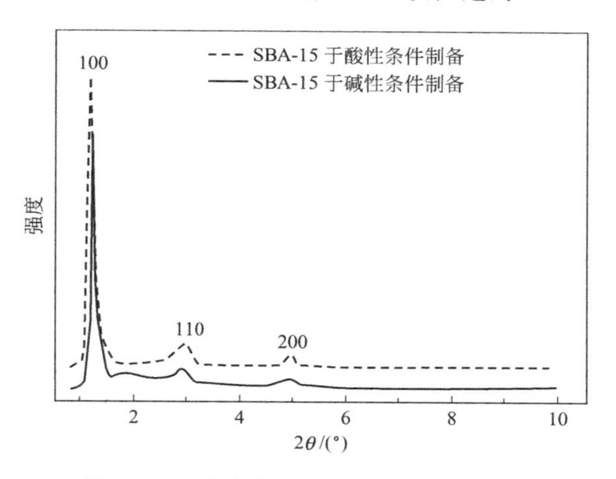

图 5-17 不同条件下制备 SBA-15X 衍射图

从图 5-17 可以看出，两种产物在 2θ 约 1.2°都有一很强的衍射峰，对应着 SBA-15 的 d(100) 峰，在 2.8°和 4.5°附近出现两个较弱衍射峰，对应着 SBA-15 的 d(110) 和 d(200) 衍射峰，这是典型的二维六角结构的特征衍射峰。酸性条件下特征衍射峰更尖锐，峰值更强，说明酸性条件下制备的 SBA-15 有序度更高特征更明显。这可能是因为 SBA-15 靠氢键结合，NaOH 的加入会破坏 P123 模板剂与分子筛前驱体之间的氢键作用，因此无法得到典型的 SBA-15 介孔分子筛。

图 5-18 为酸性条件下制备的 SBA-15 的透射电镜图，从图中可以很清晰地看出，SBA-15 具有高度有序的二维六方介孔结构和较大的孔径比。因此本章所述实验采用酸性条件下合成 SBA-15 介孔分子筛，并确定反应最佳配比为：n(P123)：n(SiO_2)：n(HCl)：n(H_2O)＝1：60：350：9000。

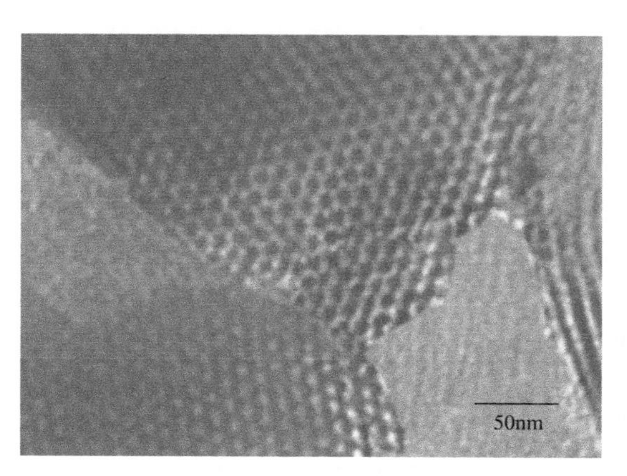

图 5-18 酸性条件下制备的 SBA-15（M1）的透射电镜图

图 5-19 为 SBA-15 用 WD-21 改性前后的 XRD 图。由图可以看出，改性后的 SBA-15 在 2θ 约 1.2°、3.0°、5.2°处出现三个衍射峰，归属于其特征的六方孔道结构，说明改性后的

SBA-15 仍完好地保留了其介孔结构。但主峰强度有所降低，两个弱衍射峰也相继减弱，说明改性后的 SBA-15 有序度降低，孔道变窄，这是由于部分 WD-21 偶联剂分子进入介孔内部并充斥其间使孔道变窄造成的；另外偶联剂分子吸附在 SBA-15 分子筛表面与硅羟基键合生成亲油基团，使介孔有序度降低。

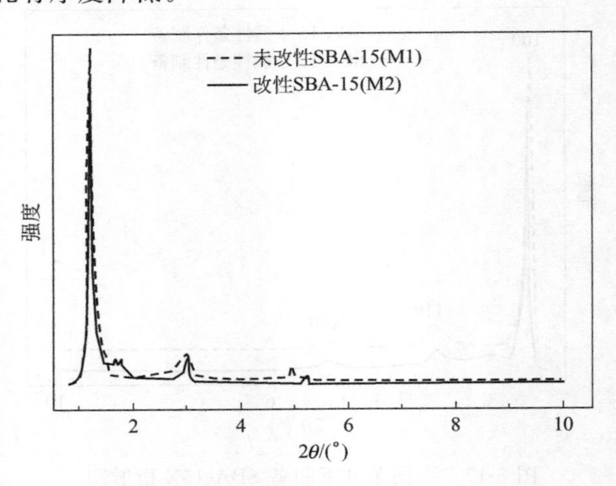

图 5-19 WD-21 改性前后 SBA-15 的 XRD

图 5-20 为 M2 的透射电镜图，从图中可以清晰地看到，改性后的 SBA-15 同样拥有介孔分子筛的六方有序孔道结构，大部分六方孔孔内进入小分子物质，显得更黑，这是硅烷偶联剂吸附在孔内及孔表面处的表现，因此硅烷偶联剂的加入会引起介孔孔道一定程度的孔径收缩和有序度降低，这与上述 XRD 表征结果相吻合。

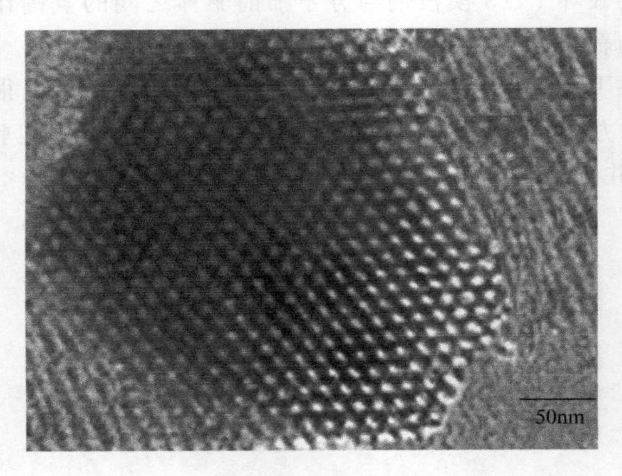

图 5-20 M2 透射电镜图

5.3.4 催化剂负载与分散对介孔分子筛结构的影响

5.3.4.1 催化剂负载

图 5-21 为 SBA-15 负载催化剂前后的 XRD 小角图，可以看出无论改性未改性的SBA-15 的 d（100）主峰都十分尖锐，这表明 SBA-15 规则有序的孔道结构效应仍然完好地保存。为方便起见，把未改性但负载催化剂的 SBA-15 样品记作 M3，把改性且负载催化剂 SBA-15 样品记作 M4。SBA-15 负载上主催化剂后（M3），弱衍射峰向大角度移动，d（110）和 d

(200) 晶相峰半峰宽变得更小，这对应 SBA-15 本体结构的收缩，因为主催化剂进入SBA-15孔间后使孔道变得更小，但并没有破坏 SBA-15 二维六方有序的孔道结构。

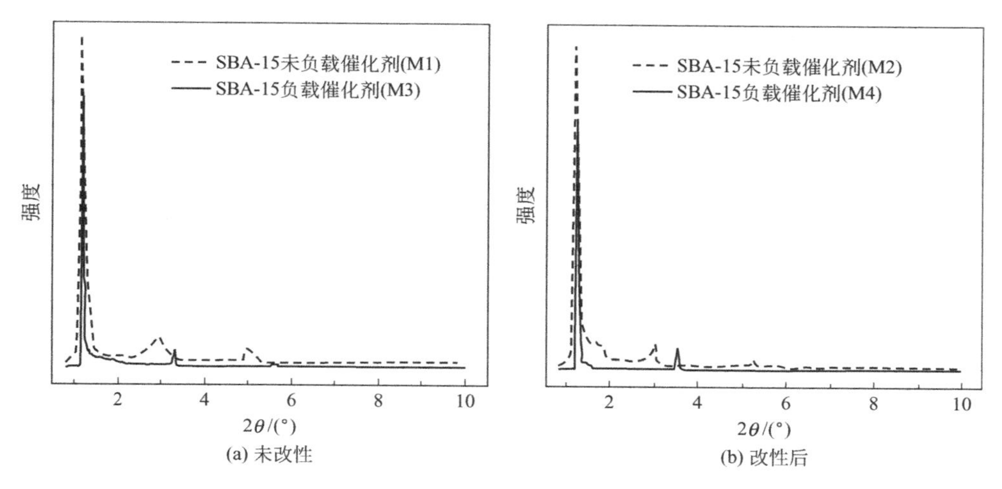

图 5-21　SBA-15 负载催化剂前后 XRD 小角图

图 5-22、图 5-23 分别为 M2 和 M4 的 TEM 图，从图中可以发现，负载催化剂后 SBA-15仍能较好地保留其长程有序的介孔结构，介孔的孔道仍清晰可见。但是孔道内部略有发黑现象，其孔道结构看起来显得有点"杂乱无章"，这是由于 SBA-15 部分孔道被主催化剂占据所引起的，主催化剂分子进入介孔孔腔内部后，孔道将变得狭窄，这也与 XRD 表征结果相吻合。从 TEM 图中还可以看出，主催化剂相当均匀地分散于 SBA-15 颗粒中，均形成了纳米负载型催化剂载体。

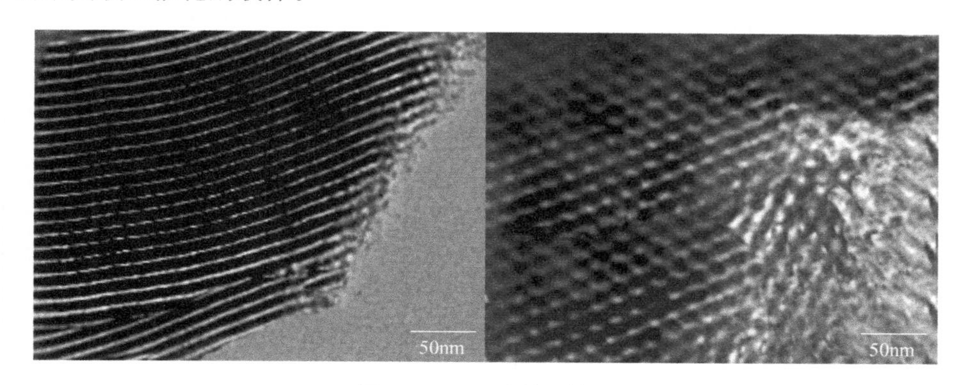

图 5-22　M2 透射电镜图

5.3.4.2　超声分散

介孔分子筛必须在 DCPD 溶液中达到高度均一且不发生沉降，才能形成理想的复合材料。SBA-15 改性后与 DCPD 相容效果大为改善，但其孔道尺寸较改性前部分收缩。采用 SBA-15 改性前后两类分子筛产物与 DCPD 混合，考察超声分散对结构的影响。

图 5-24 为四种不同 SBA-15 分散于 DCPD 前后混合液的 XRD 图，从四个 XRD 图可以看出，四种 SBA-15 无论表面改性或催化剂负载与否，主衍射峰都十分尖锐，这是 SBA-15 介孔结构的明显特征，证明孔道的二维六方长程结构并未遭到破坏；所有衍射峰形都变弱，峰位置向右偏移，半峰宽也变小，这说明小分子尺寸的 DCPD 单体能够进入并填充在

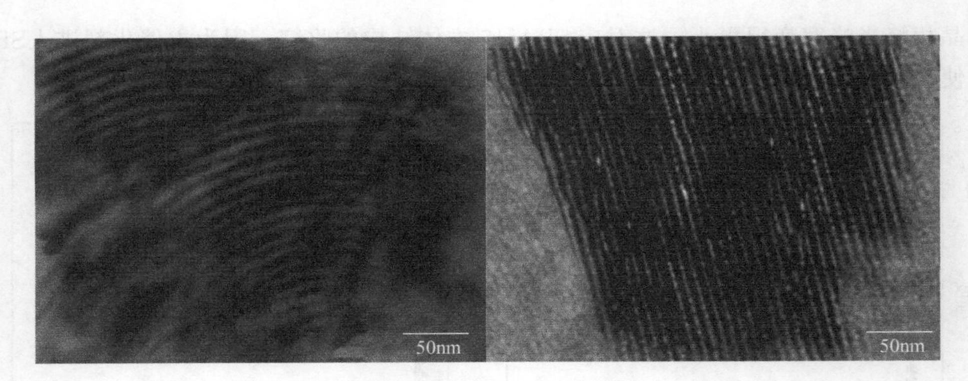

图 5-23 M4 透射电镜图

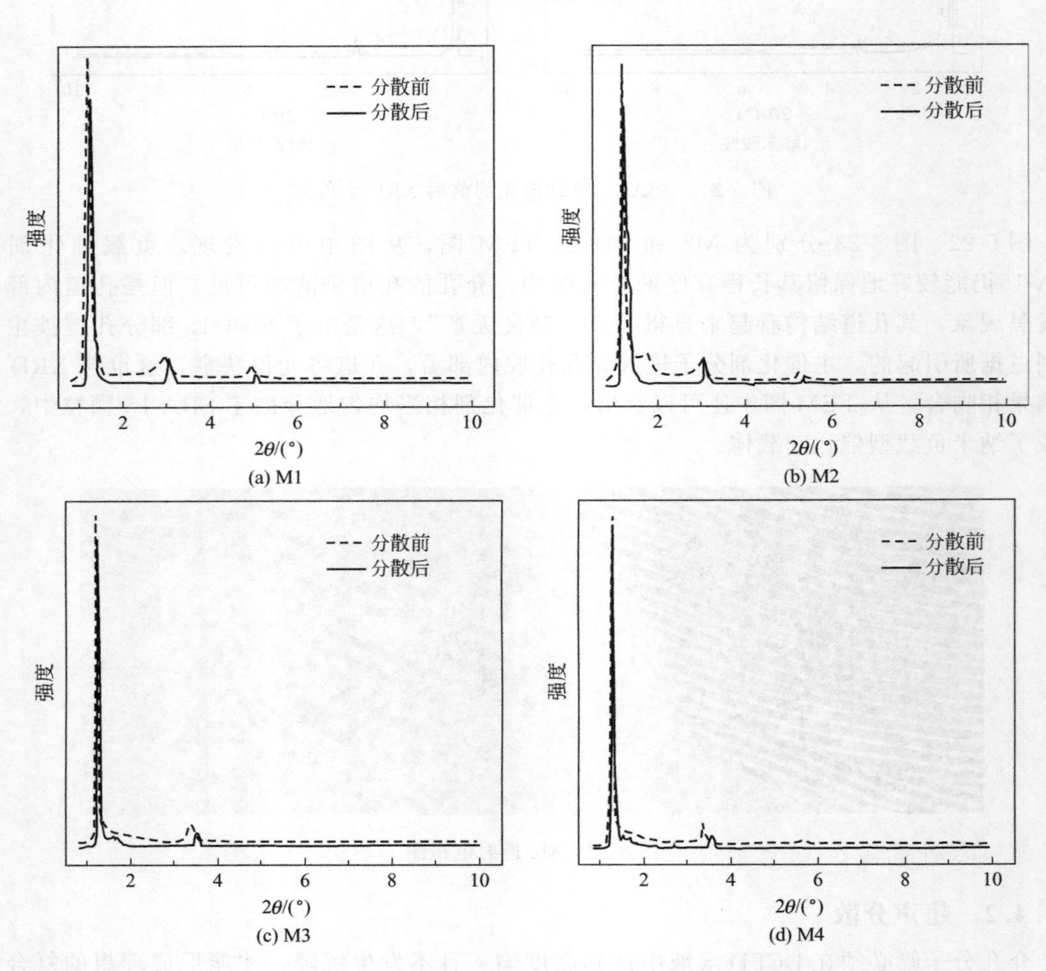

图 5-24 四种 SBA-15 超声分散前后 XRD 对比图

SBA-15孔道之内，使 SBA-15 的高度有序性减弱，孔道尺寸也随之变小。

由以上结果可知，不同改性及负载方式的 SBA-15 样品均可均匀地分散于 DCPD 单体中且完好地保留其介孔结构。经超声分散后，观察到未负载催化剂未改性 SBA-15、未负载催化剂改性 SBA-15、负载催化剂未改性 SBA-15 和负载催化剂改性 SBA-15 四种介孔分子筛都可在 DCPD 中很好地悬浮分散。

5.3.5 反应条件对凝胶速率的影响

5.3.5.1 反应温度与凝胶时间

图 5-25 为反应温度与凝胶时间的关系。

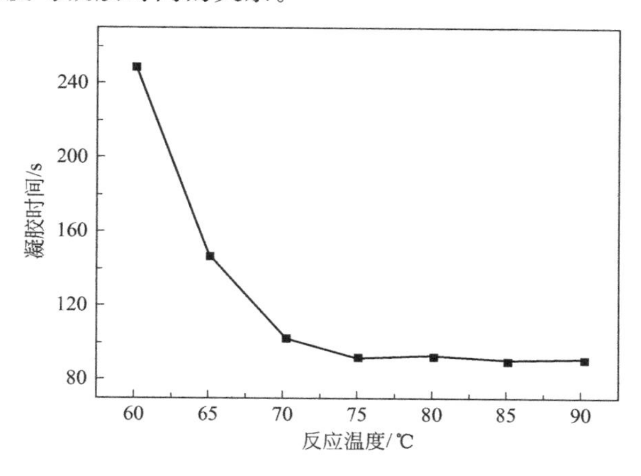

图 5-25 反应温度与凝胶时间关系

从图 5-25 可以看到，聚合反应速率随温度升高而呈现增大的趋势，这是因为随着温度升高分子热运动加快，主催化剂与助催化剂、活性卡宾与单体的碰撞机会增多，导致聚合速率增加。高于 75℃后，反应速率不再有明显增加，这是因为已经达到单体聚合的初始活化能，反应速度几乎达到平衡状态。

5.3.5.2 SBA-15 含量对凝胶速率的影响

从图 5-26 可以看出，随着 SBA-15 的添加，凝胶时间逐渐变长。未加入 SBA-15 时，反应在 1min 之内能达到最大反应速度，加入 SBA-15 后，反应体系催化活性发生了一定的变化，催化时间延长。

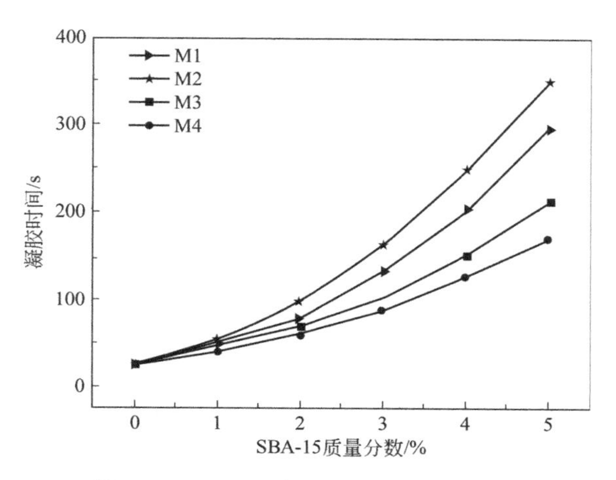

图 5-26 SBA-15 含量与凝胶时间的关系

SBA-15 的缓聚作用可能是扩散受阻引起的。由于一部分主催化剂存在于孔道内，助催化剂不易到达与其作用，而作用生成的卡宾活性种也不易扩散，因而会对聚合起到减缓作用。然而 SBA-15 的存在不会造成阻聚，即便是含量最高的 5%组分也能在 6min 之内达到理想凝胶时间。所以，凝胶速率可以通过催化剂用量及比例的调整，使催化时间达到合理范围以抵消缓聚作用的影响。

5.3.5.3 催化剂量对凝胶速率的影响

DCPD聚合属于开环易位聚合反应（ROMP），双组分催化剂中主催化剂必须在助催化剂烷基铝的联合作用下才能结合形成具有高活性的金属卡宾结构引发DCPD单体聚合。其中，主催化剂含量大小决定反应催化活性种量的大小，烷基铝含量则决定催化活性物种产生的速度，过量的烷基铝虽从理论上可以无限加快聚合反应速率，但在实际操作中，过量的烷基铝往往会导致反应的过快而无法操作，在局部地方引发爆聚现象。因此找到一个比较合适的反应催化剂用量较为重要，如图5-27、图5-28所示。

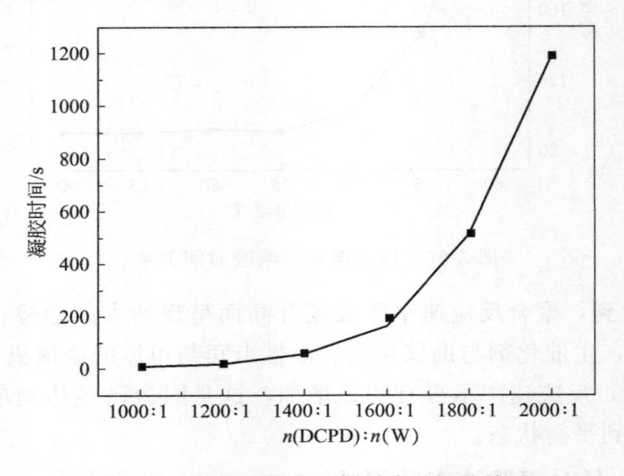

图5-27 主催化剂含量与凝胶时间的关系

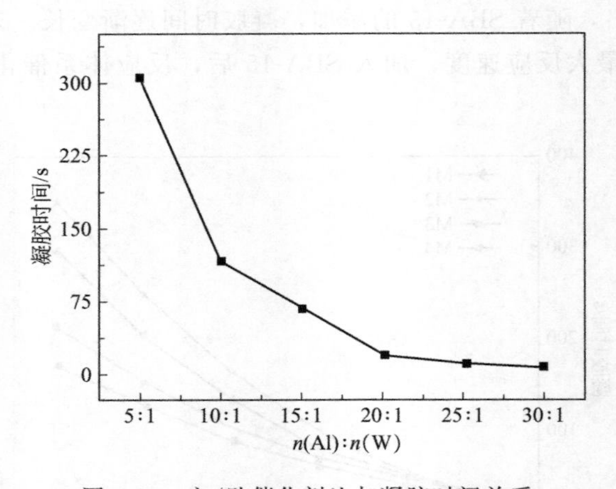

图5-28 主/助催化剂比与凝胶时间关系

由图5-27可以看到，固定主/助催化剂比时，当n(DCPD)∶n(W)小于1200∶1时，反应速率显著减小。反应注射成型时，凝胶时间不能太短，因此最佳主催化剂与单体摩尔比为n(DCPD)∶n(W)＝1200∶1。

从图5-28可以看出，随着主/助催化剂摩尔量比的增大，凝胶时间逐渐缩短，这是因为烷基铝量增大，两者的碰撞机会增大，有利于活性卡宾的快速出现，凝胶时间缩短，n(Al)∶n(W)为20∶1或25∶1时都满足要求。由上文内容可知，SBA-15随着添加量增加会对 DCPD 聚合产生一定阻聚作用，因此适当调大 $n(\mathrm{Al}):n(\mathrm{W})$ 以抵消 SBA-15 的阻聚作用，而且在操作范围内大的铝钨比有助于提高单体转化率，因此采用铝钨比 $n(\mathrm{Al}):n(\mathrm{W})=25:1$。

通过以上小试，优化出了 DCPD/SBA-15 混合体系的最佳聚合条件为：反应温度为 75℃，催化剂用量为 $n(\mathrm{DCPD}):n(\mathrm{Al}):n(\mathrm{W})=1200:25:1$，可得到聚合速度较快的产品。

5.3.6　复合材料的结构与性能

根据前述的小试优化结果，对聚合量进行了放大实验，制备复合测试标准的样品，并进行结构与性能测试。

5.3.6.1　XRD 分析

图 5-29 是四种介孔分子筛与 DCPD 聚合前后的 XRD 图，其中 M1、M2 为未负载催化剂方法制备的材料，M3、M4 为负载催化剂方法制备的材料。

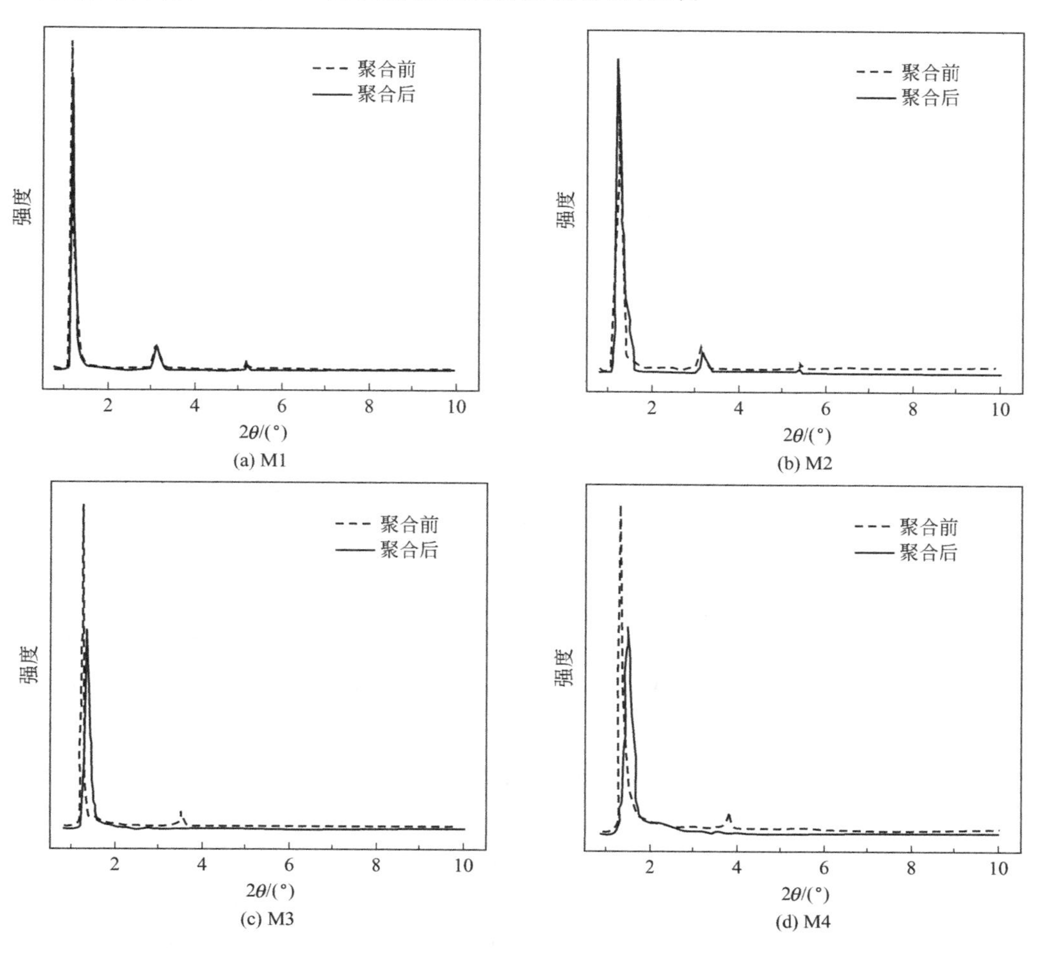

图 5-29　四种 PDCPD/SBA-15 材料聚合前后 XRD 对比图

由图 5-29 可知，当制成 PDCPD/SBA-15 成型复合材料后，M1、M2 衍射峰峰强度与峰位置几乎变化不大，可见未负载催化剂的 SBA-15 未能实现 DCPD 单体的孔内聚合。M3、

M4 峰强度大幅度地减弱，主特征洐射峰强度明显变弱，没有聚合前那么尖锐，而几个弱衍射峰都完全消失，说明负载催化剂之后，DCPD 充斥孔道内聚合成高分子链占据了孔道内部空间，孔道变得部分无序。另外还可以看到，聚合后 SBA-15 的主峰强度虽受到一定程度的弱化，但并未消失不见，仍然可以很明显地分辨。Martin hart-mann[21] 认为这种衍射峰强度减弱并不是材料介孔有序结构的破坏造成的，而是填充了有机物的孔道与介孔孔壁之间的密度反差要远小于介孔孔壁与空的孔道间的密度反差引起的，所以介孔材料的 XRD 衍射峰的降低正说明分子链在介孔孔道中聚合，并没有破坏其孔结构，SBA-15 的孔道结构并未遭到破坏，SBA-15 的刚性骨架在聚合反应中仍得到完好保留，两者复合成了相互链缠结的纳米复合材料。

5.3.6.2 TGA 分析

图 5-30 分别是四种 PDCPD/SBA-15 复合材料的 TGA 图。

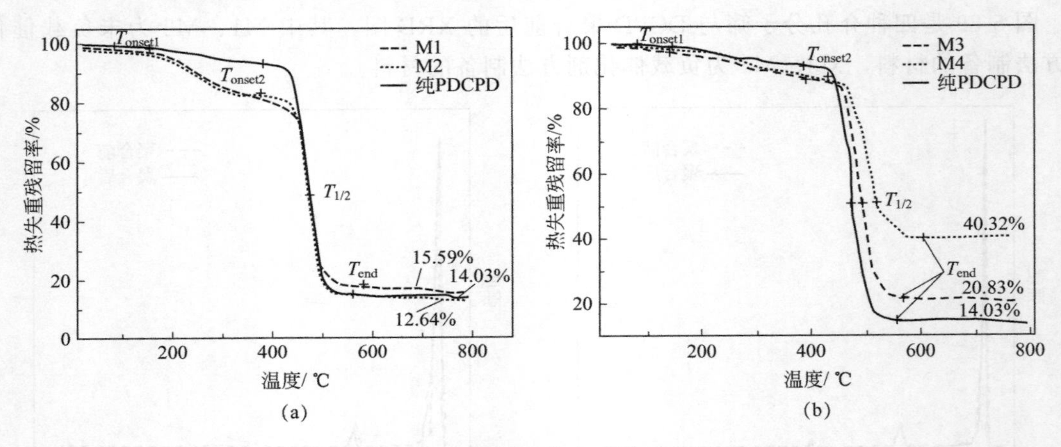

图 5-30 四种复合材料的热失重图（3%SBA-15）

从图 5-30 可以看出，与纯 PDCPD 相比，添加 SBA-15 之后，在第一热降解阶段，四种 PDCPD/SBA-15 复合材料都表现出较低的初始分解温度 T_{onset1}，这是因为在 380℃之前，部分微量失重主要体现为 PDCPD 中极少量的水分蒸发、环戊二烯（CPD）单体成分的挥发及低线型聚合物的分解行为，添加了 SBA-15 材料的单体转化率较 PDCPD 略低，所以分解较快。但随着温度的升高，PDCPD/SBA-15 开始本体分解，M3、M4 的热降解温度高于纯 PDCPD。M3 热失重第二阶段初始温度 T_{onset2} 由纯 PDCPD 的 381.0℃上升至 432.6℃，上升超过 50℃；M4 的 T_{onset2} 亦有所上升，这孔道限制了大分子的热运动，将有助于提高 PDCPD 稳定性。

对比 M1、M2 与 M3、M4，后两者的 $T_{1/2}$ 有更大的提升，纯 PDCPD 的 $T_{1/2}$ 为 472.4℃，M3 上升至 520.7℃，上升了将近 50℃，M4 上升至 492.3℃，上升近 20℃。M3、M4 的 T_{end} 也呈现出和 $T_{1/2}$ 相同的趋势，M3、M4 分别上升 53℃及 17℃，增幅明显。相比之下，M1、M2 的 $T_{1/2}$ 和 T_{end} 基本上维持不变，没有明显变化。这说明 SBA-15 负载上催化剂聚合后对材料起到极大的热稳定作用。当 SBA-15 未负载催化剂时，其仅仅充当一个填料作用，SBA-15 分散或团聚在材料内部，对材料热力学并无太大改善作用；而负载催化剂之后，PDCPD 分子链进入 SBA-15 孔道交联缠结，SBA-15 具有较厚的孔壁和较强的阻隔性能，一方面 SBA-15 自身能吸附并消耗一部分热能，另一方面，SBA-15 的孔壁能限制孔道内的分子链热运动，而且将热传递阻隔在孔道之外，从而极大地提高了材料的耐热性能。

热残留率对比可看到，M3、M4 的热失重残留率都有较大提高，其中 M3 的提升效果更为显著，其热残留率由纯 PDCPD 的 14.03%直接上升到了 40.32%，增幅为 287%，这是热力学上耐热性能上质的跃变。原因可能是 SBA-15 负载催化剂之后，催化 DCPD 单体在孔道内外同时进行聚合，聚合物分子链在孔内孔外进行交联缠结，增加了材料的物理交联度，提高了聚合物的碳骨架稳定性。同时，聚合物分子链包裹在孔道之内，限制了聚合物分子链热运动；此外，SBA-15 的孔壁具有很好的阻隔性和绝热性将聚合物的分解行为屏蔽在孔道之外，聚合物热失重得到很好的保护，热残余率因此得到了极大的提高。而 M4 由于经偶联剂改性过，偶联剂分子进入 SBA-15 孔道占据部分孔道空间，使 SBA-15 孔道变小，DCPD 不易进入其中聚合，因而受影响较小。

5.3.6.3 SEM 形貌

图 5-31 为四种 PDCPD/SBA-15 复合材料的断面放大 1000～1500 倍的扫描电镜照片。从图中可以看到，M1、M2 中 SBA-15 颗粒很清晰地分散于材料表面，两相只是起到一个混合效果，M1 更是有大颗粒团聚现象；M3、M4 中 SBA-15 嵌入在聚合物基体内部，在材料断面无粒子突出现象，粒子包埋在材料基质之中。

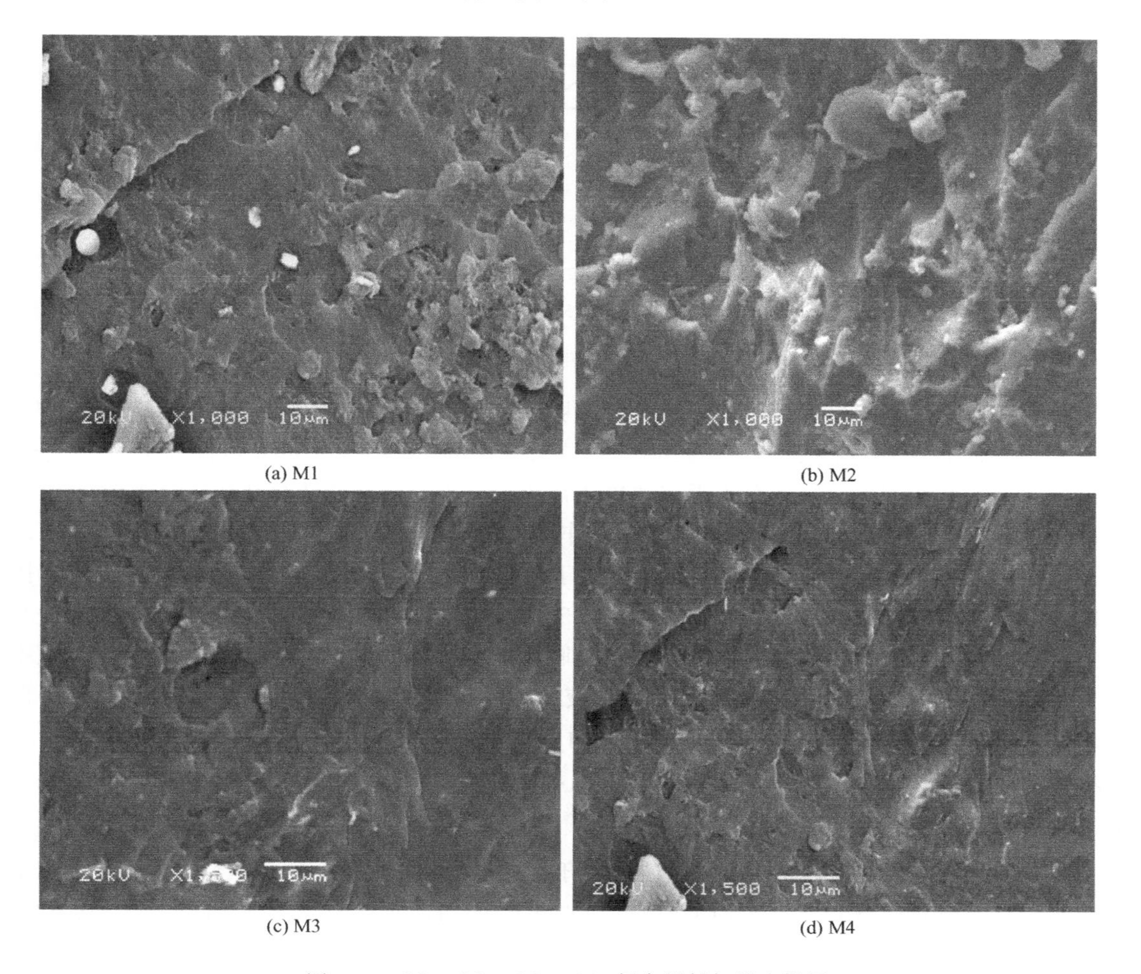

(a) M1　(b) M2　(c) M3　(d) M4

图 5-31 M1、M2、M3、M4 复合材料扫描电镜图

M1、M2 的 SBA-15 与聚合物之间仅仅是物理共混作用，界面之间未能很好地连接，所以断裂后颗粒较易从断裂表面脱离出来。而 M3、M4 的 DCPD 单体进入 SBA-15 孔道聚合，聚合物链在孔内孔外进行交联缠结，形成网状链缠结结构，两相界面之间产生较强的交联键合作用，SBA-15 被嵌入在链缠结结构之中而与聚合物基体紧密结合一块。

5.3.6.4 拉伸性能

图 5-32 为四种 PDCPD/SBA-15 复合材料在不同 SBA-15 含量下的拉伸性能。从图中可以看出，随着 SBA-15 含量的增加，PDCPD/SBA-15 的拉伸强度都呈现先递增后递减的趋势。另外从图中还可以看出，M3、M4 增幅大于 M1、M2，增长趋势更显著。原因是 M1、M2 的添加只起到一个填料的作用，随着量的增加拉伸强度有所增加但增幅不大，单体转化率降低使材料性能很快下降；而 M3、M4 作为刚性粒子能改善材料的力学强度性能，更重要的是因为其负载催化剂及 DCPD 单体进入孔道内形成高分子链缠结结构的独特增强机理。聚合物链在孔间孔外进行链缠结，增大材料的交联度从而增加材料的拉伸强度。

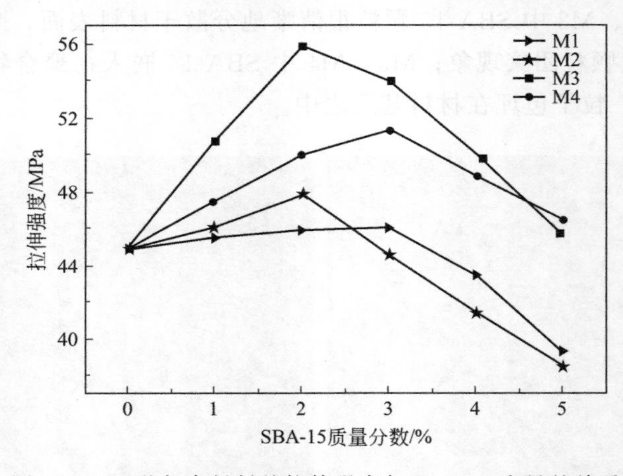

图 5-32 四种复合材料的拉伸强度与 SBA-15 含量的关系

四组样品中，M3 的拉伸强度增幅最大，从纯 PDCPD 的 44.8MPa，到 M3 含量为 2% 时的 55.8MPa，增幅达到 24.5%。原因可能是未改性的 SBA-15 孔道未被偶联剂分子填充从而拥有更大的孔道效应，能引入更多的单体催化剂进入孔内，使链缠结作用更为明显。当含量超过 3%时，由于 SBA-15 对材料的阻聚作用使单体转化率降低，材料拉伸性能下降。

图 5-33 为四种 PDCPD/SBA-15 复合材料于不同 SBA-15 含量下的断裂伸长率。从图中可以看出，断裂伸长率全部下降，因为 SBA-15 本身就是刚性粒子，其填充到韧性材料中会导致材料断裂伸长率有所下降。而且当材料交联度上升时，也会引起断裂伸长率的下降，因为 SBA-15 负载催化剂进入孔道后，PDCPD 交联度上升，高分子链段的相互缠结，限制了分子链的位移，使链段相对滑移受到阻碍，材料显示较强的刚性，这也从另一方面证实了 PDCPD/SBA-15 复合材料随着 SBA-15 的添加，材料的交联度变大。

5.3.6.5 弯曲性能

图 5-34 为四种 PDCPD/SBA-15 复合材料于不同 SBA-15 含量下的弯曲性能。由图可知，随着四种复合材料的 SBA-15 在 PDCPD 中添加量的增加，相比较纯 PDCPD 而言，其弯曲性能呈现和拉伸性能一样先增加后降低的趋势。其增强机理同拉伸性能一样，M1、M2 的 SBA-15 只起到刚性补强的作用，随着含量增加，单体阻聚作用变大单体转化率降低，弯曲

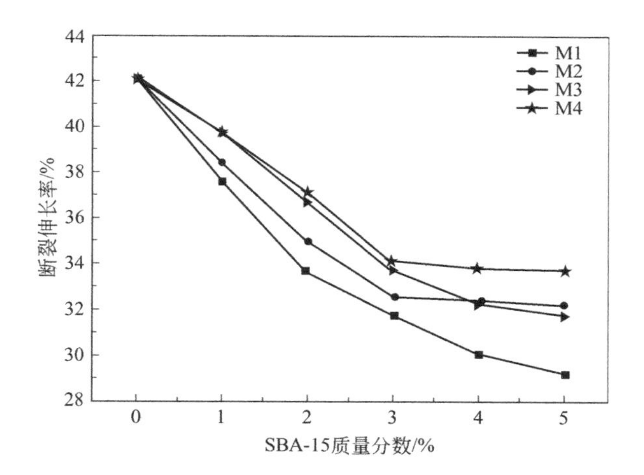

图 5-33　四种复合材料不同 SBA-15 含量下的断裂伸长率

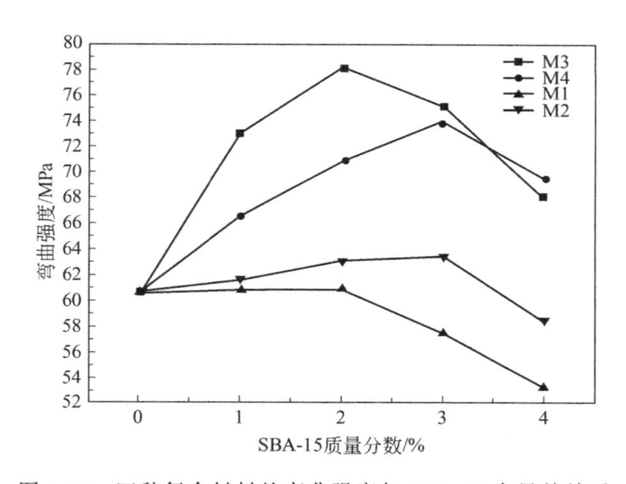

图 5-34　四种复合材料的弯曲强度与 SBA-15 含量的关系

性能很快降低。而 M3、M4 由于 SBA-15 的加入使聚合物物理交联点增多，交联度变大，材料变硬从而拥有更大的弯曲应力，弯曲模量明显增强。

其中，M3 增幅由纯 PDCPD 的 60.55MPa 增加到 2%含量的 78.27MPa，增强效果超过 M4，这是当 SBA-15 经偶联剂改性之后，偶联剂填充孔道会使介孔孔道收缩，而未改性的 SBA-15 拥有更大的孔道尺寸吸收更多的单体及催化剂进入孔道聚合，使更多的聚合物分子链在孔道内外进行缠结，从而使材料弯曲性能增强更明显。

5.4　PDCPD/$CaCO_3$ 纳米复合材料

5.4.1　制备方法

将一定量的改性 nano-$CaCO_3$ 超声分散在 DCPD 的容器中，在氮气保护下，按照 DCPD、Al 与 W 的摩尔比为 1200∶20∶1，分别向分散有纳米 $CaCO_3$ 的 DCPD 容器加入主催化剂和助催化剂，混合后立即注入已恒温的模具中，固化后取出。样品按前述方法进行测试与表征。

5.4.2 力学性能

5.4.2.1 拉伸性能

图 5-35 所示为 PDCPD/$CaCO_3$ 纳米复合材料拉伸性能。

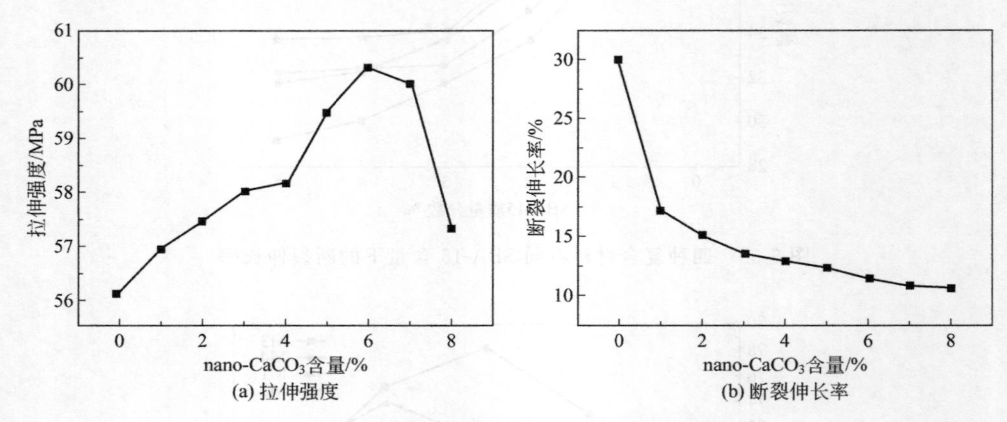

图 5-35 PDCPD/$CaCO_3$ 纳米复合材料拉伸性能

图 5-35(a) 为 nano-$CaCO_3$ 粒子对复合材料拉伸强度的影响。由图可知，随着纳米粒子质量分数的增多，复合材料的拉伸强度呈先增高后降低的趋势，当纳米粒子含量达 6%时，复合材料的拉伸强度最大，达到 60.33MPa。nano-$CaCO_3$ 作为刚性粒子，当加入量少时，纳米粒子与 PDCPD 基体良好结合，刚性粒子也起到了增强作用，提高了复合材料的刚性和耐蠕变性，使复合材料的拉伸强度增加。但随着添加量的增加，一方面在一定程度上影响了 PDCPD 的交联度，另一方面纳米粒子发生团聚，形成一定的缺陷，两者共同作用使拉伸强度开始下降。从图 5-35(b) 可知，加入纳米粒子使复合材料的断裂伸长率急剧下降，与强度的变化趋势相反。这是因为加入 nano-$CaCO_3$ 无机粒子增大了分子链间的摩擦力，阻碍分子链滑移，从而使断裂伸长率降低。

5.4.2.2 弯曲性能分析

图 5-36 为 nano-$CaCO_3$ 粒子对复合材料弯曲强度的影响。

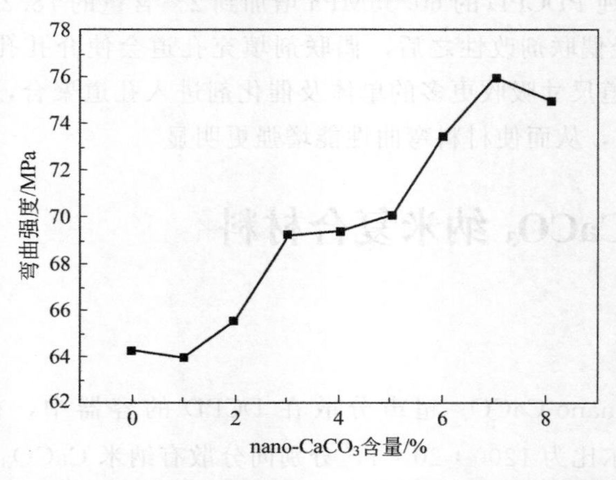

图 5-36 纳米碳酸钙含量对 PDCPD/$CaCO_3$ 纳米复合材料弯曲强度的影响

由图可知，随着纳米粒子质量分数的增多，弯曲强度呈逐渐增加的趋势，纳米粒子含量达 7%时，复合材料的弯曲强度最大。其原因与拉伸强度的变化规律一致。

5.4.2.3　冲击性能

图 5-37 是不同质量分数的 nano-$CaCO_3$ 粒子对复合材料冲击强度的影响。

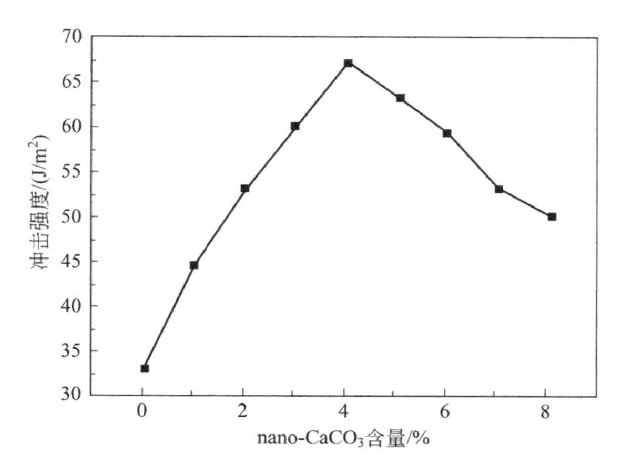

图 5-37　复合材料的冲击强度曲线

由图 5-37 可知，随着纳米粒子的增多，复合材料的冲击性能得到明显的提高。当纳米粒子质量分数为 4%时，复合材料的冲击性能达到最大，与纯 PDCPD 相比，冲击强度提高了 100.3%，继续增加纳米粒子，复合材料的冲击强度逐渐降低。

可知，加入 nano-$CaCO_3$ 粒子对复合材料有明显的增韧效果。纳米粒子会使复合材料生成微小开裂，吸收了一定的变形能，并且使基体裂纹的扩展钝化，从而阻碍了裂纹的破坏性开裂；另外，由于纳米粒子的比表面积大，与基体接触面积大，从而使黏结力增大，在复合材料受到冲击时，会生成更多的微裂纹，吸收冲击能，在一定范围内随着纳米粒子的增多，所吸收的冲击能也相应增加，故当纳米粒子含量为 4%时，复合材料的冲击强度提高最大，达 67.06kJ/m^2。但随着纳米粒子加入量过多，由于其比表面积较大，易发生团聚，团聚体在体系中成为应力集中点，造成与基体间的物理相互作用弱化，从而使复合材料的冲击性能降低。

表 5-1 列举出了所制复合材料、纯 PDCPD 以及几种通用材料的冲击强度、拉伸强度、弯曲强度和硬度的对比，复合材料中 nano-$CaCO_3$ 的质量分数为 4%。由表可知纯 PDCPD 的综合力学性能优于所列各种通用材料的力学性能，而 $CaCO_3$/PDCPD 纳米复合材料的综合力学性能更优。

表 5-1　几种通用材料力学性能对比

材料种类	冲击强度/(kJ/m^2)	拉伸强度/MPa	弯曲强度/MPa
PDCPD/$CaCO_3$ 纳米复合材料	67.06	58.02	69.24
PDCPD	33.48	56.12	64.27
PP	7	23	33
HIPS(MB5210)	14.5	21.7	21.4
ABS	20	36	52
PVC	13	47	88
PU	16	51	46

5.4.3 复合材料动态力学分析

图 5-38 是 PDCPD/$CaCO_3$ 纳米复合材料的动态力学分析曲线。图 5-38(a) 为复合材料的温度-储能模量曲线，纯 PDCPD 的储能模量从 −95℃至 230℃随着温度的上升而逐渐下降，其中质量分数为 2%的 nano-$CaCO_3$ 粒子的复合材料的储能模量与纯 PDCPD 相近，4%纳米粒子的复合材料和 7%纳米粒子的复合材料的储能模量比纯 PDCPD 分别提高了 7.0%、12.4%。储能模量反映材料的刚度，说明随着纳米粒子的加入，$CaCO_3$/PDCPD 纳米复合材料的刚度增强了。由图可看出在 −95℃至 100℃范围内，随着加入 nano-$CaCO_3$ 粒子的增多，储能模量下降得越缓慢，对应斜率越小，表明复合材料的耐热性能和温度稳定性得到了提高。

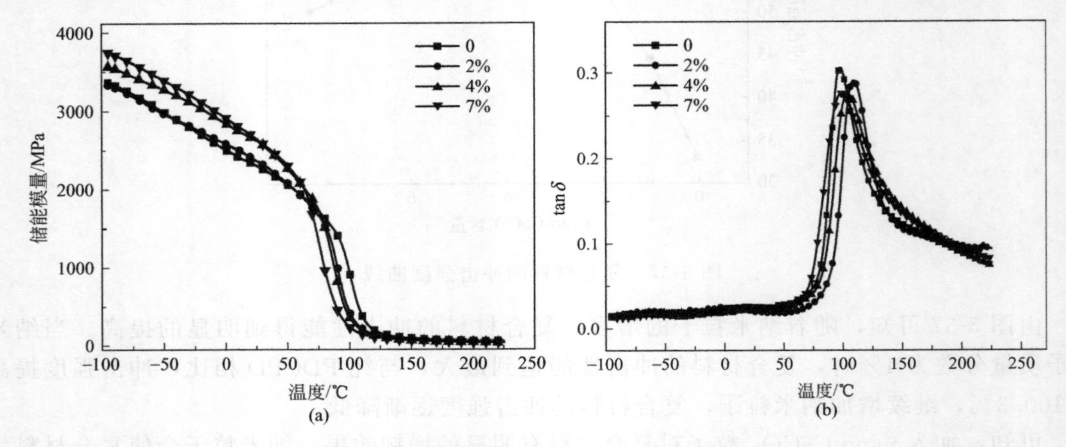

图 5-38 纳米复合材料的动态力学分析曲线

nano-$CaCO_3$ 粒子对 PDCPD 储能模量的影响主要是由于纳米粒子分散于聚合物基体中，与基体形成了很强的界面物理结合，这使应力在纳米粒子和基体间的传递起到了重要作用；当 nano-$CaCO_3$ 粒子含量较少时，不能形成稳定的应力传递，对复合材料的储能模量增强不明显；但随着纳米粒子量的增多，其与基体的大量界面物理结合有助于应力的传递，当 nano-$CaCO_3$ 粒子达到 7%时，使复合材料储能模量增加明显。

图 5-38(b) 为复合材料的温度-损耗曲线，从曲线可以看到 nano-$CaCO_3$ 粒子为 2%和 4%时损耗峰明显向高温区移动，而 7%基体未变。这可能因为在 nano-$CaCO_3$ 粒子量较少

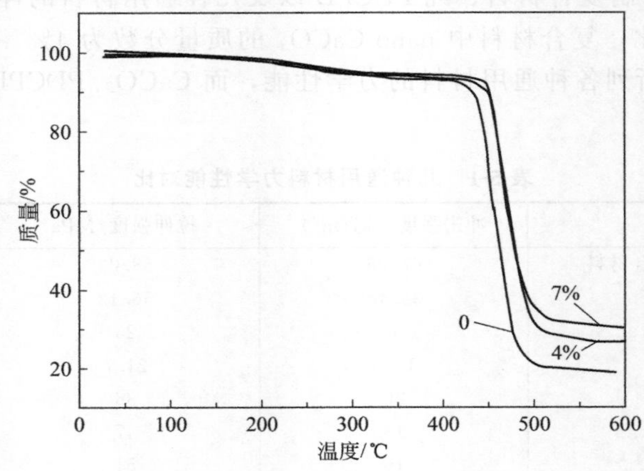

图 5-39 复合材料的热失重曲线

时，分散达到纳米级，粒子和大分子作用力较强，链段运动受阻较大；而在 nano-$CaCO_3$ 粒子量较多时，粒子聚集严重，大分子运动基本没有受到限制。

5.4.4　复合材料热失重分析

对含不同质量分数 nano-$CaCO_3$ 粒子的复合材料进行热分析，结果由图 5-39 可知，不同纳米粒子含量的复合材料的耐热顺序为 7%>4%>0，这说明适当加入 nano-$CaCO_3$ 粒子对改善 PDCPD 基体的耐热性有利。其原因为纳米粒子与 PDCPD 大分子间存在着较强的相互作用，在一定程度上阻碍了 PDCPD 大分子的链段运动，增加了热稳定性。

参考文献

[1] 吴刚，吴彤，刘拥华等．纳米介孔材料［C］．2006 年全国高分子材料科学与工程研讨会论文集［J］．成都：中国学术期刊电子杂志社，2001，47-51.

[2] 孟桂花，王水利，白妮等．聚苯胺/MCM-41 介孔分子筛导电复合材料的制备及其表征［J］．西安科技大学学报，2003，26（4）：50-53.

[3] Macan J，Ivankovic H. Study of cure kinetics of epoxy-silica organic-inorganic hybrid materials［J］．Thermochimica Acta，2004，414：219-222.

[4] M. T. Run，Sizhu Wu，Dayu Zhang. Meltin behaviors and isothermal crystallization kenetics of poly（ethylene terephthalate）/mesoporous molecular sieve composite［J］．Polymer，2005，46：5308-5316.

[5] 王娜，张静，王蕾等．PMMA/MCM-41 复合粒子对环氧树脂复合材料性能［J］．工程塑料应用，2007，35（7）：65-67.

[6] 张静．环氧树脂/纳米介孔分子筛复合材料的制备及性能研究［J］．工程塑料应用，2006，34（5）：15-19.

[7] Jing He，Yhanbin Shen，David et al. A nanocomposite structure based on modified MCM-48 and polystyrene［J］. Microporous and Mesoporous Materials，2008，109（10）：73-83.

[8] Na Wang，Mingtian Li，Jinsong Zhang. Polymer-filler porous MCM-41：An effective means to design polymer-based nanocomposite［J］．Materials letters，2009，59（5）：2685-2688.

[9] 张军，纪硅江，夏延致．聚合物燃烧与阻燃技术［M］．北京：化学工业出版社，2005，15-23.

[10] Camino G. Combustion and Fire Retardant in Polymer Materials［J］．Polymer，1994，15（2）：37-42.

[11] 徐应麟，王元宏，夏国梁．高聚物材料实用阻燃技术［M］．北京：化学工业出版社，2006，185-1893.

[12] 王平华，徐国庆．插层法制备聚合物基纳米复合材料的研究进展［J］．高分子材料科学与工程，2003，19（6）：37-41.

[13] 胡源，汪少峰，宋磊等．聚合物/层状硅酸盐纳米复合材料阻燃性能研究进展［J］．高分子材料科学与工程，2003，19（4）：13-17.

[14] Kornman X，Linberg H，Berglun L A. Thermal terpoymerization of alphamethylstyrene acrylonitrile and styrene［J］．Polymer，2000，429（40）：1303-1308.

[15] 李明天，王娜，魏薇等．PF/MCM-41 纳米复合材料的制备及其耐热性［J］．材料科学研究学报，2006，20（3）：10-15.

[16] Jin Ma，Zhenglong Yang，Xiaocong Wang et al. Flexible bi-continuous mesostructured inorganic/polymer composite membranes［J］．Polymer，2007，48（3）：4305-4310.

[17] Mingtao Run，Sizhu Wu. Melting behaviorsof mesoporous molecular sieve nano-composite［J］．Nature，2004，132：14-18.

[18] 王琼生．纳米介孔材料 MCM-41 对 PMMA 动态力学行为的影响［J］．福建师范大学学报（自然科学版），2007，34（2）：16-19.

[19] 王娜．PMMA/MCM-41 复合材料对环氧树脂材料性能的影响［J］．工程塑料应用，2006，34（5）：17-20.

[20] Hart-mann M. Ordered mesoporous materials for bioadsorption and biocatalysic［J］．Chem Mater，2005，17，4577-4593.

[21] Hart-mann M. Ordered mesoporous materials for bioadsorption and biocatalysis［J］．Chem Mater，2005，17，4577-4593.

第6章 纤维增强 PDCPD 复合材料

6.1 纤维增强 PDCPD 复合材料进展

随着现代科学技术的发展，越来越多的复合材料因其高性能、低成本而引起了人们的普遍关注，尤其是纤维增强复合材料应用最广、用量最大。这类材料的特点是密度小、比强度和比模量大，可替代传统的材料而被应用于军事、建筑和日常生活当中。

聚双环戊二烯（PDCPD）本身具有良好的物理机械性能，如高模量、高抗冲性；但同时也存在一些不足，譬如制品的强度仅能达到一般性能的要求，对用于像高级跑车、豪华快艇壳体材料这些高性能要求则显得不足。目前，人们主要把纤维材料（如碳纤维、高分子量聚乙烯纤维、玻璃纤维等）作为增强相来改性 PDCPD 材料，以提高 PDCPD 材料的物理机械性能。若要体现出纤维增强 PDCPD 复合材料优异的物理机械性能，纤维与 PDCPD 必须具有良好的亲和性是关键，而纤维和 PDCPD 这种亲和性可通过化学键合或增加范德华力、提高纤维表面的粗糙性以及表面的机械咬合来获得[1]。因此需要对纤维表面进行改性，使纤维界面和 PDCPD 界面能够紧密结合，从而使制品的性能达到最佳化。

6.1.1 玻璃纤维增强 PDCPD 复合材料

玻璃纤维（GF）是一种无机非金属纤维材料。它作为一种拉伸强度高、刚性好、阻燃且廉价的增强填料，被广泛应用。Sage[2]采用质量分数 5.0%左右的硅烷偶联剂（N-2-甲基苯乙烯基氨基-乙基-3-氨基-三甲氧基硅烷）和质量分数 0～2.0%的浸润剂（聚乙二醇酯）混合，将 pH 控制在 3.25～3.75，采用涂覆处理的方法对玻璃纤维布/毡进行特殊处理。然后添加到 DCPD 中，控制 DCPD 与钌系催化剂的物质的量比为 1250：1 左右，通过开环易位聚合反应得到了力学性能优异的聚双环戊二烯/玻璃纤维复合材料。Endo 等[3]比较了多种硅烷偶联剂对玻璃纤维织物的表面处理效果，采用反应注射成型的方法制备出了玻璃纤维织物增强聚双环戊二烯复合材料，结果表明，材料的弯曲强度和弹性模量分别提高了 30%和 25%，说明玻璃纤维织物对材料的增强效果显著。Frédéric 等[4]采用 Tlene 公司外加纤维的反应注射成型技术，可方便地生产出泳池的防水板。其中 DCPD 增强体系包含 A、B 和 F 三种组分。其中 A、B 分别为含有主催化剂、助催化剂的料液，F 为填充纤维。三组分以物质的量比为 1250：1：1 的比例通过特殊的反应注射成型设备注入一个密闭模具内，5min 左右脱模得制品。Peters 等[5]研究发现，多种无机氧化物的混合物与玻璃纤维混合，采用开环易位聚合形成 PDCPD 复合材料制品。该制品按照美国国防部装甲弹道穿透率测试标准进行性能测试，结果表明，这种密度为 0.98g/cm^2、厚度为 5～6mm 的 PDCPD 复合材料板可抵御口径为 7.62mm 的膛枪以最低每秒 274m 速度射击出的模拟弹碎片。美国专利[6]分别公开了制备玻璃纤维织物增强 PDCPD 管道和器件的方法。

6.1.2 碳纤维增强 PDCPD 复合材料

碳纤维（CF）是由有机纤维经固相反应转变而成的纤维状聚合物碳[7]，是一种高性能的先进的非金属材料。界面是纤维和基体树脂发生化学及物理作用的主要区域[8~10]，然而 CF 表面光滑呈惰性，与树脂基体的界面黏结性差，从而限制了 CF 增强复合材料（CFRP）性能的发挥，因此 CF 的表面处理对改善纤维和聚合物基体之间的亲和性必不可少。

Ni HL[11]制备了气相生长碳纤维（vapor grown carbon fiber，VGCF）增强 PDCPD 复合材料。研究 VGCF/PDCPD 复合材料的 DMA 性能可知，VGCF/PDCPD 复合材料的储能模量均大于纯 PDCPD，并且随 VGCF 含量的增加而增加。当测试温度为 230℃（高于 T_g）时，添加质量分数为 5%、15% 和 20% VGCF 的 PDCPD 复合材料的储能模量分别为 44.4MPa、51.2MPa、105.3MPa 和 182.1MPa，相对于纯 PDCPD，复合材料的储能模量分别提高了 15.3%、137.2%和 310.1%。在 VGCF/PDCPD 复合材料中，VGCF 增强相起到了增强和增韧的作用，即使温度升到了 PDCPD 的 T_g以上，VGCF 仍使复合材料具有较高的强度和韧性。这说明添加 VGCF 也能使 PDCPD 复合材料的热尺寸稳定性得到提升。

6.1.3 聚乙烯纤维增强 PDCPD 复合材料

超高分子量聚乙烯纤维（UHMWPE）是一种线型结构的综合性能优异的热塑性工程塑料[12]。它是由分子量在 100 万～500 万的聚乙烯经凝胶或熔融纺丝再经高倍拉伸所纺出的纤维，是继碳纤维、Kevlar 纤维之后出现的又一种颇具竞争力的高科技纤维，其比强度为同等截面积钢丝的 10 倍，比模量仅次于特级碳纤维，并且还具有低密度、耐磨损、耐弯曲、耐化学腐蚀、抗紫外线辐射、防中子和 γ 射线、耐冲击、耐低温等优良特性，使其在防护材料、绳索、耐低温材料、防弹材料上得以广泛应用，在航空、航天及汽车等诸多领域也具有极强的竞争力[13]。E. Devaux[14]等利用 Spectra1000 超高分子量聚乙烯纤维对聚双环戊二烯材料进行改性。采用反应注射成型技术，将聚乙烯纤维加入 DCPD 中，通过钨系催化剂和烷基铝助催化剂引发反应，得到超高分子量聚乙烯/PDCPD 复合材料制品。

初步测试发现，聚乙烯纤维表面有一种特殊的胶黏剂镀层，且表面不需处理就能和 PD-CPD 复合。并且由于 PDCPD 和超高分子量聚乙烯纤维的结构相似，超高分子量聚乙烯与 PDCPD 熔融形成一个互穿网络结构，从而使得复合材料的性能相对于纯 PDCPD 有较大程度的提高。通过对该复合材料的微型机械力学性能测试，结果表明，经超高分子量聚乙烯改性过的 PDCPD 复合材料的性能，其最大抗撕裂强度达到了 28MPa。

6.1.4 不锈钢纤维增强 PDCPD 复合材料

Camboa A 等[15]采用反应注射成型技术制备了不锈钢纤维增强 PDCPD 复合材料。他们预先将长 220mm、直径为 1.6mm 的不锈钢纤维表面每隔 30mm 刻上一圈凹槽，用以增加 PDCPD 与不锈钢纤维的界面粘接。然后将这些经过表面处理的不锈钢纤维放置在模具中，采用真空注射成型技术制备 PDCPD 的 RIM 样品。不锈钢纤维增强 PDCPD 样品的弯曲强度均值 116.9MPa，弯曲模量值均值分别为 6131MPa，相对于空白样品，分别提高了 3 倍和 6 倍。

本章选择碳纤维和芳纶浆粕作为增强纤维对PDCPD进行复合增强。

6.2 PDCPD/碳纤维复合材料

6.2.1 碳纤维的表面处理

6.2.1.1 硝酸处理

用30%（质量分数）过氧化氢在70～90℃下氧化碳纤维3～5h后，再转入装有浓硝酸的三口烧瓶中，在110℃下氧化约5h，氧化结束后取出，用蒸馏水洗涤至pH值为6～7左右，80℃下真空烘箱中烘干至恒重备用。

6.2.1.2 硅烷偶联剂处理

将碳纤维加入到15%的硅烷偶联剂（KH-550）乙醇溶液中，用冰醋酸调节其pH值为4～5左右，然后在60℃下超声5～6h，偶联结束后取出，用蒸馏水洗涤至pH值为6～7左右，80℃下真空烘箱中烘干至恒重备用。

6.2.1.3 硝酸-硅烷处理

硝酸处理法处理过后的碳纤维再用硅烷偶联剂处理的方法处理。

6.2.2 PDCPD/碳纤维复合材料制备方法

在氮气保护下，将一定量的碳纤维加入到装有DCPD的广口瓶中，用高速匀质机进行分散。之后，依次注入主催化剂和助催化剂，均化后迅速注入预热70℃的模具中，保温20min后开模，得到PDCPD/碳纤维复合材料。

6.2.3 表征与测试方法

6.2.3.1 红外光谱的表征

采用与KBr压片的方法，将处理前后的芳纶浆粕用Nicolet iS10型傅里叶红外仪进行表征。

6.2.3.2 扫描电子显微镜观察

采用JSM-5610LV型扫描电子显微镜对纤维改性前后的表面进行分析；其增强的PDCPD复合材料经低温淬断，断面刻蚀后进行显微分析。

6.2.3.3 热重分析

试样采用STA409PC热重分析仪进行热重分析。测试条件：温度0～600℃，温升10℃/min，氩气流量100mL/min。

6.2.3.4 冲击性能测试

根据GB/T 1843—2008进行测试。

6.2.3.5 拉伸性能测试

根据GB/T 1040—2006进行测试。

6.2.3.6 弯曲性能测试

根据GB/T 9341—2008进行测试。

6.2.4　碳纤维表面改性及其 PDCPD/碳纤维复合材料

6.2.4.1　碳纤维的红外光谱图

碳纤维的表面改性处理是为了改善碳纤维与 PDCPD 基体的界面黏合性能，同时增大了碳纤维的比表面积，延缓了它在 DCPD 基体中的沉降速度，有利于碳纤维均匀地分布在基体里面。

分别采用 H_2O_2-硝酸、偶联剂和硝酸-偶联剂处理方法对纤维进行改性处理，考察不同处理方法和不同碳纤维含量对 PDCPD/碳纤维复合材料性能的影响。图 6-1 为不同处理方法碳纤维表面红外光谱图。

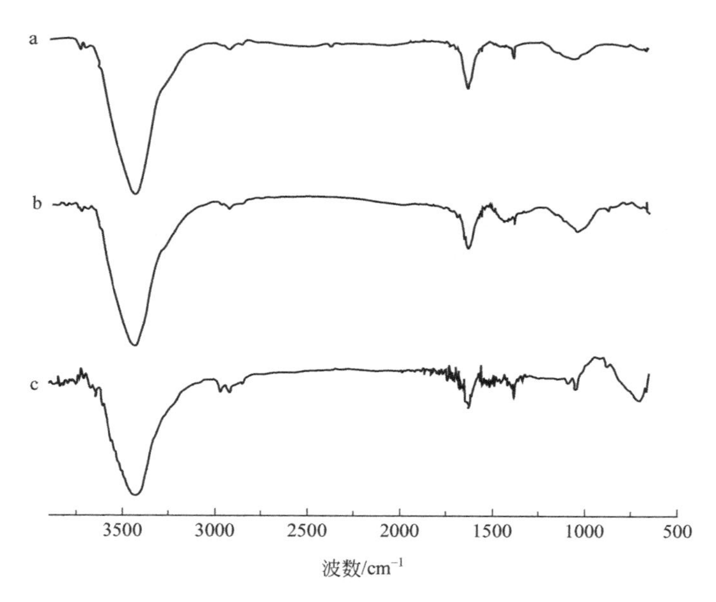

图 6-1　未处理碳纤维（a）、偶联剂碳纤维（b）、硝酸-偶联剂碳纤维（c）表面的红外光谱图

图 6-1 是碳纤维在不同条件下处理后得到的 FTIR 图谱。图中 a 曲线是未处理的碳纤维的 FTIR 图谱，3487cm^{-1} 和 1376cm^{-1} 是碳纤维表面的—OH 伸缩振动的特征峰，1663cm^{-1}是碳纤维表面碳环结构上 C═C 和芳环的伸缩振动的特征峰，1000～1300cm^{-1}是 C—C 骨架振动特征峰。图中的 b 曲线是碳纤维经过硅烷偶联剂处理后的 FTIR 图谱，与 a 曲线比较，986cm^{-1}出现了新的特征峰，1175cm^{-1}处特征峰的峰宽明显加强。可以判断碳纤维经过硅烷偶联剂处理后，纤维表面接枝了硅氧烷低聚物，Si—O—Si 伸缩振动引起了 986cm^{-1}的特征峰，同时 Si—C 伸缩振动使 1136cm^{-1}处特征峰的峰宽明显变强。从理论上分析，出现的是 N—H 的特征峰，但在 3487cm^{-1}处的—OH 震动吸收峰太强覆盖了 N—H 的特征峰。图中 c 曲线是碳纤维先经 H_2O_2 和 HNO_3 二步处理后再用硅烷偶联剂处理的 FTIR 图谱。与 a 曲线相比，1663cm^{-1}的特征峰变宽，在 742cm^{-1}出现了新的特征吸收峰。认为可能是碳纤维经过 H_2O_2 和 HNO_3 处理后，表面的—OH 和—COOH 增多，再经过硅烷偶联剂处理后，纤维表面的 Si—O—Si 键增多使产生的振动吸收峰右移。

6.2.4.2　碳纤维界面形貌

由于碳纤维在生产过程中经过了在高温惰性气体中的碳化处理，造成了碳元素的富集和非碳元素的移走，从而使其表面张力下降，表面活性降低及与基体的浸润性变差。碳纤维对于复合材料的增强效果取决于碳纤维和周围基体间的界面性质和表面结构。而碳纤维的表面结构包括碳纤维的围观形态、表面积和表面化学基团等。所以为了最大限度地发挥碳纤维对复合材料的增强作用，需要对碳纤维进行表面的处理，以增强碳纤维与基体的黏结力，从而达到提高材料拉伸强度、弯曲强度和抗疲劳性等性能的目的。

通过浓硝酸、硅烷偶联剂和浓硝酸-硅烷偶联剂三种不同的方法对碳纤维进行了处理，并制备碳纤维含量不同的 PDCPD/碳纤维复合材料。对处理前后的碳纤维及其相对应的复合材料的断面进行 SEM 的表征，结果如图 6-2～图 6-5 所示。

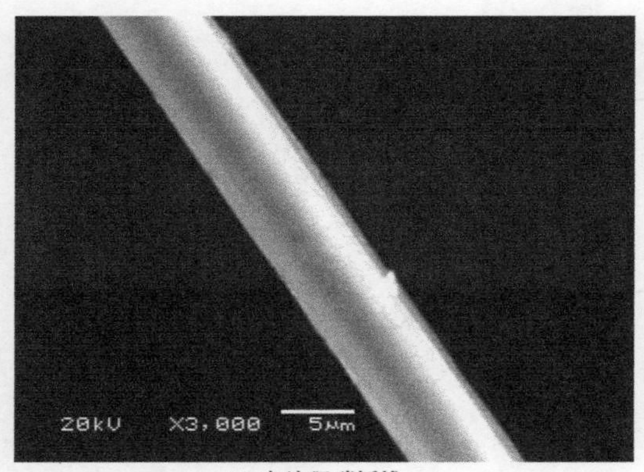

(a) 未处理碳纤维

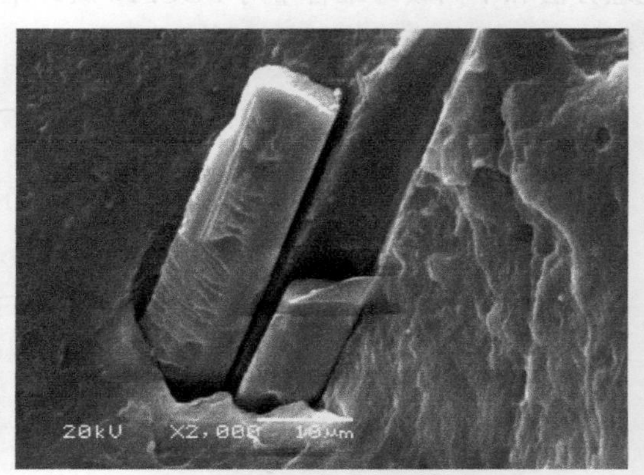

(b) PDCPD/ 碳纤维复合材料

图 6-2 未处理的碳纤维及其 PDCPD/碳纤维复合材料断面形貌 SEM 照片

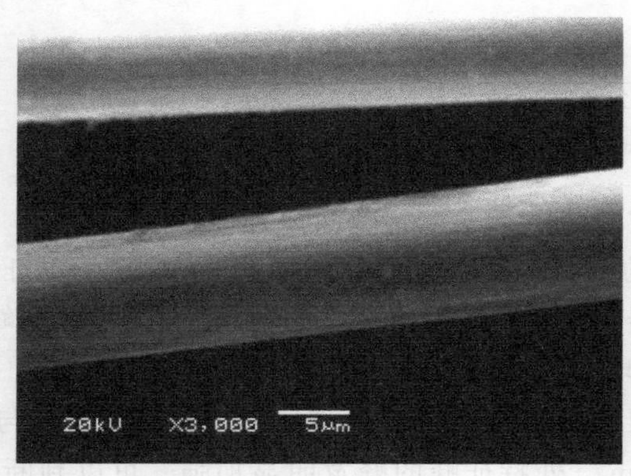

(a) 硅烷处理碳纤维

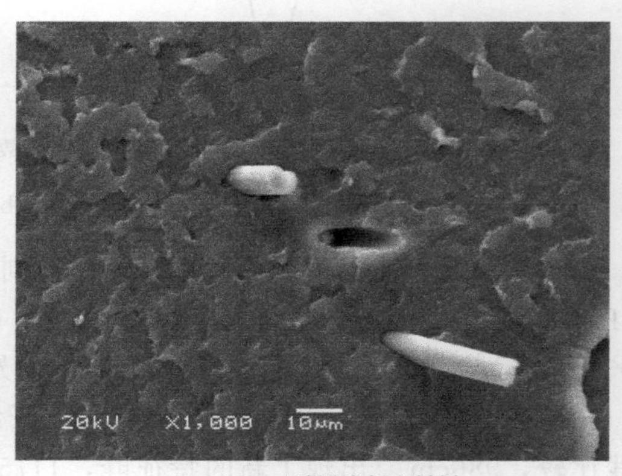

(b) PDCPD/ 碳纤维复合材料

图 6-3 硅烷处理的碳纤维及其 PDCPD/碳纤维复合材断面形貌 SEM 照片

图 6-2 是没有经过任何处理的碳纤维及其制备的 PDCPD/碳纤维复合材料的断面形貌 SEM 图。由图可以看出未处理的碳纤维表面比较光滑，所制备的复合材料的断面中，碳纤维裸露面也比较光滑，可明显看出在碳纤维与基体的接触面有很大的空隙，说明了未处理的碳纤维与 PDCPD 基体的界面结合比较差。

图 6-3 是经过硅烷偶联剂处理的碳纤维及其制备的 PDCPD/碳纤维复合材料的断面形貌 SEM 图。由图可以看出经过偶联剂处理的碳纤维表面被一层较薄的物质覆盖，这可能是硅烷偶联剂首先与去离子水发生水解，使 Si—X 转化为 Si—OH，进而脱水缩合而成低聚物，同时低聚物上的—OH 与纤维表面上产生的少量羧基，在受热条件下发生脱水反应，使硅氧

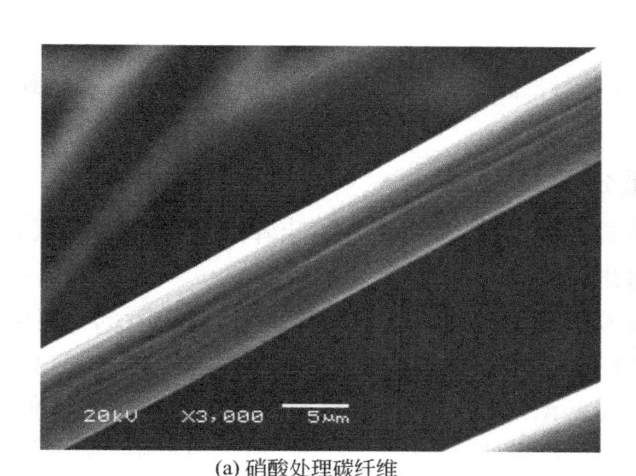

(a) 硝酸处理碳纤维

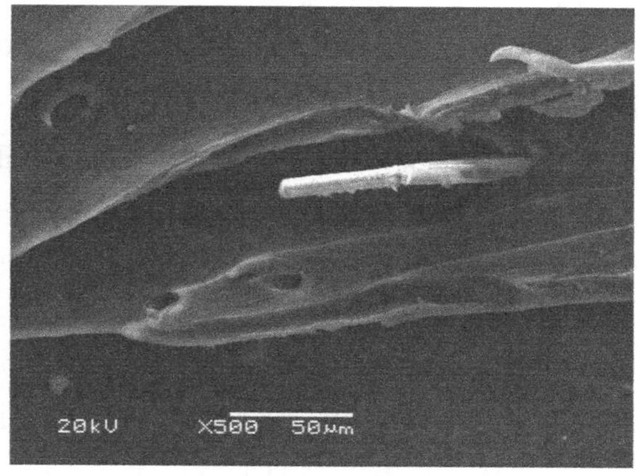

(b) PDCPD/碳纤维复合材料

图 6-4　硝酸处理的碳纤维及其 PDCPD/碳纤维复合材断面形貌 SEM 照片

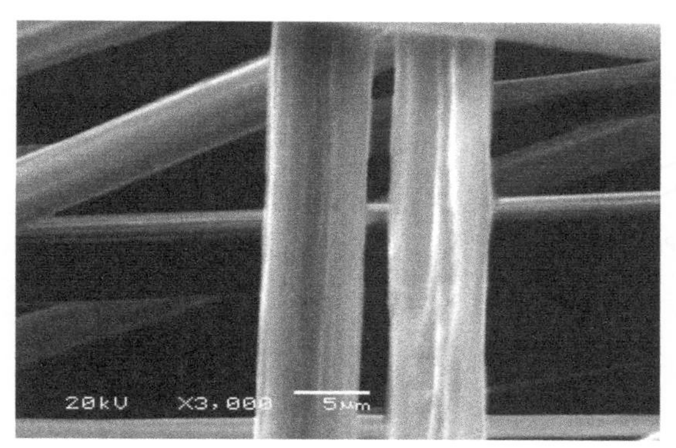

(a) 硝酸-硅烷处理碳纤维

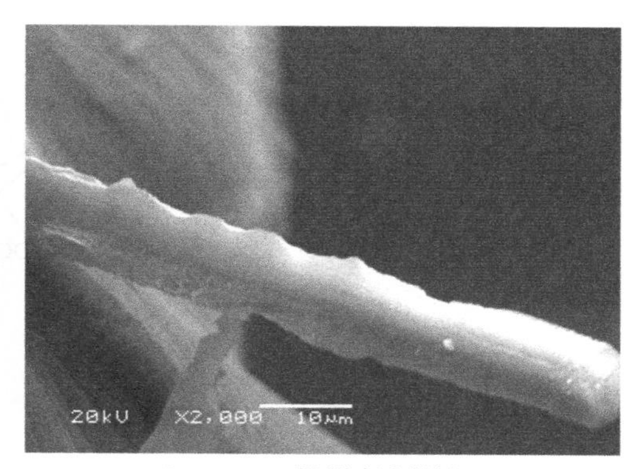

(b) PDCPD/ 碳纤维复合材料

图 6-5　硝酸-硅烷处理的碳纤维及其 PDCPD/碳纤维复合材断面形貌 SEM 照片

烷低聚物覆盖在纤维表面。在复合材料的断面形貌中，与图 6-2 相比较，空隙明显缩小，界面结合性得到了明显的改善，这是由于硅氧烷低聚物中含有双键，在 DCPD 聚合形成交联结构的时候，低聚物的双键也可能参加了反应，这样就增加了界面之间的结合能力。

图 6-4 是经过硝酸处理的碳纤维及其制备的 PDCPD/碳纤维复合材料的断面形貌 SEM 图。由图可以看出，经过浓硝酸处理的碳纤维表面的沟槽变得明显，且加宽、加深，粗糙度增大，也就是比表面积增大，有利于碳纤维的分散和降低碳纤维在 DCPD 中的沉降速度。从复合材料的断面形貌可以看出，与图 6-2 相比，拔出裸露在外面的碳纤维表面有一定的基体残留，说明了经过处理的碳纤维与 PDCPD 基体的黏合性得到了提高。

图 6-5 是经过硝酸-硅烷偶联剂处理的碳纤维及其制备的 PDCPD/碳纤维复合材料的断面形貌 SEM 图。从图中可以看到，由浓硝酸-硅烷偶联剂处理的碳纤维表面，与未处理和单独用一种方法处理的碳纤维表面相比，有更加明显的沟槽，深度和宽度进一步加大。从其制备的复合材料断面可以看到被拔出的碳纤维上残留了大量的 PDCPD 基体，说明经过浓硝酸-硅烷偶联剂处理的效果最好，碳纤维和基体的界面黏合性最好。原因可能是经过了浓硝酸处理的碳纤维的表面除了粗糙度和沟槽加深之外，比表面积得到增大，比表面积增大有利于碳纤维与基体间产生物理契合，即锚锭效应。同时，表面由于被强氧化剂氧化，羧基增多，这就使硅烷偶联剂与碳纤维表面的反应增多，使得硅烷低聚物与碳纤维的结合能力增强，从

而提高复合材料的物理性能。

上述表征结果表明，碳纤维的表面处理对使碳纤维和基体材料 PDCPD 的界面结合起到了重要的作用。

6.2.4.3 碳纤维/PDCPD 复合材料的热重分析

样品的质量分数随温度或时间的变化曲线提供的信息如下：曲线陡降处为样品失重区，平台区为样品的热稳定区。热重分析法可以得出材料的热稳定性信息。

图 6-6 是纯 PDCPD 和碳纤维含量为 0.25%的 PDCPD/碳纤维复合材料 TG 曲线，从图中可以直观地看出，复合材料和纯的 PDCPD 的热分解温度基本一致，但是在低温阶段可以明显看出复合材料的曲线要平缓的多，说明了在低温阶段，复合材料的热稳定性比较好。但在高温阶段碳纤维复合材料的残留率明显高于纯的 PDCPD，在 600℃时 PDCPD 的残留质量仅有 1.68%，而 PDCPD/碳纤维复合材料的达 28.05%。这可能是由于热失重的过程首先发生在未与碳纤维结合的部分，当热分解到一定程度时，PDCPD 高分子链与碳纤维表面有强烈的相互作用，使材料的失重温度和残留率明显提高。

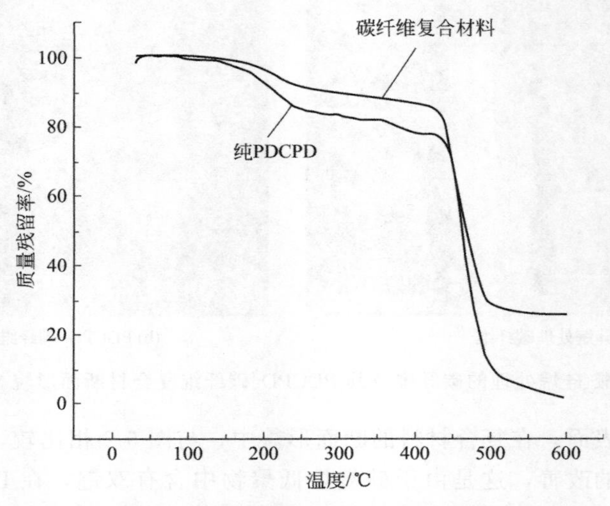

图 6-6 PDCPD 和 PDCPD/碳纤维复合材料 TG 对比

6.2.5 复合材料的力学性能

6.2.5.1 PDCPD/碳纤维复合材料拉伸性能

图 6-7 为碳纤维含量与 PDCPD/碳纤维复合材料拉伸强度的关系。

通过图 6-7 可以看出，在测试范围内，PDCPD/碳纤维复合材料的拉伸性能随着碳纤维在复合材料中含量的增加，呈现递增趋势。这是由于随着碳纤维含量的增加，横截面上的碳纤维含量也随着增加，这样在拉伸的过程中碳纤维的被拔出和拔断所需要吸收能量就增加了，这样就增加了材料的拉伸强度。且与纯的 PDCPD 材料相比，PDCPD/碳纤维复合材料的拉伸强度要高，可能是由于复合材料在拉伸的过程中，除了拉断基体材料之外，拉断碳纤维额外需要吸收能量。碳纤维含量相同的复合材料相比，可以看出，经过处理的碳纤维制备的复合材料比未处理的碳纤维制备的复合材料拉伸要高，说明经过处理的碳纤维与 PDCPD 基体的界面复合较好。碳纤维经过硝酸-硅烷偶联剂处理后制备出的复合材料的拉伸性能最

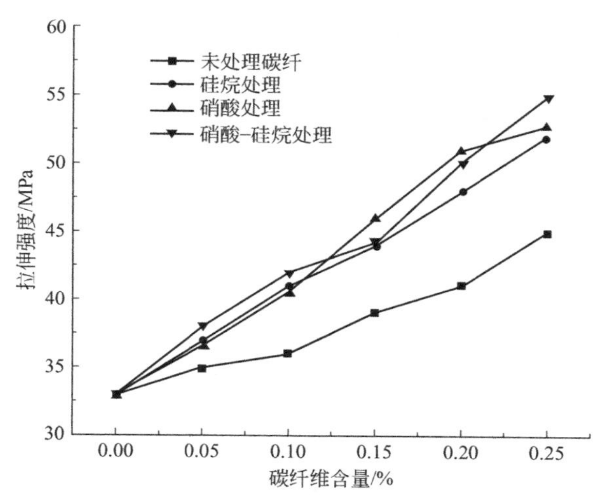

图6-7　碳纤维含量与PDCPD/碳纤维复合材料拉伸强度的关系

好，在碳纤维含量为0.25%时，拉伸强度达到了55MPa，比纯的PDCPD的拉伸提高了将近62%。

6.2.5.2　PDCPD/碳纤维复合材料冲击性能

图6-8为碳纤维含量与PDCPD/碳纤维复合材料的冲击强度的关系。

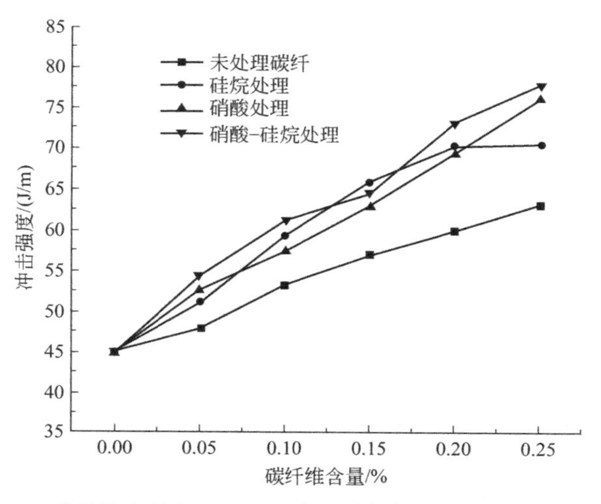

图6-8　碳纤维含量与PDCPD/碳纤维复合材料冲击强度的关系

通过图6-8可以看出，在测试范围内PDCPD/碳纤维复合材料的冲击性能比纯的PDCPD材料的冲击性能要高，原因可能是在冲击的过程中，碳纤维除了基体自身的断裂需要吸收能量以外，碳纤维的拔断也需要吸收能量。复合材料的冲击性能随着碳纤维在复合材料中含量的增加，呈现递增趋势。这是由于随着碳纤维含量的增加，横截面上的碳纤维含量也随着增加，这样在冲击的过程中需要拔断的碳纤维的数量就增加了，从而增加了所吸收的能量，使复合材料的冲击性能得到提高。碳纤维含量相同的复合材料相比，经过处理的碳纤维制备的复合材料比未处理的碳纤维制备的复合材料冲击要高，可能是由于未处理的碳纤维表面存在有机胶料，使其与基体结合的不够紧密。同时也说明经过处理的碳纤维与PDCPD

基体的界面复合较好。碳纤维经过硝酸-硅烷偶联剂处理后制备出的复合材料的冲击性能最好，在碳纤维含量为 0.25%时，冲击强度达到了 77J/m，比纯的 PDCPD 的冲击强度提高了将近 70%。

6.2.5.3 PDCPD/碳纤维复合材料弯曲性能

图 6-9 为碳纤维含量与 PDCPD/碳纤维复合材料弯曲强度的关系。

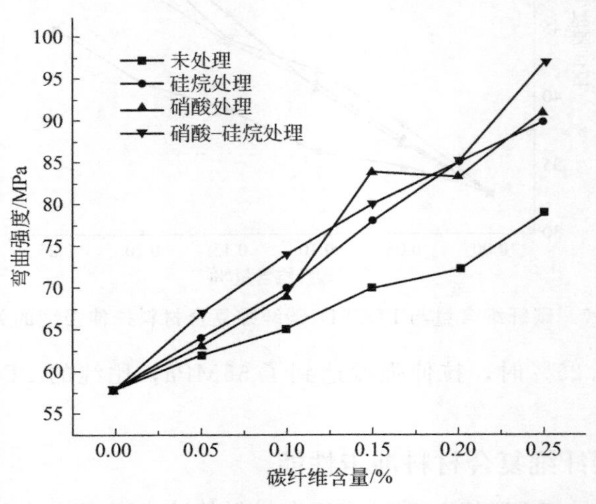

图 6-9 碳纤维含量与 PDCPD/碳纤维复合材料弯曲强度的关系

从图 6-9 可以看出，在测试范围内，PDCPD/碳纤维复合材料的弯曲强度随着碳纤维含量的增加而增大。碳纤维含量相同的复合材料的弯曲强度相比，经过处理的碳纤维制备出的复合材料的弯曲强度要大于未处理的碳纤维制备的复合材料的弯曲强度。经过硝酸-硅烷处理的碳纤维制备的复合材料的弯曲强度最大，达到了 97.5MPa，与纯的 PDCPD 的弯曲强度相比，提高了 71%左右。分析原因，是由于经过处理的碳纤维与基体材料很好的粘合在了一起，而碳纤维具有很高的弯曲模量，这就提高了复合材料的弯曲性能。同时随着复合材料中碳纤维数量的增加，使材料的刚性增加，增大了复合材料的弯曲强度。上述结果说明，经过硝酸-硅烷联合处理的碳纤维和机体有比较好的结合性，达到了材料改性增强增韧的目的。

6.3 PDCPD/芳纶浆粕复合材料

聚对苯二甲酰对苯二胺，又称芳纶纤维，是一种新型高科技合成纤维，具有超高强度、高模量和耐高温、耐酸耐碱、重量轻等优良性能，其强度是钢丝的 5～6 倍，模量为钢丝或玻璃纤维的 2～3 倍，韧性是钢丝的 2 倍，但质量仅为钢丝的 1/5 左右，在 560℃的温度下，不分解，不融化。它具有良好的绝缘性和抗老化性能，因此具有很长的使用寿命。

芳纶浆粕是对芳纶纤维进行表面原纤化处理之后得到的一种差别化的产品，其长度为 2～4mm，长径比为 60～120，具有芳纶纤维绝大多数的性能。其表面存在很多毛绒状微纤，因此具有很大的比表面积，为 7～9m^2/g。芳纶浆粕具有以下两个特点：一、具有良好的分散混合性能，无论采用何种加工手段都不会对其外部结构造成变化；二、表面氨基含量高，为芳纶纤维的 10 倍以上。由于芳纶浆粕具有很好的性能，因此被广泛应用于制造轻质高性能材料、耐磨材料、增强材料等。

无论芳纶长纤还是芳纶浆粕表面氨基含量都很高，具有很强的极性，对于非极性基体来说都需要进行表面改性，以提高界面的结合力。纤维表面改性方法分化学改性与物理改性。

化学改性包括偶联剂法、表面刻蚀法和表面接枝法。偶联剂法是对芳纶表面改性的常用方法。此方法的改性机理是将偶联剂的一端与芳纶表面反应，另一端能与树脂基体有很好的相容性，以偶联剂为媒介促进芳纶与材料基体复合。于涛等用硅烷偶联剂KH-550（γ-氨丙基三乙氧基硅烷）对芳纶进行表面改性，KH-550水解得到的—$Si(OCH_2CH_3)_3$可与芳纶中的羰基反应，另一端则可以和树脂基体有很好的界面相容性，从而提高了芳纶和树脂的结合力[16]。表面刻蚀法处理芳纶以增强芳纶与材料结合力的原理是采用化学试剂将芳纶表面的酰胺键水解，增大芳纶表面的粗糙度，从而增强与材料间的结合力[17,18]。表面接枝法是将芳纶表面的氨基上的活泼氢与接枝物反应，利用接枝物为介质与材料基体结合，达到改性效果。通常多采用烷基化和酰基化将烷基和酰基接枝到芳纶纤维表面，从而降低芳纶表面的极性和氢键作用，同时又增大了纤维的表面粗糙度[18~21]。

物理改性原理是将纤维表面粗糙，增大与材料基体的结合面积和摩擦力，从而提高两者间的结合力，主要包括等离子改性、超声波改性和γ射线改性。等离子改性是利用惰性气体通过在芳纶表面引入孤对电子，形成新的极性基团，提高表面能，是目前研究最广泛的纤维改性方法。超声波改性是利用超声波技术改变芳纶表面极性基团的含量和表面粗糙度来提高芳纶与材料基体的结合能力。这种方法是一种对纤维无损且增强效果好的有效方法。γ射线改性是在氮气和空气气氛下用钴60对芳纶进行辐射改性，从而增加了纤维表面活性基团的数目和表面粗糙度，对纤维无损害，是一种用于工业生产的有效方法。另外，利用紫外线对芳纶也能起到改性效果。

芳纶浆粕改性塑料可以改善塑料的拉伸和冲击强度、热稳定性以及摩擦性能等。李锦春等[22]以EVA为载体制备出了聚丙烯/芳纶浆粕复合材料，并对材料的力学性能和热性能进行了考察，发现当芳纶浆粕含量为1%时材料的材料的力学性能最佳，同时玻璃化转变温度和储能模量都有一定的提高。孙丽等[23]利用POE接枝马来酸酐增大尼龙6与芳纶浆粕间的界面相容性，得到的复合材料拉伸和冲击性能都有很大提高，扩大了材料的应用范围。吴炬等[24]考察了环氧树脂/芳纶浆粕复合材料的耐磨性能，当芳纶浆粕的体积分数为40%时材料的摩擦性能最好。

目前，还未见有文献报道芳纶浆粕改性PDCPD材料的报道。

6.3.1　芳纶浆粕的表面处理方法

6.3.1.1　偶联剂改性

将芳纶浆粕分散于含有1%（质量分数）偶联剂WD-57的无水乙醇中，加入HCl调节pH值至4～5，60℃下，超声分散反应5h。反应结束后，取出芳纶浆粕用蒸馏水进行清洗至中性，80℃下真空烘箱进行干燥，24h后，保存好待用。

6.3.1.2　表面刻蚀-偶联剂改性

将芳纶浆粕浸没在一定量的乙酸酐中，磁力搅拌下，刻蚀10min。转移芳纶浆粕到装有一定量甲醇的三口烧瓶中，让甲醇中和掉芳纶浆粕表面残留的醋酸酐。20min后，取出芳纶浆粕，并用蒸馏水清洗至中性，真空干燥后再用上述偶联剂改性的方法对其进行表面改性，真空干燥，备用。

6.3.2 芳纶浆粕增强 PDCPD 复合材料制备方法

在氮气保护下，将一定量的芳纶浆粕加入装有 DCPD 的广口瓶，用高速匀质机进行分散一定时间后，依次注入主催化剂和助催化剂，均匀后迅速注入预热 70℃的模具中，在 70℃的烘箱中保温 20min，开模起样得到 PDCPD/芳纶浆粕复合材料。

6.3.3 表征与测试

6.3.3.1 红外光谱的表征

采用与 KBr 压片的方法，对处理前后的碳纤维和芳纶浆粕，用 Nicolet iS10 型傅里叶红外进行表征。

6.3.3.2 扫描电子显微镜观察

采用 JSM-5610LV 型扫描电子显微镜对纤维改性前后的表面进行分析；其增强的 PDCPD 复合材料经低温淬断，断面刻蚀后进行显微分析。

6.3.3.3 热重分析

试样采用 STA409PC 热重分析仪进行热重分析。测试条件：温度 0～600℃，温升 10℃/min，氩气流量 100mL/min。

6.3.3.4 拉伸性能

拉伸性能按国标 GB/T 16421—1996 进行测试。

6.3.3.5 冲击性能

冲击性能按 GB/T 1843—2008 进行测试。

6.3.3.6 弯曲性能

弯曲性能按 GB/T 9341—2008 进行测试。

6.3.3.7 硬度

塑料洛氏硬度、邵尔硬度按 GB/T 9342—1998 进行测试。

6.3.4 芳纶浆粕的表面改性效果

为了改善芳纶浆粕与基体 PDCPD 的界面结合性，对芳纶浆粕表面用不同的方法进行处理。由于芳纶浆粕对 DCPD 有较大的增黏性，RIM 技术要求物料黏度不能太高，所以对于所添加的芳纶浆粕的量一般控制在 0.5%以下。

6.3.4.1 芳纶浆粕红外光谱分析

图 6-10 是芳纶浆粕处理前后的红外光谱图。从图中可以看出，曲线 a 为未处理的芳纶浆粕的红外谱图，在 3435cm^{-1}处有一个 N—H 键的伸缩振动吸收峰，在 1640cm^{-1}处有一个很强的羰基吸收峰，在 1539cm^{-1}处也有一个强的吸收峰，是由—CO—NH 基团中的—NH键弯曲振动和—CN 键伸缩振动引起的；曲线 b 为芳纶浆粕经过醋酸酐处理的红外谱图，可以看出与曲线 a 相比，多了 2929cm^{-1}和 1720cm^{-1}两个吸收峰，可能是—C—H 和 C=O键伸缩振动引起的，说明了经过刻蚀已经把醋酸酐接枝到了芳纶浆粕上；曲线 c 为刻蚀-偶联剂处理的芳纶浆粕的红外谱图，与曲线 a 相比，图中 1130cm^{-1}处的吸收峰明显变

宽，可能是Si—O—Si伸缩振动和C—O—C伸缩振动重叠的结果，多了2929cm^{-1}处的—C—H键伸缩振动吸收峰和1723cm^{-1}处的C═O键伸缩振动吸收峰，说明经过刻蚀的芳纶浆粕，更易于偶联剂进行结合；曲线d为偶联剂处理的芳纶浆粕的红外谱图，与曲线a相比，变化不大，可能是由于Si—O—Si伸缩振动和C—O—C伸缩振动重叠所造成的结果。

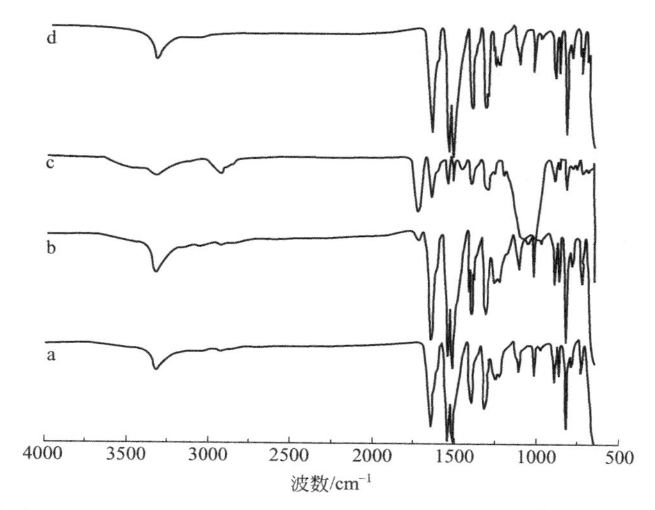

图6-10 未处理芳纶浆粕（a）、刻蚀处理芳纶浆粕（b）、偶联剂-刻蚀芳纶浆粕（c）、偶联剂处理芳纶浆粕（d）的红外光谱图

6.3.4.2 芳纶浆粕的表面与界面

由于DCPD为非极性的，而芳纶浆粕表面是极性的，所以为了增强芳纶浆粕与DCPD的相溶性，同时防止芳纶浆粕在DCPD中团聚，不能均匀分散在基体中，使芳纶浆粕与PDCPD基体材料的结合力增加，实验对芳纶浆粕进行了表面处理。分别用WD-57偶联剂、醋酸酐刻蚀和偶联剂-刻蚀三种不同的方法进行了处理。图6-11～图6-14是处理前后的PDCPD/芳纶浆粕复合材料的SEM形貌。

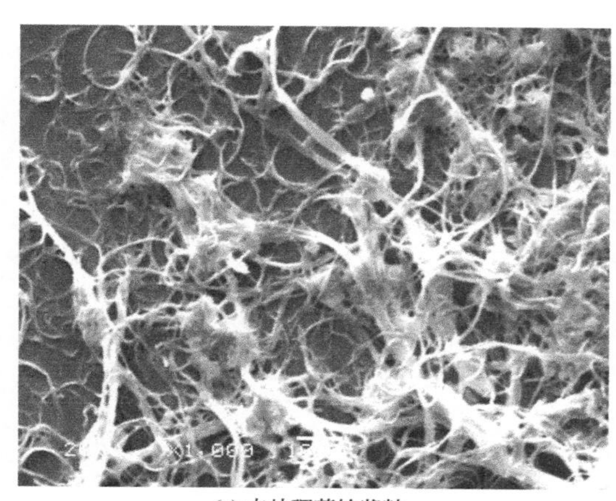

(a) 未处理芳纶浆粕

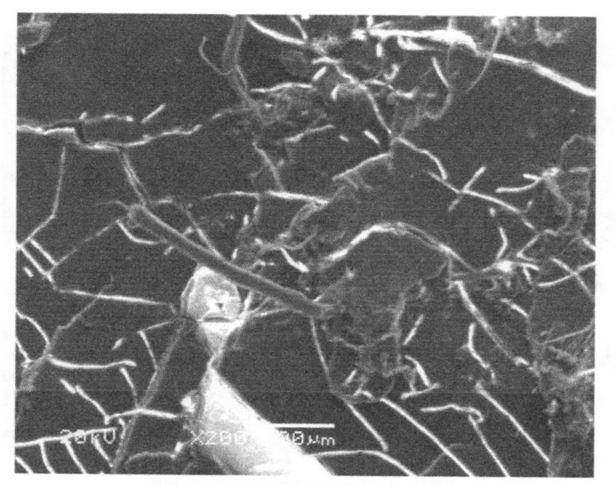

(b) PDCPD/芳纶浆粕复合材料

图6-11 未处理的芳纶浆粕及其PDCPD/芳纶浆粕复合材料断面SEM形貌

图6-11为未处理的芳纶浆粕及其复合材料断面SEM形貌，从图中可以看出，未被处理的芳纶浆粕，出现团聚的现象，这样就不利于芳纶浆粕在DCPD中的分散，同时比表面积

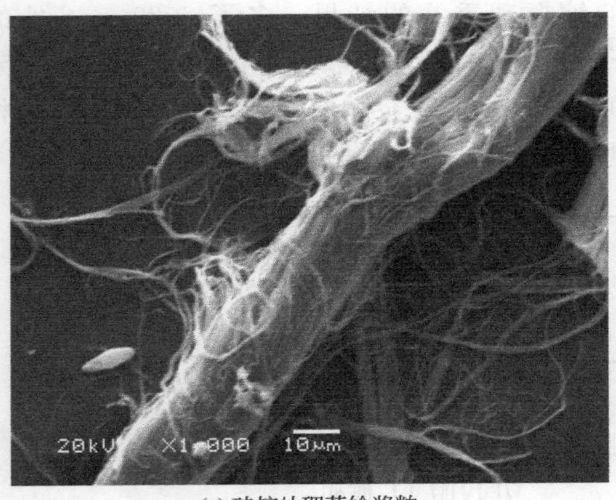

(a) 硅烷处理芳纶浆粕

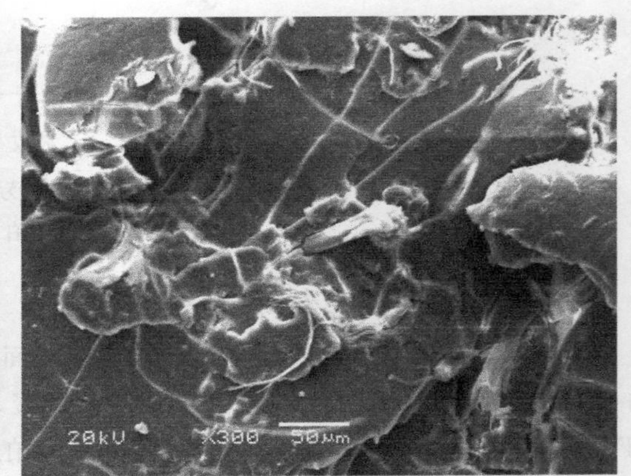

(b) PDCPD/芳纶浆粕复合材料

图 6-12 硅烷处理的芳纶浆粕及其 PDCPD/芳纶浆粕复合材断面 SEM 形貌

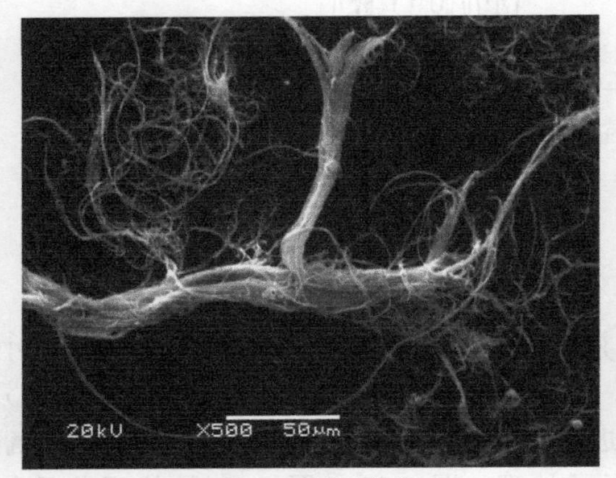

(a) 刻蚀处理芳纶浆粕

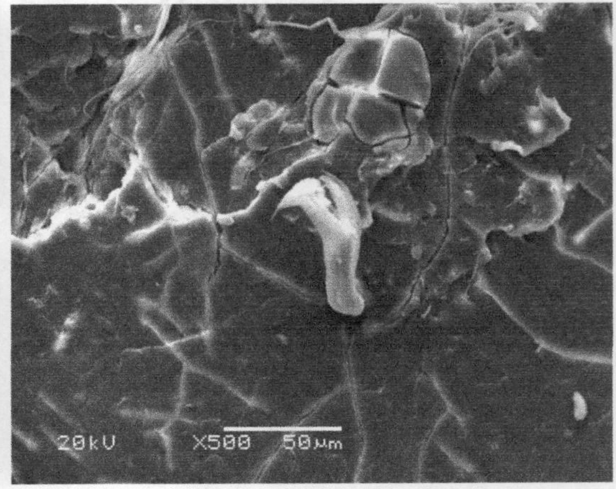

(b) PDCPD/芳纶浆粕复合材料

图 6-13 刻蚀处理的芳纶浆粕及其 PDCPD/芳纶浆粕复合材断面 SEM 形貌

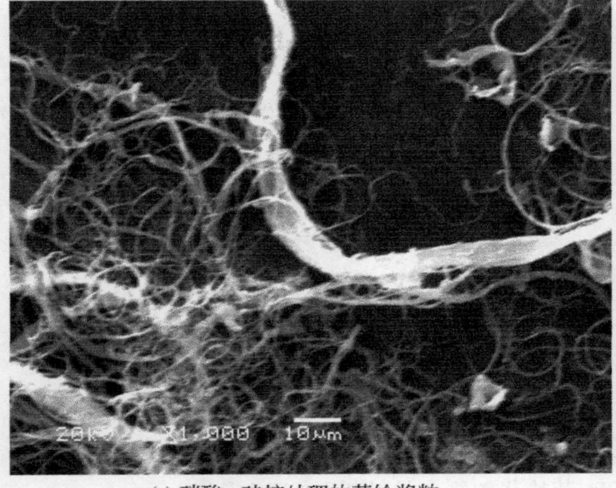

(a) 硝酸-硅烷处理的芳纶浆粕

(b) PDCPD/芳纶浆粕复合材料

图 6-14 硝酸-硅烷处理的芳纶浆粕及其 PDCPD/芳纶浆粕复合材断面 SEM 形貌

减小，不利于与基体材料的黏合。所制备的复合材料的芳纶裸露面上没有任何基体的残留，而且在拔出的芳纶的末端呈圆滑状，没有拔断的迹象，说明了没有经过处理的芳纶，在 PDCPD/芳纶浆粕复合材料的断面中，是以拔出的形式为主。芳纶自身与基体材料的界面粘合力不好。

图 6-12、图 6-13 和图 6-14 为经过处理的芳纶浆粕及其制备的 PDCPD/芳纶浆粕复合材料的断面 SEM 图。从图中可以看出，与没有经过处理的相比，经过了表面处理的芳纶浆粕没有出现团聚的现象，浆粕毛羽丰富，具有针尖状的尾端；表面粗糙枝杈结构多，比表面积大，这些特点是作为耐高温复合增强材料、摩擦材料所必不可少的。制备的复合材料中，裸露在外面的芳纶表面有少量的基体残留，在裸露芳纶的末端呈现絮状，明显可以看出芳纶被拔断的迹象。说明经过了处理的芳纶与基体材料的界面黏合力得到了提高，使材料在断裂的过程中以拔断为主，这样就最大限度增强了复合材料的力学性能。

6.3.4.3　PDCPD/芳纶浆粕复合材料的热重分析

图 6-15 是纯 PDCPD 和芳纶浆粕含量为 0.4%的 PDCPD/芳纶浆粕复合材料 TG 曲线，从图中可以直观地看出，复合材料和纯 PDCPD 的热分解温度基本一致，但是在 150～450℃之间复合材料的曲线要平缓得多，说明了在这个阶段，复合材料的热稳定性较好。与碳纤维复合材料一样，芳纶浆粕复合材料的残留率也明显高于纯 PDCPD，在 600℃时 PDCPD 的残留质量仅有 1.68%，而 PDCPD/芳纶浆粕复合材料的达 28.48%。这可能是芳纶浆粕的存在阻止了 PDCPD 的进一步分解，使材料残留率明显提高。

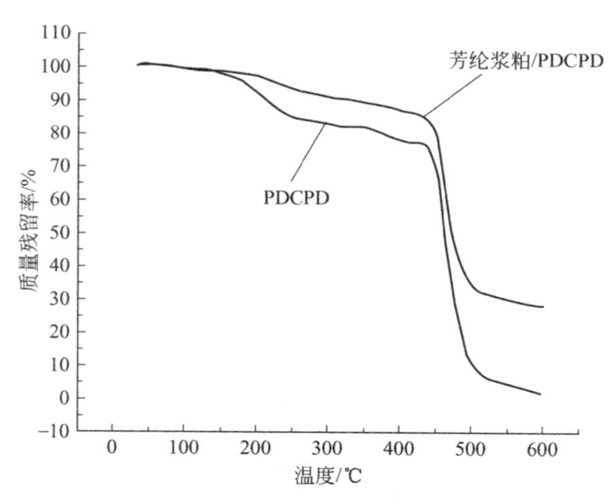

图 6-15　PDCPD 和 PDCPD/芳纶浆粕复合材料 TG 曲线

6.3.4.4　复合材料的力学性能

(1) PDCPD/芳纶浆粕复合材料拉伸性能

图 6-16 是芳纶浆粕含量与 PDCPD/芳纶浆粕复合材料拉伸能性能的关系。从图中可以看出，在测试范围内，材料的拉伸性能是随着芳纶浆粕含量的增加而呈现递增趋势；相同芳纶浆粕含量的情况下，经过处理的芳纶浆粕制备的复合材料的拉伸性能，要比没有处理的芳纶浆粕制备的复合材料的拉伸性能要好，且经过刻蚀-偶联剂处理的芳纶浆粕制备的复合材料的拉伸性能最好。与纯的 PDCPD 相比，经过偶联剂-刻蚀双重处理芳纶浆粕含量为 0.4%时，拉伸性能达到了 53MPa，比复合前提高了 60%。

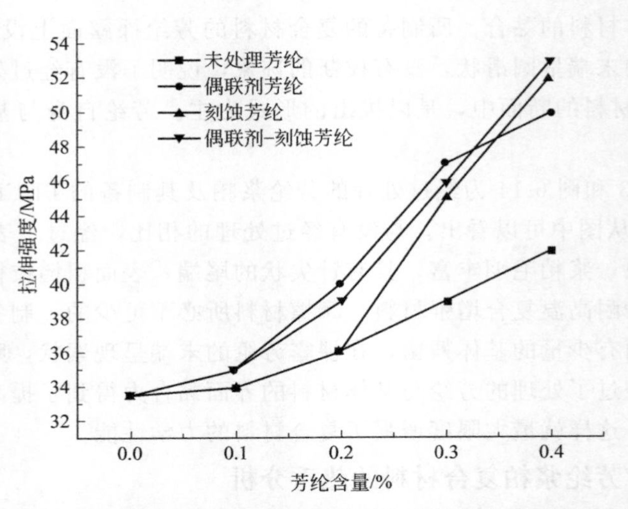

图 6-16 芳纶含量与 PDCPD/芳纶浆粕复合材料拉伸性能的关系

芳纶浆粕经过硅烷偶联剂的处理，使纤维与基体间形成偶联剂桥联和缠结，起到了桥梁的作用，这样就获得了较好的界面过渡区，改善了界面结构，消除了应力突变，增强了复合材料的力学性能。芳纶浆粕经过醋酸酐的刻蚀，使纤维的表面含氧量增加，变得粗糙，增加了纤维与基体的互锁能力和表面黏合面积及性能。而经过了偶联剂-刻蚀处理的芳纶浆粕同时具有了上述两种处理方法的优点，所以制备的复合材料的拉伸性能最好。

（2）PDCPD/芳纶浆粕复合材料冲击性能

图 6-17 是芳纶含量与 PDCPD/芳纶浆粕复合材料冲击性能的关系。

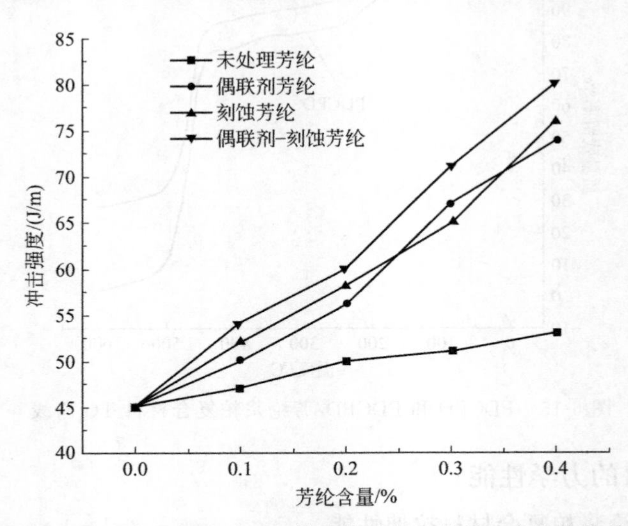

图 6-17 芳纶含量与 PDCPD/芳纶浆粕复合材料冲击性能的关系

通过图 6-17 可以看出，在测试范围内，PDCPD/芳纶浆粕的冲击性能比纯的 PDCPD 材料的冲击性能要高，原因可能是在冲击的过程中，复合材料除了基体自身的断裂需要吸收能量以外，芳纶浆粕的拔断也需要吸收能量。复合材料的冲击性能随着芳纶浆粕在复合材料中含量的增加，呈现递增趋势。这是由于随着芳纶浆粕含量的增加，横截面上的芳纶浆粕含量也随着增加，这样在冲击的过程中需要冲断的芳纶浆粕数量就增加了，从而增加了所吸收的能量，使复合材料的冲击性能得到提高。芳纶浆粕含量相同的复合材料相比，经过处理的芳纶浆粕制备的复合材料比未处理的芳纶浆粕制备的复合材料冲击要高，可能是经过偶联剂处理的芳纶浆粕改善了芳纶浆粕与基体材料之间的界面结合性能，经过刻蚀的芳纶浆粕使芳纶浆粕的表面粗糙度加深，比表面积增大，结合力增强，改善了材料的冲击性能。芳纶浆粕经过刻蚀-偶联剂处理后制备出的复合材料的冲击性能最好，在芳纶浆粕含量为0.4%时，冲击强度达到了82J/m，比纯的PDCPD的冲击提高了将近82%。

(3) PDCPD/芳纶浆粕复合材料弯曲性能

图6-18是芳纶含量与PDCPD/芳纶浆粕复合材料弯曲性能的关系。

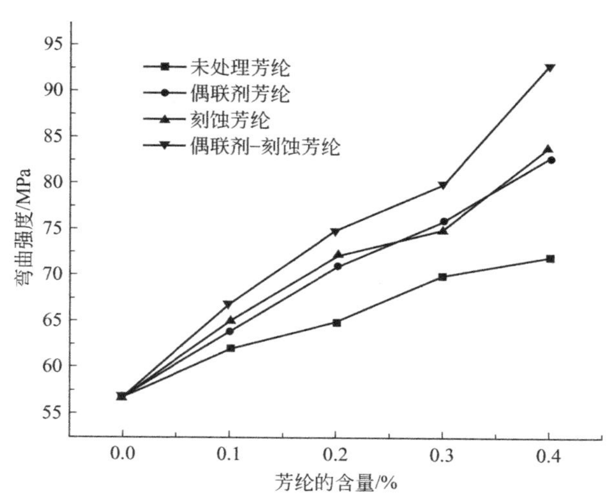

图6-18 芳纶含量与PDCPD/芳纶浆粕复合材料弯曲性能的关系

通过图6-18可以看出，在测试范围内，PDCPD/芳纶浆粕的弯曲性能比纯的PDCPD材料的弯曲性能要高。原因可能是在弯曲的过程中，复合材料除了克服基体自身的弯曲时需要吸收能量以外，芳纶浆粕也需要吸收能量。复合材料的弯曲性能随着芳纶浆粕在复合材料中含量的增加，呈现递增趋势。这是由于随着芳纶浆粕含量的增加，横截面上的芳纶浆粕含量也随着增加，这样在弯曲的过程中需要压断的芳纶浆粕数量就增加了，从而增加了所吸收的能量，使复合材料的弯曲性能得到提高。芳纶浆粕含量相同的复合材料相比，经过处理的芳纶浆粕制备的复合材料比未处理的芳纶浆粕制备的复合材料冲击要高，可能是经过偶联剂处理的芳纶浆粕改善了芳纶浆粕与基体材料之间的界面结合性能，经过刻蚀的芳纶浆粕使芳纶浆粕的表面粗糙度加深，比表面积增大，结合力增强，改善了材料的弯曲性能。芳纶浆粕经过刻蚀-偶联剂处理后制备出的复合材料的弯曲性能最好，在芳纶浆粕含量为0.4%时，弯曲强度达到了94MPa，比纯的PDCPD提高了将近67%。

参 考 文 献

[1] 黄玉动．聚合物表面与界面技术［M］．北京：化学工业出版社，2003.

[2] Sage D B Jr. Polyolefin fiber-reinforced composites using a fiber coating composition compatiblewith ROMP catalysts: US, 6436476 [P]. 2002.

[3] Endo Z, Hara S, Silver P A, et al. Process formaking a filled metathesis polymer article: US, 5096644 [P]. 1992.

[4] Frédéric Démoutiez. Polydicyclopentadiene winningover construction professionals [J]. JEC Magazine, 2008, 43:

36-39.

[5] Peters J C, Serrano J C, Li Hong, et al. Lowdensity and high strength fiber glass for ballisticapplications: US, 20120060679 [P]. 2012.

[6] Warner M, Drake S D, Giardello M A. US 6323296B1. 2001. Silver P A, Del W. US 4902560. 1990.

[7] 王国荣. 复合材料概念 [M]. 哈尔滨：哈尔滨工业大学出版社，1999.

[8] Subramanian R V, Jakubowski J J. Electro-polymerization on graphite fibers [J]. Polymer Engineering and Science, 1978, 18 (7): 590-600.

[9] Zhou L M, Kim J K, Mai Y W. Interfacial debonding and fibre pull-out stresses part Ⅱ: A new model based on the fracture mechanics approach [J]. Journal of Material Science, 1992, 27 (12): 3155-3166.

[10] Hoecker F, Karger K. Surfaceene rgetics of carbon fibers and its effects on the mechanical performance of CF/EP composites [J]. Journal of Applied Polymer Science, 1996, 59 (1): 139-153.

[11] Ni H L. Poly (dicyclopentadiene) matrix nanocomposites with vapor grown carbon fiber (VGCF) or polyhedral oligomeric silsesquioxane (POSS) dispersed phases [D]. USA: Mississippi State University, 2002.

[12] Smith P, Pietj L. Ultra-high-strength polyethylenefilaments by solution spinning/drawing [J]. Material Science, 1980, 15: 505-510. Liu Gongde, Li Huilin. Extrusion of ultrahighmolecular weight polyethylene under ultrasonic field [J]. Applied Polymer Science, 2003, 89: 26-28.

[13] 益锋. 世界超高分子质量聚乙烯纤维发展概况与对策建议 [J]. 高科技纤维与应用，1999，24 (5)：13-19.

[14] Devaux E, Cazé C, Recher G, et al. Characterizationof interfacial adhesion in a ultra-high-molecular-weight polyethylene reinforced polydicyclopentadiene composite [J]. Polymer Testing, 2002, 21 (4): 457-462.

[15] Camboa A, Ribeiro B, Nunes J P, et al. A mechanical analysis of polydicyclopentadiene with metal inserts through flexural load [C]. 4th International Conference on Integrity, Reliability and Failure. Funchal: University of Porto Press, 2013: 1

[16] 陈晔，顾伯勤. 纤维表面处理对芳纶-预氧化丝混杂纤维增强 NAFC 材料耐温性能的影响 [J]. 润滑与密封. 2006. 178 (6)：8-11.

[17] Y. Yue, K. Padamanabhan. Interfacial study on surface modified Kevlar fiber/epoxy matrix composites [J]. Composites part B: engineering. 1999. (30): 205-217.

[18] J. Maity, C. Jacob. Flourinated armid fiber reinforced polypropylene composites and their characterization [J]. Polymer composites. 2007, 28 (4): 462-471.

[19] J. Lin. Effect of surface modification by bromination and metalation on Kevlar fiber-epoxy edhesion [J]. European polymer journal. 2002, 38 (1): 79-86.

[20] R. Day, K. Hewson. Surface modification and its effect on the interfacial properties of model armid-fiber/epoxy composites [J]. Composites science and technology. 2002, 62 (2): 153-165.

[21] P. Tarantili, A. Andreopoulos. Mechanical properties of epoxies reinforced with chloride-treated aramid fibers [J]. Applied polymer science. 1997, (65): 267-276.

[22] 李锦春，杨永兵. 表面处理芳纶浆粕增强聚丙烯复合材料的结构与性能 [J]. 现代化工. 2008，28 (2)：47-51.

[23] 孙丽，李锦春. 尼龙-6/芳纶浆粕/马来酸酐接枝聚合物复合材料的结构与性能 [J]. 现代化工. 2010. 30 (5)：47-50.

[24] 吴炬，程先华. 干摩擦和水润化条件下芳纶浆粕/环氧树脂复合材料摩擦磨损性能研究 [J]. 摩擦学学报. 2006，26 (4)：325-329.

第7章　阻燃聚双环戊二烯材料

高分子材料极易燃烧，同时会产生大量的烟雾和有毒气体，所引起的火灾会造成巨大财产损失和人员伤害。因此，随着高分子材料应用日益广泛和人们安全意识的增强，其易燃性逐渐引起人们的重视。为了克服高分子材料这一缺陷，人们研究出各种阻燃剂和阻燃技术来提升高分子材料的阻燃和抑烟性能。

聚双环戊二烯（PDCPD）是一种性能优异、具有广泛应用前景的新型热固性工程塑料。由于它是完全由碳氢元素组成的烃类聚合物，易燃且燃烧时产生大量黑烟，从而限制了其在诸多领域的应用，因而，对 PDCPD 的阻燃改性研究就显得至关重要。

7.1　阻燃聚双环戊二烯材料概述

7.1.1　PDCPD 的燃烧

PDCPD 属于碳氢高分子材料，同传统的聚烯烃类高分子材料有着相似的燃烧机理。当点火源接触 PDCPD 材料，温度高于其着火点时，燃烧便开始了，燃烧放出来的热能部分被高聚物本身吸收，用于材料的热降解，而降解产生的可燃挥发性产物又进入气相，作为燃料来维持燃烧，只要供给聚合物的热量足以维持火焰所需聚合物的降解速率，这样就会循环燃烧，火焰会继续下去，但是一旦循环被破坏，火焰就熄灭了。PDCPD 的阻燃机理包括三个部分：①高温下，有些阻燃剂可以在 PDCPD 制品表面形成一层隔离膜，起到抑制热传递、减少可燃性气体释放量和隔绝氧的作用，从而达到阻燃的目的；②在 PDCPD 燃烧过程中，会产生大量自由基促进气相燃烧反应，如果能设法捕获消灭这些自由基，终止自由基连锁反应就可以控制燃烧进程，进而达到阻燃的目的；③阻燃剂可以发生吸热脱水、分解、相变或其他形式的吸热反应来降低 PDCPD 表面和燃烧区域的温度，阻止热降解，进而抑制了可燃性气体的挥发，最终破坏 PDCPD 持续燃烧的条件，从而达到阻燃目的[1]。

7.1.2　PDCPD 阻燃剂的要求

虽然用于聚合物的阻燃剂有许多种类，但对于聚双环戊二烯 RIM 工艺的特点，阻燃剂的选择会有特别的限制。除了阻燃剂一般的要求外，还必须满足以下几个点：①阻燃剂不会与 DCPD 单体发生反应和阻聚，即单体相容性；②阻燃剂不会与开环易位催化体系反应，即催化剂相容；③阻燃剂能较长时间悬浮于体系中，而不会沉降，且不能使体系黏度太高，即工艺相容性。

液体阻燃剂一般具有强的极性，与 DCPD 相容性差，而且也可能会与催化剂有较强作用而降低催化活性；固体阻燃剂由于不溶于聚合体系而使其工艺性较差。因此在聚双环戊二烯 RIM 工艺中使用的阻燃剂必须同易位聚合催化剂体系化学相容，不阻碍双环戊二烯的聚合。固体阻燃剂还必须能均匀地分散于双环戊二烯单体中，形成可用泵输送的反应物料液，不妨碍 RIM 工艺中的物料输送。

7.1.3 PDCPD 的阻燃方法

纵观国内外对 PDCPD 阻燃研究，适用于它的阻燃剂主要有添加型与反应型两大类。前者以物理分散方式存在于高聚物中，不与高聚物及高聚物中的其他组分发生反应。后者为带阻燃基团的可聚合单体，或作为辅助剂参与聚合反应，最后成为高聚物的结构单元。

7.1.3.1 PDCPD 用添加型阻燃剂

由于聚双环戊二烯 RIM 工艺的限制，高添加量的无机金属氢氧化物或氧化物是不适合作为 PDCPD 阻燃剂的。必须选择低添加量的高效阻燃剂，如有机卤化合物、有机磷化合物，或磷氮复合、磷氮卤复合等。

Tanimoto Hirotoshi 等[2]介绍了对 PDCPD 进行阻燃研究时，可以添加含有卤原子的阻燃剂（十溴二苯醚）和卤原子活性捕捉剂（氢氧化铝）。单独使用卤系阻燃剂，制品厚度较大时，烯烃聚合放出的大量的热量不易从制品内部散失，致使聚合物碳化或者降解（俗称“烧心现象”），因此应添加卤素活性捕捉剂。

Silver 在专利中[3]报道了六苯氧基环三磷腈（PCTP）和六-（四溴苯氧基）环三磷腈（BPCTP）的制备方法以及在 PDCPD 中的添加量。BPCTP 可以单独使用，PCTP 需要和溴系阻燃剂（十溴二苯醚）协同使用，只要满足磷含量（质量分数）为 2.0%，溴 10.3%，三氧化二锑 0.6%，阻燃效果就能达到 V-0 级。另外，Silver 还采用[4]十溴二苯醚、红磷（包覆型）、氢氧化镁协同作用，制得了阻燃性 PDCPD-RIM 制品，当十溴二苯醚的含量（质量分数）为 13.82%，红磷为 1.34%时，按 UL-94 的标准进行评估，样品的阻燃效果可以达到 V-0 级。

1990 年日本帝人公司提出由双环戊二烯单体易位催化聚合制得的 RIM 制品具有好的挠曲性和阻燃性能，所添加的阻燃剂为卤化链烷烃（如氯化石蜡）[5]。卤化链烷烃可由卤素通入到链烷烃中卤化制得，含有大量的卤素可明显地增加聚双环戊二烯 RIM 制品的阻燃性能，同时还起着增塑剂作用，改善制品的抗冲击强度。

1990 年日本帝人公司提出由含聚合催化剂的双环戊二烯单体同含有活化剂、氯磺酰化聚乙烯阻燃剂的双环戊二烯单体易位催化聚合，制成的聚双环戊二烯 RIM 制品具有较高的冲击强度和良好的阻燃性能[6]。制品与未添加阻燃剂的试样对比，加入氯磺酰化聚乙烯阻燃剂制品试样的燃烧速度要慢 30%，因此增强了制品的阻燃性能。

1990 年日本帝人公司又提出以卤化聚烯烃（如氯化聚丙烯）作为阻燃剂，制成阻燃的聚双环戊二烯 RIM 制品[7]。用该方法得到聚双环戊二烯 RIM 制品与未添加氯化聚丙烯阻燃剂的 RIM 制品相比较，添加阻燃剂后制成的 RIM 制品具有较好的阻燃性能。

7.1.3.2 PDCPD 用反应型阻燃剂

日本帝人公司在 1988 年[8,9]研制出聚双环戊二烯 RIM 制品的反应型阻燃剂——卤代降冰片烯，含有卤素并具有可易位共聚的环烯烃结构，是由卤代乙烯同双环戊二烯通过 Diels-Alder 反应制得。在易位聚合催化剂作用下，由双环戊二烯和卤代降冰片烯阻燃剂共聚，制成的模塑制品具有优异的阻燃性能。

1990年日本帝人公司研制出聚双环戊二烯RIM制品的反应型阻燃剂—降冰片烯羧酸卤代烷基酯，其是一种含有卤素原子和可易位共聚合基团的阻燃剂，与双环戊二烯易位催化共聚，制得的RIM制品具有好的阻燃性能[10]。将二溴丙基降冰片烯羧酸酯（DBNB）、DCPD和亚乙基降冰片烯（ENB）混合制成单体混合物，在易位聚合催化剂作用下制得RIM制品，结果表明添加入降冰片烯羧酸卤代烷基酯阻燃剂后制品的阻燃性能显著提高。

下面主要探究添加型阻燃剂对PDCPD的阻燃效果，其中包括有机大分子氯化聚丙烯和氯化聚乙烯、无机介孔分子筛和氢氧化铝。对反应性阻燃剂的阻燃效果进行初步的探索，其中有丙烯酸四溴苄酯和溴代苯乙烯。

这类阻燃剂不仅可以使PDCPD具有阻燃性，而且还可以改善材料的力学性能，具有双重效果。关于对力学性能的影响已在第三章和第四章讨论，本章只讨论其阻燃性能。

7.2　溴化聚苯乙烯阻燃PDCPD

溴代聚苯乙烯（brominated polystyrene，简称BPS）属于添加型大分子溴代阻燃剂，具有溴含量高、毒性低、耐热性好、流动性好、不起霜等优点。BPS与多溴联苯醚相比，不会产生有毒的多溴代二苯并二噁英（PBDD）和多溴代二苯并呋喃（PBDF），完全符合欧盟《RoHS》指令（电子电气设备中限制使用某些有害物质指令）和我国的《中国电子信息产品污染控制管理办法》，是目前十溴二苯醚的最佳替代品。

重要的是BPS能溶于DCPD形成均相体系，不影响体系的聚合性和成型工艺性。添加BPS不仅能到阻燃作用，而且在聚合后还能与PDCPD形成互穿网络结构，从而还能改善材料的力学性能。

7.2.1　阻燃型PDCPD/BPS的制备

模拟工业RIM过程，将DCPD、主催化剂和BPS按所需比例混合均匀，得到A液；将DCPD、助催化剂和BPS按所需比例混合均匀，得到B液。BPS阻燃配方见表7-1。

表7-1　BPS阻燃配方　　单位：份

样品序号	DCPD	BPS
1-1	100	—
1-2	100	12
1-3	100	15
1-4	100	18
1-5	100	21
1-6	100	24

料液温度控制在22～28℃间，室温下将A、B组分快速混合均匀，注入提前预热的模具中，模具温度控制在60～80℃间，混合物凝胶、放热、固化，得到PDCPD/BPS材料。

7.2.2　阻燃性能的测试

水平燃烧的测试标准按GB/T 2408—2008进行；极限氧指数（LOI）的测试标准按GB

2406—2009 进行；烟密度等级（SDR）的测试标准是按 GB/T 8627—2007 进行。

7.2.3 BPS 对 PDCPD 材料阻燃性能的影响

7.2.3.1 水平燃烧

PDCPD/BPS 材料的水平燃烧测试结果如表 7-2 所示。由表可知，未阻燃 PDCPD 材料（样品 1-1）在空气中极易燃烧，一旦点燃火焰传播速度较快，并伴有熔融滴落和黑烟，样品很快燃烧完，水平阻燃级别为 HB75 级。而 BPS 的添加，可有效提高共混物的阻燃性，随着 BPS 的添加量增加，在标线间的可燃烧距离越来越短，当 BPS≥21 份时，已经可以在 25mm 标线前自熄，PDCPD 材料能维持自燃烧循环的时间越短，当 BPS≥15 份时，共混物水平阻燃级别已为 HB 级。但是 BPS 的添加后，黑烟和滴落现象依然存在，直观观察发烟量有加重的趋势。

表 7-2 水平燃烧测试结果

样品序号	BPS 添加量/份	燃烧速度/(mm/min)	熄灭情况	发烟量	滴落现象	阻燃级别
1-1	—	79.8	全部烧完	中等	有	HB75
1-2	12	40.6	标线间烧 15.4mm	大	有	HB40
1-3	15	19.2	标线间烧 8.5mm	大	有	HB
1-4	18	9.0	标线间烧 3.7mm	大	有	HB
1-5	21	离火 46s 后熄灭	标线前熄灭	大	有	HB
1-6	24	离火 12s 后熄灭	标线前熄灭	大	有	HB

7.2.3.2 极限氧指数

PDCPD/BPS 材料的 LOI 测试测试结果如表 7-3 所示。由表可知，BPS 的引入，PDCPD 材料的 LOI 值变大，BPS 添加量为 24 份时（样品 1-6），共混物 LOI 的数值增加了 6.2%，但当 BPS 添加量≥18 质量份后，BPS 用量的增加对 LOI 值提高的幅度较小了。

表 7-3 氧指数测试结果

样品序号	1-1	1-2	1-3	1-4	1-5	1-6
BPS 添加量/份	—	12	15	18	21	24
LOI/%	19.2	21.6	23.1	24.8	25.0	25.4

7.2.3.3 烟密度

PDCPD/BPS 材料的烟密度分析结果如图 7-1、图 7-2 和表 7-4 所示。由结果可知，PDCPD材料燃烧的生烟量极大，而且添加 BPS 后烟密度等级（SDR）由 86.20%（样品1-1）增大到了 94.36%（样品 1-6）。在样品燃烧的第一个 15s，纯 PDCPD（样品 1-1）的测试光吸收率为 55%，而 BPS 阻燃的 PDCPD（样品 1-4）测试光吸收率为 37%，说明燃烧开始时，BPS 阻燃的 PDCPD 更不易点燃，生烟量少；燃烧 2min 后，纯 PDCPD 的光吸收率有明显的下降，而 BPS 阻燃的 PDCPD 光吸收率下降的很缓慢，说明纯 PDCPD 燃烧速度快，火焰极易蔓延，很快燃烧完，而 BPS 阻燃的 PDCPD 材料燃烧火焰蔓延较缓，并且燃烧时有

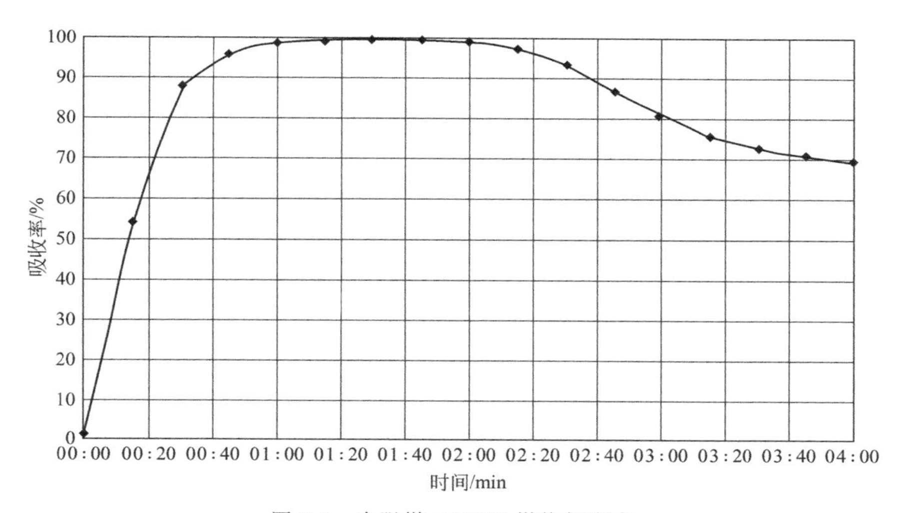

图 7-1 未阻燃 PDCPD 燃烧烟密度

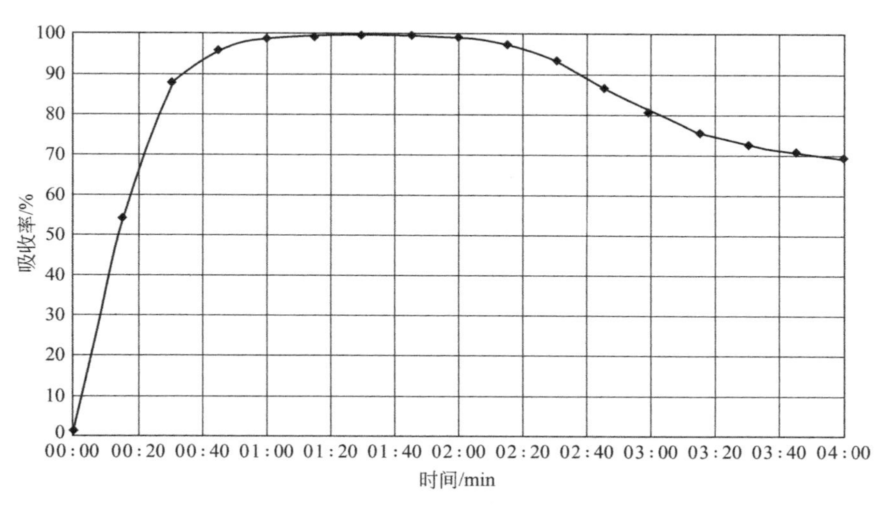

图 7-2 BPS 阻燃的 PDCPD 燃烧烟密度（BPS 18 份）

HBr 气体生成，颜色深，遮光性强。

表 7-4 烟密度等级测试结果

样品序号	1-1	1-2	1-3	1-4	1-5	1-6
BPS 添加量/份	—	12	15	18	21	24
SDR/%	86.20	88.06	89.74	91.02	91.86	94.36

7.2.3.4 BPS 与 Sb_2O_3 复配阻燃 PDCPD 材料

由前述可知，若单独使用 BPS，当添加量达到一定值时，PDCPD 材料 LOI 值不会有显著的提高，阻燃依然达不到离火自熄的效果，并且随着 BPS 添加量的增加，发烟量也会增加。三氧化二锑对卤素阻燃剂具有协同作用，可使卤素阻燃剂发挥更大的作用。

添加 Sb_2O_3 的聚合方法与前述相同。BPS 与 Sb_2O_3 复配阻燃 PDCPD 材料的配方如表 7-5所示。

表 7-5 BPS 与 Sb_2O_3 复配阻燃 PDCPD 材料配方 单位：份

样品序号	DCPD	BPS	Sb_2O_3
1-1	100	—	—
1-4	100	18	—
1-5	100	21	—
2-1	100	18	2
2-2	100	18	4
2-3	100	18	6
2-4	100	18	8
2-5	100	21	4

7.2.3.5 BPS 与 Sb_2O_3 复配阻燃对 PDCPD 制品阻燃性能的影响

对制备的 PDCPD 复合材料进行水平燃烧、极限氧指数和烟密度等级测试，测试的结果如表 7-6 所示。

表 7-6 BPS 与 Sb_2O_3 复配阻燃 PDCPD 材料的阻燃性能

样品序号	1-4	1-5	2-1	2-2	2-3	2-4	2-5
燃烧速度/(mm/min)	9.0	离火 46s 后熄灭	5.0	离火后 6s 自熄	离火自熄	离火自熄	离火自熄
熄灭情况	标线间烧 3.7mm	标线前熄灭	标线间烧 2.1mm	标线前熄灭	标线前熄灭	标线前熄灭	标线前熄灭
滴落现象	有	有	无	无	无	无	无
发烟量	大	大	大	大	大	大	大
阻燃级别	HB	HB	HB	HB	HB	HB	HB
LOI/%	24.8	25.0	25.2	25.6	26.4	26.6	26.9
SDR/%	91.02	91.86	92.74	94.28	95.12	97.04	95.42

由表 7-6 可知，当 BPS 添加量保持 18 份时，添加 Sb_2O_3后，水平阻燃效果有较明显的提高，维持自循环燃烧的时间越来越短，当 BPS 18 份、Sb_2O_3 6 份时（样品 2-3），复合材料已经可达到离火自熄。同样当 BPS 添加 21 份、Sb_2O_3添加 4 份时（样品 2-5），制备的复合材料也能离火自熄。在添加 Sb_2O_3后，PDCPD 复合材料燃烧滴落现象也得到很好的抑制，只是发烟量大的问题依然存在。

对比表 7-6 中样品 1-4、2-1、2-2、2-3、2-4 氧指数的变化可知，BPS 与 Sb_2O_3配合使用时，由于 Sb_2O_3可以与 BPS 产生溴-锑协同效应（溴-锑协同阻燃机理：Sb_2O_3与 BPS 分解产生的溴化氢作用可生成三溴化锑，三溴化锑可捕获气相中的活泼自由基，改变气相反应模式，同时，三溴化锑可缓慢放出自由基，后者可与气相中的活泼自由基结合，因此能在较长时间内维持淬灭火焰的作用，即相当于延长自由基捕获剂在燃烧区的寿命，增大了燃烧反应被抑制的概率），其阻燃效果比单用含溴阻燃剂要好得多。当单独使用 18 份 BPS 时（样片 1-4），PDCPD 材料的 LOI 仅为 24.8%，Sb_2O_3 的添加量为 6 份时（样品 2-3），可以把 PDCPD复合材料的 LOI 提高到 26.4%，而只添加 BPS，同样是 24 份，LOI 仅为 25.4%。

同时比较样品 1-5 和 2-5，当 BPS 的使用量保持 21 份时，上述结论依然成立。

从表 7-6 中比较样品 1-4、2-1、2-2、2-3 可以得到烟密度等级变化曲线，4 个样品中 Sb_2O_3 添加量分别为 0、2 份、4 份、6 份见图 7-3。

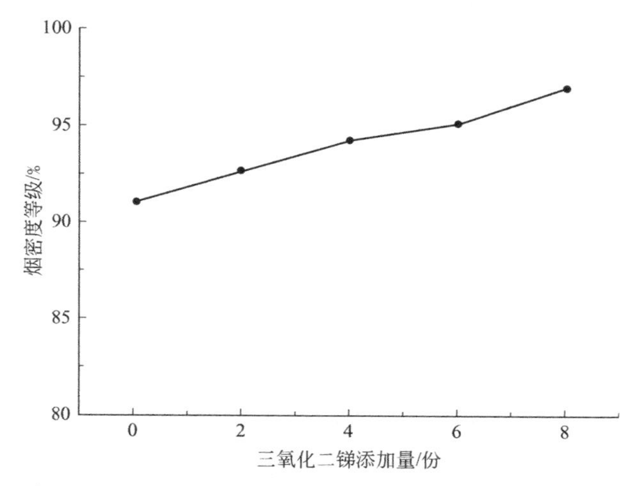

图 7-3　Sb_2O_3 的添加量对烟密度等级的影响（BPS 18 份）

由图 7-4 可知，随着 Sb_2O_3 添加量增加，材料燃烧的发烟量逐渐增大，究其原因是此阻燃体系有气态的 $SbBr_3$ 生成，颜色更深，此结论还可以从 BPS 与 Sb_2O_3 复配阻燃材料燃烧的烟密度等级图得到印证，见图 7-4。由图 7-4 可知，样品 2-4 燃烧的第一个 15s，与纯 PDCPD、BPS 阻燃的样品相比，光吸收率更低，仅为 28%，证明其更不易点燃，但是 2min 后，光吸收率基本上一直维持在 100%水平。因为此阻燃体系发挥作用的过程是：首先 BPS 自身分解或与聚合物作用释放出 HBr 气体，然后其与 Sb_2O_3 作用产生了 $SbBr_3$，气体的颜色更深，折光性更强，从而光吸收率出现了图 7-4 的曲线走势。

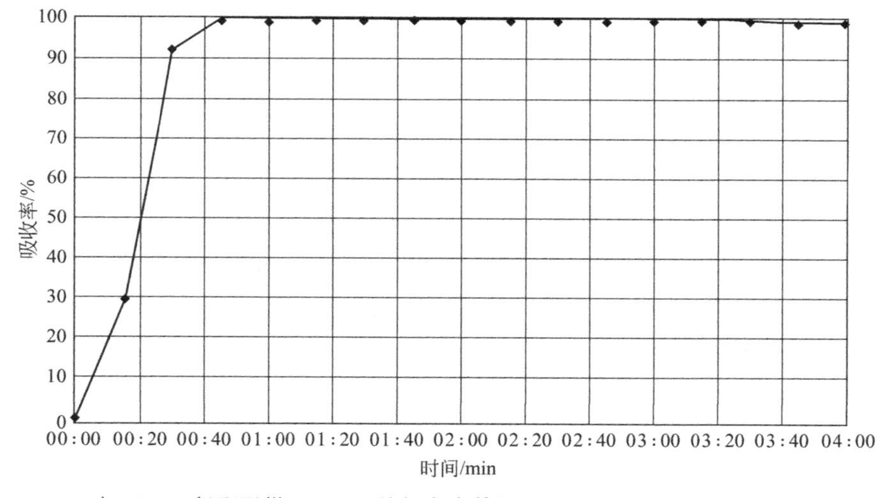

图 7-4　BPS 与 Sb_2O_3 复配阻燃 PDCPD 的烟密度等级（BPS 18 份，Sb_2O_3 8 份，即样品 2-4）

7.2.3.6　BPS、Sb_2O_3 与 $Al(OH)_3$ 复配阻燃 PDCPD 材料

氢氧化铝（ATH）同时拥有阻燃、填充和消烟三大功能，若单独使用，要达到理想的

阻燃效果，使用量很大，一般要达到40%以上，这对于PDCPD-RIM工艺来说是不适用的。这里只考察其对PDCPD/BPS/Sb_2O_3材料生烟量的抑制作用。

PDCPD/BPS/Sb_2O_3材料的制备方法与前述相同，BPS、Sb_2O_3与ATH复配阻燃制备PDCPD复合材料的情况如表7-7所示。

表7-7 BPS、Sb_2O_3与ATH复配阻燃配方

单位：份

样品	DCPD	BPS	Sb_2O_3	ATH
1-1	100	—	—	—
2-3	100	18	6	—
3-1	100	18	6	3
3-2	100	18	6	6
3-3	100	18	6	9
3-4	100	18	6	12

7.2.3.7 BPS、Sb_2O_3与ATH复配阻燃对PDCPD材料阻燃性能的影响

BPS、Sb_2O_3与ATH复配阻燃的PDCPD复合材料按标准要求裁取样条，分别进行水平燃烧测试、极限氧指数测试（LOI）和烟密度等级测试（SDR），测试的结果如表7-8所示。

表7-8 BPS、Sb_2O_3与ATH复配阻燃PDCPD材料的阻燃性能

样品	1-4	2-3	3-1	3-2	3-3	3-4
燃烧速度/(mm/min)	9.0	离火自熄	离火自熄	离火自熄	离火自熄	离火自熄
熄灭情况	标线间烧3.7mm	标线前熄灭	标线前熄灭	标线前熄灭	标线前熄灭	标线前熄灭
滴落现象	有	无	无	无	无	无
发烟量	大	大	大	大	大	大
阻燃级别	HB	HB	HB	HB	HB	HB
LOI/%	24.8	26.4	26.5	26.7	26.9	27.2
SDR/%	91.02	95.12	93.60	90.08	88.64	86.68

由表7-8可知，在BPS与Sb_2O_3添加量保持不变的基础上，ATH的添加对PDCPD复合材料的水平阻燃效果没有明显的提高，在测试时，都能达到离火自熄，按GB/T 2408—2008标准判定，燃烧级别均为HB级，没有滴落现象。从材料燃烧的LOI的数值可见，阻燃效果基本维持不变，BPS 18份，Sb_2O_3 6份时（样品2-3），LOI值为26.4%，ATH的添加量增加为12份时（样品3-4），氧指数也仅变为了27.2%，增加的幅度并不明显。而观察烟密度等级（SDR）的数值可知，样品2-3的烟密度等级95.12%，样品3-4的烟密度等级为86.68%，虽然发烟量依然不小，但是，ATH的引入使烟密度有明显的下降，当ATH引入12份，PDCPD材料的烟密度下降了10%左右。

从表7-8中比较样品2-3、3-1、3-2、3-3、1-4可以得到图7-5，图7-5是当BPS保持18份、Sb_2O_3保持6份时，ATH的添加量对烟密度等级的影响。

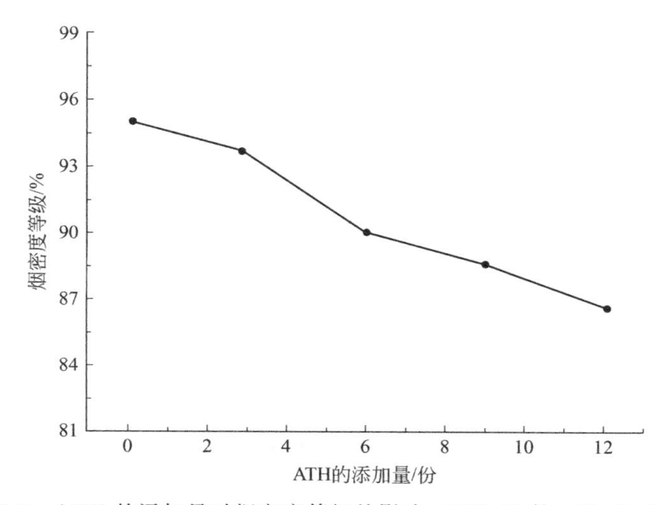

图 7-5　ATH 的添加量对烟密度等级的影响（BPS 18 份，Sb_2O_3 6 份）

由图 7-5 可知，随着 ATH 添加量增加，材料燃烧的烟密度等级呈下降趋势，这是因为 ATH 具有稀释烟雾的作用。此结论还可以从图 7-6 得到印证。

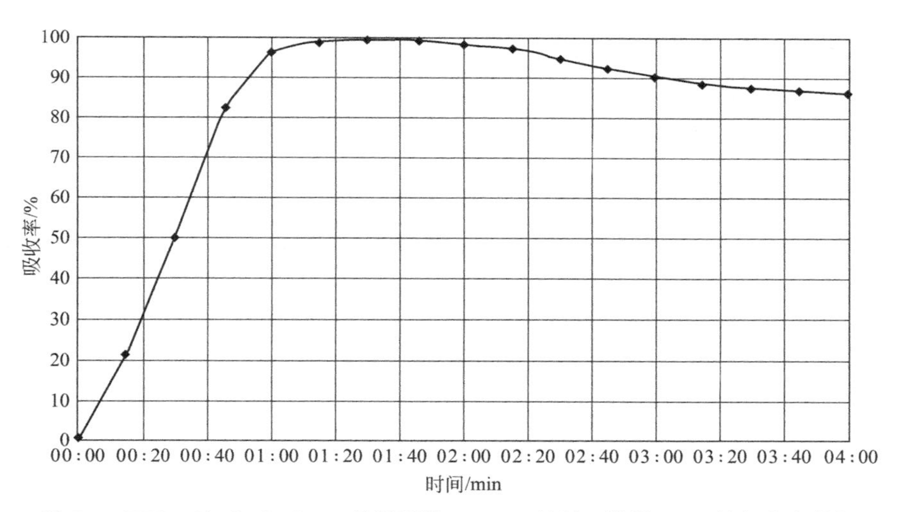

图 7-6　BPS、Sb_2O_3 与 ATH 复配阻燃 PDCPD 材料（样品 3-4）的烟密度等级

由图 7-6 可知，BPS、Sb_2O_3 与 ATH 复配阻燃的 PDCPD 材料（样品 3-4）燃烧的第一个 15s，与未阻燃的 PDCPD、BPS 阻燃的 PDCPD、BPS 与 Sb_2O_3 协同阻燃的 PDCPD 样品相比，光吸收率都更低，仅为 21%，证明其更不易点燃，阻燃性能更好，烟雾量达到最大值的时间延长到第 75s 才出现，PDCPD 材料燃烧 2min 后，光吸收率从最高点开始下落，这些现象都证明 ATH 在 PDCPD 燃烧时发挥了稀释烟雾的作用。

7.3　氯化聚烯烃阻燃 PDCPD

7.3.1　氯化聚烯烃

氯化聚烯烃是聚烯烃经氯化改性后的产品，其分子链结构中基本不含双键，氯原子呈无规则分布，分子间缔合力很低，基本为低结晶或非结晶聚合物。氯化聚烯烃种类很多，其中氯化聚丙烯和氯化聚乙烯是两个典型的氯化聚烯烃产品。

氯化聚丙烯，简称CPP，由聚丙烯氯化改性制得。氯化聚丙烯（CPP）透明度高，易于成膜，分子链上带有氯原子不易燃，耐氧化、耐酸碱腐蚀、耐磨损，且能良好地附于聚烯烃表面，因此CPP在黏合剂、相容性助剂、阻燃剂、油墨载色剂和聚烯烃涂料等方面得到了广泛应用[11～13]。

氯化聚乙烯，简称CPE，氯含量一般为25%～45%，无毒无味，呈现白色粉末状，具有较高的韧性（在−30℃仍有柔韧性）和良好的着色性、耐油性、耐老化性、耐化学品性，能与其他高分子材料相容。

CPP、CPE遇热分解时会产生HCl，因而有一定的阻燃作用[14,15]。

7.3.2 PDCPD/CPP、PDCPD/CPE材料的制备方法

将一定量的CPP、CPE分别溶于DCPD，形成DCPD/CPP和DCPD/CPE溶液；将两者溶液分别等分为A、B两份。

在A、B溶液中分别加入主催化剂和助催化剂并混匀形成A、B组合料液。聚合时迅速将A、B组合料液混合并注入预热的模具中，完全固化后取出，待用。

在上述A、B溶液中分别加入一定量的Sb_2O_3，形成PDCPD/CPP/Sb_2O_3和PDCPD/CPE/Sb_2O_3两种三元混合体系；在相应的料液中分别加入主催化剂和助催化剂形成A、B组合料液。聚合时迅速将A、B组合料液混合并注入预热的模具中，完全固化后取出，待用。

7.3.3 水平垂直燃烧

水平垂直燃烧试验采用美国UL94标准测试。实验对纯PDCPD、PDCPD/CPP、PDCPD/CPP/Sb_2O_3、PDCPD/CPE、PDCPD/CPE/Sb_2O_3五个系列的复合材料RIM制品进行了水平及垂直燃烧试验测试，结果如表7-9、表7-10所示。

表7-9 PDCPD/CPP材料燃烧测试结果

测试材料	n(Sb)∶n(Cl)	水平燃烧结果	垂直燃烧结果/UL94分级
纯PDCPD	0	FH-4 70mm/min	不能
PDCPD/CPP（CPP含量为2%）	0	FH-4 65mm/min	不能
	1∶6	FH-4 65mm/min	不能
	1∶3	FH-4 55mm/min	不能
	1∶2	FH-4 45mm/min	不能
	2∶3	FH-4 45mm/min	不能
	3∶3	FH-4 55mm/min	不能
PDCPD/CPP（CPP含量为4%）	0	FH-4 55mm/min	不能
	1∶6	FH-3 $V \leqslant 40$mm/min	不能
	1∶3	FH-3 $V \leqslant 40$mm/min	不能
	1∶2	FH-3 $V \leqslant 40$mm/min	不能
	2∶3	FH-4 55mm/min	FV-0
	3∶3	FH-4 55mm/min	不能

续表

测试材料	n(Sb)∶n(Cl)	水平燃烧结果	垂直燃烧结果/UL94分级
PDCPD/CPP (CPP含量为6%)	0	FH-4 55mm/min	不能
	1∶6	FH-3 $V \leqslant 40$mm/min	不能
	1∶3	FH-2-70mm	FV-0
	1∶2	FH-2-55mm	FV-0
	2∶3	FH-2-60mm	FV-0
	3∶3	FH-2-60mm	FV-0
PDCPD/CPP (CPP含量为8%)	0	FH-4 55mm/min	不能
	1∶6	FH-3 $V \leqslant 40$mm/min	FV-0
	1∶3	FH-3 $V \leqslant 40$mm/min	FV-0
	1∶2	FH-2-50mm	不能
	2∶3	FH-2-55mm	不能
	3∶3	FH-3 $V \leqslant 40$mm/min	不能
PDCPD/CPP (CPP含量为10%)	0	FH-4 50mm/min	不能
	1∶6	FH-2-55mm	不能
	1∶3	FH-2-50mm	不能
	1∶2	FH-3 $V \leqslant 40$mm/min	不能
	2∶3	FH-4 50mm/min	不能
	3∶3	FH-3 $V \leqslant 40$mm/min	不能

表7-10　PDCPD/CPE材料燃烧测试结果

测试材料	n(Sb)∶n(Cl)	水平燃烧结果	垂直燃烧结果/UL94分级
纯PDCPD	0	FH-4 70mm/min	不能
PDCPD/CPE (CPE含量为1%)	0	FH-4 70mm/min	不能
	1∶6	FH-4 65mm/min	不能
	1∶3	FH-4 65mm/min	不能
	1∶2	FH-4 55mm/min	不能
	2∶3	FH-4 55mm/min	不能
	3∶3	FH-4 50mm/min	不能
PDCPD/CPE (CPE含量为2%)	0	FH-4 60mm/min	不能
	1∶6	FH-4 50mm/min	不能
	1∶3	FH-3 $V \leqslant 40$mm/min	不能
	1∶2	FH-3 $V \leqslant 40$mm/min	不能
	2∶3	FH-4 55mm/min	FV-0
	3∶3	FH-4 55mm/min	不能

续表

测试材料	$n(Sb):n(Cl)$	水平燃烧结果	垂直燃烧结果/UL94 分级
PDCPD/CPE（CPE 含量为 3%）	0	FH-4 55mm/min	不能
	1∶6	FH-3 $V\leqslant$40mm/min	不能
	1∶3	FH-2-80mm	FV-0
	1∶2	FH-2-65mm	FV-0
	2∶3	FH-2-60mm	FV-0
	3∶3	FH-2-60mm	FV-0
PDCPD/CPE（CPE 含量为 4%）	0	FH-4 45mm/min	不能
	1∶6	FH-3 $V\leqslant$40mm/min	FV-0
	1∶3	FH-2-65mm	FV-0
	1∶2	FH-2-50mm	不能
	2∶3	FH-3 $V\leqslant$40mm/min	不能
	3∶3	FH-3 $V\leqslant$40mm/min	不能
PDCPD/CPE（CPE 含量为 5%）	0	FH-4 45mm/min	不能
	1∶6	FH-2-55mm	不能
	1∶3	FH-2-50mm	不能
	1∶2	FH-3 $V\leqslant$40mm/min	不能
	2∶3	FH-4 50mm/min	不能
	3∶3	FH-4 65mm/min	不能

由表 7-9 可以看出，纯 PDCPD 的水平燃烧级别为 FH-4 级，垂直燃烧无法分级；PDCPD/CPP 复合体系中，随着 CPP 量的增加，阻燃效果不明显，水平燃烧级别仅由 FH-4 70mm/min 提高到 FH-4 50mm/min；添加 Sb_2O_3 后，复合体系阻燃效果有一定提升，在 PDCPD/6%CPP 系列中效果最好，大多数样品水平燃烧级别处于 FH-2 级，垂直燃烧级别最高提高为 FV-0 级，这可能是由于 CPP 中 Cl 元素与 Sb_2O_3 产生协同阻燃效果。

随着 CPP、Sb_2O_3 量的增加，复合材料阻燃效果又有一定程度下降，样品水平燃烧级别大多处于 FH-3、FH-4 级别，垂直燃烧大多不能分级，这可能是由于 CPP、Sb_2O_3 量的增加使复合体系黏度过大，从而在发生聚合时制品由于气泡产生的缺陷较多，从而影响了阻燃效果的进一步提升。

由表 7-10 可以看出，纯 PDCPD 的水平燃烧级别为 FH-4 级，垂直燃烧无法分级；PDCPD/CPE 复合体系中，随着 CPE 量的增加，阻燃效果不明显，水平燃烧级别仅由 FH-4 70mm/min 提高到 FH-4 45mm/min。

向复合体系中加入 Sb_2O_3 后，复合体系阻燃效果有所提高，PDCPD/3%CPE 系列的效果最好，不同 $n(Sb):n(Cl)$ 之下，样品水平燃烧级别大多数集中处于 FH-2 级，垂直燃烧级别大多数处于 FV-0 级，这可能是由于 CPE 中 Cl 元素与 Sb_2O_3 发生协同作用，进而提高了阻燃效果。

随着 CPE、Sb_2O_3 量的增加，复合材料阻燃效果又有一定程度下降，部分样品水平燃烧级别下降至 FH-3、FH-4 级别，大多数样品垂直燃烧不能分级，这可能是因为 CPE 与 Sb_2O_3 量的增加使复合溶液黏度过大，从而在模具内发生聚合时，样品由于气泡产生的缺陷较多，从而影响了阻燃效果的进一步提高。

7.3.4 复合材料的氧指数

7.3.4.1 PDCPD/CPP、PDCPD/CPE 复合材料

图 7-7 表示 CPP 质量分数对复合材料氧指数的影响，图 7-8 表示 CPE 质量分数对复合材料氧指数的影响。

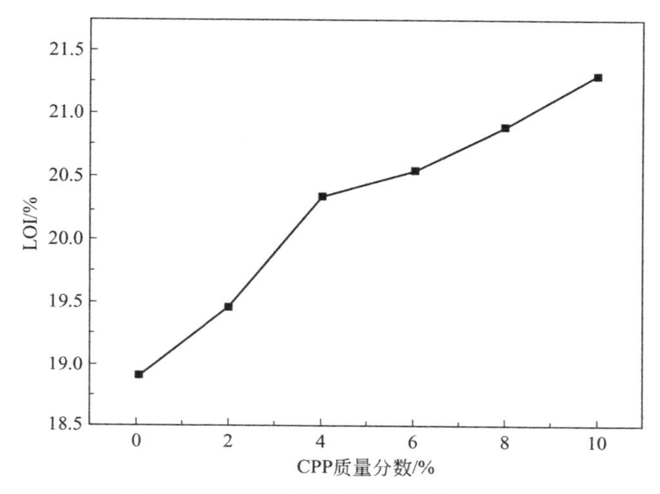

图 7-7　CPP 质量分数变化对复合材料氧指数的影响

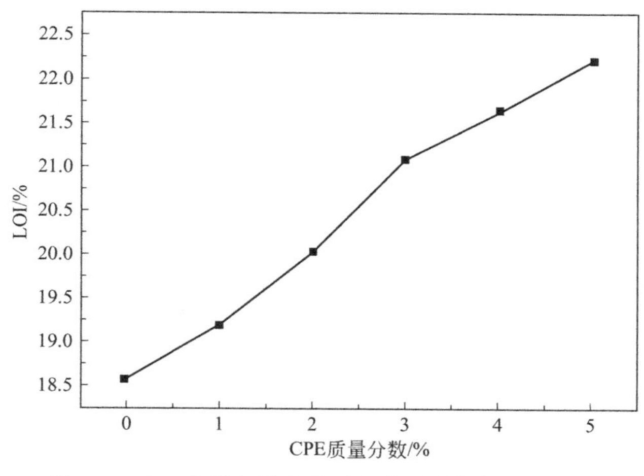

图 7-8　CPE 质量分数变化对复合材料氧指数的影响

图 7-7、图 7-8 显示该复合材料的氧指数随着 CPP、CPE 质量分数的增加而增大。这是由于 CPP、CPE 受热时释放 Cl、反应生成氯化氢，捕获 HO·，使 HO·游离基浓度降低，减缓了燃烧速度直至火焰熄灭而起到阻燃效果。另外，CPP、CPE 中存在 Cl 元素符合卤系阻燃剂的另一种阻燃机理，即物理覆盖也起到了一定作用。HCl 是难燃性气体，密度比空气大，不仅可稀释空气中的氧气浓度，还会在聚合物表面沉积形成保护层，使燃烧火焰熄灭或使聚合物材料的燃烧速度减缓。

7.3.4.2 PDCPD/CPP/Sb_2O_3、PDCPD/CPE/Sb_2O_3复合材料氧指数

图 7-9 是不同 CPP 含量、不同 Sb 与 Cl 摩尔比 PDCPD/CPP/Sb_2O_3 复合材料氧指数变化示意图。

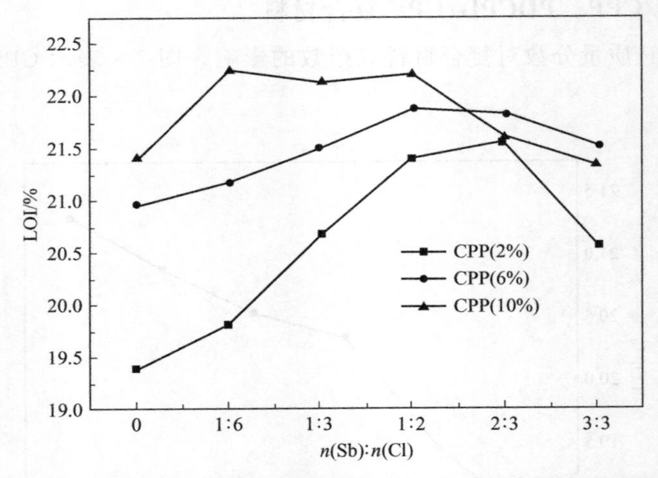

图 7-9　Sb_2O_3 质量分数变化对 CPP 增韧 PDCPD 复合材料氧指数的影响

图 7-10 是不同 CPE 含量、不同 Sb 与 Cl 摩尔比的 PDCPD/CPE/Sb_2O_3 复合材料氧指数变化示意图。

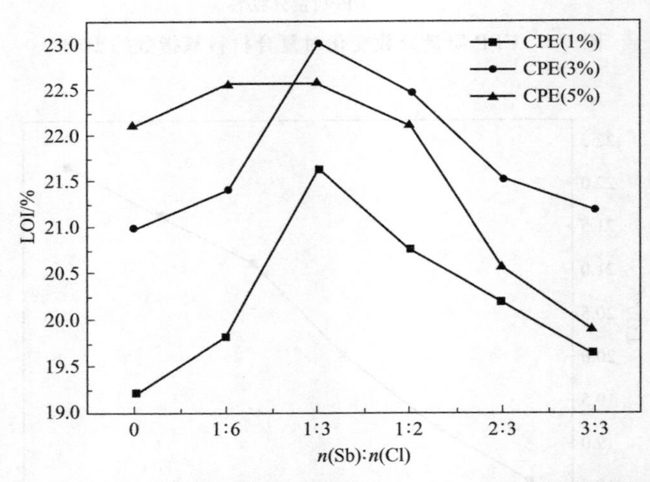

图 7-10　Sb_2O_3 质量分数变化对 CPE 增韧 PDCPD 复合材料氧指数的影响

从图 7-9 中可以看出，PDCPD/CPP/Sb_2O_3 复合体系中，在 Sb 与 Cl 摩尔比为 1∶2 以下，PDCPD/CPE/Sb_2O_3 复合体系中，Sb 与 Cl 摩尔比为 1∶3 以下，随着 Sb_2O_3 比例的增加，复合材料的氧指数是逐渐增加的。这是由于 Sb/Cl 阻燃体系的“协同效应”发挥作用，即 Sb_2O_3 与 HCl 先反应生成气态 $SbCl_3$，因为 $SbCl_3$ 密度大，可以沉积在材料燃烧表面，有明显的氧屏蔽效果，$SbCl_3$ 受热分解产生自由基可阻断材料的循环燃烧路径，进一步支持气相阻燃效果。

从图 7-10 可以看出，PDCPD/CPP/Sb_2O_3 复合体系中，在 Sb 与 Cl 摩尔比增大为 1∶2 后，PDCPD/CPE/Sb_2O_3 复合体系中，Sb 与 Cl 摩尔比增大为 1∶3 后，复合材料的氧指数

开始呈现下降趋势。这是因为虽然 Sb_2O_3 可以和 CPP、CPE 中的 Cl 元素起到协同阻燃作用，但是当 Sb_2O_3 超过一定量时，会使复合溶液体系黏度过大。拟 RIM 工艺中，DCPD/CPP/Sb_2O_3、DCPD/CPE/Sb_2O_3 复合溶液体系在进行搅拌混匀时仍含有相当量的气体，不能完全抽排干净，从而使制得的 DCPD 单体聚合成为 PDCPD 后，样条不能充分交联密实，表现为内部含有微小气泡、聚合不均匀，阻燃效果也随之下降，因而氧指数呈现降低趋势。

7.4 介孔分子筛阻燃聚双环戊二烯材料

7.4.1 介孔分子筛阻燃聚双环戊二烯材料的制备方法

介孔分子筛及其与 PDCPD 复合材料的制备方法见第五章 5.3.2。

7.4.2 介孔分子筛阻燃聚双环戊二烯材料的阻燃性能检测方法

7.4.2.1 有氧高温处理

将试样制成长宽约 1cm 块状物称重后置于坩埚内，马弗炉 3℃/min 升温至 600℃，称量高温后残留物质量，观测残留物烧结形貌并测定热失重率。

7.4.2.2 水平燃烧测试方法

采用 UL94 燃烧测试方法，记录燃烧时间，并计算燃烧速率，每组测 5 个样条，取平均值。

7.4.2.3 氧指数测试方法

采用 GB/T 2406—2008 测量标准，南京市江宁区分析仪器厂的 JF-3 氧指数仪测定试样氧指数，管内通氮、氧混合气体为燃烧试验提供环境气氛。

7.4.3 介孔分子筛阻燃聚双环戊二烯材料的阻燃性能

7.4.3.1 有氧高温处理

为考察复合材料于空气环境中的热失重率，将不同制品经马弗炉于 600℃高温烧结后观测残留物形貌并计算出有氧热失重残留率。图 7-11 为四种 PDCPD/SBA-15 复合材料的有氧高温热处理结果。当加入 SBA-15 后，M1、M2 性能改善不大，而 M3、M4 热稳定性能得到显著提高，M3 的残留率从纯 PDCPD 的 12.9%上升到了 5%含量的 33.55%，增幅将近两倍。这是因为 SBA-15 负载催化剂聚合之后，一方面其较厚的孔壁和极大的孔道表面层能阻碍热降解产生的可挥发性小分子向界面迁移，同时也减缓外界氧气向材料内部渗透，另一方面由于它的大孔道效应能严格限制其内分子链的热运动，极大地降低孔内树脂分子链的热分解。改性的 SBA-15 孔道内进入偶联剂分子会引起孔道尺寸一定程度变小，未改性 SBA-15 具有更大的孔道尺寸，能吸附更多的单体进入孔内聚合，使有氧高温残余量有更明显的提高。

7.4.3.2 水平燃烧

（1）四种 PDCPD/SBA-15 复合材料的水平燃烧结果

M3、M4 能极大地提高 PDCPD/SBA-15 的阻燃性，其结果见表 7-11。原因是 SBA-15

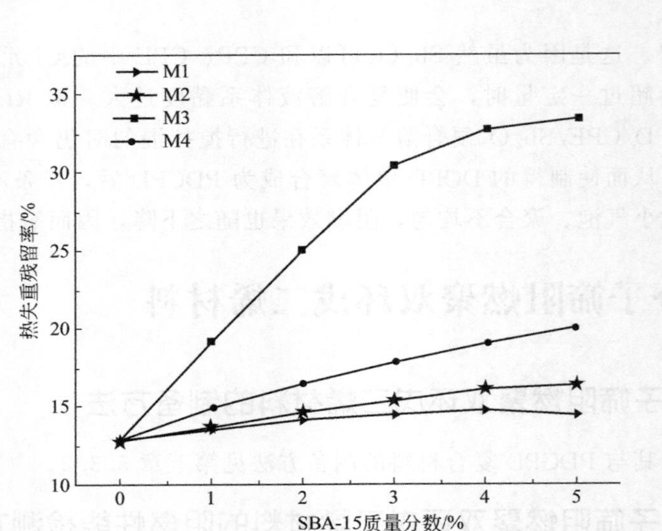

图 7-11　四种复合材料不同 SBA-15 含量下的有氧高温处理热失重残留率

负载催化剂原位聚合，SBA-15 与 PDCPD 形成无机-有机交联缠结的网状保护层，这种交联结构能有效地减少或抑制燃烧时的熔融滴落现象，促进聚合物的成炭；而且 SBA-15 具有相当大的孔道表面层，能对热量、氧气和分散产物进行屏蔽和阻隔，减缓燃烧扩散。

表 7-11　四种复合材料的水平燃烧现象

样品(含量 3%)	燃烧现象	燃烧级别
纯 DCPD	大量浓黑烟，有炭末，燃烧时有较大啪啪声，无熔融物滴落，燃烧速度很快	FH-3-21.63mm/min
M1	大量浓黑烟，有炭末无熔融滴落，有较大啪啪声，燃烧速度很快	FH-3-23.08mm/min
M2	有浓黑烟，有炭末，燃烧时有啪啪声，无熔融物滴落，燃烧速度较快	FH-3-20.27mm/min
M3	有轻黑烟，无滴落无燃烧啪啪声音，燃烧速度较小	FH-3-16.67mm/min
M4	有较多浓黑烟，燃烧时较小啪啪声，无熔融、燃烧速度较快	FH-3-19.07mm/min

图 7-12 为四种复合材料的水平燃烧速率。

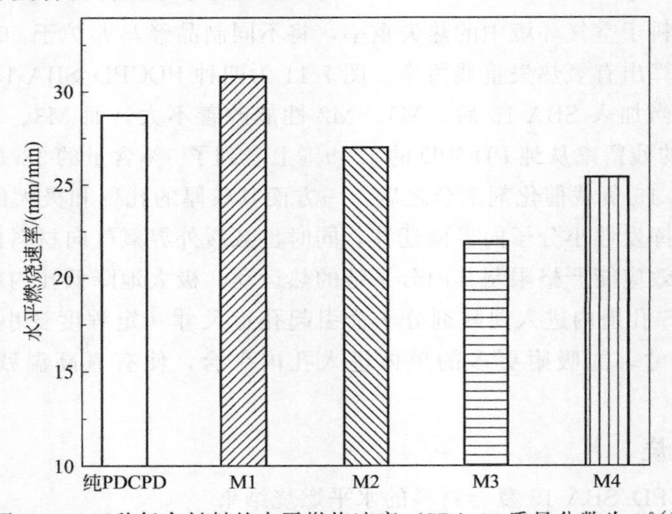

图 7-12　四种复合材料的水平燃烧速率（SBA-15 质量分数为 3%）

由图 7-12 可以看出，四种复合材料中，M3、M4（尤其是 M3）的燃烧速率明显减慢，SBA-15 负载催化剂催化 DCPD 聚合之后，PDCPD 高分子链进入 SBA-15 孔道，SBA-15 会对孔道内的聚合分子链起到热阻隔作用，孔道越大阻隔越强，聚合物燃烧越不充分，燃烧速率越慢。

（2）不同 SBA-15 含量的 M3 的水平燃烧结果

由以上讨论结果可知，M3 水平燃烧速率最慢，研究 M3 材料于不同 SBA-15 含量下的水平燃烧现象及速率，结果如表 7-12、图 7-13 所示。

由表 7-12 可以看到，纯 PDCPD 点燃后极易燃烧，燃烧时有轻微熔融滴落现象和单体燃烧响声，并伴有浓黑烟和飞烟炭末。随着 SBA-15 的加入，燃烧强度明显降低，当 SBA-15 含量添加至 5%时，PDCPD/SBA-15 火焰变小，表面成炭无飞烟，无熔滴，材料阻燃性能得到提升。

表 7-12　M3 不同 SBA-15 含量下的水平燃烧现象

SBA-15 含量/%	现象	燃烧级别
0	橙色火焰，有大量浓黑烟，有炭末，燃烧时有较大啪啪声，无熔融物滴落，燃烧速度很快	FH-3-21.63mm/min
1	橙色火焰，大量浓黑烟较纯 PDCPD 小，表面成炭，偶尔有滴落现象	FH-3-20.36mm/min
2	橙色火焰，黑烟稍浓，无滴落现象，燃烧速度较快，燃烧时无啪啪声音	FH-3-18.97mm/min
3	橙色火焰，有轻黑烟，无滴落无燃烧啪啪声音，燃烧速度减慢	FH-3-16.67mm/min
4	橙色火焰，火焰较小，燃烧速度较慢，无熔融无燃烧啪啪声，有炭末	FH-3-15.36mm/min
5	橙色火焰，火焰较小，表面成炭，无飞烟炭末，燃烧时有轻微啪啪声音	FH-3-14.47mm/min

从图 7-13 可以看到，纯 PDCPD 的燃烧速度达到 28.84mm/min，添加 1%的 SBA-15 即可使材料的水平燃烧速度下降到 26.00mm/min，添加量越大燃烧速率越慢。M3 的 PDCPD 高分子链被包裹进 SBA-15 介孔孔道内，阻隔性很好的介孔表面延缓了燃烧界面以外的热和氧向孔道内部迁移的速度，起到了一定的阻燃作用，SBA-15 添加越多被包裹进孔道的分子链越多，阻燃性能更强。

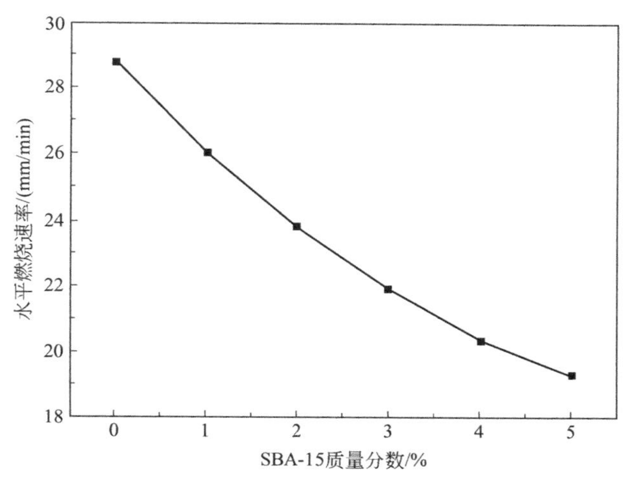

图 7-13　M3 不同 SBA-15 含量下的水平燃烧速率

7.4.3.3 氧指数

(1) 四种 PDCPD/SBA-15 复合材料的氧指数（见图 7-14）

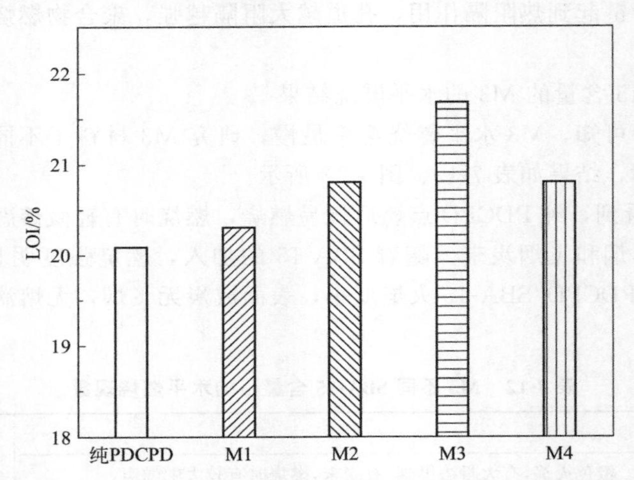

图 7-14 四种复合材料及纯 PDCPD 的氧指数（SBA-15 质量分数为 3%）

图 7-14 为四种 PDCPD/SBA-15 复合材料的氧指数结果。由图可知，当 SBA-15 加入后，四种复合材料氧指数都有所上升，这可能是因为 SBA-15 首先作为一种无机物不会燃烧，充当填料加入 PDCPD 聚合物中会相对降低材料整体的耐燃率，提高阻燃性能，表面改性的 SBA-15 与 DCPD 相容性较好而更均匀地散布在整个材质中，使材料耐燃性降低，氧指数升高。对于 M3、M4 仍然是其负载机理对阻燃起主要作用，因为负载催化剂使 DCPD 单体孔内聚合后，SBA-15 与 PDCPD 巨大的孔道相界面处会形成一个阻隔层起到隔热隔氧的作用，随着复合材料的燃烧，SBA-15 会逐渐富集在燃烧界面形成一层致密的阻隔层，隔绝聚合物表面与外界的热量传递和物质交换，因而抑制了氧气的交换起到阻燃效果，使复合材料耐燃率降低，氧指数得到增大，M3 阻燃性能最强，说明介孔分子筛孔径越大交联度越大阻燃效果越强。

(2) 不同 SBA-15 含量的 M3 的氧指数

以 M3 为研究对象，考察材料在不同 SBA-15 含量时的氧指数。结果如图 7-15 所示，

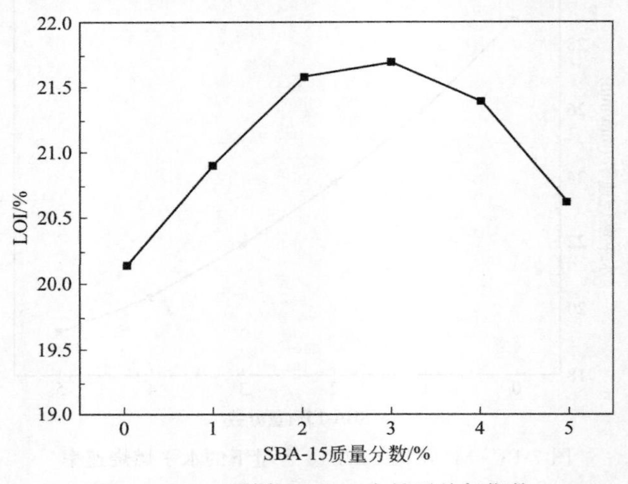

图 7-15 M3 不同 SBA-15 含量下的氧指数

M3 的氧指数都得到一定程度提高，质量分数 3% SBA-15 的样品氧指数从 20.1% 增加到 21.7%。我们知道，氧指数是表征聚合物材料燃烧性能极为敏感的一个参数，氧指数的略微增长即可获得阻燃性能的极大提升。与热失重及水平燃烧性能不同的是，氧指数结果并非随 SBA-15 含量增大而一直升高，含量为 3% 时其氧指数就达到最大值而出现下降趋势，这可能是因为当 SBA-15 含量过大时，单体转化率有一定程度的下降，少量单体的存在就能使燃烧得以延续，复合材料的燃烧速度虽然降低，但其耐燃性却得以增强使燃烧维持下去，氧指数降低。

通过以上阻燃性能测试结果，可以得出结论，负载催化剂的 M3、M4 可明显提高复合材料的热稳定性、成炭率及氧指数。SBA-15 的加入使 PDCPD 热降解残余炭量明显增加，燃烧烟密度显著下降，有很好的抑烟效果，同时氧指数也有所提升，阻燃性能得以增强。两种材料中 M3 由于独特的"钢管-混凝土"增强机理使得更大的孔径和更大的比表面积能吸附更多的催化剂及单体进入孔道聚合，热分解时受限在孔内的分子链越多，从而使阻燃性能增加效果更明显。

7.5 氢氧化铝阻燃 PDCPD

7.5.1 氢氧化铝阻燃剂概述

用于阻燃剂的金属氢氧化物主要有 $Mg(OH)_2$(MH) 和 $Al(OH)_3$-(ATH)，它们在燃烧过程中分解。MH 的分解温度是 340～490℃，ATH 的分解温度是 220～320℃。它们分解后会发生脱水反应，吸收大量高分子材料表面的热量，降低了燃烧材料表面的温度；脱水产生的大量水蒸气能够稀释可燃气体及氧气的浓度；分解残余物 MgO 及 Al_2O_3 是致密的氧化物，它们沉积在塑料表面能够起到隔热隔氧的作用，同时也达到了抑烟的效果。其中 MH 能够促进塑料表面炭化，ATH 却没有此作用。两种材料复合使用要比单独使用效果好，MH 能在更高的温度下脱水起阻燃作用，ATH 吸收的热量大，在抑制温度上升方面也是非常有效的，两者复合后，能扬长避短，起到非常有效的协同作用[16]。

ATH 不但是问世最早的阻燃剂之一，同时也是当今阻燃剂中用量最多的一种。就目前来看，全世界无机阻燃剂消费量的百分之八十多为 ATH，它广泛地应用在各种塑料、涂料及橡胶产品中，同时拥有阻燃、填充和消烟三大功能，不会产生第二次污染，能够和多种阻燃剂及助剂产生协同的作用，不挥发、无腐蚀性、无毒、价格低廉。然而，由于 ATH 的阻燃效率较低，加入量较高时才具有阻燃效果，因而，对材料的性能往往产生劣化作用；而且表面极性较大，难以与聚合物良好的相容，易团聚，因此要对其进行表面活化处理。

7.5.2 PDCPD/ATH 阻燃材料制备方法

分别把 ATH 与硬脂酸改性的 ATH（G-ATH）分别以填充量 10%、20%、30%、40% 分散于 DCPD 中形成不同 ATH 含量的悬浮液。每种悬浮液等分为两份料液，向一份料液中加入主催化剂形成 A 料液，向另一份料液中加入助催化剂形成 B 料液。聚合时将 A、B 两料液迅速混合后注入预先恒温的模具中，固化后取出待用。

7.5.3 PDCPD/ATH阻燃材料性能

7.5.3.1 水平燃烧

水平燃烧按照GB/T 2408—2008进行测试，结果见表7-13。从表中可以看出，纯PDCPD树脂进行水平燃烧测试时，燃烧剧烈并且有大量黑烟与粉尘、燃粒与滴落也比较严重。加入ATH与G-ATH不但可以对PDCPD树脂进行阻燃，同时可起到一定的抑烟效果。按照水平法测试的结果，ATH与G-ATH的填充量在30%左右时，使材料可达到HB级，阻燃效果比较明显。

表7-13 PDCPD/ATH阻燃材料水平燃烧结果

阻燃剂	填充量	燃烧级别	燃烧现象
空白	0%	HB75-45mm/min	燃粒、滴落、大量浓黑烟
ATH	20%	HB40-19mm-120s	无燃粒、无滴落、黑烟减少
	30%	HB-未通过25mm标线	无燃粒、无滴落、黑烟不明显
	40%	HB-未通过25mm标线	无燃粒、无滴落、黑烟不明显
G-ATH	20%	HB40-10mm-150s	无燃粒、无滴落、黑烟减少
	30%	HB-未通过25mm标线	无燃粒、无滴落、黑烟不明显
	40%	HB-未通过25mm标线	无燃粒、无滴落、黑烟不明显

7.5.3.2 极限氧指数

极限氧指数（LOI）按照GB/T 2406—2008进行测试，结果见表7-14。从表中可以看出，纯PDCPD的LOI为18.7%，随着阻燃剂填充量的增大，LOI随之增大。当ATH与G-ATH填充量达到40%时，材料的LOI接近26%。

表7-14 PDCPD/ATH阻燃材料极限氧指数结果

阻燃剂	填充量	极限氧指数(LOI)/%
空白	0%	18.7
ATH	20%	21.2
	30%	25.0
	40%	26.5
G-ATH	20%	21.8
	30%	25.1
	40%	25.9

从以上结果分析来看，ATH作为PDCPD的阻燃剂效果不好。一是添加量达到40%时才有明显的阻燃效果，此时体系的黏度非常高，对于PDCPD-RIM工艺来说是不适用的；二是在此添加量的下材料的力学性能也会下降很多。因此，ATH作为PDCPD的阻燃剂必须与阻燃增效剂或其他阻燃剂一起使用，如硼化物、氧化锡、氧化锌、硼酸锌、硅酸锑、五氧化二锑、无机磷系等。

7.6 反应型PDCPD阻燃

能与DCPD进行共聚或同时聚合的阻燃性单体很少。除了前面综述提到的三氯降冰片烯和降冰片烯羧酸卤代烷基酯外，几乎未见到其他反应性单体的报道。笔者所在课题组合成了三溴苯乙烯和丙烯酸五溴苯苄酯，并将它们与DCPD进行同时聚合，制备出了阻燃性PD-CPD，初步考察了阻燃性能。

7.6.1 三溴苯乙烯阻燃PDCPD

7.6.1.1 溴代苯乙烯合成方法

三溴代苯乙烯由苯乙烯为初始物，经“溴化氢反马加成”、苯环溴代和溴化氢消去反应三步反合成出了目标产物，合成步骤如下。

+ HBr —(催化剂 / 溶剂)→ CH_2Br

CH_2Br + Br_2 —(催化剂)→ BrH_2C Br Br Br

BrH_2C Br Br Br —(NaOH / 乙醇溶液)→ Br Br Br

7.6.1.2 PDCPD/PBSt阻燃材料制备方法

在DCPD中加入一定量的BSt充分溶解后，等分为A、B两份。分别向A与B两溶液中加入主催化剂和助催化剂，聚合时，将A、B两料液迅速混合均匀后注入恒温的模具中，固化后取出待用。

7.6.1.3 PDCPD/PBSt阻燃材料性能

（1）极限氧指数

表7-15为PDCPD/PBSt阻燃材料的极限氧指数测定结果。

表7-15 PDCPD/PBSt阻燃材料的极限氧指数

阻燃剂/%	0	1	3	5	7	10	15	20	20	20	20
Sb_2O_3/%		0	0	0	0	0	0	0	4	6	8
极限氧指数(LOI)/%	19.0	19.7	20.0	20.7	21.1	21.3	22.0	22.7	23.2	23.5	24.1

从表7-15中可看出，随着阻燃组分含量的增加，氧指数也相应增大，聚合物的阻燃性能提高。可以得出，BSt的引入对PDCPD的阻燃性能有明显的增加。

（2）水平垂直燃烧

水平垂直燃烧实验采用美国UL94标准，实验结果见表7-16。

表 7-16 阻燃 PDCPD 复合材料水平垂直燃烧实验

阻燃剂/%	Sb_2O_3/%	燃烧级别
空白	0	燃烧速度 64mm/min
1	0	86mm 前停止燃烧 HB
3	0	HB 燃烧速度 31mm/min
5	0	HB 燃烧速度 8mm/min
7	0	V2
10	0	V2
15	0	V1
20	0	V1
10	4	V1
15	6	V1
20	8	V1

由表 7-16 可知，随着 BSt 含量的增加，PDCPD 复合材料燃烧级别逐渐提高，当 BSt 的含量达到 20%时，燃烧级别达到 V1 级，三氧化二锑的加入对复合材料有一定协同阻燃效果。

7.6.2 丙烯酸五溴苄酯阻燃 PDCPD

丙烯酸五溴苄酯（pentabromobenzyl acrylate，PBBA）是合成高分子溴系阻燃剂聚丙烯酸五溴苄酯的单体，其溴含量高达 71.77%。作为反应型阻燃剂使用，丙烯酸五溴苄酯可以与多种乙烯单体共聚或接枝于其他高分子上而赋予其阻燃性能，同时也能改善材料染色性能和材料的力学性能。丙烯酸五溴苄酯作为反应型阻燃剂不起霜、不迁移，比传统的添加型阻燃剂优越。

7.6.2.1 丙烯酸五溴苄酯合成方法

以五溴甲苯和丙酸为原料，经三步反应合成出丙烯酸五溴苄酯，合成步骤如下。

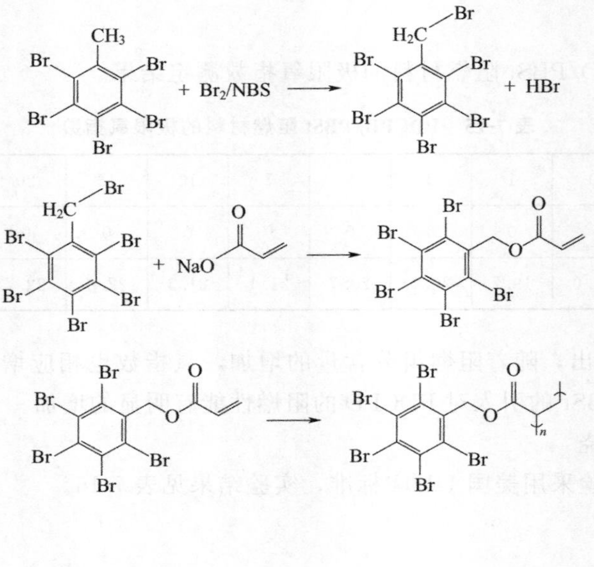

7.6.2.2 PDCPD/PBBA阻燃材料制备方法

向DCPD中加入一定量的PBBA充分溶解后，等分为A、B两份。分别向A与B两溶液中加入主催化剂和助催化剂，聚合时，将A、B两料液迅速混合均匀后注入恒温的模具中，固化后取出待用。

7.6.2.3 PDCPD/PBBA阻燃材料性能

(1) 极限氧指数

极限氧指数（LOI）的测试标准按GB/T 2406—2008进行，测试结果见表7-17。从表可知，随着丙烯酸五溴苄酯量的增大，PDCPD复合材料的极限氧指数逐渐提高，三氧化二锑的加入提高了复合材料的阻燃性能，充分说明三氧化二锑与聚丙烯酸五溴苄酯有协同阻燃效应。

表7-17 阻燃PDCPD复合材料极限氧指数测试

阻燃剂/%	0	4	6	8	10	12	14	14	14	14
Sb_2O_3/%	0	0	0	0	0	0	0	4	6	8
极限氧指数(LOI)	18.1	19.0	20.1	21.7	22.6	23.2	23.9	24.3	24.8	25.2

(2) 水平垂直燃烧

水平垂直燃烧实验采用美国UL94标准，实验结果见表7-18。

表7-18 阻燃PDCPD复合材料水平垂直燃烧实验

阻燃剂/%	Sb_2O_3/%	燃烧级别	有焰时间T_1/s	有焰时间T_2/s	无焰时间T_3/s	现象
空白	0	燃烧速度70-45mm/min	0	0	0	大量熔融落物快速滴落，滴落引燃脱脂棉，大量浓黑烟，有燃粒
4	0	100mm前停止燃烧HB	0	0	0	熔融滴落，滴落引燃脱脂棉，黑烟相对减少，有燃粒
6	0	HB燃烧速度35mm/min	0	0	0	熔融滴落，滴落引燃脱脂棉，黑烟相对减少，有燃粒
8	0	HB燃烧速度10mm/min	0	0	0	熔融滴落，滴落引燃脱脂棉，黑烟相对减少，有燃粒
10	0	V2	10.3	6.1	4.3	熔融滴落，滴落引燃脱脂棉，黑烟不明显
12	0	V2	15.1	5.2	2.1	熔融滴落，滴落引燃脱脂棉，黑烟不显
14	0	V1	6.1	3.4	1.4	熔融滴落，滴落不引燃脱脂棉，黑烟不明显
14	4	V1	9.4	4.7	2.5	熔融滴落，滴落不引燃脱脂棉，黑烟不明显
14	6	V1	5.4	2.2	1.3	熔融滴落，滴落不引燃脱脂棉，黑烟不明显
14	8	V1	2.1	4.1	6.0	熔融滴落，滴落不引燃脱脂棉，黑烟不明显

由表 7-18 可知，随着 PBBA 含量的增加，PDCPD 复合材料燃烧级别逐渐提高，当 PBBA 的含量达到 14%时，燃烧级别达到 V1 级，三氧化二锑的加入对复合材料有一定的阻燃效果，进一步说明三氧化二锑与丙烯酸五溴苄酯有协同阻燃效果。

参 考 文 献

[1] G Caminoand L. Costa, Poly. Deg. and Stab., 1988, 20, 271-294.

[2] Tanimoto Hirotoshi, Yamamoto makoto, YaGishita Shigeru. Fire retardant norbornane resin product, manufacture thereof and combination of reactive raw liquid used for manufacture [P]. JP: 7227863, 1995.

[3] Silver. Phosphazene flame retardants for reaction injection molded poly (dicyclopentadiene)[P]. US: 4607077, 1986.

[4] Silver. Phosphorus based flame retardant composition for reaction injection molded polydicyclopentadiene [P]. US: 4740537, 1988.

[5] Hara Shigeyoshi, Nakatani Umewaka. Production of plasticized polymer molding and combination of reactive solutions [P]. JP, 02-269733, 1990.

[6] Hara Shigeyoshi, Nakatani Umewaka, Endo Zenichiro. Production of polymer molding and combination of reactive solution [P]. JP, 02-269759, 1990.

[7] Hara Shigeyoshi, Nakatani Umewaka. Production of molded article of polymer and combination of reactive solution [P]. JP, 20-272015, 1990.

[8] Hara Shigeyoshi, Endo Zenichiro, Mera Hiroshi. Halogenated polymer molding, manufacture thereof and combination of reactive solutions [P]. JP, 63-205307, 1988.

[9] Hara Shigeyoshi, Endo Zenichiro, Mera Hiroshi. Metathesis polymerized cross-linked halogen-containing copolymer [p]. EP, 0283719, 1988.

[10] Hara Shigeyoshi, Endo Zenichiro. Moleded item of halogenated polymer, preparation thereof and combination of reactive solutions [P]. JP, 02-147623, 1990.

[11] 范忠雷，唐四叶，刘大壮等．氯化聚丙烯研究进展［J］．现代化工，2004，24 (12)：16-19.

[12] 彭军勇，王曦，苏胜培等．阻燃型丁腈橡胶/氯化聚丙烯橡塑复合材料的制备与性能研究［J］．精细化工中间体，2012，42 (2)：50-54.

[13] 吕咏梅．我国氯化高聚物生产现状与市场分析［J］．化工中间体，2002，(16)：15-18.

[14] 林浩，甄卫军．氯化聚乙烯阻燃体系的研究［J］．2009，12 (3)：32-34.

[15] 陈之东．氯化聚乙烯的配方优化及应用［D］. 青岛：青岛科技大学，2007，6.

[16] 赵丽芬，陈占勋，陈林书．阻燃聚烯烃类热塑性弹性体研究进展．弹性体，2003，13 (5)：56-58.

第8章 发泡聚双环戊二烯

8.1 概述

8.1.1 泡沫塑料的定义与分类

“泡沫塑料”是以气体为填料的高分子复合材料。由于内部含有大量气泡，所以泡沫塑料不仅质量轻、省原料，而且热导率低，隔热性能好；能吸收冲击载荷，具有优良的缓冲性能、隔声性能以及比强度高等优点，从而广泛用作消声、隔热、防冻保温、缓冲防振以及轻质结构材料。在交通运输、建筑、包装、日常生活用品以及航天、国防等工业领域得到广泛应用[1,2]。

泡沫塑料按分子结构以及形成制品的软硬程度、密度大小、泡孔结构、泡孔分布、泡孔大小等进行分类。

① 按分子链是否交联可分为热塑性和热固性两大类泡沫塑料。

② 按制品的硬度高低可分为软质（弹性模量小于70MPa)、半硬质（弹性模量70～700MPa）和硬质（弹性模量大于700MPa）泡沫塑料。

③ 按密度大小可分为低发泡泡沫塑料（密度大于0.4g/cm^3，即气体/固体＜1.5)、中发泡泡沫塑料（密度为0.1～0.4g/cm^3，即气体/固体＝1.5～9）和高发泡泡沫塑料（密度低于0.1g/cm^3，即气体/固体＞9)。

④ 按泡孔结构可分为开孔和闭孔泡沫塑料。开孔泡沫塑料泡体中的气泡间相互连通，泡体中的气相和塑料都是连续相。它们具有良好的吸收声波和缓冲性能，可用于包装、衬垫、过滤、室内装饰。闭孔泡沫塑料泡体中的泡孔是封闭的，孤立地分散在泡体中，只有塑料基体是连续相，它具有很低的热导率和吸水率[3,4]。

⑤ 根据泡孔结构可分为自由泡沫塑料和结构泡沫塑料。自由发泡塑料的表面层和芯层都是发泡体；而结构泡沫塑料通常是表皮层不发泡或低发泡、芯层发泡，因而面层光滑平整，具有较大的皮层硬度和刚度。结构泡沫塑料具有较好的力学性能，可供工程用的发泡材料，主要用于工程材料结构件和建筑中的构件[4]。

⑥ 自结皮泡沫塑料是依靠发泡组分在发泡时一次性形成表皮材和泡芯材的泡沫塑料。外表皮的密度接近基材的密度，厚度为0.3～3mm；芯层的密度为基材密度的3%～30%。其制品的物理力学性能大大超过相同密度的泡沫塑料，软质自结皮泡沫塑料应用于汽车方向盘、内装饰件等；硬制品用于建材、电器、家电、汽车结构件、隔声保温材料、减振和漂浮材料[2～4]。

⑦ 微孔塑料是指泡孔直径为 1～10μm，泡孔密度为 109～1012 个/cm^3，泡孔分布非常均匀的泡沫塑料，其设计思想即在高分子材料内部产生比原有缺陷更小的气泡，使泡孔的存在不仅不会降低材料的强度，反而会使材料中原有的裂纹尖端钝化，阻止裂纹在应力作用下扩展，从而提高其力学性能[5,6]。

对于闭孔微孔塑料，与不发泡的纯塑料相比，冲击强度是其 2～3 倍，韧度是其 5 倍，疲劳寿命是其 5 倍，强度质量比是其 3～5 倍，并且具有良好的热稳定性、较低的介电常数及良好的绝缘性能等，在建筑、电器、航空和汽车等行业可作为结构材料使用，具有广阔的应用前景[6~8]。微孔塑料的泡孔直径非常小，可制成厚度小于 1mm 的薄壁发泡制品，如微电子线路绝缘层、导线包皮和内存条密封层等。

8.1.2 热固性泡沫塑料

塑料泡沫具有优异的质轻、隔热、吸声、能量缓释和吸收性能，而相对于热塑性的塑料泡沫材料，热固性塑料泡沫除了具有优异的比强度和良好的柔韧性以外，还兼备独特的强度高、耐高温以及耐腐蚀等特点。常见的热固性塑料泡沫包括聚氨酯类、环氧树脂类、甲醛交联型树脂类、不饱和聚酯类、有机硅树脂类以及聚双环戊二烯类等。

8.1.2.1 聚氨酯泡沫

近年来围绕聚氨酯泡沫的合成与功能改性，科研工作者们做了大量的研究。

(1) 聚氨酯泡沫的绿色合成

随着人们对清洁生产认识的不断提升，采用天然产物或者可回收原料替代聚氨酯合成原料中的多元醇以及异氰酸酯研究逐渐受到关注。环境友好型聚氨酯泡沫不仅是指易降解回收的聚氨酯泡沫材料，更包括从原料选取到产品生产，再到改性直至废旧产品的回收利用等方面。

Hakim 等[9]采用蔗糖渣提取的多元醇物质替代聚乙二醇（PEG），发现相比之下用蔗糖渣提取多元醇制备聚氨酯材料过程拥有较长的乳稠时间和表干时间。

碱木质素是造纸工业的废料，刘国超等[10]通过实验证明碱木质素可以替代聚醚多元醇制备聚氨酯材料，且在材料基体中可以起到交联、填充效果，对聚氨酯泡沫有一定的增强作用。

Prociak[11]通过研究表明，利用植物油基多元醇制备的聚氨酯改性泡沫在隔热性能方面相较传统泡沫得到了提升。

工业上异氰酸酯一般采用光气法工艺生产，其工艺成本高、路线较长、环境污染严重。随着非光气法，如硝基还原羰基化、氨基氧化羰基化等催化技术的研究进展、碳酸酯合成技术日臻成熟，包括以氨基甲酸酯为中间体制备异氰酸酯的技术逐渐进步，非光气法制备异氰酸酯在未来将具备工业化潜力[12]。

近年来，非异氰酸酯聚氨酯（NIPU）是新型环保型聚氨酯[13]。有学者[14]合成一种新型环碳酸酯化合物，这种化合物采用环氧化植物油与 CO_2 反应合成，然后将其与官能度大于 2 的伯胺寡聚物反应，控制交联固化的温度可制备 NIPU 网络聚合物，合成过程如下所示。

R–(环碳酸酯)=O + RNH_2 ⟶ R–(O–H…O=C(–NHR″)–O–) + R–(O–H…O=C(–NHR′)–O–)

聚氨酯泡沫发泡所用发泡剂也是近年来的一个研究热点，水以及环戊烷作为发泡剂被视为替代传统含氟发泡剂的高效环保发泡剂。

（2）聚氨酯泡沫的功能改性

聚氨酯泡沫材料具有较好的机械强度，但是通过增强改性之后，其强度将会更高，以满足更多的生产生活需求。

Seo等[15]使用超声空化处理技术，使黏土在聚氨酯基体中均匀分散，样本的拉伸强度有了较大的提高，说明微粒的均匀分散程度直接影响材料的力学性能。

Gu等[16]将硬木纸浆作为填料制备了聚氨酯硬泡，发现泡孔尺寸随之增大，玻璃化转变温度明显提高而分解温度却降低了；硬木纸浆的加入对泡沫压缩强度物明显影响，使拉伸强度略微提升。

聚氨酯泡沫阻燃性的研究也保持着持续的热度。M. Thirumal[17]等制备了聚氨酯/有机黏土复合泡沫材料，当有机黏土的添加量达到3.0%（质量分数）时，样本可达最大的压缩强度；随着有机黏土添加量的增加，阻燃效果逐渐提高。

Ye等[18]利用聚甲基丙烯酸甲酯（PMMA）包覆膨胀石墨作为阻燃体系，提高阻燃效能的同时也兼顾了力学性能。

8.1.2.2　环氧树脂泡沫

热固性的环氧树脂泡沫具有诸多优点，如较低的表观密度、较高的比强度和损伤容限、极低的吸湿率、优良的黏结性、耐热性以及电性能等，常用作高性能的夹层材料构件。这种材料产生于20世纪40年代，由美国的shell公司研制，最早应用于航空领域，之后在飞机制造、建筑、军工以及船舶制造领域有了广泛的应用[19]。近年来关于热固性环氧树脂泡沫的研究集中在环氧树脂泡沫的发泡成型工艺以及改性方法如纤维颗粒增强和互穿网络技术等。

传统的环氧树脂发泡方法是通过添加发泡剂实现发泡的，而近年来在空心微球发泡和微波发泡方面取得一定的进展。

首先空心微球发泡直接决定了泡孔的大小和规整度，但是较常用的玻璃微球等由于与基体存在密度差异，很难均匀分散进而影响到了材料的力学性能，而且随着空心玻璃微球的含量提高，压缩性能增大但是拉伸和剪切强度将会降低[20]。聚合物微球相对玻璃微球来说密度更低一些，但是强度不够。

可以利用空心微球的密度缺陷来制备功能性的梯度泡沫材料，如Kishore等[21]制备了环氧梯度泡沫材料，微球在慢慢固化的树脂基体中发生重力沉降，浓度梯度在垂直方向形成，力学强度也实现了梯度变化。

微波发泡是一种物理发泡技术，能使环氧树脂基体内部的对微波有强吸收的低分子量物质汽化，这样可以使环氧树脂固化和发泡同步进行。Zhong等[22]的研究表明微波发泡制备环氧树脂泡沫工艺简单且效率较高，制备的双酚A型环氧树脂泡沫具有耐高温的特点，而且压缩性能优于普通环氧树脂泡沫。

另外，成型温度和体系黏度对环氧树脂的发泡成型具有重要影响。有学者[23]通过实验证明：固定环境温度中，唯有基体固化和发泡速率相当，即树脂固化和发泡剂分解同步协调进行，可以制备出孔径规整的微孔环氧树脂泡沫塑料，如图8-1所示。

洪海江等[24]等采用不同黏度的环氧树脂基制备泡沫材料，发现在其实验室范围内存在最佳的基体黏度，可以制备出规整微孔泡沫塑料。作为热固性塑料，环氧树脂的发泡存在很

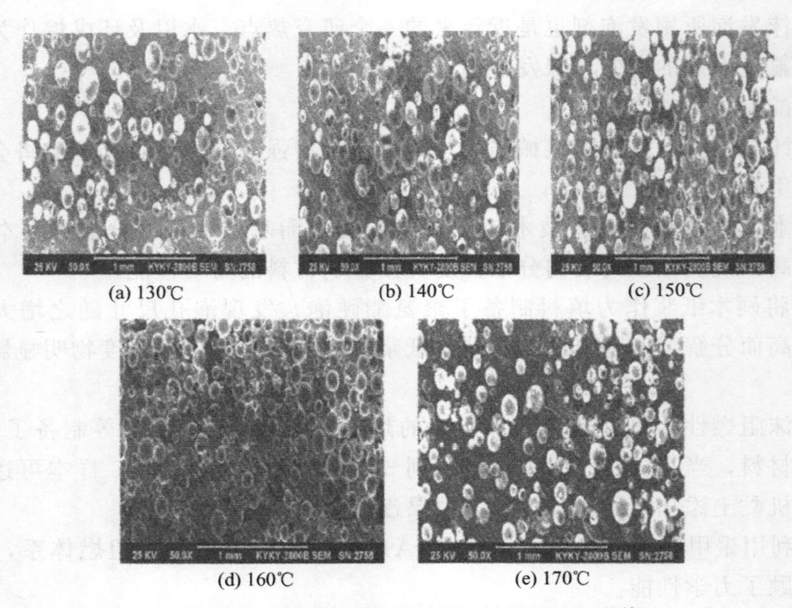

图 8-1 不同成型温度下环氧泡沫的 SEM 形貌

多难点，如固化与发泡不协调，泡孔大小和规整度难以控制等，选择相容性较好的发泡剂以及适宜的发泡成型工艺是解决这些难点的关键。

近年来，关于环氧树脂泡沫改性研究主要集中在基体结构改性和填充改性，填充改性又包括纳米粒子改性、纤维增强和橡胶粒子改性等，如图 8-2 所示。

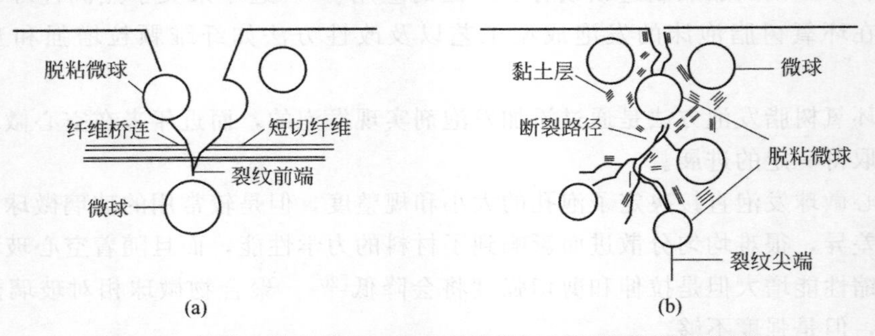

图 8-2 纤维和纳米粒子、短切纤维增韧环氧树脂泡沫示意图

基体结构改性主要涉及引入新基团或者与其他高分子共聚合形成互穿网络结构。肖湘莲等[25]将端氨基酰亚胺作为固化剂引入环氧树脂泡沫基体中，制备的泡沫材料耐热性和力学性能都有了提高。花兴艳等[26,27]制备出了环氧树脂/聚氨酯硬泡材料，发现随着环氧树脂含量的增加，材料的压缩性能有所提高，且合成泡沫塑料的热稳定性亦得到提高。

罗恒等[28]制备了低密度环氧树脂泡沫塑料，纳米蒙脱土起到了成核作用，且有助于发泡剂的分散流动，促进泡沫的均匀产生。还可利用超声波和高剪切分散工艺制备纳米二氧化硅环氧泡沫[29]，随着二氧化硅含量的增加，泡沫的力学性能和热稳定性均得到了不同程度的提高。

Ude 等[30]制备了天然真丝加强的环氧树脂材料，发现其泡沫复合材料在落锤冲击试验中具有较好的能量吸收能力。Du 等[31]研究制备了纸纤维增强环氧树脂夹层面板材料，相对于已投入商业化的玻璃纤维增强夹层材料具有更高的弯曲强度和抗弯荷载能力，但是质量却更轻。Ishiguro 等[32]研究了碳纤维增强的环氧树脂夹层材料，发现其力学性能比无孔复合夹层材料更好。Wouterson 等的研究表明复合泡沫材料的力学强度在一定范围内随着短切碳纤维填料含量的提高，亦有所提高[33]。类似的研究[34]证明短切碳纤维的增韧效果优于纳米黏土的增韧效果。

Li 等[35]采用丁苯橡胶包覆玻璃微球制备出了多相复合环氧泡沫材料，一系列测试表面橡胶包覆微球改性环氧树脂泡沫，有效提高了材料的能量吸收能力和弯曲强度。Maharsia 等[36]利用橡胶粒子改性泡沫基体，当橡胶体积含量达到 2.0%时制备出的橡胶改性杂化泡沫材料具有较高的断裂应变。若将橡胶粒子和非包覆的玻璃微球制备多相环氧泡沫复合材料[37]，同样也可以得到较高的力学强度和能量缓释性能。

采用生物纤维增强环氧树脂泡沫具有重要的环保价值，但是目前研究较少而且所制备的复合材料性能较差，暂时无法替代现有材料。改变基体结构具有一定的技术难度，互穿网络的形成和引进新基团的改性还需要进一步的研究。

8.1.2.3　甲醛交联型热固性树脂泡沫

甲醛交联型热固性树脂包括酚醛树脂、脲醛树脂、胍醛树脂以及三聚氰胺甲醛树脂（蜜胺树脂）等。甲醛交联型塑料泡沫产品主要是集中在酚醛、脲醛以及三聚氰胺泡沫（蜜胺泡沫）范畴，甲醛或者多聚甲醛起到交联的作用。

酚醛泡沫作为新型塑料泡沫材料，是甲醛交联型泡沫中用途最广以及产量最高的泡沫产品。赵鹏等[38]研究了酸固化剂对酚醛泡沫微观结构的影响，发现以硫酸作为固化剂可以制备 65～85μm 大小的泡孔，但是闭孔率较低；而以对甲苯磺酸作为固化剂可以制备 95～110μm 级孔径的泡孔，闭孔率较高；将磷酸苯酯与硫酸两者以一定比例配合固化可以保证泡孔保持在 65μm 左右，且使泡沫孔壁缺陷得到改善。图 8-3 为不同固化程度的酚醛树脂微波发泡 SEM 形貌。

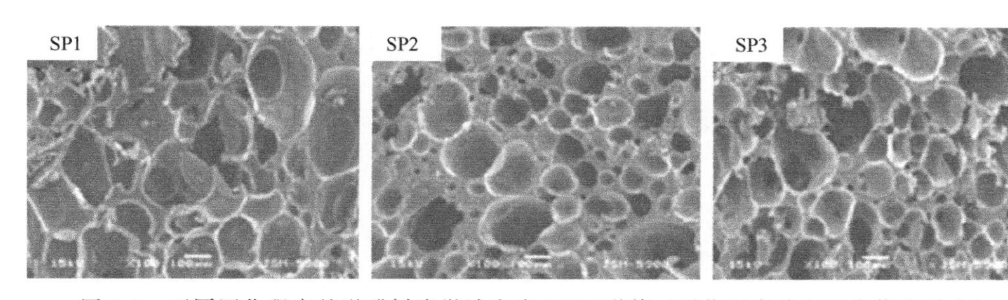

图 8-3　不同固化程度的酚醛树脂微波发泡 SEM 形貌（固化程度从左至右依次增大）

马玉峰等[39]研究了各种酸固化剂对酚醛泡沫材料性能的影响，发现以盐酸/对甲苯磺酸/磷酸/水复配的固化剂制备的酚醛泡沫材料的密度、固化速度和材料耐热性能适中，孔径分布在 100～200μm 之间，掉渣率为 25.7%；他们也研究了各种催化剂氢氧化钡、三乙胺和氢氧化钠对材料性能的影响[40]，发现以氢氧化钠为催化剂制备的酚醛泡沫性能最优。

Song 等[41]以微波发泡代替发泡剂制备了活性炭加强的酚醛泡沫，发现基体固化程度较高时形成的泡孔越小，壁越厚；其制备的微波酚醛泡沫具有较低的热导率和密度，适合制造隔热泡沫材料。

张铭等[42]用机械发泡法制备了脲醛泡沫，发现在 25℃左右，体系黏度为 20～28s 时，以十二烷基苯磺酸钠作为起泡剂进行机械搅拌制备的脲醛泡沫性能最佳。

孙瑞朋等[43]研究了甲醛与三聚氰胺的摩尔配比（F/M）密胺泡沫性能的影响，发现当F/M=3.0时，泡沫具有较高的孔隙率，优良的力学性能和阻燃性，受热过程中烟灰和毒气产率较低。他们也研究了不同发泡剂对密胺泡沫理化性能的影响[44]，结果表明，三聚氰胺甲醛泡沫内部的泡孔都是开孔结构，MDI发泡剂有增强作用，$NaHCO_3$和$NaCO_3$发泡剂具有阻燃功能，AIBN发泡剂能显著提高泡沫材料的孔隙率。

杜耕耘[45]采用微波发泡的方法制备出了性能良好的微波三聚氰胺泡沫。谢丹等[46]以微波辐射发泡的方法制备了三聚氰胺甲醛泡沫材料，发现微波辐射的起始功率应较大，促使发泡剂立即发泡，之后辐射应减小且时间不宜过长，否则将影响泡孔的稳定性。

为进一步提高酚醛树脂的阻燃性能，张苛等[47]以粗酚为主要原料制备了可发性粗酚酚醛泡沫，发现粗酚含量为30%（质量分数）时，泡沫材料的压缩强度、弯曲强度和吸水率都较纯酚醛泡沫有一定程度的提高，且当粗酚质量分数达到40%时，材料可具有出色的阻燃性能，导热系数很低，仅为0.031W/(m·K)。

殷锦捷等[48]以聚磷酸铵（APP）、三聚氰胺（MEL）、季戊四醇（PER）为复合阻燃剂，用聚乙二醇和玻璃纤维改性酚醛泡沫，制备的增韧阻燃酚醛泡沫具有优异的抗冲击强度，达到B1难燃材料的阻燃标准。吴强林等[49]研究了木质素基可发性酚醛泡沫，发现采用酚化木质素制备的酚醛泡沫中游离甲醛和苯酚含量较低，较高的闭孔率、热稳定性和阻燃性能，同时力学性能和防水性能也较好。

酚醛树脂质脆，影响了其用途的扩展，李玲等[50]利用丁腈橡胶粉末（NBRP）改性酚醛树脂泡沫，发现当橡胶添加量为2%（质量分数）时泡沫材料的综合性能最佳；且橡胶的加入改善了泡沫的易碎性，使开孔结构更加牢固。液态丁腈橡胶（LNBR）添加至酚醛泡沫中，在一定浓度范围内亦有出色的增韧效果[51]，如图8-4所示。

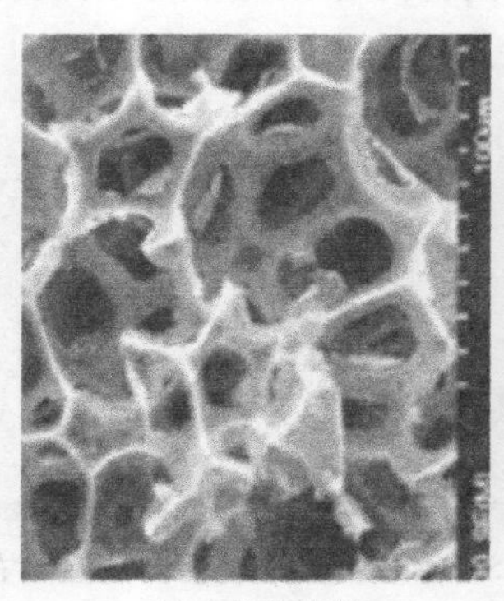

(a) 未加改性剂

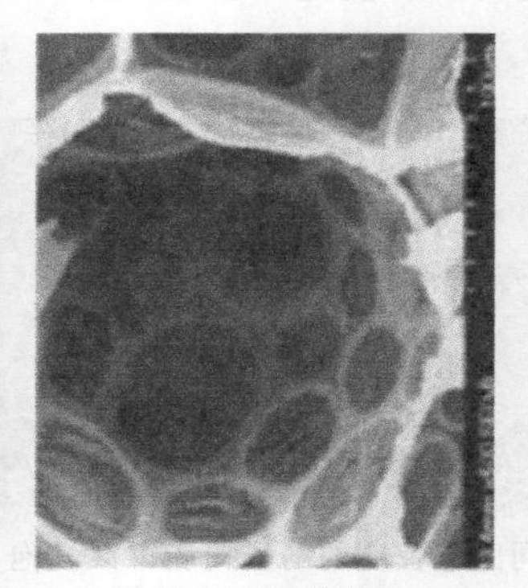

(b) 加0.6份丁腈橡胶

图8-4 丁腈橡胶对酚醛泡沫体结构的改善SEM形貌

有文献[52]介绍采用聚酰胺树脂增韧酚醛泡沫，发现酚醛泡沫的弯曲强度随聚酰胺添加量增加有先增加后减小的趋势；当聚酰胺含量为10%（质量分数）时，弯曲强度提高81%，且泡孔结构较规整。

有学者[53]制备了三维间隔连体织物酚醛泡沫复合材料，发现随着密度的增加，泡孔刚性提高，材料的压缩强度增长迅速。位东等[54]将酸化的蒙脱土（H-MMT）与酚醛树脂复合，利用原位聚合的方法制备了剥离型纳米蒙脱土酚醛泡沫复合材料，研究发现取向化的纳米蒙脱土可使泡沫的压缩强度得到明显提高，泡沫掉渣率大幅降低，同时由于蒙脱土的纳米效应，提高了泡沫体的热稳定性。

代本才等[55]利用共混改性的制备方法，添加木质素磺酸盐、三聚氰胺和聚乙烯醇等与脲醛泡沫反应复合，当聚乙烯醇添加量达到4.0%（质量分数）时，冲击性能达到1.55kJ/m^2，较普通脲醛泡沫提高了三倍多。

张雅静等[56]也利用木质素改性了三聚氰胺甲醛树脂泡沫，发现木质素可以取代部分的三聚氰胺与甲醛聚合，而且改性之后的泡沫材料更具有可发性。相益信等[57]研究了异氰酸酯对三聚氰胺甲醛树脂的性能的影响，发现二苯甲烷二异氰酸酯改性的泡沫泡孔较均匀，且泡沫材料具有一定的阻燃性能和较好的热稳定性。张汉力[58]通过研究聚乙二醇（PEG）和三异氰酸酯（THEIC）改性的三聚氰胺甲醛树脂，发现二者可以参与反应，植入到三聚氰胺甲醛树脂网状结构中，加大了三嗪环间距，可以对材料基体起到增韧的作用。

8.1.2.4 有机硅树脂泡沫

有机硅泡沫塑料是种低密度材料，其基体有机硅塑料主链结构为—Si—O—Si—，有机基团作为侧链，所以有机硅塑料泡沫在某种程度上是种半无机高分子复合材料。根据其基体形态、固化反应方式和发泡机理的不同，有机硅泡沫塑料的发泡成型可分为两种方式[59]：第一种是粉状物料，加热引发发泡、固化协调进行；第二种是两种组分的液态物料，混合之后在室温条件下同步固化、发泡。

锡秀花等[60]利用自制有机硅聚合物，加入固化剂和发泡剂，加热引发发泡成型，制备了高性能硬质有机硅泡沫塑料，该材料具有较好的耐候性、阻燃性以及较高的硬度和保温性能。李颖等[61]采用硅树脂为基体，利用季戊四醇降低了发泡剂H的分解温度，有效解决了固化与发泡不协调的问题；同时探究了低黏度羟基封端硅氧烷对白炭黑增强剂的钝化作用，并在另一篇报道中报道了以羟基封端硅氧烷为基体制备硅泡沫塑料的过程和反应机理[62]，纳米碳酸钙作为增强剂，以反应过程中产生的氢气发泡制备了孔隙率较高、泡孔结构完整、热稳定性高的有机硅泡沫材料。

赵祺等[63]采用乳液聚合的方法制备了有机硅泡沫弹性体，制备的油包水型乳液胶束直径小于20μm，研究表明硅树脂对硅氧烷交联体有一定的增强作用，且体系密度随去离子水的含量增加而减小。陶林等[64]以多种硅油、单硬脂酸甘油酯、去离子水等为主要原料，室温环境在铂催化剂作用下制备了硫化硅橡胶，当单硬脂酸甘油酯含量为0.8%（质量分数）时，制备了力学性能优异且泡孔规整的有机硅泡沫。

Gao等[65]制备了含有不同含量中空玻璃微球（HGB）的有机硅橡胶泡沫复合材料，发现相对于二氧化硅，HGB填充的硅橡胶泡沫具有更高的孔隙率和更低的热导率，且随着HGB含量的提高和尺寸的提高，复合材料内部泡孔尺寸随之减小，密度、硬度和拉伸强度随之提高；且橡胶的加入使得泡孔壁更加的光滑，使泡孔结构更加稳定，如图8-5所示。

Raquel等[66]制备了填充不同含量碳纳米管和功能石墨烯微片（FGS）的有机硅泡沫复合材料，发现材料内部为开孔结构，碳纳米管贯穿在基体内部呈现网状分布，而FGS在基体内部呈剥离插层分布；两种填料的加入均使材料的隔热性能和压缩性能得到大大提升，但使材料的吸声性能下降，可能是由多变的泡孔结构和硬度的提高导致的。

8.1.2.5 不饱和聚酯泡沫

不饱和聚酯（UP）具有良好的力学、电学和耐化学腐蚀性能，加工简单，是一种发展较快的热固性树脂，其泡沫塑料韧性、强度比PS泡沫好，加工工艺比PVC简易，且生产成本低于聚氨酯泡沫[67]。

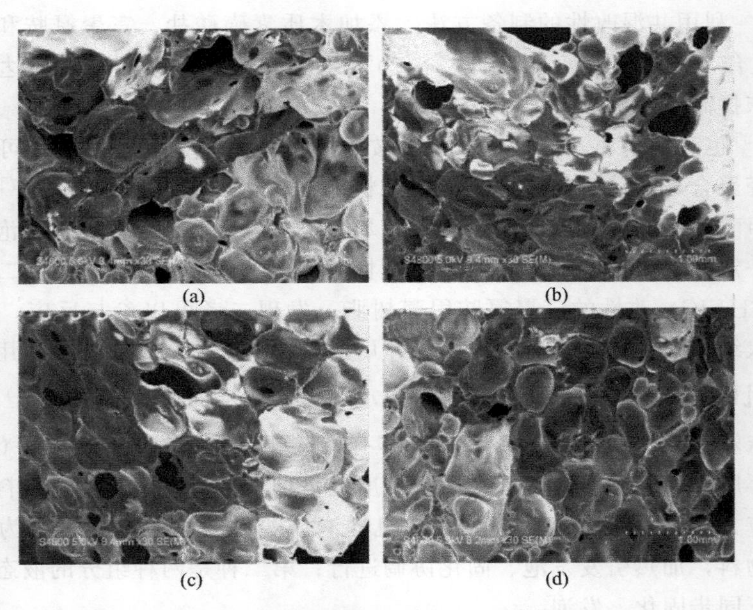

图 8-5 硅橡胶对有机硅泡沫体结构的改善 SEM 形貌[(a)<(b)<(c)<(d)]

不饱和聚酯塑料的发泡主要依靠化学发泡剂，采用物理发泡工艺较少，如添加少量聚醋酸乙烯酯到不饱和聚酯树脂中，在固化发泡过程中，由于体积收缩率的不同，再加上过剩的交联单体苯乙烯会成核、膨胀，最终在基体中形成微孔[68]。

赵雪妮等[69]利用超饱和 CO_2 气体法制备不饱和聚酯泡沫塑料，分三阶段保压成型，制备的微孔泡沫塑料泡孔直径为 10μm，泡孔密度为 4.7×10^{11} 个/cm^3；采用玻璃纤维对泡沫材料增强[70]，泡孔大小则变为 12μm，泡孔密度为 1.44×10^{11} 个/cm^3。

容敏智等及其所在实验室，采用天然植物油如蓖麻油[71]、大豆油[72]分别合成了马来酸蓖麻油酯（MACO）、丙烯酸环氧大豆油（AESO），以其作为基体，碳酸盐为发泡剂，之后以 MACO 和苯乙烯（St）合成了蓖麻油基泡沫塑料，发现材料的压缩性能随 St 的含量提高而提高，降解性能随 MACO 的含量提高而提高，当二者质量比为 1/9 时材料的降解性能最好；将 AESO 与 MMA 进行自由基共聚合制备 AESO 泡沫塑料，制备的样本具有与传统不饱和聚酯泡沫塑料同样的压缩性能，却有更出色的韧性和稳定的生物降解性。将短切剑麻纤维对大豆油树脂基泡沫塑料进行增强[73]，通过实验，结果发现只需较少的剑麻纤维添加量，足够使大豆油基不饱和聚酯泡沫塑料的压缩性能得到明显提高。

邱钧锋采用添加型阻燃剂（聚磷酸铵＋季戊四醇＋三聚氰胺）和反应型阻燃剂（磷酸酯阻燃剂 FRC-6）对两种植物油基泡沫塑料进行了阻燃改性[74]，并测试了其改性材料的阻燃和力学性能，对比发现反应型阻燃剂用量较少，相容性好且力学、阻燃性能优良。

朱红飞等[75]根据热平衡发泡原理，选择 $NaHCO_3$、偶氮二甲酰胺（AC）、偶氮二异丁腈（AIBN）和 4,4-氧代双苯磺酰肼为热平衡复合发泡剂，发现使用复合发泡剂发泡泡孔孔径小且分布均匀，其中当 $m(AC):m(NaHCO_3)=6:4$ 时，热平衡发泡不饱和聚酯泡沫塑料的表观密度为 0.546g/cm^3，压缩强度为 13.73MPa，比压缩强度达到 21.15MPa/(g·cm^3)。

郭亮志等[76]以偶氮二异丁腈（AIBN）为发泡剂兼引发剂，$CaCO_3$ 为成核剂制备了低密度不饱和聚酯树脂制品（LDUPRP），发现 AIBN 适用于不饱和聚酯发泡体系，当成型温度为 80℃，AIBN 含量为 2%，成核剂含量 3%时，制备的样品密度为 0.452g/cm^3，压缩强度 13.64MPa，比压缩强度 30.18MPa/(g・cm^3)，与硬质聚氨酯泡沫相近。碳酸钙作为成核剂对泡沫结构影响很大，适量的成核剂可起到恰到好处的成核作用，使泡孔更加规整；当成核剂含量过大，易发生团聚作用，会造成泡孔的并泡现象，如图 8-6 所示。

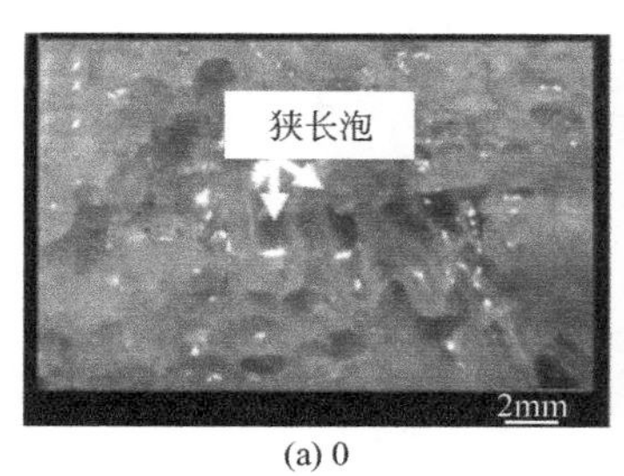

(a) 0

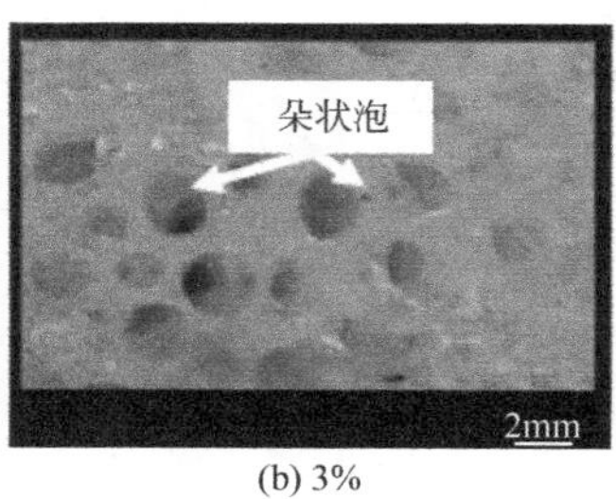

(b) 3%

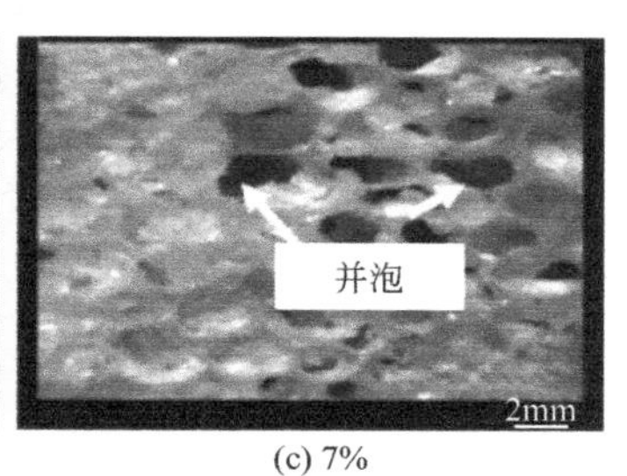

(c) 7%

图 8-6　碳酸钙用量对不饱和聚酯泡沫体结构的影响 SEM 形貌

8.1.2.6　聚双环戊二烯多孔材料

目前，制备热固性塑料泡沫还有很大的局限性，主要表现在以下三个方面：第一，适合的发泡剂，所选取的发泡剂能够均匀分散在聚合单体中，且不阻聚，能够随着单体的聚合过程或者在基体中随温度、压力变化形成稳定气泡；第二，适当的发泡工艺，由于热固性塑料基体在成型之后不会随温度变化呈熔融状态，因此必须使发泡和单体聚合同步进行，不同类型的聚合基体可用的物理发泡或者化学发泡方法不同；第三，不适合制备大尺寸试样，特别是同步化学发泡法，因为发泡过程中常伴有大量的热量放出，造成“烧芯”现象，因此很难实现工业化。因此，开发新的适合于工业化的热固性塑料发泡体系具有极大的应用前景。

由于 DCPD 在开环易位聚合（ROMP）催化剂作用下，聚合反应迅速被引发并放出大量的热，绝热条件下，基体内部温度可在 3min 内升至 160℃以上。在此温度下，多种物理发泡剂可挥发或者升华生成气体分散在基体中，多种化学发泡剂也可受热分解产生气泡填充在基体中，理论上可与基体聚合同步，制备 DCPD 聚合、发泡同步进行的泡沫材料。由于聚合反应很快，气泡可被限制在一定体积内，并且被相互阻隔开，形成大小可控的 PDCPD 泡沫材料。

用开环易位聚合催化体系制备热固性泡沫具有以下优点：第一，DCPD 开环易位聚合的高放热性是引发发泡剂生成气泡的关键；第二，一般来说配位阴离子增长机理的开环易位聚合反应对多种发泡剂没有干扰，因此可以相互独立地进行聚合、发泡过程，不影响发泡效果；第三，DCPD 的开环易位聚合速率可以通过改变催化剂比例结构，或采用缓聚剂调整聚合速率，从而较容易地实现对基体黏度、泡孔大小的控制。因此，开环易位聚合催化体系是一种制备 PDCPD 多孔材料的理想体系。

PDCPD 材料除了用作工程塑料以外，还可以用于制备微孔材料[77]。在溶液中可采用合适的催化剂催化 DCPD 单体聚合，再蒸干溶剂，则可以得到质轻、隔热、缓冲能力强同时兼具优良力学性能的 PDCPD 微孔材料，其在包装、建筑、运输、隔声、分离领域有广阔的应用前景。

Kovačič 等[78]采用乳液聚合方法制得的 PDCPD 微孔材料具有优良的水渗透性，这是由于其独特的聚高内相乳液结构在起作用。当 DCPD 质量分数为 50%时，微孔材料力学性能最优。

Amendt 等[79]用聚（降冰片烯乙烯基苯乙烯-*s*-苯乙烯)-*b*-聚(交酯)(PNS-PLA)与

DCPD 共混，之后分别用第二代和第一代 Grubbs 催化剂催化其聚合，可制备纳米多孔的 PDCPD 材料（见图 8-7）。扫描电镜表明其内部含有双连续相结构。

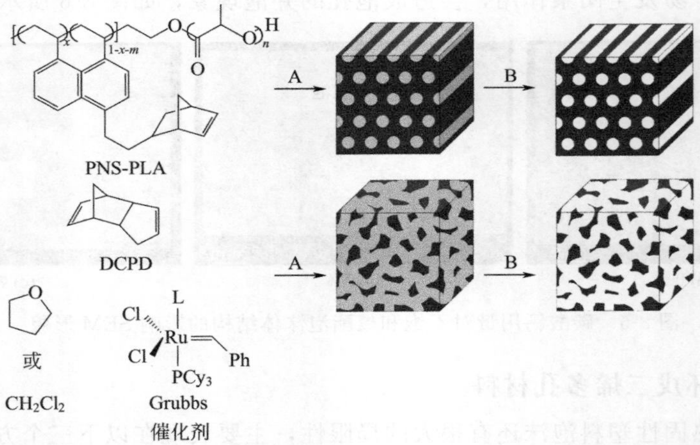

图 8-7 通过自组装（上）以及反应诱导相分离（下）制备纳米多孔 PDCPD 材料示意图

Lee 等[80]采用简单的溶胶-凝胶工艺以及超临界干燥法，制备出了 PDCPD 基纳米级气凝胶，结构和性能可与聚氨酯类或者有机硅类气凝胶相媲美。其微观结构规整，含有较高的孔隙率和较强的疏水性能，未来将会成为隔热、减噪材料的优良替代品。如图 8-8 所示。

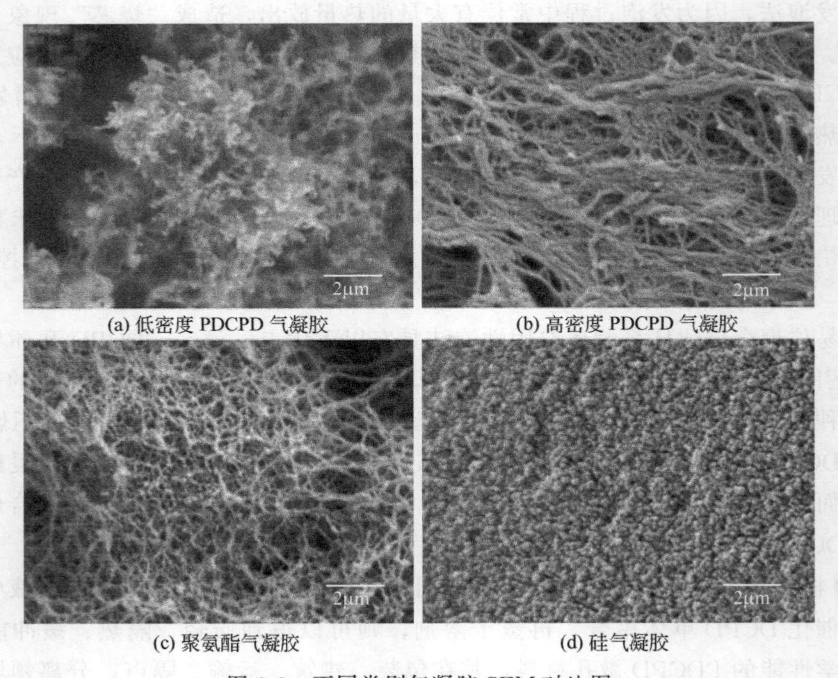

(a) 低密度 PDCPD 气凝胶　(b) 高密度 PDCPD 气凝胶
(c) 聚氨酯气凝胶　(d) 硅气凝胶

图 8-8 不同类别气凝胶 SEM 对比图

8.1.2.7 热固性树脂泡沫材料应用

不同的热固性树脂泡沫材料，它们的性能有较大的区别。这不仅与反应物和制造工艺有关，而且也与反应条件有一定的联系。热固性树脂不同，它们生成的泡沫材料性能也大不相同[81]。热固性树脂泡沫材料一般为轻质泡沫材料，具有较好的绝缘、隔声、防震、阻燃、吸水等特性，在结构、缓冲、减振、隔热、消声、过滤等方面发挥着重大的作用。但随着发泡工艺的不断改进，泡沫材料的性能不断提高，应用领域也不断扩大。

（1）热固性树脂泡沫材料在建筑方面的应用

20世纪60年代，聚氨酯泡沫材料被用作商业冷藏室的屋顶以改善冷藏室的保温效果。到了20世纪70年代末80年代初，聚氨酯泡沫材料被广泛用于民用住房，用聚氨酯泡沫材料来翻新旧屋顶，室内冬暖夏凉。随着工艺的改进，聚氨酯泡沫材料又有了新的用途。现场发泡的聚氨酯泡沫材料具有很高的抗热性，吸水性和透湿性低，热稳定性、黏性良好，可以用来填充双层墙的中间部分、走廊墙壁的顶部、窗户的顶部以及建筑物外面的框架结构。现场发泡形成的泡沫材料有极好的密封性，也可以用来填充建筑中需要密封的地方，如支撑柱的顶部。

热固性树脂也常用来填补建筑上的裂缝，这些裂缝主要是由于建筑过程中的热运动、结构下沉、负荷过重、地震等原因引发，如地下室、建筑底部、游泳池和类似浇注墙的结构，如河堤、探井等处的裂缝。

（2）热固性树脂泡沫材料在园艺、农业方面的应用

1981年我国就开始研究脲醛泡沫材料在农业方面的应用，并且首先完成了育苗性能超过日本的水稻育苗泡沫，然后相继在蔬菜、芝麻、甜菊、烟草、棉花、玉米等作物育苗上获得成功。工业脲醛泡沫材料通过特殊的农艺改性处理后，可成为一种新型的花卉无土栽培基质[82]。目前又在无土栽培基质基础上研制出了漂浮育苗基质，适用于烟草、药材、林木等的漂浮育苗和无土栽培，可以有效防治苗期病害和真菌病毒。脲醛树脂泡沫材料作为草坪培养的土壤改良剂，可以改善土壤的理化性质，促进土壤稳定，使草坪草叶片和根保持正常生长[83]。

（3）热固性树脂泡沫材料在工业方面的应用

热固性树脂泡沫材料在工业方面的用途非常广泛[84]，如聚氨酯泡沫材料可以用于夹套管（冷冻管、工业管、长距离加热管）、夹层结构的中心材料（冷藏车、隔热板、冰箱）、漂浮材料（浮标、轻艇上的漂浮材料、漂浮船坞）、包装、汽车和家具等方面；酚醛树脂泡沫材料可以作为夹层结构的芯层材料和花卉保鲜及产品包装材料；环氧树脂泡沫材料由于价格较高，除了作为夹层结构的芯层材料以外其他方面较少使用；不饱和聚酯泡沫材料可作为复合夹层板的芯材，制作模塑灯具、装饰标牌、家具零部件等；脲醛树脂泡沫材料在交通运输和化工等领域也发挥着重要作用。

（4）热固性树脂泡沫材料在影视行业中的应用

热固性树脂泡沫材料也活跃于影视制作，在化妆品、服装、道具、布景和一些特殊的人物饰品等方面具有不可取代的地位。

（5）热固性树脂泡沫材料在其他方面的应用

热固性树脂泡沫材料除了以上应用领域以外，还用于一些尖端行业，如聚酰亚胺泡沫材料具有很强的隔热阻燃特性，可用于航天航空、潜水艇、特殊船舶、高速火车等方面；通过微波发泡生成的泡沫材料具有较好的硬度、耐久、绝缘、经济等特性，可广泛用于汽车、轮船、交通运输等设备；而酚醛泡沫塑料与铝板制成复合件可作为战车的隔板和吊篮底盘以及导弹的尾翼等，可以隔热、降噪并减重。

8.1.3 制备PDCPD泡沫材料

根据DCPD开环易位聚合的反应速率快、放热量大的特点可实现同步发泡制备PDCPD

泡沫材料。制备方法具有很强的可设计性和产物的多样性。通过选择发泡剂种类、催化剂组成比例或同时使用多种有机、无机填料等可形成不同结构、不同性能的产物，有可能制备出通常方法所得不到的热固性泡沫复合材料。和传统方法相比，该方法可将单体聚合和发泡过程同步完成，且不需要溶剂，更为突出的是，可结合反应注射成型技术实现大尺寸样品的制备。采用上述方法，可在不影响 PDCPD 力学性能的基础上减轻材料的重量，节省生产成本，从而可进一步扩展聚双环戊二烯材料的性能和使用范围。

目前，国际上对于用 PDCPD 泡沫进行的研究较少，还未见有用化学发泡法制备 PDCPD 微孔泡沫复合材料的研究报道。

8.2 聚双环戊二烯化学发泡

目前，文献报道的 PDCPD 多孔材料大都是采用物理发泡方法制备的，还未见有采用化学发泡方法。相对于物理方法，影响发泡性能的因素较多。由于双环戊二烯的开环易位聚合体系及成型工艺较为特殊，受限制因素较多，因此，如发泡剂的选取、发泡工艺的选择以及对发泡工艺中催化剂比例、发泡温度、发泡剂用量等都是必须考虑的关键因素。

8.2.1 发泡剂

发泡剂的选择应考量以下四个方面。第一，发泡剂对于基体聚合的影响。DCPD 单体聚合试验均采用经典移位聚合催化体系，该体系对活性官能团、活性氢和水敏感。因此在选择发泡剂时应选择不含活性官能团、活泼氢原子或者分解产生水或者氧的发泡剂。第二，发泡剂的分解温度。在基体固化的同时，发泡剂能在固化温度范围内分解产生气泡，即发泡、聚合能否同步进行，这是决定泡孔规整性的关键因素。第三，发泡剂在聚合单体中的分散性。由于采用化学发泡剂，发泡剂在单体中的溶解性或者分散性决定了泡孔单元的大小。第四，发泡剂的发气量。发泡剂的发气量大小直接影响到泡沫材料的结构与性能，决定了发泡剂的用量，也同时关系到成本问题。

8.2.2 发泡工艺

发泡工艺的选择要考虑到工艺的可控性、简易性以及节能环保等因素，但制备出结构规整、性能优良的泡沫材料才是最重要的。下面将通过试验对比前沿聚合发泡与同步聚合发泡对泡沫塑料的泡孔结构与表观性能的影响，以找到合适的发泡工艺制备出满足要求的 PDCPD 泡沫塑料。

对于热固性塑料泡沫，固化与发泡能否协调进行是决定泡沫性能的关键因素，因此下面对发泡工艺中催化剂比例、模具温度以及发泡剂含量等主要因素对泡沫结构与性能的影响进行考察，以找到适宜的发泡工艺条件制备出泡孔细小规整而且泡沫性能优越的 PDCPD 泡沫塑料。

8.2.3 泡沫材料制备

8.2.3.1 前沿聚合发泡

于 50℃氮气环境中，将一定量的溶有发泡剂的 DCPD 单体溶液置于试管中，先后注入摩尔比为 $n(\mathrm{DCPD}):n(\mathrm{W}):n(\mathrm{A})=2000:1:30$ 的主催化剂以及助催化剂，充分摇匀后密封，采用温度恒定为90℃的水浴加热锅，于试管底部引发，至试管底部出现脱模现象后停止引发，将试管置于密闭保温套中20min。期间需定时测量聚合前沿的温度并标记记录位置以及时间。待发泡完全取出试管中发泡样，标记待测。

8.2.3.2 同步聚合发泡

在氮气保护下于试管中加入一定量的溶有发泡剂的DCPD单体溶液，保温50℃后，先后注入摩尔比为n(DCPD)∶n(W)∶n(A)=1300∶1∶30的主催化剂和助催化剂，充分摇匀后置于密封保温套中10min。待发泡固化完全后取出。

8.2.3.3 三元复合泡沫材料

量取一定质量的DCPD单体置于棕色透明试剂瓶中，称取一定质量分数的AIBN发泡剂、纳米碳酸钙（NCCa）以及丁苯橡胶（SBR）颗粒溶于其中，在45℃环境中超声分散处理6h，直至发泡剂以及橡胶颗粒溶解，NCCa颗粒悬浮且均匀分散在DCPD单体/SBR混合溶液中。之后取出密封放置在45℃烘箱内备用。

量取一定量上述混合溶液，先后加入摩尔比例为n(DCPD)∶n(W)∶n(A)=1300∶1∶30的主催化剂W和助催化剂A，快速搅拌均匀后注入温度为65℃的模具中，保温30min后成型。

8.2.4 考察因素

8.2.4.1 发泡剂的溶解性

在40℃下，分别取适量的发泡剂分别溶于DCPD单体中，静置2h之后观察其在单体中的溶解性或者分散性。在DCPD单体中具有良好的分散性，能够稳定发泡，且制备的PDCPD泡沫具有良好的表观形貌以及规整的泡孔结构的发泡剂即为待用发泡剂。

8.2.4.2 催化剂比例的影响

为研究催化剂比例对同步聚合发泡的影响，需固定发泡剂的含量为0.6%（质量分数），设置模具温度为70℃，将主催化剂与助催化剂的用量作为变量进行正交试验，制备PDCPD泡沫样本，并对其内部结构与性能进行测试与表征。

8.2.4.3 模具温度的影响

在研究模具温度对泡沫性能的影响时，取主催化剂与助催化剂的摩尔比为n(DCPD)∶n(W)∶n(A)=1300∶1∶30，发泡剂用量为0.6%（质量分数），分别在预设温度为50℃、60℃、70℃、80℃以及90℃的模具中制备泡沫样本，对其微观结构和力学性能进行表征和测试。

8.2.4.4 发泡剂含量的影响

分别取催化剂的用量摩尔比为n(DCPD)∶n(W)∶n(A)=1300∶1∶30，固定发泡模具温度为65℃，变化发泡剂的质量分数从0.2%到1.2%，制备出不同表观密度的PDCPD泡沫复合材料，对其内部结构与力学性能进行测试与表征。

8.2.5 表征方法

8.2.5.1 扫描电子显微镜（SEM）

为观察泡孔结构以及大小分布，选用日本电子公司的JSM-5610LV型电子扫描显微镜。

样本预处理需将泡沫样本在液氮中淬断，断面作喷金处理以具备导电性，加速电压为20kV。

8.2.5.2 泡孔尺寸及分布的测量与计算

为对泡沫微观结构中泡孔的大小进行精确测量，对泡孔尺寸的分布情况进行分析计算，选用粒度分析软件 Nano Messurer 进行测量和表征。中文版的粒度分析软件可以测量泡孔的大小，计算泡孔的大小分布，并以直观的图表显示出测量的数据和分析结果。每个样本至少选择 200 个泡孔进行测量，作统计计算。

8.2.5.3 泡孔密度的计算

泡沫材料的泡孔密度是指单位体积泡沫材料所含的泡孔数量，是评价泡沫材料表观密度以及泡孔大小的综合指标。泡孔密度 N_0[85] 可以由式(8-1) 求算。

$$N_0=\left(\frac{nM^2}{A}\right)^{3/2} \tag{8-1}$$

式中 n——所观察图片中泡孔的数量；

M——扫描电子显微镜成像的倍数；

A——所观察的电镜图片的面积。

8.2.5.4 表观总密度的测量

根据泡沫塑料以橡胶表观密度的测量标准 GB/T 6343—2009 的相关要求，对泡沫样本的表观密度进行测量。表观总密度（以下简称表观密度）计算公式中的质量是指单位体积泡沫制品的质量，包括模制成型之后样本的全部表皮质量。

试样的尺寸测量按照 GB/T 6342—1996 要求，形状应便于计算，切割时不能改变泡孔内部的原始结构。尺寸以毫米（mm）为单位，每个尺寸至少测量三个位置，至少测试五个试样。质量测量以克（g）为单位，精确到 0.5%。

由式(8-2) 计算表观密度，取其平均值，并精确到 0.001g/cm^3。

$$\rho=\frac{m}{V}\times 10^3 \tag{8-2}$$

式中 ρ——表观密度，g/cm^3；

m——试样的质量，g；

V——试样的体积，mm^3。

8.2.5.5 表面硬度的测量

根据 GB/T 2411—2008 的相关要求对泡沫的样本的表面硬度进行测量。所用测量工具为 LX-D 型邵尔塑料硬度计，单位为邵尔 D。在待测面上至少选择五个测量点，要求试样获得平稳支撑且待测面光滑平整。至少测试五个试样，取测试值的算术平均值作为测量结果。

8.2.5.6 泡沫试样的压缩性能

为测试泡沫试样的压缩性能，依据 GB/T 8813—2008 硬质塑料泡沫压缩性能测试标准。对试样垂直施加压力，可通过计算得出试样承受的压力。如果应力最大值对应的相对形变小于10%，则称其为“压缩强度”，如果应力最大值对应的相对形变达到或者超过 10%，则以压缩形变为 10%时的压缩应力为测量结果。

尺寸测量按照 GB/T 6342—1996 要求，以毫米（mm）为单位，每个尺寸至少测量三个位置，至少测试五个试样。试样厚度应为（50±1)mm，制品需带有模塑表皮，测量时应选用制品的原始厚度，但是不能低于 10mm。试样的受压面为正方形或者圆形，受压面积不得小于 $25cm^3$，最大不得大于 $230cm^3$。受压两平面的平行度误差不能大于 1%。不同厚度的试样压缩强度没有可比性。

压缩强度由式(8-3）求得，取其平均值，精确到 0.01MPa。

$$\sigma_m = \frac{F_m}{A_o} \tag{8-3}$$

式中　σ_m——压缩强度，MPa；

F_m——相对形变<10%时对应的最大应力，N；

A_o——试样的垂直受压面积，mm^3。

比压缩强度由式(8-4）求得，取其平均值，精确到 0.01MPa/(g·cm³)。

$$\sigma_s = \frac{\sigma_m}{\rho} \tag{8-4}$$

式中　σ_s——比压缩强度，MPa/(g·cm³)；

σ_m——压缩强度，MPa；

ρ——表观密度，g/cm^3。

8.2.5.7　热失重分析

在氮气氛围下，采用德国 NETZSCH 公司的 STA409PC 热失重同步分析仪进行热失重（TG）分析，升温速率为 10℃/min。

8.2.5.8　拉伸性能

实验制备的 PDCPD 泡沫属硬质塑料泡沫，按照国标 GB 9641—1988 中的要求测试样本的拉伸性能。

8.2.5.9　弯曲性能

按照 GB/T 8812.2—2007 标准进行测试。

8.2.5.10　冲击强度

按 ISO 6603-1:2000 中相关要求进行试样的制备与测试，以及测试结果的整理和计算。

8.2.5.11　吸水性

通过测量试样在蒸馏水中浸泡一定时间之后试样的浮力变化来测定材料的吸水率。采用 GB/T 8810—2005 硬质泡沫塑料吸水率的测定标准对试样的吸水性进行测试。

用于测试的试样数量不少于 3 块，尺寸要求：长度为 150mm，宽度 150mm，体积不小于 $500cm^3$。对于带有表皮的试样应保持原有厚度，两平面之间的平行度公差不大于 1%。要求测试用的天平精度为 0.1g，能够容纳试样并且底部附有大于试样浮力的重块的不锈钢网笼，顶部有挂架可以挂在天平上。

吸水率的计算也应视溶胀的情况分两种方法进行计算。

方法 A：均匀溶胀情况下的吸水率可按式(8-5）计算。

$$W_{Av} = \frac{m_3 + V_1 \times \rho - (m_1 + m_2 + V_c \times \rho)}{V_0 \rho} \times 100 \tag{8-5}$$

式中　W_{Av}——吸水率，%；

m_1——试样质量，g；

m_2——网笼浸在水中的表观质量，g；

m_3——装有试样的网笼浸在水中的表观质量，g；

V_1——试样浸渍后体积，cm^3；

V_c——试样切割表面泡孔体积，cm^3；

V_0——试样初始体积，cm^3；

ρ——水的密度（$=1g/cm^3$）。

方法 B：非均匀溶胀情况下按式(8-6) 计算吸水率。

$$W_{Av}=\frac{m_3+(V_2-V_3)\rho-(m_1+m_2)}{V_0\rho}\times 100 \tag{8-6}$$

式中 W_{Av}——吸水率，%；

m_1——试样质量，g；

m_2——网笼浸在水中的表观质量，g；

m_3——装有试样的网笼浸在水中的表观质量，g；

V_2——装有试样的网笼浸在水中排出水的体积，cm^3；

V_3——网笼浸在水中排出水的体积，cm^3；

V_0——试样初始体积，cm^3；

ρ——水的密度（$=1g/cm^3$）。

取被测试试样吸水率有效测试与计算结果的算术平均值作为测试结果。

8.3 泡沫材料性能及影响因素分析

8.3.1 发泡剂的选择

8.3.1.1 溶解性

常见发泡剂可分为偶氮类和磺酰肼类，如偶氮二异丁腈（AIBN）、偶氮二甲酸二异丙酯（DIAD）、偶氮二甲酰胺（ADC）、4,4-氧代双苯磺酰肼（OBSH）和对甲苯磺酰肼（TSH）。

将质量分数均为 0.6%的固体发泡剂分别溶于 DCPD 单体中，超声分散 1h，静置 2h。溶解性见表 8-1。结果可知极性较弱的 AIBN 和 DIAD 可溶于 DCPD，而 ADC、OBSH 和 TSH 极性较强，不溶于 DCPD。

表 8-1 发泡剂的溶解性

发泡剂	溶解性
AIBN	溶
ADC	不溶
DIAD	溶
OBSH	不溶
TSH	不溶

8.3.1.2 相容性

虽然 AIBN 和 DIAD 在 DCPD 单体中具有良好的溶解性，但还应进一步考察其与催化体系的相容性。

将两种发泡剂质量分数相同的 DCPD 溶液在相同条件下进行聚合，发现两种泡剂体系的凝胶时间有较大差别，DIAD 有明显的阻聚作用结果见表 8-2。

表 8-2 AIBN 和 DIAD 对凝胶时间的影响 单位：s

n(DCPD) : n(W) : n(A)		2000/1/30	1800/1/30	1500/1/30	1300/1/30	1000/1/30	800/1/30
凝胶时间	DCPD	370	280	150	72	35	5
	DCPD/AIBN	420	300	150	65	40	10
	DCPD/DIAD	不聚	不聚	不聚	≥18000	720	250

导致该现象的可能原因是偶氮二甲酸二异丙酯（DIAD）分子中带有的酯基与助催化剂一氯二乙基铝（Et_2AlCl）形成配合物，消耗大量的助催化剂，使催化体系不能产生可引发聚合的卡宾活性种，从而引起缓聚甚至阻聚的现象。

从上述结果可知，AIBN 发泡剂既溶于 DCPD，又与催化体系相容，而且具有较大的发气量和适宜的发泡温度，非常适于作 DCPD 双组分催化（WCl_6-Et_2AlCl）聚合体系的发泡剂。

8.3.2 前沿聚合发泡和同步聚合发泡比较

前沿聚合是通过具有聚合活性的反应局部在单体中的定向移动而使聚合物单体聚合，生成聚合物的过程。按照引发位置以及聚合前沿的移动方向，前沿聚合可分为上行前沿聚合和下行前沿聚合，如图 8-9 所示[86]。

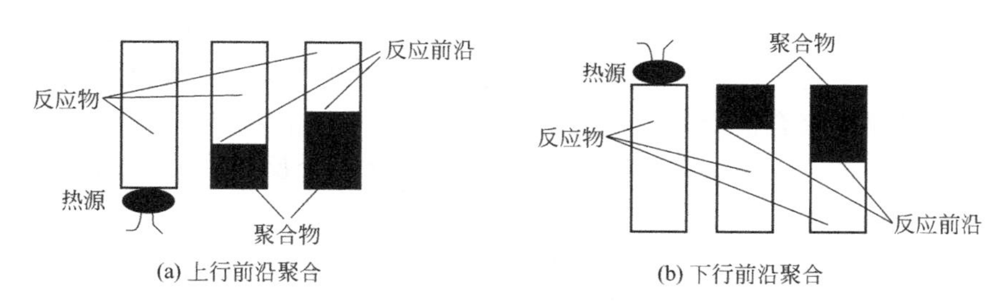

图 8-9 前沿聚合发泡示意图

红外测温仪测得聚合前端温度可达 70～130℃，达到 AIBN 发泡剂的分解温度（90～110℃），可提供足量发泡剂分解所需的热量，因此前沿聚合方法可用来制备 PDCPD 泡沫材料。其优点主要表现在催化剂的用量较少（低于正常聚合所需用量），工艺简单（只需在模具某端提供热源引发）等。

同步聚合发泡相较前沿聚合发泡过程，操作简易，无需提供热源引发，但是需提供足量的催化剂使基体自主凝胶、固化。因此同步聚合时无聚合前端，体系内无温差，基体的固化、放热与发泡剂的分解、发泡过程可以同步进行。

对比两种聚合发泡方法制备的 PDCPD 泡沫样本，可以发现同步聚合发泡制备的样本具有光滑、均质的结皮外表面；而前沿聚合发泡制备的样本表面粗糙，无结皮或者结皮较薄，可清晰看到基体内狭长的泡孔沿材料样本轴向相间分布，呈现出颜色的深浅间隔，如图8-10所示。

图 8-10 两种方法发泡制备的样本表面对比
a，b 为同步聚合发泡；c，d 为前沿聚合发泡

泡沫塑料在成型过程中，由于基体内部与模具存在一定的温差，内部与靠近模具的表皮部分会呈现不同的发泡情况，导致材料的芯层和表层拥有一定的密度差。再加上模具的限制、内部压力等因素的共同作用，会使泡沫材料外表形成一层光滑细致的结皮。前沿聚合过程中，聚合前沿与聚合方向的凝胶相存在相界面；基体的温度逐渐提高，温度最高点随着聚合前沿向聚合方向移动，已固化的基体外表面会提前形成结皮，未固化的部分在前沿经过之后才会形成结皮。同步聚合发泡过程中，基体的固化和发泡可协调进行，内部的泡孔相互制约；随着基体同步固化的完成，外表皮会生成均质光滑的结皮。因此，相比前沿聚合发泡，由同步聚合发泡制备的样本具有平整、细致的外表面，美观度更好。

前沿聚合发泡时，可将聚合前端某一区域视为一个反应单元，该反应单元的聚合前端温度较高，前沿固化与发泡剂分解同时进行；但在该单元聚合前沿外的基体尚未固化，发泡剂产生的气泡得不到有力约束，会向前沿聚合方向扩散，因此气泡会“被拉长”；气泡扩散的同时会带走部分热量，聚合前沿的温度通过固化的基体和气泡两相传递，传递效率大大降低，因此会出现短暂的“停顿”来积蓄热量，才能引发下一个反应单元。因此前沿聚合发泡制备的样本表面会出现颜色的深浅间隔。

同步聚合发泡制备 PDCPD 泡沫时，无聚合前端，模具内单体的聚合、基体的固化同步，发泡剂的分解与之协调进行，内部泡孔可相互制约，因此泡孔尺寸会较小，规整度也会较高，如图 8-11 所示。

从样本的截面照片可以直观地看出由前沿聚合发泡方法制备的 PDCPD 泡沫样本泡孔较大，尺寸最大可以达到 1～2mm，且分布不规整，芯层泡孔较大，越靠近表皮泡孔尺寸越小；而同步聚合发泡制备的泡沫样本内部泡孔细小且分布均匀，芯层部分与外层的泡孔尺寸无明显差别。

对比两种方法制备的 PDCPD 泡沫样本可以直观地看出，由同步聚合发泡方法制备的样本具有光滑均质的结皮、细小的泡孔以及规整的尺寸分布。基体的聚合能够与发泡同步、协调进行，这是制备具有规整微观结构、良好的力学性能和美观度泡沫材料的关键。因此，下面以同步聚合发泡的方法制备 PDCPD 泡沫复合材料，并对其制备过程中的各影响因素进行研究。

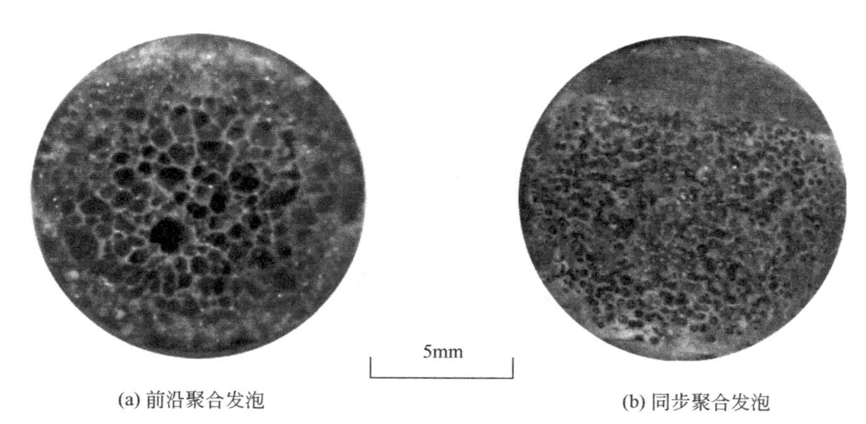

(a) 前沿聚合发泡　　(b) 同步聚合发泡

图 8-11　两种方法制备样本的截面对比

8.3.3　聚双环戊二烯泡沫成型影响因素

8.3.3.1　催化剂比例对泡孔以及泡沫表观密度的影响

催化剂的比例直接影响到 DCPD 聚合的速率以及基体固化时间，进而影响基体交联固化时放热分解发泡剂的效率。图 8-12 为采用不同催化剂比例制备的泡沫体内部泡孔形貌。图 8-13 为催化剂比例对泡沫表观密度的影响曲线。

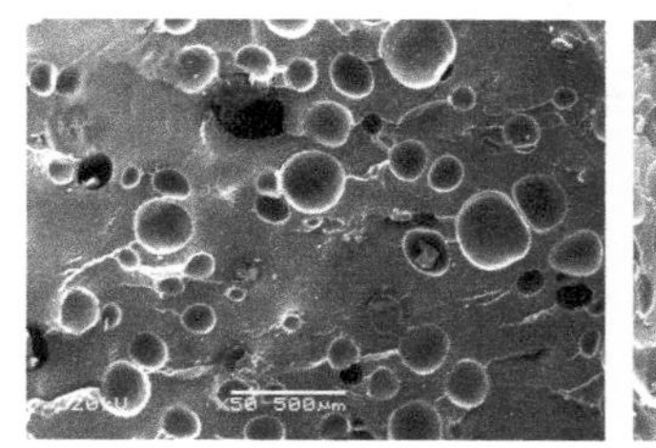

(a) 摩尔比为 1800∶1∶30

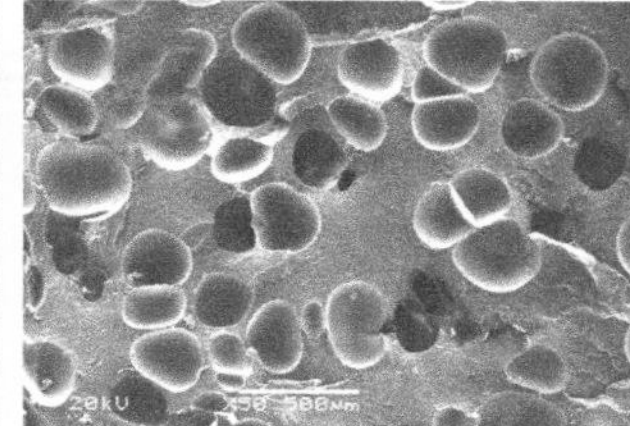

(b) 摩尔比为 1300∶1∶30

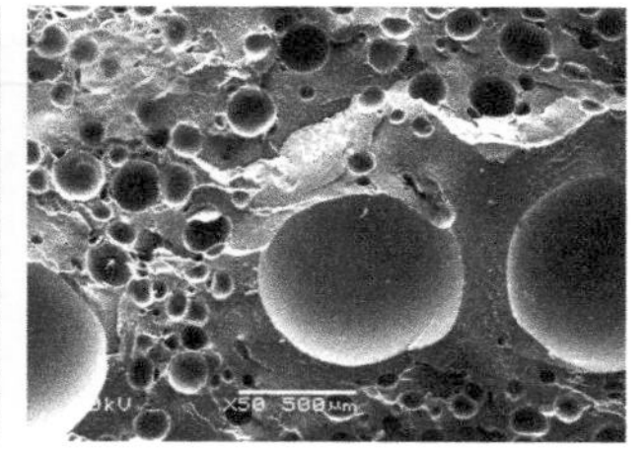

(c) 摩尔比为 780∶1∶30

图 8-12　不同催化剂比例制备的泡沫体内部泡孔形貌［n(DCPD)∶n(W)∶n(A)］

当催化剂用量比例较低时，基体固化时间较长，开环交联放出的热量散失较多，不足以完全分解发泡剂 AIBN，或者分解出的少量气体溶于基体中[87]而不会产生气泡，因此无法达到理想的发泡效果；基体固化时间较长使体系的黏度较小，发泡剂分解的气泡很容易逸散到基体外部，因此气泡会较少，如图 8-12(a) 所示。催化剂比例较高时，基体凝胶固化较快，AIBN 发泡剂没有足够时间完全分解；或者局部分解后因体系黏度很大而扩散不开，难以形成均匀的泡孔，如图 8-12(c) 所示。

由图 8-13 可以看出当 DCPD 单体体积用量为 40mL，催化剂用量为 n(W)＝0.6mL，n(A)＝3.0mL（摩尔比例约为 1300/1/32）时，泡沫表观密度最低达到 0.403g/cm^3，说明在此催化剂比例条件下发泡剂分解扩散速率和体系固化速率相一致，因此泡沫体呈现泡孔较多且尺寸较规整的状态。与图 8-12 分析结论相对应，当主催化剂用量较低时，基体内部产生的气泡较少，因此泡沫体表观密度会偏大；当主催化剂用量较高时，泡沫表观密度会随着助催化剂用量的增大而呈现先减小后增大的趋势。

助催化剂在一定范围内增大使配合催化效率由低变高，在充足凝胶时间内大量气泡产生并且增长，与基体固化速率逐渐一致，产生数量较多且大小规整的泡孔，因此表观密度会逐

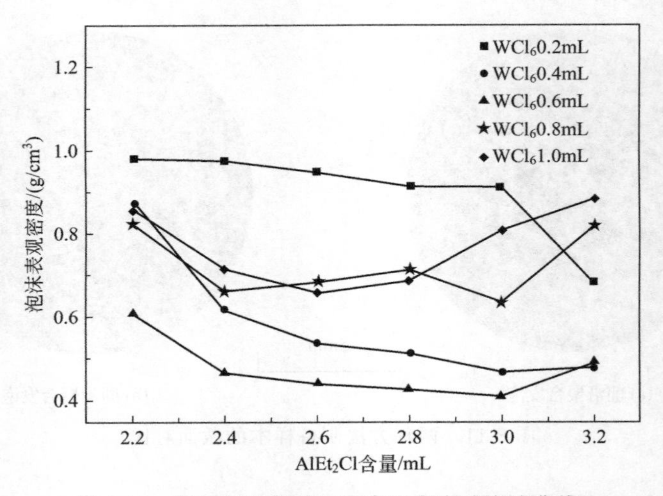

图 8-13 催化剂比例对泡沫表观密度的影响曲线

渐减小；随着助催化剂的含量的继续增加，基体固化加快，产生的气泡逐渐变少，泡沫体的表观密度会随之增大。

8.3.3.2 模具温度对泡沫体表观密度与泡孔的影响

模具温度对 PDCPD 泡沫的成型有较大的影响，可以表现在不同模具温度对泡沫表观密度的影响以及对泡孔结构的影响，分别如图 8-14 和图 8-15 所示。

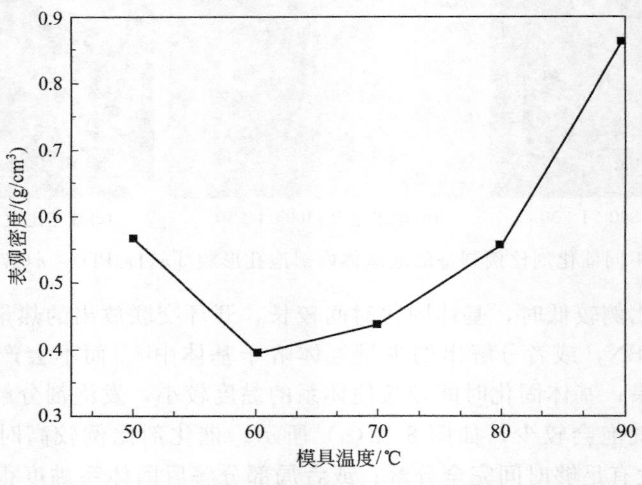

图 8-14 模具温度对泡沫表观密度的影响

从图 8-14 可以看出在模具温度为 60℃时成型，泡沫体的表观密度最低，而模具温度较高或者较低时泡沫体的密度均较大，说明发泡效果不佳。原因是模具温度较低时会吸收基体部分热量，降低催化剂的催化活性，使基体固化速率减慢，分解出的气体逸出体系，泡孔少；而温度较高时催化剂活性相应提高，导致基体固化较快，发泡剂无法完全分解，使得固化与发泡速率不协调；抑或在基体固化之前大量的发泡剂已分解，产生的气泡无阻碍地逸散到体系之外，因此基体表观密度会偏大。

对泡沫内部微观结构采用精确粒径测量软件 Nano Messurer 进行测量，并将泡孔的尺寸分布用柱状图在对应的电镜照片右边标示出来，如图 8-15 所示。

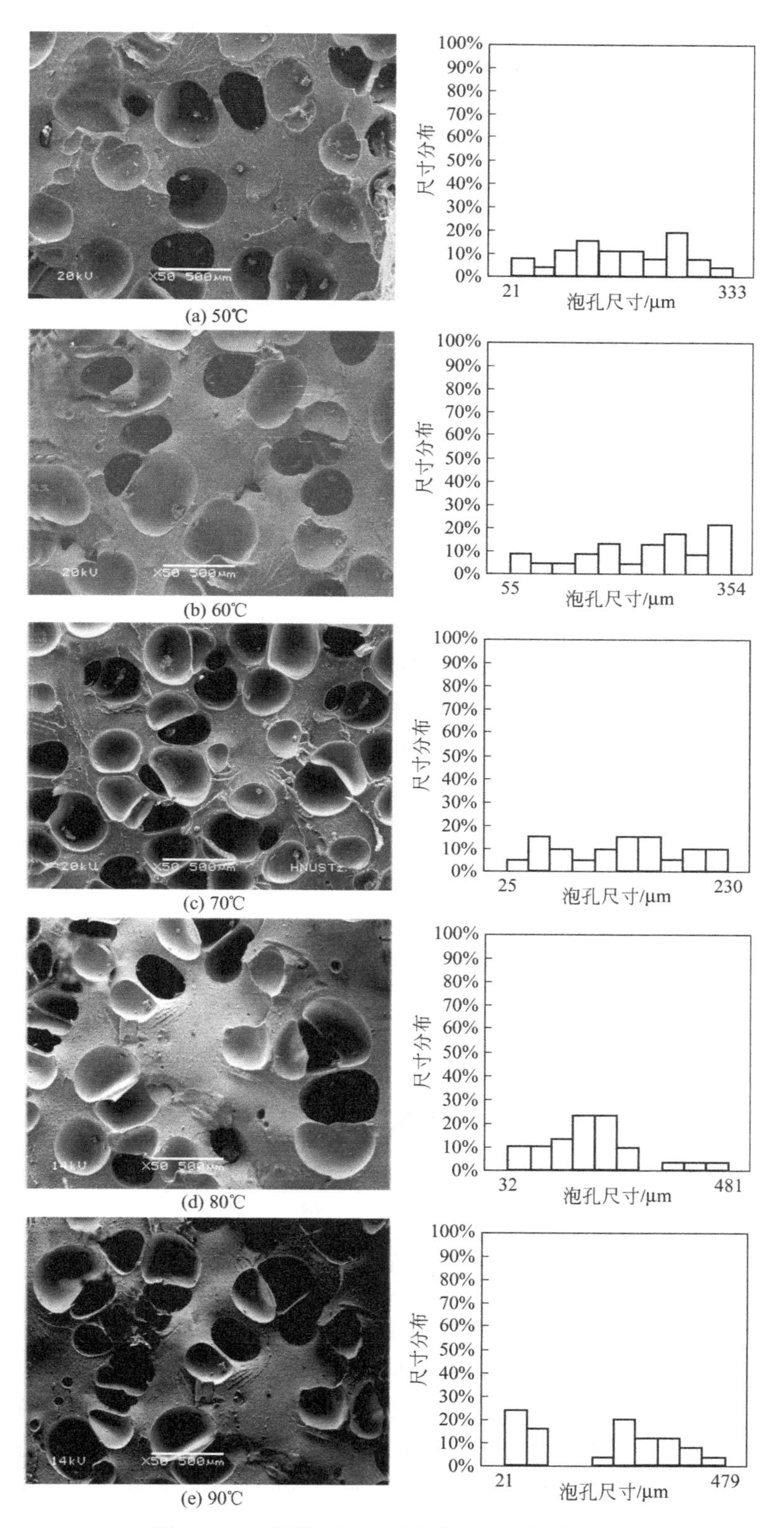

图 8-15　不同模具温度下泡孔形貌及尺寸分布

图 8-15 显示电镜下 PDCPD 泡沫内部的泡孔为闭孔形态，模具温度在 60～70℃时成型的泡沫体泡孔结构较为规整，说明在这个模具温度下基体固化与发泡剂分解可以协调进行，而温度较低或者较高时泡孔受到固化速率以及发泡剂分解速率的影响，发泡效果不佳。可见模具温度选择 60～70℃时可制备出密度较低、泡孔规整的 PDCPD 泡沫。模具温度对表观密度的分析结果与形貌分析结果一致。

对于传统的聚合物发泡工艺，有两个重要因素会影响到发泡过程：固化黏度和发泡温度[88]。前者主要受催化剂的浓度影响，而后者可以由模具的温度控制，当催化剂比例一定时，模具温度将会成为关键因素。泡孔尺寸的变化和分布受到基体固化和发泡剂分解速率的共同影响，特别是对于 PDCPD 这种热固性塑料。DCPD 聚合以及固化所采用的 WCl_6-$AlEt_2Cl$ 催化体系对温度有一定的敏感度。

成型温度降低时，体系会保持一定时间的较低的黏度，产生的气泡容易膨胀扩大，甚至合并，尺寸分布一般在 200～300μm 之间，因此气泡数量会偏少，泡孔密度会较低，只有 10^9个/cm^3左右。但持续升温，随着催化活性提高，体系固化速率加快，对泡孔产生以及增长的约束作用越来越明显，因此气泡尺寸会逐渐减小，尺寸分布变窄至 200μm 之下，通过公式（8-1）计算的泡孔密度值相应也会由 1.10×10^9个/cm^3增长至 1.54×10^9个/cm^3，逐渐接近或达到微孔泡沫的泡孔密度标准（10^9～10^{15}个/cm^3）[89]。

8.3.3.3 发泡剂的含量对泡沫性能的影响

实验制备了一系列含不同质量分数发泡剂的 PDCPD 泡沫，并对其表观密度、结皮硬度、泡孔形貌以及尺寸分布进行了测试和表征，如图 8-16 和图 8-17 所示。

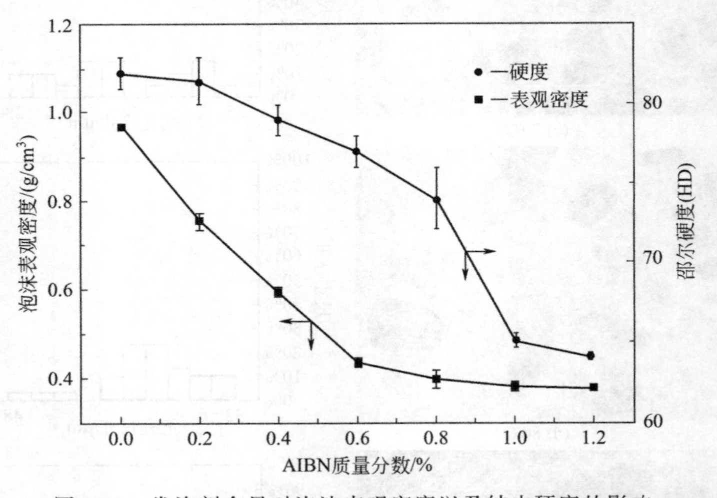

图 8-16 发泡剂含量对泡沫表观密度以及结皮硬度的影响

由图 8-16 可以看出，随着发泡剂含量的增加泡沫的表观密度下降很快，而表面结皮的硬度降低程度相对较缓。当发泡剂含量超过 0.8%之后泡沫体的表观密度变化不大，趋于稳定在 0.375g/cm^3左右，表面硬度由邵尔 D82 度降至邵尔 D65 度左右。说明 AIBN 这种高发泡剂的用量对基体密度影响较大，超过一定范围之后，基体已呈现高发泡状态，进一步提高发泡剂的用量对基体表观密度的影响不再那么明显；同时，当材料基体内部处在高发泡状态时，PDCPD 大分子结构之间作用点减少，作用力减小，导致泡沫体没有足够的强度恢复硬度计压力施加的压力形变，因此结皮硬度呈现下降的趋势。

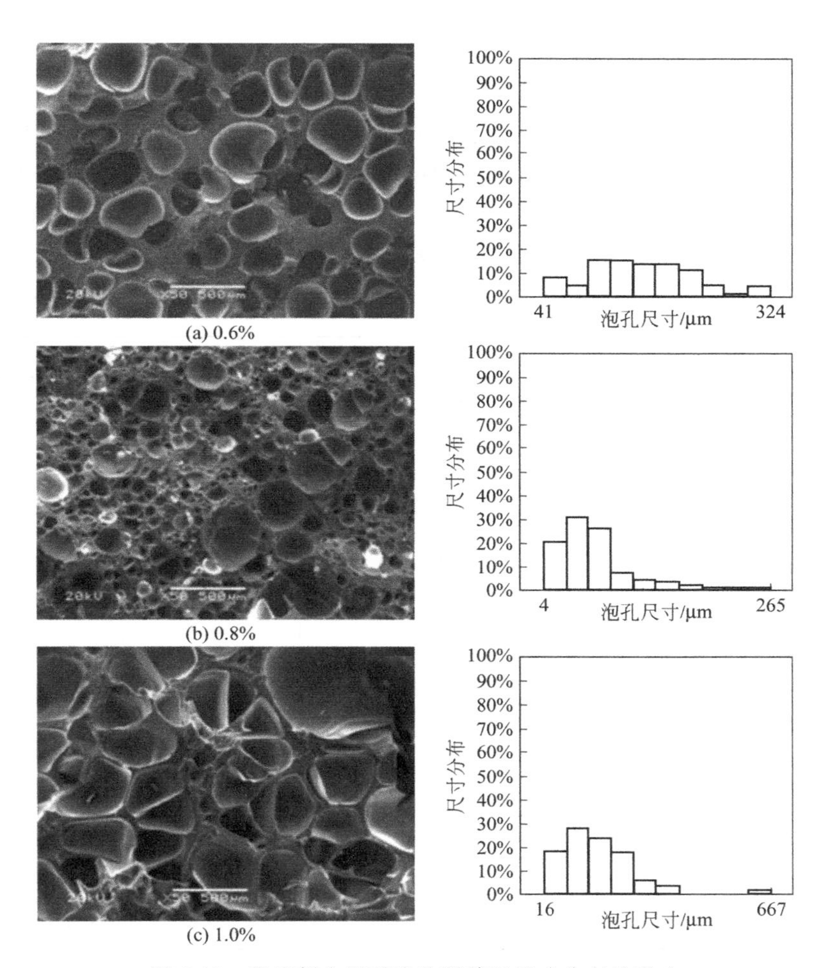

图 8-17　发泡剂含量对泡孔形貌和尺寸分布的影响

由图 8-17 可以看出，发泡剂含量达到其临界溶解度时产生的泡孔较为细密，且均为闭孔结构。发泡剂含量较少时均相成核占优但是成核数量有限，因此产生的泡孔较少；泡孔之间相互约束作用不强，所以泡孔尺寸普遍较大，如图 8-17(a) 所示。发泡剂含量较高直至超过溶解度时，部分发泡剂会析出团聚呈小颗粒，使非均相成核作用增强；这些发泡剂小颗粒受热分解产生较大的气泡，同时气泡之间相互挤压使泡孔壁变形，因此形状不规则，如图 8-17(c) 所示。

当发泡剂含量为 0.8%时，泡孔平均尺寸为 65.16μm，尺寸分布集中在 100～200μm，泡孔密度计算值为 1.72×10^{10} 个/cm^3；当发泡剂质量分数为 0.6%以及 1.0%时，泡孔平均尺寸分别为 164.28μm 和 170μm，尺寸分布集中在 50～300μm 之间，泡孔密度分别达到 2.15×10^{9} 个/cm^3 和 3.56×10^{9} 个/cm^3。说明达到饱和溶解度的 AIBN 发泡剂在体系中促进了均相成核和非均相成核最佳平衡，此时基体中的泡孔成核数量达到最多且成核点相互之间的影响最弱，因此形成的泡孔尺寸较小且密度较大；当发泡剂含量较少时，成核点数量较少，泡孔尺寸也会较大；当发泡剂含量过大，超过溶解度时，析出的发泡剂颗粒产生较大的气泡，气泡直接相互挤压使之规整度下降。

8.3.4 聚双环戊二烯泡沫性能

8.3.4.1 聚双环戊二烯泡沫的压缩性能

为研究 PDCPD 泡沫材料的压缩性能，采用不同质量分数的发泡剂制备不同表观密度的 PDCPD 泡沫样本，并分别测其压缩强度，测试结果如表 8-3 所示。从表中可以看出随着泡沫表观密度的减小，其压缩强度也会随之减小。通过数据分析可以求算出 PDCPD 泡沫的比压缩强度可达 32.80MPa/(g/cm)，与硬质聚氨酯泡沫性能相当[90]。

表 8-3 不同表观密度 PDCPD 泡沫压缩强度

表观密度/(g/cm³)	压缩强度/MPa	比压缩强度/[MPa/(g/cm³)]
0.802	23.20	28.93
0.786	23.16	29.47
0.698	21.85	31.31
0.697	18.88	27.08
0.694	19.96	28.62
0.584	17.96	30.75
0.550	17.78	32.33
0.546	16.78	30.73
0.522	16.60	31.80
0.515	15.33	29.77
0.465	13.14	28.23
0.421	13.81	32.80
0.403	12.97	32.18
0.375	11.71	31.23

测试结果显示 PDCPD 泡沫具有良好的压缩性能和出色的比压缩性能。固态实心的材料受到压力时，载荷全部由基体负载，由于高分子链较为复杂的堆叠，再加上大分子之间的斥力较大，实心材料受到压力时难以发生形变，表现出较强的压缩性能。而泡沫材料受到压力

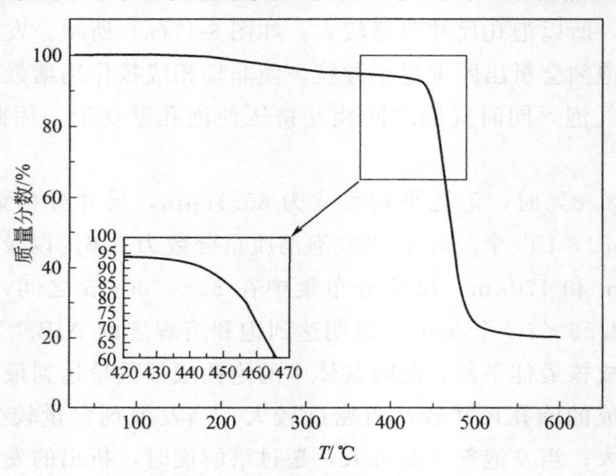

图 8-18 PDCPD 泡沫 TG 图

时，载荷由基体和泡孔共同负载，泡孔受到压缩易发生形变直至应力屈服，因此压缩强度会随着泡沫表观密度的减小而逐渐降低。可见泡孔的数量、尺寸以及规整度是影响泡沫的压缩性能关键因素。相对细小、规整的泡孔尺寸和分布使得泡沫体拥有相对较为密实和坚固的微观结构，所以会表现出较为优越的比压缩性能。

8.3.4.2　聚双环戊二烯泡沫的热稳定性

对 PDCPD 泡沫样本进行热重分析，如图 8-18 所示。从图中可以看出 PDCPD 泡沫的分解温度为 450℃左右。逐渐升高温度在 20～450℃期间，泡沫的失重率不超过 7%，可解释为一些未参与反应的低沸点杂质或者低分子量聚合物受热挥发或者分解造成的[91]。继续升温至 450℃之后，质量损失急剧增大，说明泡沫开始分解。

8.4　聚双环戊二烯/纳米碳酸钙/丁苯橡胶泡沫复合材料

由于溶解有 AIBN 的 DCPD 溶液黏度较低，而且 AIBN 分解之后会产生大量的过饱和气体，因此，形成气泡较少，且尺寸较大。增加体系黏度并添加成核剂可以有效增加成核数量、减小成核粒径，从而能增加泡孔数量、缩小泡孔尺寸，使泡沫材料具有微孔泡沫材料的独特性能。

纳米碳酸钙（NCC）作为一种微粒纳米填料，常用作聚合物复合材料的增强和增韧，可以有效改善聚合物基体的力学性能。NCC 在泡沫塑料研究领域也有广泛的应用，其在经典成核理论中可作为非均相成核剂，使体系中自由体积位置溶解的气体可以克服 Gibbs 自由能垒，并在 NPCC 颗粒周围形成气泡，起到成核剂、匀泡剂的作用。

丁苯橡胶（SBR）颗粒可溶于大部分弱极性聚合物单体中，在 DCPD 中也具有良好的溶解性，常用作聚合物单体溶液的增黏以及聚合物复合材料的增韧剂。通过添加一定比例的 SBR 可以增加单体溶液的黏度，使不同密度的颗粒或者纤维填料能够悬浮或者稳定分布在单体溶液中，防止填料的重力沉降和团聚现象。

将纳米碳酸钙做成核剂、丁苯橡胶做增黏剂引入发泡体系中，期望能制成泡孔数量多、泡孔尺寸小且分布均匀、具有微孔泡沫材料的聚双环戊二烯/纳米碳酸钙/丁苯橡胶三元复合发泡材料。

8.4.1　三元复合泡沫材料的内部微观结构

泡沫复合材料的微观结构主要通过泡孔尺寸以及分布、泡孔密度等方面来表征。当 AIBN 发泡剂含量为 0.6%（质量分数），未达到饱和溶解度时，NCC 作为泡沫成型中的成核剂对泡沫的微观结构具有重要的影响。

试样断面的电镜图显示，无 NCC 添加时，泡沫中泡孔尺寸较大，分布集中在 200μm 以上，发泡率较低；随着成核剂 NCC 含量增加到 1.0%（质量分数），泡孔的平均尺寸可减小至 52μm，尺寸分布集中在 100μm 以下，泡孔密度达到 2.98×10^{10} 个/cm^3；进一步增大成核剂含量，泡孔尺寸反而会增大，泡孔形状也会不规则，如图 8-19 所示。

NCC 含量较少时，基体中成核点只包括析出的少量发泡剂晶粒以及某些固体颗粒杂质等，发泡剂分解出的气体只在少数成核点形成气泡，且会随着成核点的不规则迁移而汇聚成较大泡孔，因此泡孔数量较少，如图 8-19(a) 所示；随着 NCC 的添加，体系内非均相成核作用逐渐增强，自由体积位置的气体克服 Gibbs 自由能垒并在 NCC 颗粒周围形成泡孔，使

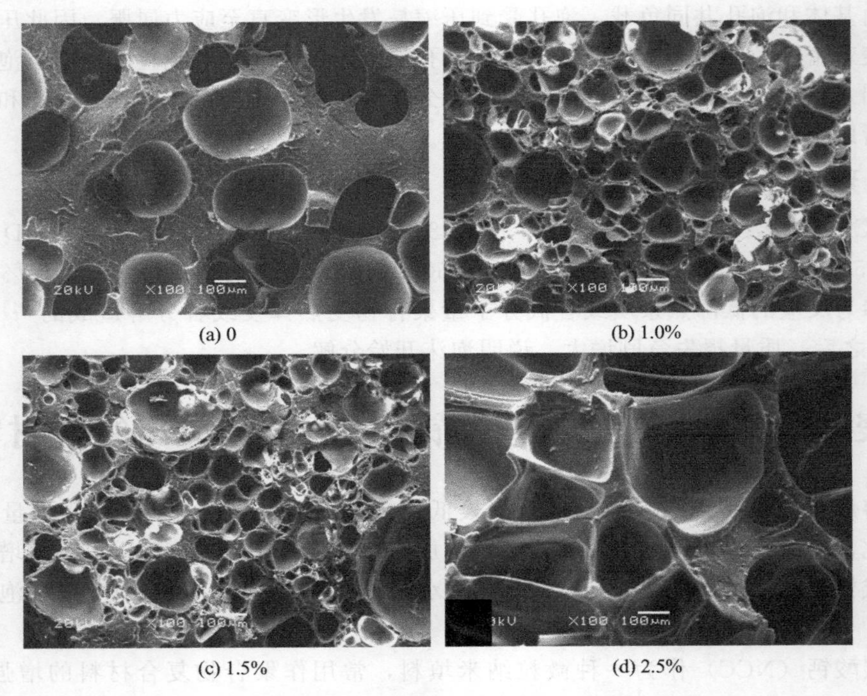

(a) 0　(b) 1.0%　(c) 1.5%　(d) 2.5%

图 8-19　不同 NCC 含量 PDCPD 泡沫断面形貌

泡孔数量增多且逐渐密集，分布也会趋于规整，如图 8-19(b) 所示；继续增大 NCC 的添加量，成核点密集，NCC 颗粒开始出现团聚现象，气泡也会随之相互挤压、破碎，出现明显的并泡现象，如图 8-19(c) 所示；随着 NCC 含量的继续增大，团聚现象愈加明显，成核点体积增大导致形成的泡孔尺寸也随之增大，在泡孔壁上能清晰地看到团聚成块的 NCC 细小颗粒，如图 8-19(d) 所示；进一步增大 NCC 的添加量，团聚现象势必加剧，成核作用亦会受到影响，团聚的 NCC 颗粒会游离出并脱离泡孔壁，填充在泡孔中。

实验用 NCC 是经过表面改性的，造成团聚的主要原因可能是在量取过程中受潮或者单体溶液中有未除净的水分。

8.4.2　泡沫复合材料的力学性能

8.4.2.1　拉伸性能

对泡沫复合材料试样的拉伸性能进行测试，发现 PDCPD 泡沫材料的拉伸强度会随着纳米填料 NCC 的添加量的增加出现先增大后减小的趋势，当添加量达到 6%（质量分数）时达到最大拉伸强度 26.76MPa，如图 8-20 所示。

当 NCC 含量较低时可在基体内部均匀分散，受到外力时由于其较小的粒径产生应力集中，在其周围突起可产生大量细小的银纹，又使应力分散作用在多个作用点上，在一定程度上起到了增韧的作用；进一步提高 NCC 的添加量，由于颗粒较大的比表面能会引起团聚现象，应力集中作用增强，可直接导致材料内部缺陷的产生和扩大，因此泡沫的拉伸性能会迅速下降；进一步提高 NCC 的添加量，其剥离出基体作为无机组分填充在泡孔或者裂纹空隙内，可能对泡沫起到一定的增强作用；当 NCC 含量过大时（超过 6%），单体混合溶液的流动性骤降，催化剂分散受到影响导致分子量的下降，另外无机组分与有机基体存在弱界面，

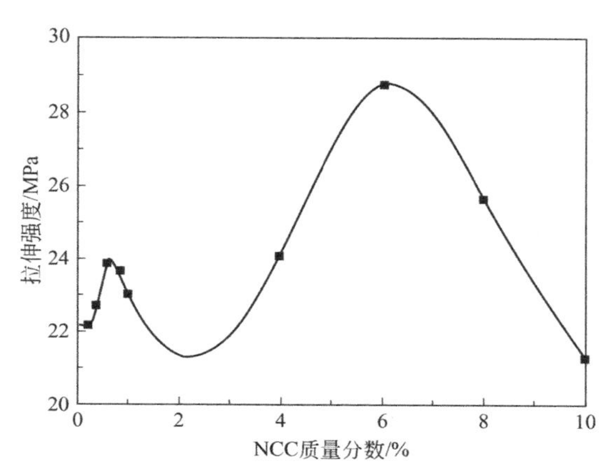

图 8-20　NCC 添加量对 PDCPD 泡沫复合材料拉伸性能的影响曲线

使泡沫性能迅速下降。

SBR 作为单体溶液的增黏剂，使发泡剂颗粒以及 NCC 颗粒能够悬浮在溶液中，固化后填充在基体中也能起到一定的增韧作用，如图 8-21 所示。随着 SBR 含量的提高，PDCPD 泡沫复合材料的拉伸性能相对无 SBR 添加的试样会有明显提高，拉伸强度提高了 25%。增黏作用使发泡剂以及 NPCC 颗粒均匀悬浮在 DCPD 单体溶液中，可制备出泡孔尺寸较小、内部结构规整的泡沫材料；SBR 固化后的柔性分子链对刚性的 PDCPD 有一定的增韧作用，因此拉伸性能会有明显提升。进一步提高 SBR 的含量，体系黏度过大，导致流动性变差，催化剂、增强剂甚至发泡剂的均匀分散受到影响，使泡沫的性能迅速下降。

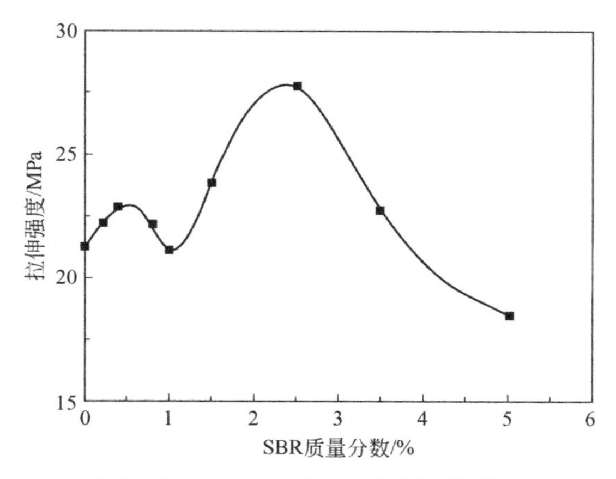

图 8-21　SBR 添加量对 PDCPD 泡沫复合材料拉伸性能的影响曲线

8.4.2.2　表面硬度

PDCPD 泡沫复合材料的表面硬度随着 NCC 添加量的增加而逐渐增大，测量数据如表 8-4 所示。

表 8-4　PDCPD 泡沫复合材料表面硬度

NCC 质量分数/%	0	2	4	8	10
硬度(邵尔 D)	78±5	79±3	82±2	85±1	84±2

由前述可知，试验制备的 PDCPD 泡沫复合材料本身具备一定硬度的自结皮。NCC 的添加使更加坚硬的纳米颗粒能够在材料基体中均匀分散，使基体内部结构更加密实，对泡沫复合材料的结皮硬度起到一定的增强作用。因此材料表面的硬度会随着 NCC 添加量的提高而获得提升。

8.4.2.3 弯曲性能

对泡沫复合材料的弯曲强度进行测试，发现与拉伸强度具有相似的变化趋势，但是影响测试结果的原因却有很大差异。测试结果如图 8-22 所示，泡沫复合材料的弯曲强度随着 NCC 添加呈现缓慢的增加，最高可达到 80.03MPa，之后又迅速下降；而 SBR 的含量对弯曲强度的影响不大，如图 8-23 所示。

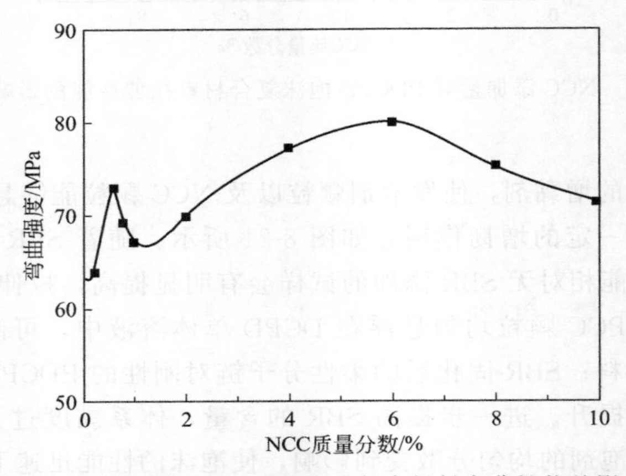

图 8-22 NCC 添加量对 PDCPD 泡沫复合材料弯曲性能的影响曲线

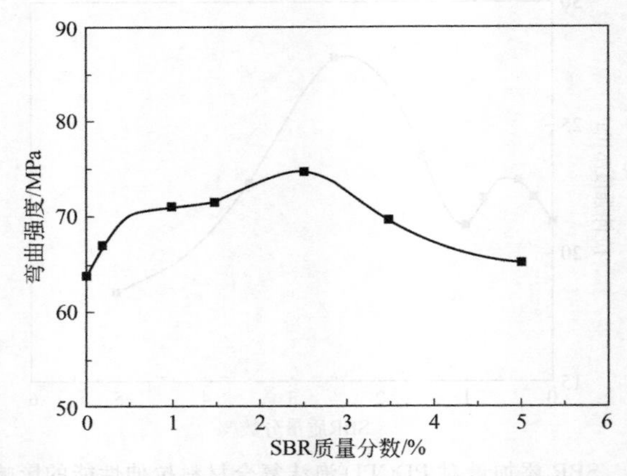

图 8-23 SBR 添加量对 PDCPD 泡沫复合材料弯曲性能的影响曲线

PDCPD 泡沫复合材料的模塑制品均带有一定强度的自结皮，这是由于基体发泡、固化成型时内外部的温差造成的。结皮均匀包裹在材料试样的表面，在受到外力尤其是剪切力时对内部的泡沫芯有一定的保护作用。自结皮不仅对泡沫的表面性能以及美观度有影响，也会影响到泡沫材料的弯曲性能，因此在对弯曲强度进行测试时必须考虑到结皮的影响。

当受到负载压头的下压作用时，试样上表面会因试样形状的改变受到挤压而下表面受到拉伸作用，如图 8-24 所示。

NCC 添加对 PDCPD 泡沫复合材料表面强度具有一定的增强作用，因此试样的表面强

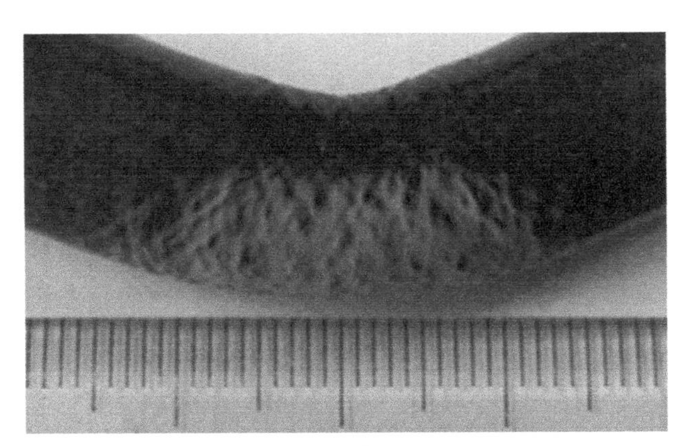

图 8-24　PDCPD 泡沫复合材料试样弯曲后的表面形貌

度会随 NCC 添加量的增加而提高；NCC 填充在泡沫中对芯层内部也有一定的增强作用。

两种作用因素共同作用，使泡沫复合材料的弯曲性能得到提高，与未发泡的实心 PDCPD 材料相当。柔性分子链且低分子量 SBR 的添加与刚性 PDCPD 分子的配合作用，缓解了泡沫芯层的易碎性，起到一定程度的增韧作用。

8.4.2.4　压缩性能

对 PDCPD 泡沫复合材料的压缩性能测试结果表明，随着 NCC 的添加量的提高 NCC 泡沫复合材料的压缩强度会出现先减后增的趋势，复合泡沫最大压缩强度可达到 23.72MPa，比压缩强度可达到 32.81MPa/(g/cm^3)，如图 8-25 所示。PDCPD 泡沫复合材料的压缩强度受泡沫内部的泡孔结构以及泡孔内部的填充物影响。

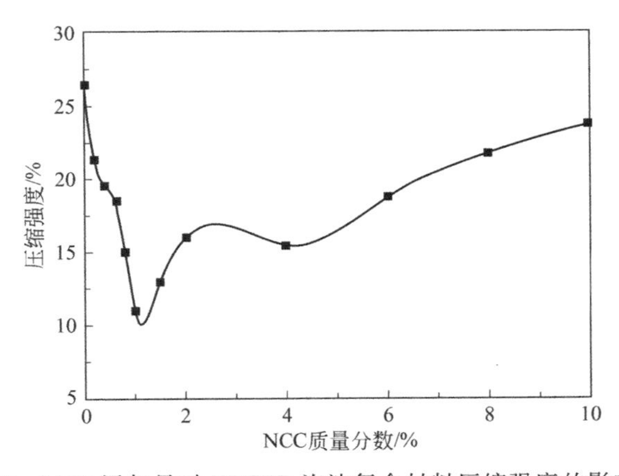

图 8-25　NCC 添加量对 PDCPD 泡沫复合材料压缩强度的影响曲线

首先，NCC 的成核作用使基体内部充满大量气泡，压力载荷由内部填充气体和基体共同负载，因此在 NCC 的含量达到最佳成核效果时，泡沫压缩强度迅速下降，可与前述电镜显示的泡孔微观结构相对应；随着 NCC 添加量的增加，纳米颗粒团聚呈大块颗粒填充在基体或者泡沫空隙中，起到一定的支撑作用，因此压缩强度会逐渐增强。

8.4.2.5　冲击强度

对 PDCPD 泡沫复合材料试样的冲击性能进行测试，结果表明泡沫试样 NCC 和 SBR 添加量较低时具有良好的冲击强度，随着添加量的提高，冲击强度会迅速下降，如图 8-26 和

图 8-27 所示。

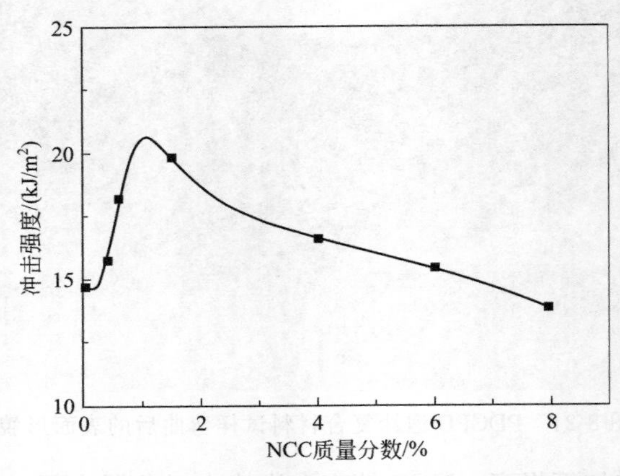

图 8-26 NCC 添加量对 PDCPD 泡沫复合材料冲击强度的影响曲线

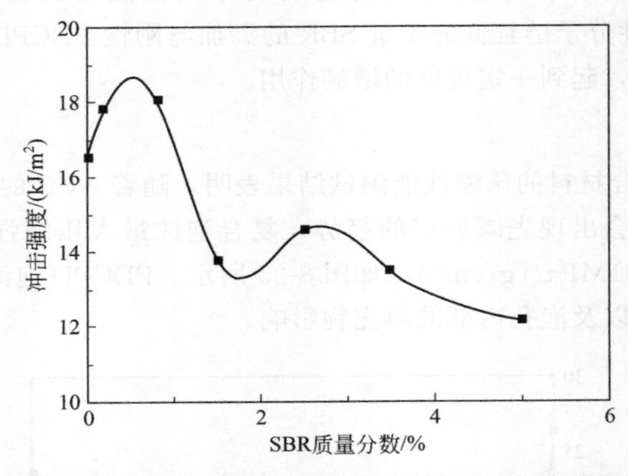

图 8-27 SBR 添加量对 PDCPD 泡沫复合材料冲击强度的影响曲线

当 NCC 添加量较低时，纳米级刚性颗粒能够在基体中均匀分散，有效增强了泡沫的抗冲击强度；随着添加量的提高，NCC 颗粒团聚成小颗粒使应力集中作用加剧，基体受力产生裂纹后会立即扩大，冲击强度迅速下降。SBR 在低添加量时有效提高了 DCPD 单体混合溶液的黏度，使 NCC 颗粒能够均匀分散，作为增强剂的助剂，使增强作用充分发挥；随着添加量的提高，体系黏度逐渐增大，导致催化剂的分散受到影响，使 PDCPD 聚合度分布变宽，分子量变小，基体的冲击强度亦随之下降。

8.4.2.6 泡沫复合材料的热稳定性

图 8-28 是 PDCPD 泡沫复合材料的热失重图。由 TG 图可知，PDCPD 泡沫复合材料在 20～450℃期间的质量损失不超过 7%，这是一些未参与反应的低沸点杂质受热挥发或者低分子量聚合物（SBR）受热分解造成的。继续升温超过 450℃之后，泡沫复合材料开始大量分解，说明 PDCPD 泡沫材料具有较好的热稳定性。NCC 的添加可以明显提高泡沫的热稳定性，使泡沫复合材料的分解温度提高至 460℃左右，且 NCC 含量越高，复合材料的热稳定性越好。

NCC 作为无机纳米颗粒组分，团聚成块之后仍可以吸收部分热量并储存起来，起到了类似热容胶囊的作用；NCC 颗粒拥有独特的纳米效应，若均匀分散在泡沫基体中，有效阻

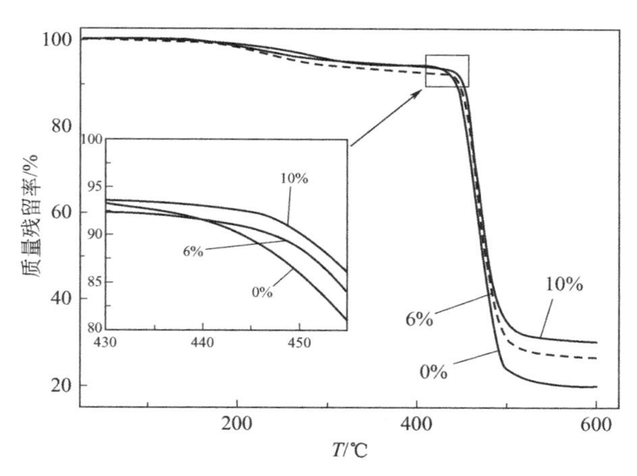

图 8-28 不同 NCC 添加量的 PDCPD 泡沫复合材料 TG 图

隔热量的传递，可以对泡沫起到包覆、保护作用；若团聚成大颗粒填充在泡沫空隙中起到骨架支撑作用，亦有助于提高泡沫的热阻隔和热稳定性。

8.4.2.7 泡沫复合材料的吸水率

PDCPD 是一种具有良好的耐酸碱、耐腐蚀性的热固性塑料，作为泡沫基体开发出的 PDCPD 泡沫复合材料亦具有优越的比强度，可视为具有广阔应用前景的浮力材料。浮力材料需在高温高湿环境下具备低吸水率，低溶胀率等特点，才能更好地减缓降解与老化的速度，延长使用寿命。

泡沫塑料的吸水性主要受材料种类、表面状态、泡孔结构以及试样的尺寸等因素影响。PDCPD 由 DCPD 经过开环聚合制备，分子结构中不含亲水基，因此具有严格的疏水性；试样的尺寸受模具控制，决定了试样暴露在水中的面积，吸水率测试待测试样的加工尺寸也相同，即与水接触面积相同。因此将试样的表面状态以及内部泡孔结构（开孔和闭孔）对吸水率的影响作为主要研究重点。

（1）表面状态对吸水率的影响

对比带有自结皮和切削掉结皮的 PDCPD 泡沫样本的吸水率和体积溶胀率，将两组试样浸泡在蒸馏水中，定时分别测量试样的尺寸变化和质量变化，计算试样吸水率，结果如图 8-29 所示。

待测 PDCPD 泡沫复合材料均带有一层天然的硬质自结皮，光滑且均质，水分子无法穿透结皮进入泡沫内，且严格疏水的硬质结皮对内部泡沫起到良好的保护与约束作用，因此试样在水中浸泡 96h 之后体积的溶胀率小于 0.001%，可忽略不计，而吸水率在试样浸泡 24h 后即达到最高值，仅为 0.122%，且几乎不随浸泡时间的延长而改变（浸泡 96h 之后的吸水率为 0.129%），说明带有自结皮的 PDCPD 泡沫复合材料具有极低的吸水率。

无结皮的泡沫试样使泡孔直接暴露在水中，表面积增大且表面粗糙，水分可通过物理吸附的作用黏附在试样表面的孔隙中，因此浸泡 24h 之后，无结皮的泡沫试样相比带有结皮的试样具有较大吸水率，但也仅为 0.566%。PDCPD 泡沫内部基体无亲水基，空隙只能通过物理吸附滞留较少的水分，因此即使无结皮的保护，吸水率也只会停留在较低水平。

常用浮力材料通常采用表面涂层来达到阻隔水分、氧气以及酸碱的作用，而实验制备的 PDCPD 泡沫复合材料具有疏水、结构密实、表面光滑的自结皮，因此具备天然的疏水保护

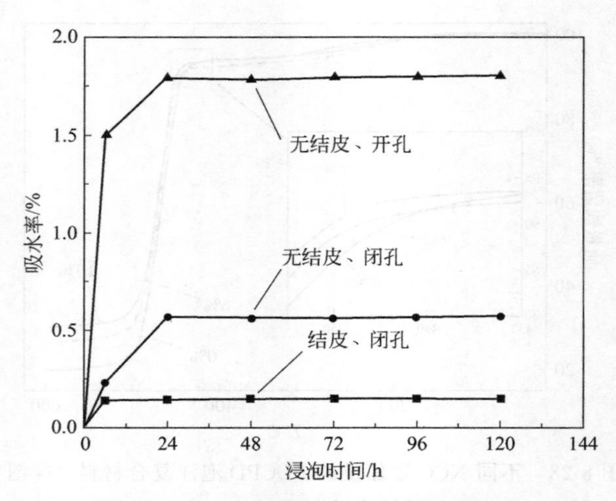

图 8-29 PDCPD泡沫复合材料的吸水率

层，使泡沫材料保持稳定的较低的吸水率。

(2) 泡孔结构对吸水率的影响

泡沫材料内部结构按泡孔的形貌可分为开孔结构和闭孔结构。不考虑结皮的影响，两种不同泡孔结构的泡沫材料的吸水性具有较大差异，对比测试结果如图 8-30 所示。结果表明，闭孔结构的泡沫材料具有较低的吸水率，二者的吸水性能相差很大。闭孔结构 PDCPD 泡沫试样的吸水率最高仅为 0.566%，而开孔结构的泡沫试样吸水率可高达 1.80%。

所测试的 PDCPD 泡沫复合材料内部均为闭孔结构，泡孔之间相互不连通，泡孔之间亦无缝隙，因此在泡沫体内无法形成流通的水道；滞留在表面空隙中的水分质量极少，只是通过低层次的物理吸附黏附在试样表面，无法穿透表层泡孔的阻隔，如图 8-30(a) 所示。

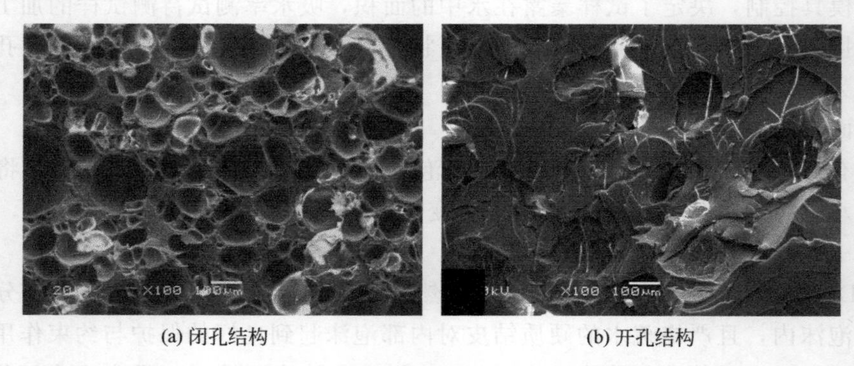

(a) 闭孔结构 (b) 开孔结构

图 8-30 PDCPD泡沫复合材料内部结构对比

经过压缩测试之后的泡沫试样虽然仍保留完整的尺寸，但是内部泡孔已被破坏，大部分泡孔被压碎，泡孔与泡孔之间产生了连通的缝隙，如图 8-30(b) 所示。此时可视为开孔结构的 PDCPD 泡沫试样进行吸水性测试，但是经过浸泡之后体积溶胀不可忽略，需采用体积溶胀率进行校正。

参 考 文 献

[1] 吴舜英，徐敬一．泡沫塑料成型加工（第二版）[M]. 北京：化学工业出版社，2002.

[2] 张京珍．泡沫塑料成型加工 [M]. 北京：化学工业出版社，2005.

[3] 赫尔穆特·埃克拉特等.结构泡沫塑料制品的注射成型[M].张雅丽译.北京:轻工业出版社,1982.
[4] 张德信.建筑保温隔热材料[M].北京:化学工业出版社,2006.
[5] 周南桥.微孔塑料成型技术及其发展[C].塑料改性与配方技术研讨会论文集,2006.
[6] 周南桥.微孔塑料成型技术及其发展[C].泡沫塑料成型技术研讨会论文集,2009.
[7] 何继明.新型聚合物发泡材料及技术[M].北京:化学工业出版社,2008.
[8] 刘彦昌,彭玉成,宗殿瑞,等.微孔塑料连续挤出加工技术[J].中国塑料,2000,14(8):51-56.
[9] Hakim A A,Mona Nassar,Aisha Emam,et al. Preparation and characterization of rigid polyurethane foam prepared from sugar-cane bagasse polyol[J]. Materials Chemistry and Physics,2011;129:301-307.
[10] 刘国超,刘志明. NCC/碱木质素硬质聚氨酯泡沫的制备[J].广东化工,2013,40(7):7-8.
[11] Prociak A. Properties of polyurethane foams modified with natural oil-based polyols[J]. Cell Polym,2007,26:381-392.
[12] 马德强,丁建生,宋锦宏.有机异氰酸酯生产技术进展[J].化工进展,2007,26(5):668-673.
[13] 陈彩凤,刘贵锋,孔振武,等.新一代环保型聚氨酯-非异氰酸酯聚氨酯的研究进展[J].生物质化学工程,2012,46(6):47-54.
[14] Wilkes G L,Seungman S,Tamami B. Nonisocyanate polyurethane materials,and their preparation from epoxidized soybean oils and related epoxidized vegetable oils,incorporation of carbon dioxide into soybean oil,and carbonation of vegetable oils:US,20040230009[P]. 2004.
[15] Seo W J,Sung Y T,Kim S B,et al. Effects of Ultrasound on the Synthesis and Propeaies of Polyurethane Foam/Clay Nanocomposites[J]. J Appl Polym Sci,2006,102:3764-3773.
[16] Gu R J,Sain M M,Konar S K. A feasibility study of polyurethane composite foam with added hardwood pulp[J]. Industrial Crops and Products,2013(42):273-279.
[17] Thirumal M,Khastgir D,Singha N K,et al. Effect of a nanoclay on the mechanical,thermal and flame retardant properties of rigid polyurethane foam[J]. Journal of macromolecular Science. Part A-Pure and Applied Chemistry,2009,46(7):704-712.
[18] Ye Ling,Meng X Y,Ji Xu,et al. Sythesis of and characterization of expandable graphite poly(methylmethacrylate) composite particles and their application to flame retardation of rigid polyurethane foams[J]. Polymer degradation and stability,2009,94:971-979.
[19] Lee H,Neville K. Handbook of epoxy-resin[M]. New York:McGrow Hill,1982
[20] 鹿海军,邢丽英,张宝艳.热固性环氧泡沫材料的研究进展[J].材料导报,2009,12(23):14-20.
[21] Kishore,Ravi Shankar,Sankaran S. Gradient syntactic foams:Tensile strength,modulus and fractographic leatures[J]. Mater Sci Eng A,2005,412:153.
[22] Zhong F C,He J Q,Wang X C. Microstructure and properties of epoxy fiams prepared by microwave[J]. J Appl Polym Sci,2009,112:3543.
[23] 杨金尧,于杰,张纯等.成型温度对环氧树脂基发泡材料发泡行为的影响[J].塑料,2012,41(5):40-43.
[24] 洪海江,张纯,于杰等.黏度对环氧树脂基复合微发泡材料结构的影响研究[J].塑料工业,2011,39(1):85-87.
[25] 肖湘莲,黄鹏程.含酰亚胺基团环氧泡沫的制备及性能[J].热固性树脂,2005,20(3):27.
[26] 花兴艳,赵培仲,朱金华等.聚氨酯/环氧树脂互穿网络硬质静态压缩塑形变形模式[J].材料工程,2010,4:26-32.
[27] 花兴艳,赵培仲,朱金华等.聚氨酯/环氧树脂互穿网络硬泡的热稳定性[J].建筑材料学报,2010,13(5):641-645.
[28] 罗恒,罗兰,陈倩等.低密度环氧树脂基发泡材料开发工艺及性能的研究[J].化工新型材料,2010,38(z1):177-180.
[29] 张万强,杨鸿昌,裴雨辰等.纳米 SO_2 改性环氧复合泡沫塑料研究[J].宇航材料工艺,2006,3:26.
[30] Ude A U,Ariffin A K,Azhari C H. Impact damage characteristics in reinforced woven natural silk/epoxy composite face-sheet and sandwich foam,coremat and honeycomb materials[J]. International Journal of Impact Engineering,2013,58:31-38.

[31] Du Y C, Yan N, Kortschot M T. Light-weight honeycomb core sandwich panels containing biofiber-reinforced thermoset polymer composite skins: Fabrication and evaluation [J]. Composites: Part B, 2012, 43: 2875-2882.
[32] Ishiguro Kyoko, Takuya Karaki, et al. Morphological and mechanical properties of epoxy foam reinforced composites [C]//2005 SPE Annual Technical conference (ANTEC2005). Boston, Massachusetts, USB, 2005: 324.
[33] Wouterson E M, Boey F Y C, Hu X, et al. Effect of fiber reinforcement on the tensile, fracture and thermal properties of syntactic foam [J]. Polymer, 2007, 48: 3183.
[34] Wouterson E M, Boey F Y C, Wong S C, et al. Nanotoughening versus micro-toughening of polymer syntactic foams [J]. Compos Sci Techn, 2007, 67: 2924.
[35] Li G Q, Nji J. Development of rubberized syntactic foam [J]. Compos Part A: Appl Sci Manuf, 2007, 38: 1483.
[36] Maharsia R, Gupta N, Jerro H D. Investigation of flexural strength properties of rubber and nanoclay reinforced hybrid syntactic foams [J]. Mater Sci Eng A, 2006, 417 (1/2): 249.
[37] Li G Q, Manu J. A crumb rubber modified syntactic foam [J]. Mater Sci Eng A, 2008, 474: 390.
[38] 赵鹏，王娟，赵彤等. 酸固化剂对酚醛泡沫微观结构的影响 [J]. 塑料工业，2011，39 (5)：86-90.
[39] 马玉峰，张伟，王春鹏等. 酸固化剂对酚醛泡沫材料性能的影响 [J]. 工程塑料应用，2012，40 (11)：77-81.
[40] 马玉峰，张伟，王春鹏等. 催化剂对酚醛树脂及其泡沫材料性能的影响 [J]. 工程塑料应用，2012，40 (12)：7-11.
[41] Song S A, Oh H J, Kim B G, et al. Novel foaming methods to fabricate activated carbon reinforced microcellular phenolic foams [J]. Composites Science and Technology, 2013, 75: 45-51.
[42] 张铭，王勇，胡达等. 机械发泡法制备脲醛泡沫材料的研究 [J]. 现代塑料加工应用，2008，20 (2)：14-16.
[43] 孙瑞朋，金铁玲，储富祥等. 甲醛/三聚氰胺配比对三聚氰胺甲醛泡沫塑料性能的影响研究 [J]. 现代化工，2011，31 (7)：32-35.
[44] 孙瑞朋，金铁玲，王春鹏等. 发泡剂对三聚氰胺甲醛泡沫塑料性能的影响 [J]. 应用化工，2011，40 (5)：771-774.
[45] 杜耕耘. 三聚氰胺泡沫的生产工艺 [P]. 中国：10038093. 2005-03-11.
[46] 谢丹，徐强，王学军. 微波辐射制备密胺树脂泡沫塑料 [J]. 合成树脂与塑料，2010，27 (3)：42-45.
[47] 张苛，陈海松，沈国鹏. 粗酚醛泡沫的制备及其性能研究 [J]. 塑料工业，2013，41 (2)：11-15.
[48] 殷锦捷，戴英华，崔享家. 新型增韧阻燃酚醛树脂泡沫塑料的研制 [J]. 应用化工，2010，39 (2)：247-250.
[49] 吴强林，方红霞，丁运生等. 木质素基酚醛树脂泡沫塑料的结构与性能研究 [J]. 工程塑料应用，2012，40 (11)：69-72.
[50] 李玲，许玉芝，王春鹏等. 丁腈橡胶粉改性酚醛树脂泡沫的性能与微观结构研究 [J]. 林产化学与工业，2013，33 (2)：31-36.
[51] 宋镕光，王云，韩爽等. 液体NBR增韧酚醛泡沫研究 [J]. 塑料工业，2011，39 (2)：25-28.
[52] 缪长礼，匡松连，张宗强等. 聚酰胺改性酚醛树脂及泡沫性能 [J]. 宇航材料工艺，2012，42 (2)：61-63.
[53] 王志才，潘晓行，缪长礼等. 三维间隔连体织物酚醛泡沫复合材料性能研究 [J]. 工程塑料应用，2012，40 (11)：23-26.
[54] 位东，李永肖，李文军等. 酚醛树脂/蒙脱土纳米复合材料的制备及其泡沫的研究 [J]. 化工新型材料，2011，39 (10)：131-134.
[55] 代本才. 木质素磺酸盐改性脲醛树脂泡沫塑料的研究与制备 [D]. 贵州：贵州大学，2007.
[56] 张雅静，马榴强. 木质素改性三聚氰胺甲醛树脂发泡材料的研究 [J]. 化工新型材料，2012，40 (8)：109-110.
[57] 相益信，冯绍华，李伟. 异氰酸酯对蜜胺泡沫塑料的改性研究 [J]. 现代塑料加工应用，2011，23 (1)：16-19.
[58] 张汉力. 蜜胺树脂的增韧改性及热解动力学研究 [D]. 河南：郑州大学，2011.
[59] 姜承永. 有机硅塑料制品的加工与应用 [J]. 塑料工业，2008，36 (7)：76-78.
[60] 锡秀花，陈晓理，隋建讯等. 高性能有机硅泡沫塑料的研制 [J]. 工程塑料应用，2012，40 (10)：21-23.
[61] 李颖，张亮，李会录等. 硅泡沫材料的制备与表征 [J]. 宇航材料工艺，2008，(4)：22-26.
[62] 李颖，张亮，彭龙贵. 有机硅泡沫材料的制备 [J]. 有机硅材料，2008，22 (4)：212-217 .
[63] 赵祺，余凤湄，卢艾. 乳液发制备有机硅弹性体泡沫 [J]. 化工新型材料，2012，40 (11)：18-19.
[64] 陶林，张建威，陈军等. 浇注型水发泡室温硫化硅橡胶的制备和研究 [J]. 有机硅材料，2012，26 (2)：79-82.

[65] Gao J, Wang J B, Xu H Y, et al. Preparation and properties of hollow glass bead filled silicone rubber foams with low thermal conductivity [J]. Materials and Design, 2013, 46: 491-496.
[66] Raquel V, Cristina S A, Javier C G, et al. Physical properties of silicone foams filled with carbon nanotubes and functionalized graphene sheets [J]. European Polymer Journal, 2008, 44: 2790-2797
[67] 吴良义,王永红. 不饱和聚酯树脂国外近十年研究进展 [J]. 热固性树脂, 2006, 21 (5): 32-38.
[68] Zhang Z, Zhu S. Microvoids in unsaturated polyester resins containing poly (vinyl acetate) and composites with calcium carbonate and glass fibers [J]. Polymer, 2000, 41: 3861-3870.
[69] 赵雪妮,王占忠. 不饱和聚酯微孔塑料的研究 [J]. 塑料, 2009, 38 (3): 14-17.
[70] 赵雪妮,李瑞虎,李明. 玻璃纤维/微孔不饱和聚酯复合材料配方的研究 [J]. 陕西科技大学学报, 2010, 28 (1): 37-40.
[71] 王红娟,容敏智,章明秋等. 蓖麻油树脂基泡沫塑料 [J]. 材料研究与应用, 2010, 4 (4): 771-773.
[72] 吴素平,容敏智,章明秋等. 大豆油树脂基泡沫塑料 [J]. 材料研究与应用, 2010, 4 (4): 774-780.
[73] 吴素平,容敏智,章明秋等. 剑麻纤维/大豆油树脂基泡沫塑料复合材料 [J]. 材料研究与应用, 2010, 4 (4): 781-785.
[74] 邱钧锋. 植物油树脂基泡沫塑料生物降解性及阻燃性能的研究 [D]. 广东: 中山大学, 2010.
[75] 朱红飞,王晓钧,郭亮志等. 热平衡复合发泡剂发泡不饱和聚酯树脂 [J]. 热固性树脂, 2013, 28 (2): 34-38.
[76] 郭亮志,王晓钧,沈亚祺. 偶氮二异丁腈制备不饱和聚酯树脂制品 [J]. 塑料科技, 2013, 41 (8): 56-61.
[77] Tyler R. Long, Abhinaba Gupta, A. Lee Miller Ⅱ, et al. Selective Flux of Organic Liquids and Solids Using Nanoporous Membranes of Polydicyclopentadiene [J]. Journal of Materials Chemistry, 2011, 21 (37): 14265-14276.
[78] Sebastigan Kovač ič, Karel Jeř ábek, Peter Krajnc, et al. Ring Opening Metathesis Polymerisation of Emulsion Templated Dicyclopentadiene Giving Open Porous Materials with Excellent Mechanical Properties [J]. Polymer Chemistry, 2012, 3 (2): 325-328.
[79] Mark A. Amendt, Liang Chen, Marc A. Hillmyer. Formation of Nanostructured Poly (dicyclopentadiene) Thermosets Using Reactive Block Polymers [J]. 2010, 43 (8): 3924-3934.
[80] Je Kyun Lee, George L Gould. Polydicyclopentadiene based aerogel: a new insulation material [J]. J Sol-Gel Sci Technol, 2007, 44: 29-40.
[81] A. Blaga. Rigid Thermosetting Plastic Foams [R]. Report of Institute for Research in Construction.
[82] 郁明谏. 脲醛泡沫基质栽培的特性 [M]. 农村实用工程技术, 北京: 中国农业大学出版社, 1989.
[83] Panayiotis A. Nektarios , Aimilia-Eleni Nikol opoulou, Ioannis Chronopoulos. Sod establishment and turfgrass growth as affected by ureaformal dehyde resin foam soilamendment [M] . Scientia Horticulturae 100, 2004, 203-213.
[84] 刘培生. 多孔材料引论 [M]. 北京: 清华大学出版社, 2004, 9.
[85] Zeng C C, Hossieny N, Zhang C, Wang B. Synthesis and processing of PMMA carbon nanotube nanocomposite foams [J]. Polymer, 2010; 51: 655-664.
[86] 李旭阳,郭萌,张玉清等. 前沿聚合在聚合物材料合成与制备中的应用进展 [J]. 工程塑料应用, 2014, 42 (2): 115-119.
[87] Leung S N, Wong A, Guo Q P, et al. Change in the critical nucleation radius and its impact on cell stability during polymeric foaming process [J]. Chemical Engieenring Science, 2009, (64): 4899-4907.
[88] Merlet S, Marestin C, Schiets F, et al. Preparation and characterization of nanocellular poly (phenylquinoxaline) foams, a new approach to nanoporous high-performance polymers [J]. Macromolecules, 2007, 40: 2070-2078.
[89] Park C B, Bladwin D F, Suh N P. Effect of the pressure drop rate on cell nucleation in continuous processing of microcellular polymers [J]. Polymer Engineering and Science, 1995, 35: 432-440.
[90] 刘维亚,谢怀勤. 复合材料工艺及制备 [M]. 武汉: 武汉理工大学出版社, 2005: 64-65.
[91] 黎华明,刘朋生,陈红飙. 聚双环戊二烯的性能研究 [J]. 高分子材料科学与工程, 1999, 15 (3): 169-171.